高等农林教育"十三五"规划教材

植物生产类专业用

作物育种学

PRINCIPLES OF CROP BREEDING

主　编　孙其信

副主编　李保云　宋宪亮　吉万全　辛明明

中国农业大学出版社

CHINA AGRICULTURAL UNIVERSITY PRESS

·北京·

内 容 简 介

本书从作物遗传改良的原理和作物育种技术出发，全面系统地介绍了育种目标、种质资源、性状鉴定与选择、育种方法、作物品种试验、品种审定和种子生产等知识。根据变异的来源不同，对引种和选择育种、杂交育种、回交育种、诱变育种、远缘杂交、倍性育种、杂种优势利用、分子育种、群体改良等作物育种方法和途径进行了详细介绍，并对作物特殊性状的育种方法（包括抗病虫育种、抗非生物逆境育种和品质育种）进行了单独介绍。

本书可作为全国高等农业院校及其他相关院校农学、作物遗传育种和种子科学与工程等专业的教材，也可作为研究生教材《高级作物育种学》和《作物育种理论与实践》的补充教材，还可作为相关科研院所作物遗传育种工作者的参考资料。

图书在版编目（CIP）数据

作物育种学 / 孙其信主编. —北京：中国农业大学出版社，2019.8（2023.1 重印）
ISBN 978-7-5655-2251-2

Ⅰ. ① 作… Ⅱ. ① 孙… Ⅲ. ① 作物育种 – 高等学校 – 教材 Ⅳ. ① S33

中国版本图书馆 CIP 数据核字（2019）第 176444 号

书　　名	作物育种学
作　　者	孙其信　主编

策划编辑	张秀环	责任编辑	韩元凤　丛晓红
封面设计	郑　川		
出版发行	中国农业大学出版社		
社　　址	北京市海淀区学清路甲 38 号	邮政编码	100083
电　　话	发行部 010-62733489，1190	读者服务部	010-62732336
	编辑部 010-62732617，2618	出 版 部	010-62733440
网　　址	http://www.cau.press.cn	E-mail	cbsszs@cau.edu.cn
经　　销	新华书店		
印　　刷	涿州市星河印刷有限公司		
版　　次	2019 年 9 月第 1 版　　2023 年 1 月第 2 次印刷		
规　　格	787×1 092　　16 开本　　23 印张　　560 千字		
定　　价	65.00 元		

图书如有质量问题本社发行部负责调换

E 编委会名单
Editorial Board List

F 前 言
Foreword

作物育种学是在作物驯化的基础上经过人们长期的生产实践和科学试验发展起来的理论与实践紧密结合的一门科学，也是以作物育种原理、作物育种方法和作物重要目标性状选育为核心，以选育优良农作物品种为目的的一门艺术和科学。

本书从多个角度全面介绍了作物育种的知识与方法：一是从作物遗传改良的原理和作物育种技术出发，全面系统地介绍了作物育种目标、种质资源、作物性状的鉴定与选择、作物育种方法、作物品种试验、作物品种审定和种子生产等知识；二是根据作物变异的来源不同，对引种和选择育种、杂交育种、回交育种、诱变育种、远缘杂交、倍性育种、杂种优势利用、分子育种和群体改良等作物育种方法和途径进行了详细介绍；三是针对作物的特殊性状（包括作物抗病虫性状、作物抗非生物逆境性状和作物品质性状），单独列章对其育种方法进行了专题介绍；四是根据作物的繁殖方式不同，对有性繁殖作物和无性繁殖作物的育种方法及特点进行了详细比较和介绍。

此外，本书还将分子育种纳入其中，使读者通过学习能够认识到，随着社会和科学的发展，仅靠常规作物育种方法已经无法满足各方面需要。在未来的作物育种工作中，一定要有分子育种的加入，才能适应作物育种工作的需求。

与其他作物育种学教材相比，本书选用了部分新绘的简明、直观的图片和流程图对作物育种方法和育种程序进行生动的说明；首次将教材涉及的彩色图片、篇幅较大的图片、国家相关政策、法律法规和育种案例等以二维码形式编入教材中，这样既节省了篇幅，又便于读者学习时查阅和参考。

本书将传统育种理论与现代科技相结合，既有常规育种方法的介绍，又涉及现代育种科学的前沿知识，可使读者全面地了解作物育种的理论知识、不同繁殖方式作物的品种选育方法和途径、特殊目标性状的鉴定和选择方法等知识，学会应用作物育种学基本原理和方法解决育种实践中的问题，提高理论联系实际的能力。

　　本书可作为全国高等农业院校及其他相关院校农学、作物遗传育种和种子科学与工程等专业的教材，也可作为研究生教材《高级作物育种学》和《作物育种理论与实践》的补充教材，还可以作为相关科研院所作物遗传育种工作者的参考资料。

　　虽然编者对本书的编写付出了巨大的努力，但其中难免有错漏与不当之处，敬请专家和读者批评指正，以便在今后的修订中加以完善。同时对为本教材提供绘图的邱可仪同学和中国农业大学出版社的编辑们表示衷心感谢。

编　者

2019 年 4 月

C目录
ontents

第1章 绪论 ……………………………………………………………… 1

  1.1 作物育种发展简史 ……………………………………………… 1

    1.1.1 植物性别的确定 …………………………………………… 2

    1.1.2 早期的植物杂交试验 ……………………………………… 2

    1.1.3 作物育种理论基础的建立 ………………………………… 3

    1.1.4 作物育种方法的形成 ……………………………………… 4

    1.1.5 作物育种的重要事件 ……………………………………… 4

  1.2 作物育种学的内容和性质 ……………………………………… 5

    1.2.1 作物育种学的主要内容 …………………………………… 6

    1.2.2 作物育种学的性质 ………………………………………… 7

    1.2.3 作物育种学的相关学科 …………………………………… 7

  1.3 作物品种及其在农业生产中的作用 …………………………… 8

    1.3.1 品种的概念 ………………………………………………… 8

    1.3.2 作物优良品种在农业生产中的作用 ……………………… 9

  1.4 作物育种的成就与展望 ………………………………………… 10

    1.4.1 现代育种的成就 …………………………………………… 10

    1.4.2 作物育种工作的展望 ……………………………………… 12

  1.5 作物育种相关的国际研究机构 ………………………………… 13

第2章 作物繁殖方式 …………………………………………………… 16

  2.1 作物的繁殖方式 ………………………………………………… 16

    2.1.1 有性繁殖 …………………………………………………… 17

    2.1.2 无性繁殖 …………………………………………………… 25

  2.2 作物的品种类型及其育种特点 ………………………………… 27

    2.2.1 纯系品种 …………………………………………………… 27

    2.2.2 杂交种 ……………………………………………………… 28

    2.2.3 群体品种 …………………………………………………… 29

    2.2.4 无性系品种 ………………………………………………… 30

第3章 育种目标 ·············· 32

3.1 主要育种目标性状分析 ·············· 32

3.1.1 高产 ·············· 32

3.1.2 稳产 ·············· 34

3.1.3 广适 ·············· 36

3.1.4 优质 ·············· 36

3.2 制定育种目标的原则 ·············· 37

第4章 种质资源 ·············· 40

4.1 种质资源的概念和作用 ·············· 40

4.1.1 种质资源的概念 ·············· 40

4.1.2 种质资源的作用 ·············· 40

4.1.3 种质资源的类别及其特点 ·············· 42

4.2 栽培作物起源中心学说及其发展 ·············· 43

4.2.1 瓦维洛夫的栽培作物起源中心学说 ·············· 43

4.2.2 栽培作物起源中心学说的发展与补充 ·············· 45

4.3 种质资源的工作内容 ·············· 46

4.3.1 种质资源的收集和保存 ·············· 47

4.3.2 种质资源的评价与研究 ·············· 51

4.3.3 种质资源的创新和利用 ·············· 52

4.3.4 种质资源的信息化 ·············· 53

第5章 性状的鉴定 ·············· 56

5.1 性状鉴定的内容和方法 ·············· 57

5.1.1 性状鉴定的内容 ·············· 57

5.1.2 性状鉴定的方法 ·············· 57

5.2 农艺性状的鉴定 ·············· 59

5.2.1 农艺性状的鉴定内容 ·············· 59

5.2.2 农艺性状的鉴定方法 ·············· 59

5.3 产量性状的鉴定 ·············· 60

5.3.1 产量性状的鉴定内容 ·············· 60

5.3.2 产量性状的鉴定方法 ·············· 60

5.4 抗逆性状的鉴定 ·············· 60

5.4.1 抗生物逆境性状的鉴定 ·············· 61

5.4.2 抗非生物逆境性状的鉴定 ·············· 63

5.5 品质性状的鉴定 ·············· 70

5.5.1 作物品质性状的类别 ·············· 70

5.5.2 作物品质性状的鉴定 ·············· 72

5.6　适应机械化生产性状的鉴定 ··· 74

　　5.6.1　适应机械化生产性状的鉴定内容 ····································· 74

　　5.6.2　适应机械化生产性状的鉴定方法 ····································· 74

第6章　引种与选择育种 ··· 76

6.1　引种 ·· 76

　　6.1.1　引种的意义 ·· 76

　　6.1.2　引种的基本原理和引种规律 ··· 78

　　6.1.3　引种程序 ··· 82

6.2　选择育种 ·· 84

　　6.2.1　选择的基本原理 ··· 85

　　6.2.2　选择育种程序 ·· 86

第7章　杂交育种 ··· 89

7.1　杂交亲本的选配 ··· 89

　　7.1.1　双亲性状优良，优缺点能够互补 ······································· 90

　　7.1.2　选用适应性强、综合性状好的推广品种作为亲本 ····· 90

　　7.1.3　亲本间遗传差异要大 ·· 91

　　7.1.4　亲本的配合力要好 ··· 91

7.2　杂交技术与杂交方式 ··· 91

　　7.2.1　杂交技术 ··· 91

　　7.2.2　杂交方式 ··· 93

7.3　杂交后代的处理 ··· 96

　　7.3.1　系谱法 ·· 96

　　7.3.2　混合法 ·· 100

　　7.3.3　衍生系统法 ·· 101

　　7.3.4　单籽传法 ·· 102

7.4　杂交育种的流程 ··· 103

　　7.4.1　亲本圃 ·· 103

　　7.4.2　选种圃 ·· 103

　　7.4.3　鉴定圃 ·· 103

　　7.4.4　品种比较试验圃 ··· 104

　　7.4.5　区域试验和生产试验 ·· 104

　　7.4.6　品种审（认）定与推广 ··· 104

7.5　加速杂交育种进程的方法 ··· 104

　　7.5.1　加速世代进程 ·· 105

　　7.5.2　改进育种流程 ·· 105

　　7.5.3　加快种子繁殖 ·· 105

第8章　回交育种 ··· 107

8.1　回交的遗传基础 ·· 108
　　8.1.1　回交群体中纯合基因型比率 ···················· 108
　　8.1.2　回交群体中背景基因回复频率 ·················· 108
　　8.1.3　回交消除不利基因连锁的概率 ·················· 109

8.2　回交法的应用 ·· 110
　　8.2.1　培育作物新品种 ······························· 110
　　8.2.2　培育近等基因系和多系品种 ···················· 110
　　8.2.3　转育细胞质雄性不育系和恢复系 ················ 110
　　8.2.4　加速远缘杂交后代性状的稳定 ·················· 110

8.3　回交育种方法 ·· 111
　　8.3.1　亲本的选择 ·································· 111
　　8.3.2　回交的次数 ·································· 111
　　8.3.3　回交后代群体大小 ·························· 112

8.4　回交后代的选择 ·· 113
　　8.4.1　前景选择和背景选择 ·························· 113
　　8.4.2　显性单基因控制性状的前景选择 ················ 114
　　8.4.3　隐性单基因控制性状的前景选择 ················ 115
　　8.4.4　雄性不育性状的前景选择 ······················ 116
　　8.4.5　共显性基因控制的胚乳性状的前景选择 ·········· 117
　　8.4.6　主效 QTL 的前景选择 ························ 117
　　8.4.7　分子标记辅助前景选择和背景选择 ·············· 118

第9章　诱变育种 ··· 120

9.1　诱变育种的分类和特点 ······································ 120
　　9.1.1　物理诱变育种 ·································· 120
　　9.1.2　化学诱变育种 ·································· 121
　　9.1.3　生物诱变 ···································· 122
　　9.1.4　诱变育种的特点 ······························· 123

9.2　突变与突变体 ·· 123
　　9.2.1　突变 ······································ 123
　　9.2.2　突变体 ····································· 124
　　9.2.3　嵌合体 ····································· 124

9.3　诱变育种程序 ·· 124
　　9.3.1　诱变材料的选择和处理 ························ 124
　　9.3.2　诱变处理剂量的确定 ·························· 126
　　9.3.3　诱变后代的处理 ····························· 126

第10章 远缘杂交 ···································· 129

10.1 远缘杂交的意义与作用 ······················ 129
10.1.1 培育作物新品种 ························· 129
10.1.2 创造新物种 ····························· 129
10.1.3 创造异染色体系 ······················· 130
10.1.4 诱导单倍体 ··························· 130
10.1.5 利用杂种优势 ························· 131
10.1.6 进行生物进化研究 ····················· 131

10.2 远缘杂交障碍及其克服方法 ················ 131
10.2.1 远缘杂交障碍 ························· 131
10.2.2 克服远缘杂交障碍的方法 ··············· 132

10.3 远缘杂交育种中后代的分离特点与选择原则 ···· 135
10.3.1 远缘杂交后代性状分离的三个特点 ········ 135
10.3.2 远缘杂交育种中杂交后代选择的原则 ······· 136

10.4 利用远缘杂交创制远缘新种质 ················ 136
10.4.1 异附加系的培育 ······················· 136
10.4.2 异代换系的培育 ······················· 138
10.4.3 异易位系的培育 ······················· 139
10.4.4 远缘新种质中外源染色质的鉴定 ·········· 143

第11章 倍性育种 ·································· 151

11.1 多倍体育种 ······························· 151
11.1.1 植物多倍体与植物进化 ················· 151
11.1.2 多倍体的诱导与育种 ··················· 155

11.2 单倍体育种 ······························· 163
11.2.1 单倍体的起源及其类型 ················· 163
11.2.2 单倍体产生的途径和方法 ··············· 164
11.2.3 单倍体的鉴定与二倍化 ················· 168
11.2.4 单倍体在育种上的应用 ················· 169

第12章 杂种优势利用 ···························· 173

12.1 杂种优势利用简史与现状 ·················· 173

12.2 杂种优势表现特性与度量 ·················· 175
12.2.1 杂种优势表现特性 ····················· 175
12.2.2 杂种优势度量 ························· 177
12.2.3 杂种优势利用的基本条件 ··············· 177

12.3 杂种优势形成的机理 ······················ 179
12.3.1 显性假说 ····························· 179

12.3.2 超显性假说 ………………………………… 179

12.3.3 上位性假说 ………………………………… 180

12.3.4 基因表达差异与杂种优势 …………………… 180

12.4 杂交种选育 …………………………………… 181

12.4.1 自交系（或亲本系）的选育 ………………… 181

12.4.2 自交系（或亲本系）的改良 ………………… 184

12.4.3 配合力的测定 ………………………………… 186

12.4.4 杂交种亲本的选配原则 ……………………… 191

12.4.5 杂交种的类别及特点 ………………………… 192

12.5 作物杂种优势利用方法 ……………………… 195

12.5.1 人工去雄 ……………………………………… 195

12.5.2 化学杀雄 ……………………………………… 196

12.5.3 利用标志性状 ………………………………… 196

12.5.4 利用雄性不育性 ……………………………… 197

12.5.5 利用自交不亲和性 …………………………… 199

12.5.6 利用雌性系和雌性株 ………………………… 200

12.5.7 广亲和基因利用与籼粳杂种优势利用 ……… 201

第13章 分子育种 ……………………………………… 205

13.1 转基因育种 …………………………………… 205

13.1.1 转基因技术的发展及其在作物育种中的应用 … 205

13.1.2 作物转基因育种程序 ………………………… 209

13.1.3 农业转基因生物安全评价 …………………… 223

13.2 分子标记辅助选择 …………………………… 227

13.2.1 分子标记概述 ………………………………… 228

13.2.2 分子标记原理 ………………………………… 229

13.2.3 重要农艺性状基因连锁标记的筛选技术 …… 239

13.2.4 作物分子标记辅助育种 ……………………… 245

13.3 分子设计育种 ………………………………… 254

13.3.1 分子设计育种的提出及意义 ………………… 254

13.3.2 分子设计育种的必备条件 …………………… 255

13.3.3 分子设计育种的理论基础 …………………… 258

13.3.4 分子设计育种程序 …………………………… 258

第14章 群体改良 ……………………………………… 264

14.1 群体改良的概念和意义 ……………………… 264

14.1.1 群体改良的概念 ……………………………… 264

14.1.2 群体改良的意义 ……………………………… 264

14.2　群体改良的理论基础 ………………………………………… 266
　14.2.1　Hardy-Weinberg 定律 ………………………………… 266
　14.2.2　选择对群体基因频率和基因型频率的影响 ………… 266
14.3　群体改良的轮回选择方法 ………………………………… 267
　14.3.1　群体改良的轮回选择模式及作用 …………………… 267
　14.3.2　轮回选择的程序 ………………………………………… 268
　14.3.3　轮回选择方法 …………………………………………… 270

第15章　无性繁殖作物育种 ……………………………………… 280
15.1　无性繁殖与无性系变异 …………………………………… 280
15.2　无性繁殖作物育种 ………………………………………… 281
　15.2.1　诱变育种 ………………………………………………… 281
　15.2.2　利用体细胞杂交选育品种 …………………………… 281
　15.2.3　利用无融合生殖选育品种 …………………………… 282
15.3　无性繁殖作物杂种优势利用 ……………………………… 282
　15.3.1　无性繁殖作物杂交种的选育 ………………………… 282
　15.3.2　无性繁殖作物杂种优势的永久固定 ………………… 283
15.4　细胞组织培养 ……………………………………………… 283
　15.4.1　诱导体细胞发生变异 …………………………………… 284
　15.4.2　诱导产生单倍体 ………………………………………… 285
　15.4.3　用于胚拯救 ……………………………………………… 285
　15.4.4　用于种苗脱毒和快繁 ………………………………… 285
　15.4.5　用于转基因育种 ………………………………………… 286

第16章　抗病虫育种 ……………………………………………… 287
16.1　作物与有害生物的关系 …………………………………… 287
　16.1.1　基本概念 ………………………………………………… 287
　16.1.2　病虫害的后果及常用防治方法 ……………………… 288
16.2　作物抵御病虫害的防卫机制 ……………………………… 290
　16.2.1　关于抗性的一般论述 ………………………………… 290
　16.2.2　作物对病虫害的防卫机制 …………………………… 290
　16.2.3　寄主抗病性和非寄主抗病性 ………………………… 292
16.3　作物防卫机制和病原物的特异性 ………………………… 292
　16.3.1　作物防卫机制的特异性 ……………………………… 292
　16.3.2　病原物的特异性 ………………………………………… 293
　16.3.3　基因对基因学说（特异性的遗传学）………………… 293
16.4　寄主抗性的类型 …………………………………………… 295
　16.4.1　垂直抗性 ………………………………………………… 295

16.4.2　水平抗性 ··· 297

16.4.3　垂直抗性和水平抗性相结合 ························· 298

16.4.4　抗性的持久性 ·· 298

16.5　抗病虫育种的策略 ·· 298

16.5.1　抗病虫育种的一般原则 ································· 299

16.5.2　抗病基因的利用策略 ····································· 299

16.5.3　生物技术在抗病虫育种中的应用 ··················· 300

16.5.4　抗病虫育种的挑战 ·· 301

16.5.5　病害流行与作物育种 ····································· 302

16.6　抗病虫育种中的鉴定筛选技术 ································· 303

16.6.1　抗性鉴定的一般要求 ····································· 303

16.6.2　抗性鉴定方法 ·· 304

第17章　抗非生物逆境育种 ···································· 307

17.1　非生物逆境的种类及作物抗逆育种的特点 ·············· 307

17.1.1　作物非生物逆境的种类 ································· 307

17.1.2　作物抗非生物逆境育种的意义和进展 ············ 307

17.1.3　作物抗逆育种的特点 ···································· 309

17.2　作物抗旱性育种 ··· 309

17.2.1　干旱胁迫与作物抗旱性 ································· 309

17.2.2　作物抗旱性鉴定方法与指标 ·························· 310

17.2.3　抗旱作物品种选育方法 ································· 311

17.3　作物耐盐性育种 ··· 312

17.3.1　盐害与作物耐盐性 ·· 312

17.3.2　作物耐盐性鉴定方法与指标 ·························· 313

17.3.3　耐盐碱作物品种的选育 ································· 314

17.4　作物耐热性育种 ··· 315

17.4.1　热胁迫与作物耐热性 ···································· 315

17.4.2　作物耐热性鉴定方法与指标 ·························· 315

17.4.3　耐热作物品种选育方法 ································· 318

17.5　作物抗寒性育种 ··· 319

17.5.1　寒害与作物抗寒性 ·· 319

17.5.2　作物抗寒性鉴定方法与指标 ·························· 319

17.5.3　抗寒作物品种选育方法 ································· 321

第18章　作物品质育种 ·· 324

18.1　作物品质的概念及分类 ··· 324

18.1.1　作物品质的概念 ··· 324

18.1.2　作物品质的分类 ················· 325

18.1.3　作物品质性状的遗传特点 ·········· 326

18.2　作物品质形成的影响因素 ················· 327

18.2.1　遗传因子 ······················ 328

18.2.2　环境条件 ······················ 330

18.3　作物品质育种方法 ······················ 331

18.3.1　作物品质育种目标 ················· 331

18.3.2　作物品质育种方法 ················· 331

第19章　作物品种试验、品种审定与种子生产 ·········· 339

19.1　作物品种试验 ························· 339

19.1.1　品种区域试验 ···················· 339

19.1.2　品种生产试验 ···················· 340

19.1.3　品种栽培试验 ···················· 341

19.1.4　品种真实性、品种纯度和品种 DUS 检测 ······· 341

19.1.5　品种丰产性与品种适应性评价 ·········· 342

19.2　作物品种审定 ························· 343

19.2.1　作物品种审定的任务和意义 ··········· 343

19.2.2　作物品种审定的组织体系 ············· 344

19.2.3　作物品种审定的程序 ················· 345

19.3　种子生产 ···························· 345

19.3.1　品种混杂退化的原因和防杂措施 ········· 346

19.3.2　种子生产的程序 ··················· 347

第1章 绪 论

农业常被狭义地定义为种植业，是提供人类生存所必需的植物产品的第一产业。人类有意识地栽培种植的植物称为作物，大体可分为粮食作物、经济作物、饲料作物、绿肥作物和药用作物等类别。在此意义上，发展农业生产的实质是优化作物表现型，促进作物生产更高水平的经济产品的过程。作物表现型由其基因型与生长发育环境的互作决定，因此，农业科学的主要内容可以归纳为改良作物的遗传特性和改善作物生长发育条件这两个基本学科。后者属于作物栽培学的范畴，前者是作物育种学的研究内容。

作物育种学是为满足人类自身需求，研究改变作物遗传特性以选育作物优良品种的一门艺术与科学。

1.1 作物育种发展简史

现在人类赖以生存的各种农作物都是由其野生祖先驯化而来的，将野生植物驯化为栽培作物可以说是最重大的育种事件。人类的育种实践因此可以上溯到农业的形成时期。

农业形成是以人类生活方式逐渐由狩猎、采集转变为定居为标志的。现在一般认为，中东新月沃地是最早的农业起源地。考古发现：1.1万年前，当地就存在翻耕土壤、播种和收获等有意识的农业行为。除此之外，在世界其他地区，独立的农业起源地还包括中国黄河流域和长江流域、东南亚、中美洲、南美洲安第斯山脉和亚马孙河流域、非洲北部干旱稀树草原、西非湿润稀树草原以及埃塞俄比亚高原等。

定居状态下，人类可以通过栽种野生植物来获得所需的食物。可以想象的是，在为下一季播种留种的时候，人类会根据直觉从原有野生或栽种的植物群体中选择"看起来更好"的材料留种栽培，这可以看作是人类最早的育种实践。经过长期的栽培和人工选择，植物的性状发生了多种多样的变化，如落粒性丧失、休眠期缩短、成熟期一致、多年生变为一年生、籽粒增大等，野生植物逐渐驯化为栽培作物。据估计，旧大陆的主要农作物于公元前3 000年就驯化完成，新大陆的主要农作物也在公元前1 000年之前完成。

随着经验和知识的积累，尤其是相关科学原理的发现，人类的育种实践逐渐摆脱了早期的下意识状态，形成了在一定理论指导下的有计划、有目的的现代育种体系。在这一过程中，前人的很多开创性发现发明奠定了现代作物育种的理论和技术基础。

1.1.1 植物性别的确定

关于植物的性别，人类也许很早之前就有所认识。有报道指出，早在公元前 700 年之前，亚述人和巴比伦人就有手工授粉椰枣的生产活动。1 400 年前，《齐民要术》的《种麻子》篇中也有雄麻散放花粉和雌麻结籽的记载。德国植物学家卡梅拉留斯（Rudolph Camerarius，1665—1721）1694 年以书信形式公开的研究成果《植物的生殖器官》是对植物性别分化现象给出明确试验证据的第 1 篇科学文献。在对桑树结实情况的调查中，他发现远离雄树的雌树上虽然可以结果，但果实中没有种子。其他雌雄异株植物如山靛、菠菜也有类似现象。在利用蓖麻、玉米开展的试验中，他发现如果去除雄花，蓖麻、玉米便不能结实。他由此区分了植物的雄性和雌性生殖器官，明确指出花药是植物的雄性器官，特别强调了花粉是受精的关键因子。这一成果为后来开展有计划的人工有性杂交奠定了基础。

1.1.2 早期的植物杂交试验

1719 年，英国园艺家费尔柴尔德（Thomas Fairchild，1667—1729）用石竹属的 2 个种'须苞石竹（*Dianthus barbatus*）'和'香石竹（*D. caryophyllus*）'开展杂交试验，创造了称为"费尔柴尔德骡"的种间杂交种。以"骡"命名，应该是为了突出植物也可以像动物一样实现种间杂交这一事实。

林奈（Carl von Linnaeus，1707—1778）以开创现代生物分类学闻名于世，他发明的双名法是生物物种的标准命名法。物种的恒定性是林奈对各个物种进行分类的信念基础，但在晚年，他却有物种之间可以自由杂交的想法，并据此创造了不下 100 种可能的种间杂种。在写给圣彼得堡科学院的一篇有奖征文中，他描述了 2 个杂种，声称是通过人工杂交创造的全新物种，而且给它们进行了命名，并收录到他于 1753 年出版的名著《植物种志》中。当然，他的这一断言后来被德国植物学家奎尔罗伊特（Joseph Gottlieb Koelreuter，1733—1806）证明是错误的。

奎尔罗伊特同样出于对物种本质的研究兴趣，开展了系统的植物杂交试验。他在 138 个物种之间完成了 500 多个杂交，试验结果形成了 4 部研究报告，于 1761—1766 年先后出版。这些报告记录了丰富的有重要价值的发现。如'黄花烟草（*Nicotiana rustica*）'与'小花烟草（*N. paniculata*）'的杂交种营养体表现出明显的生长优势，但自身败育。用亲本与其回交，后代育性会不断提高，连续回交数代后，后代的表型会与轮回亲本趋于一致。F_1 代杂交种表型基本一致，而且大多数性状的表现介于双亲之间；但 F_2 代会出现大量变异，其中一些变异相比于其直接亲代 F_1 更类似于祖代亲本；在一些组合中，F_2 代会出现 3 种变异类型，其中 2 种与亲本相似，1 种与 F_1 代杂交种相似等。另外还发现，'紫毛蕊花（*Verbascum phoeniceum*）'植物存在自交不亲和现象。

奎尔罗伊特之后，德国植物学家加特纳（Carl Friedrich von Gärtner，1772—1850）开展了孟德尔之前规模最大的植物杂交试验。他在 1849 年的工作报告中，总结了接近 1 万个组合的试验结果，这些组合来自 700 个物种，获得了 250 种不同的杂交种。达尔文评价他的工作"包含了比其他所有写作者加起来更有价值的东西，如被更好地利用，可以发挥巨大作用。"孟德尔也仔细阅读过他的报告，在其著名论文《植物杂交试验》中曾 17 次提到加特纳的工作。

1.1.3 作物育种理论基础的建立

1859 年出版的达尔文（Charles Darwin，1809—1882）的《物种起源》创立了物种形成的进化理论，成为生物学发展的基石。根据进化论观点，遗传突变是生物变异的来源，而自然选择是推动物种进化的根本动力。世界上多种多样的物种是在漫长的进化过程中逐渐形成的。比较物种进化和品种改良，虽然过程差异显而易见：物种的形成往往需要千百年甚至百万年，而作物品种改良在几年、或十几年时间内便可达成目标；自然突变是物种中遗传变异的根源，而产生作物品种变异的途径并不限于突变等。但就二者的遗传学机制而言，物种进化和品种改良并没有根本的不同，作物育种在本质上可以看作是一个实时进化事件。

孟德尔（Gregor Mendel，1822—1884）在 1866 年发表的《植物杂交试验》中，对试验结果创造性的理论解释形成了孟德尔遗传定律，为遗传学的建立奠定了基础，成为现代育种学的主要理论基础。

丹麦植物学家约翰逊（Wilhelm Johannsen，1857—1927）从 1901 年开始，以菜豆（*Phaseolus vulgaris*）为材料，对其连续进行了多个世代的选择试验，研究单株选择对后代群体表现型的影响。为解释试验结果，他创造了"表现型""基因型""基因"等现在普遍应用的遗传学术语，试验结论构成纯系学说，是纯系品种选育的重要理论基础。

比尔（William J. Beal，1833—1924）于 19 世纪末开始了玉米杂种优势利用研究和杂交种的选育。为解释杂种优势的遗传机制，1908—1917 年，达文波特（Charles B. Davenport，1866—1944）、布鲁斯（A. B. Bruce）和琼斯（Donald F. Jones，1890—1963）等提出并发展了显性假说；伊斯特（Edward M. East，1879—1938）和沙尔（George H. Shull，1874—1954）于 1908 年提出超显性假说。这两个假说至今仍是杂种优势机理的主要理论解释。杂种优势（heterosis）这一术语也是沙尔创造的。

英国数学家哈迪（Godfrey Harold Hardy，1877—1947）和德国医学家温伯格（Wilhelm Weinberg，1862—1937）1908 年提出了哈迪 - 温伯格定律。20 世纪 20 年代英国统计与遗传学家费希尔（Ronald Fisher，1890—1962）、遗传学家霍尔丹（J.B.S. Haldane，1892—1964）和美国遗传学家赖特（Sewall Wright，1889—1988）建立了群体遗传结构变化和数量性状遗传规律的数学基础和计算方法，形成了群体遗传学和数量遗传学理论体系，为作物群体改良和数量性状的选育奠定了理论基础。

苏联植物学家和遗传学家瓦维洛夫（Nikolai I. Vavilov，1887—1943）1933 年在对世界各地收集的大量种质资源研究的基础上，提出了作物起源中心学说，确定了世界上 8 个作物起源中心，并提出了作物遗传变异的同源系列定律，成为指导种质资源工作的重要理论。

弗洛尔（Harold H. Flor，1900—1991）在 1942—1956 年间关于亚麻锈菌与其寄主

之间的互作遗传关系的研究构成了基因对基因学说，是指导作物抗病育种的主要理论。

沃森（James Watson，1928— ）和克里克（Francis Crick，1916—2004）1953 年建立的 DNA 分子的双螺旋结构模型，成为分子生物学诞生的标志，也是作物育种由传统育种发展到分子育种的理论基础。

1.1.4　作物育种方法的形成

维尔莫兰（Louis de Vilmorin，1816—1860）是法国家族种业公司维尔莫兰公司的重要成员。他在蔬菜育种中发明了世系选择法（genealogical selection），实际上相当于现代育种中被广泛采用的系谱法。其基本特点是选择过程结合后裔鉴定（progeny testing）。他的著作《创制一个甜菜新种的笔记和植物遗传性的思考》于 1856 年出版。

埃勒（Herman Nilsson-Ehle，1873—1949）是瑞典遗传学家和育种家。1912 年，他领导建立了第一个科学的小麦育种程序，改进了混合育种法（bulk breeding）。

哈兰（Harry V. Harlan，1882—1944）和波普（Merritt N. Pope，1883—1969）1922 年借鉴动物育种实践，将回交育种引入到植物育种中。

穆勒（Hermann J. Muller，1890—1967）是美国遗传学家。1927 年，穆勒报道了 X 射线诱发果蝇产生高频率基因突变的研究结果。之后，斯塔德勒（Lewis Stadler，1896—1954）于 1928 年发表了 X 射线诱导大麦突变的论文，成为诱变育种的先声。

海耶斯（Herbert K. Hayes，1884—1972）和加伯（Ralph J. Garber）于 1919 年、伊斯特和琼斯于 1920 年分别提出了轮回选择的思想，海耶斯和加伯同时还提出了综合种育种方法。1945 年，赫尔（F. H. Hull）创造了轮回选择这一术语，并开展了配合力的轮回选择。1949 年，康斯托克（R. E. Comstock）等提出了交互轮回选择的群体改良方法。

古尔登（C. H. Goulden）1939 年提出了单籽传法，1966 年布里姆（C. A. Brim）对其加以改进，成为快速纯化杂种后代的常用方法。

博耶（Herb Boyer，1936— ）、科恩（Stanley Cohen，1922— ）和伯格（Paul Berg，1926— ）1972—1973 年发明的重组 DNA 技术开创了基因工程时代，奠定了作物转基因育种的技术基础。

1.1.5　作物育种的重要事件

奈特（Thomas Andrew Knight，1759—1838）是英国植物生理学家，植物向地性的发现者，同时他也是从事多种园艺作物如草莓、圆白菜、豌豆、苹果和梨等育种的育种家。1797 年，他出版了《关于培养苹果和梨的专著》。他的一个重要育种成果是草莓品种'唐顿（Downton）'，大多数现代重要草莓品种的系谱都能追踪到'唐顿'上。

瑞德父子（Robert Reid，James Reid）是美国农场主，他们于 1846 年开始对 2 个玉米品种'Gordon Hopkins'与'Little Yellow'的天然杂交群体进行连续混合选择，育成了著名品种'瑞德黄马牙（Reid's Yellow Dent）'，推广面积最大时占到美国玉米种植面积的 75% 以上。同时，作为优异种质资源，瑞德黄马牙品种对美国乃至世界的玉米育种发挥了巨大作用，当今仍然有 50% 以上的美国玉米杂交种带有它的血缘。

布尔班克（Luther Burbank，1849—1926）是美国园艺家，一生中选育了 800 多个不同作物的品种或品系。以其名字命名的一个马铃薯品种发挥的作用类似于瑞德玉米。19 世纪 70 年代，他通过对品种'早玫瑰'的天然杂交后代的选择育成了白瓤的'布尔班克'马铃薯。之后，'布尔班克'的一个天然芽变被选择下来，育成了现在所称的'布尔班克马铃薯（Russet Burbank potato）'，因其黄褐色皮色而得名。'布尔班克马铃薯'在 20 世纪初开始应用于生产，随着马铃薯生产中灌溉措施的引入，尤其是快餐业的发展，其种植面积迅速扩大，目前仍占到北美加工马铃薯 70% 的份额和美国种植面积的 40%。

布劳格（Norman Borlaug，1914—2009）是美国著名植物病理学家、遗传学家和育种家。1944 年，他受聘为墨西哥农业部与洛克菲勒基金会合作成立的特别研究办公室（国际玉米小麦改良中心 CIMMYT 的前身）科学家，领导小麦育种项目。在墨西哥，他建立了小麦"穿梭育种"程序，通过培育"多品系种"增强小麦抗病性，特别是利用'农林 10 号'的矮秆基因开展小麦矮化育种，育成了一系列半矮秆、抗病、适应性强的小麦品种。随着他的小麦品种的推广，当地的小麦产量水平得以显著提高。到 1956 年，墨西哥的小麦产量翻了一倍，达到自给自足的水平。到 1963 年，墨西哥种植的小麦 95% 是半矮秆品种，小麦产量也提高到 1944 年的 6 倍，墨西哥最终成为一个小麦净出口国。1965 年，布劳格的半矮秆品种开始在巴基斯坦和印度大面积推广。到 1970 年，这 2 个国家的小麦产量提高了 60% 以上。巴基斯坦 1968 年实现了小麦的自给自足，印度 1974 年实现了粮食的自给自足。

20 世纪 60 年代开始，随着一系列农业技术的推广应用，世界范围内尤其是发展中国家粮食产量得到大幅度提高，这一现象被称为"绿色革命"。这些技术的核心是高产品种，主要是半矮秆小麦和水稻品种的推广，布劳格因此被称为"绿色革命之父"。因为对世界粮食增产做出的巨大贡献，布劳格获得了 1970 年诺贝尔和平奖。

与布劳格被称为"绿色革命之父"类似，在中国，袁隆平（1930—）被称为"杂交水稻之父"。经过多年坚持不懈的努力，袁隆平于 1973 年率先完成了水稻"野败"型不育性的三系配套，开创了水稻大规模杂种优势利用的事业。因在杂交水稻研究和应用方面的突出贡献，他成为我国"国家最高科学技术奖"的首位获奖者。

1.2　作物育种学的内容和性质

在总结前人作物育种科学原理和育种经验的基础上，作物育种学逐渐发展为一门具有系统理论基础和完整技术体系的应用性科学，已成为现代农业科学的重要分支学科。世界上早期出版的作物育种学专著有 1915 年贝利（Liberty H. Bailey，1858—1954）的《植物育种》、1921 年海耶斯和加伯的《作物育种》。1942 年，在《作物育种》基础上，海耶斯和艾默尔（Forrest R. Immer，1899—1946）出版了《植物育种方法》，1955 年出版了第 2 版。我国于 1962 年出版了该书的中译本。1935 年，苏联出版了瓦维洛夫著的《植物育种的科学基础》。我国早期出版的育种学论著有王绶的《中国作物育种学》（1936 年）和沈学年的《作物育种学泛论》（1948 年）。1949 年以后出版的相关论著有蔡旭主编的《植物遗传育种学》（第 1 版 1976 年，第 2 版 1988 年），西北农学院主编的《作物育种学》（1981 年）。近年来应用较广的教材有潘家驹（1994 年）和张天真（2003 年）分别主编的《作物育种学总论》。这些著作对作物育种学的发展起了重要的促进作用。

1.2.1 作物育种学的主要内容

作物育种的根本目标是选育作物优良品种，发展农业生产。作物品种选育过程可以概括为确定育种目标、收集种质资源、创造选择优良变异、鉴定优良变异和品种推广 5个基本环节。

（1）确定育种目标

不同的应用领域对作物品种的要求会有所不同：生产者会要求作物品种具有高产、抗倒伏、抗病虫和早熟等性状；而农产品加工者则注重作物品种的籽粒大小、形状和质地等影响加工效益的性状；食品消费者更注重作物品种的食味和营养价值等品质性状。显然，满足所有需求的"全能"品种是难以企及的。但是，满足其中"部分"要求仍是一个优良品种的必要条件。因此，在开展育种工作之前，育种家不能不对拟育成品种应具备的性状指标制定清晰的目标。只有这样，在育种实施的各工作环节才能有所依据。

（2）收集种质资源

作物品种目标性状的多样性归根结底决定于基因的遗传多样性。掌握多样化的基因资源是实现育种目标的物质基础。因此，优异种质资源的收集利用是决定育种成败的关键环节。

（3）创造选择优良变异

在已有种质资源的基础上，通过有性杂交实现基因重组交换，通过诱变育种诱发基因突变，通过应用生物技术手段创造新的遗传变异。育种家根据育种目标选择优良变异体是育种工作的核心环节。

（4）鉴定优良变异

新的遗传变异往往要经过多个世代才能稳定下来。在世代演进过程中，要对当选的变异体后代不断进行评价鉴定，并根据鉴定结果，在优良后代中继续选择优良变异体。经过连续鉴定选择，当选的变异体最终会产生遗传稳定的群体，这样的群体称为品系。品系的鉴定评价是育种后期阶段的主要工作内容。在众多育成品系中，只有极少数能成为品种，最终应用于农业生产。

（5）品种推广

育种家育成的新品系在生产中推广应用之前，一般要通过品种认证程序。不同国家、不同作物之间认证程序有所不同。我国 2015 年修订的种子法规定，水稻、小麦、玉米、棉花和大豆 5 类主要农作物品种在推广应用前应当通过国家级或者省级审定。

根据品种选育的工作环节，不难理解作物育种学应该包括以下主要内容：育种目标的制订；种质资源的收集、保存、研究评价、创新及利用；人工创造变异的途径、方法及技术；选择的理论与方法；作物育种各阶段的田间试验技术；新品种的审定、推广和种子生产。

1.2.2　作物育种学的性质

根据进化论的观点，物种的进化决定于 3 个基本因素：变异、遗传和选择。自然进化是自然变异和自然选择的结果。原有物种中适应环境变化的变异个体经自然选择逐代得以积累加强，从而形成新物种、变种。而作物育种工作总体来说是一个人工创造遗传变异、选择变异、固定变异的过程。作物品种的遗传改良过程类似于物种的自然进化过程，因此，苏联植物学家瓦维洛夫将作物育种称为"人工控制下的进化"。

人工进化与自然进化也存在一定的差异：自然进化过程较为缓慢，人工进化则较迅速；人工选择的目标性状有时与自然选择的方向存在不同程度的矛盾等。但自然选择的基本变异如生活力、结实性、对所处环境的适应性和对胁迫条件的抗耐性等，也都是人工选择的基本性状。因此，人工选择不能脱离自然选择，而应协调与自然选择的矛盾。

现代作物育种是在关于作物进化的相关科学理论指导之下的高度专业化的技术工作，但到目前为止，作物育种的"科学"性质也没有完全排除其中的"艺术"成分。这很大程度上是因为理论科学与应用科学之间在基本问题上存在着"为什么"和"怎么做"的区别。即使不知道某种事实"为什么"如此，人类仍然可以从事"怎么做"的科学实践。就如在作物个体之间变异的原因并不清楚的情况下，人类已经开展了长期的育种实践。而另一方面，即使已经知道了"为什么"，也不能保证"怎么做"的效果。现代育种虽然已有坚实的科学理论基础，育种成效很大程度上仍然取决于所谓育种家的"眼力"。

当然，对生命现象很多"为什么"的理解，我们现在还只有部分的知识。随着生物科学的发展，作物育种学最终也许会发展为一门成熟的科学。

1.2.3　作物育种学的相关学科

现代作物育种的科学成分无疑已经得到极大的扩展。分子标记辅助选择育种和转基因育种是这一过程中最近的实例。可以预计的是，随着基因组编辑技术成功应用于各类作物中，作物育种学将会迎来最新的发展。现在作物育种仅凭经验已难以再有所作为了。

作物育种学的应用性和科学性决定了它也是一门开放性的综合学科。育种家如想更好地从事这一行业，必须掌握与之相关的其他学科知识，如遗传学、植物学、植物生理学和生物化学、农学、植物病理学和农业昆虫学、生物统计学以及分子遗传学等学科知识。

（1）遗传学

遗传学是现代作物育种的主要理论基础。如前所述，作物育种的主要任务是创造可供选择的遗传变异以选育作物优良品种。了解目标性状的遗传基础，育种家可以事先明确适当的育种方法和技术，确定选择群体的规模，预测操作的预期结果等，一言以蔽之，可以增强育种过程的计划性和目的性，避免盲目性。

（2）生物学

作物的花器构造、开花习性、杂交亲和性等生殖生物学知识和作物分类属性，是指导育种家有效地配制杂交组合所必需的基本生物学知识。

（3）植物生理学和生物化学

作物的生理和生化过程决定了其表现型。作物的某些生理过程，如干物质向经济器官的转运效率、对外部环境中生物和非生物因素的响应特性等，作物的某些生化过程，如蛋白质、淀粉和脂类等物质的合成，均是育种家遗传操作的重要目标。这些生理生化过程的改变，相应地会影响作物产量、抗逆性和品质等经济性状的表现。

（4）农学

作物育种过程中的大部分工作是在田间完成的。农学知识的掌握有助于育种家采取最佳的栽培措施，为优良品种遗传潜力的充分表达创造良好的生长发育环境，以保障田间选择的效果。而在有些情况下，育种家需要改变环境条件，以利于某些性状的选择。如抗旱育种就需要相应的控水栽培。

（5）植物病理学和农业昆虫学

品种的抗病虫性是作物育种的重要目标性状。抗病虫育种需要对病原菌与害虫的小种分化、生活周期、传播方式、危害发生的适宜条件等知识有所了解。

（6）生物统计学

选择是贯穿作物育种过程始终的核心工作。有效的选择依赖于性状的准确鉴定。很多情况下，选择只能依据表型鉴定。因而正确评估环境对表型的影响成为性状鉴定可靠性的决定因素。这就要求育种过程必须结合适当的试验设计和统计分析。因此，生物统计学的知识背景对育种家来说是必不可少的。

（7）分子遗传学

在当下的生物技术时代，育种家还需熟悉分子遗传学的相关知识，了解在分子水平上开展遗传操作的程序，包括分子标记的开发应用和转基因技术等。

随着科学的进展，基因组学、转录组学、蛋白组学、代谢组学和生物信息学等知识对育种家也会越来越重要。但很显然，育种家个人不可能成为所有学科的专家，因此，育种团队的建设至关重要。现代作物育种更多的是团队协作，而很难再是育种家个人的"独角戏"。

1.3 作物品种及其在农业生产中的作用

1.3.1 品种的概念

品种是人类在一定的生态和经济条件下，根据自身需要选育的某种作物的特定群体。该群体具有相对稳定的遗传特性（稳定性，stability），在生物学、形态学及经济性状上具有相对一致性（一致性，uniformity），同时与同一作物的其他群体的特征、特性有所区别（特异性，distinctness）。该群体在相应地区和耕作条件下种植，在产量、抗性和品质等方面能符合当地农业生产的需要。特异性、一致性和稳定性，简称 DUS，是作物群体成为品种的 3 个必要条件。

品种与植物分类学上的变种有所区别。虽然作物的每一个品种都归属于某个特定变种，但区别品种所依据的性状还有很多是基于经济意义上的差异，如株高、籽粒形状、颜色和香味等，这些性状并不是区别变种的依据，因此，品种是经济学上的类别，不具有植物分类学地位。作物品种在农业生产中具有重要作用，是重要的农业生产资料。而且，每个作物品种都有其所适应的地区范围和耕作栽培条件，都只在一定历史时期起作用，所以品种具有使用上的地区性和时间性。随着耕作栽培条件及其他生态条件的改变，对品种的要求也会改变。所以，育种工作者必须不断地选育新品种更替原有的品种，以满足生产要求。

1.3.2 作物优良品种在农业生产中的作用

（1）提高单位面积产量

在过去的半个多世纪里，现代育种技术、肥料施用技术、植保技术和灌溉技术等农业科技的发展对农业生产发挥了重要作用，世界各国农作物产量均有大幅度提高。1961—2003 年，世界粮食总产从 8.77 亿 t 增加到 20.68 亿 t，增长了 1.36 倍。单产从 1.4 t/hm^2 增加到 3.1 t/hm^2，增长了 1.21 倍。我国 2008 年的粮食总产量是 1949 年的 4.67 倍，单产是 4.81 倍；油料作物总产是 11.53 倍，单产是 3.80 倍；棉花总产是 1952 年的 5.76 倍，单产是 5.56 倍。单产与总产的提高是同步的，是作物产量提高的主要因素。

在作物单产提高的科技因素中，各因素的贡献不尽相同。已有资料显示，作物良种推广的贡献率一般占 30%～35%，玉米杂交种的推广对产量提高的贡献可达到 40% 以上。而且，随着农业生产的发展，良种的贡献率还在不断提高。此外，相对于其他科技因素，良种的使用基本不增加投入，不存在环境污染问题，是一条最经济有效的增产措施。

（2）改善农产品品质

作物的品种之间，不仅产量有高低之分，其产品品质也有优劣之别。不同品种生产的农产品不论外观，还是其营养成分的含量、组成，以及满足人类加工需求的程度等各方面的品质指标，均存在明显的差异。优良品种的推广应用，对提高作物产品品质具有决定性的作用，有时甚至是唯一的途径。如为了降低菜籽油中的芥酸含量，提高其营养品质，低芥酸油菜品种的应用是唯一的农艺措施。

（3）保持稳产性和农产品品质

病虫害的发生及其他非生物逆境等不良环境条件是造成农作物产量低而不稳、农产品品质下降的重要原因。选用抗逆性强的品种是降低逆境危害最经济且环境友好的有效途径。

（4）扩大作物的种植地区

新中国成立以后，由于引进、选育了一批抗寒、早熟的水稻品种，水稻栽培地区逐步向北扩展，使我国北方很多地区，甚至最北端的瑷珲、漠河等地都成功地种植了水稻，并成为我国的优质、高产稻区。

（5）促进耕作制度改革

在我国人多地少而且耕地面积不断减少的情况下，改革耕作制度，提高复种指数，是提高作物产量的有力措施。在耕作改制、增加茬数时，会发生作物之间争季节、争水肥和争阳光等的矛盾，只有通过选用不同生育期、不同特性和不同株型的品种合理搭配才能够解决。

（6）促进农业机械化

农业机械化是现代农业的核心内容。农业机械化的发展，一方面决定于农业机械的制造水平，另一方面也决定于与之相适应的作物品种。如适宜机械收花的棉花品种，应具有株型紧凑、适于密植、单株结铃吐絮集中、含絮力适中等特点。近年来，玉米耐密植、籽粒脱水快、适宜粒收，油菜矮化抗倒、结果集中、抗裂角等适宜机收已成为我国在这些作物上的主要育种方向。

1.4　作物育种的成就与展望

1.4.1　现代育种的成就

自"绿色革命"以来，国内外的作物育种工作取得了很大成就，主要表现在以下 4 个方面。

1.4.1.1　新品种的选育与推广

世界各国均选育了大批作物品种应用于农业生产。20 世纪 60 年代，国际水稻所（International Rice Research Institute, IRRI）选育的 IR 系列水稻品种和国际玉米小麦改良中心（Centro Internacional de Mejoramiento de Maizy Trigo, CIMMYT）选育的小麦品种曾在世界范围内的很多国家大面积推广，获得了极大的增产效果，成为"绿色革命"的主要推动因素。自新中国成立以来，我国已累计培育主要农作物新品种 1 万余个，实现了 5～6 次大规模的品种更新换代，良种对作物产量增加的贡献率达到 35% 左右，为我国粮食生产做出了巨大贡献。

我国各主要粮食作物中均有一大批在农业生产中产生过重大影响的作物良种。如'汕优 63'，1986—2001 年，连续 16 年成为我国种植面积最大的水稻杂交种。1985—2006 年，累计推广面积达 6.13×10^7 hm^2，占杂交水稻主要品种累计推广面积的 21.2%，增收稻谷 6.95×10^{10} kg（695 亿 kg），年种植面积和累计种植面积均创中国稻作史纪录。玉米杂交种'中单 2 号'累计推广面积 3.30×10^7 hm^2 以上，增产玉米 2.25×10^{10} kg（225 亿 kg），是我国推广面积最大、利用时间最长的玉米杂交种；2000 年审定的紧凑型玉米杂交种'郑单 958'，截至 2008 年累计推广 2.10×10^7 hm^2，增产玉米 1.8×10^{10} kg（180 亿 kg）。在育成的 2 000 余个小麦品种中，有 60 余个年播种面积超过 6.67×10^5 hm^2，对提高我国小麦生产水平发挥了巨大作用。20 世纪 90 年代以来，年最大推广面积 6.67×10^5 hm^2 以上的小麦品种有'豫麦 18''郑麦 9023''济南

17''鲁麦 21''济麦 19''济麦 20''烟农 19''石 4185''邯 6172''扬麦 158''绵阳 26''济麦 22'和'矮抗 58'等。这些代表性品种与其他良种的推广应用使我国小麦平均单产达到 4 500 kg/hm² 以上，个别品种在试验示范中曾达到 11 250 kg/hm² 以上。

1.4.1.2　种质资源的收集和保存

种质资源是育种工作的物质基础。世界各国都非常重视种质资源的收集保存工作。

美国从 1897—1970 年的 73 年中，共派出种质资源考察队 150 次，其中到中国考察达 20 次，20 世纪 50 年代在拉丁美洲收集各种类型玉米种质 1 800 份，到阿根廷、巴西收集花生，到意大利、希腊、土耳其收集豌豆，70 年代到非洲收集牧草、薯类，到土耳其、伊朗收集小麦和豆科作物。到 1996 年，美国已收集各类作物种质资源达 55 万份，28 万余份入长期库保存，成为世界种质资源大国。

苏联著名学者瓦维洛夫及其同事在 20 世纪 20 年代和 30 年代进行了 200 次种质资源考察，到过 60 多个国家，收集作物种质约 15 万份。20 世纪 60 年代中到 70 年代又考察了 50 多个国家，收集到 13 万份材料。到目前为止，俄罗斯已收集种质资源 35 万多份，入库保存 17.8 万份。

日本自 20 世纪 50 年代以来共进行种质资源考察 20 余次。1954 年开始对中东小麦及其近缘野生植物进行考察，延续 20 余年，收集材料 6 400 余份。日本农林省自 20 世纪 70 年代开始，赴意大利、匈牙利、印度考察水稻，赴尼泊尔、巴基斯坦考察小麦，赴非洲、土耳其、伊朗、南美考察饲料作物等，收集到大量原产当地的种质资源，现已入库保存 14.6 万份。

新中国成立以后，分别于 20 世纪 50 年代中期和 1979—1983 年先后组织了两次大规模的种质资源征集工作，其后开展了多次针对野生稻、野生大豆、小麦野生近缘植物、野生饲用植物和猕猴桃等资源的专门考察，同时通过国际种质资源交换和引种，收集了大量种质资源。目前，我国种质资源有 36 万余份，在数量上居世界第二位。近 30 多年来，我国作物种质资源保存得到迅速发展，建成 3 座国家级低温种质库（含复份长期库），30 个种质圃及 2 个试管苗种质库。国家长期库贮存种质 32 万份，居世界各种质库首位。

其他国家如法国、瑞典、埃塞俄比亚以及国际植物遗传资源委员会也十分注意国外种质资源的考察收集。据统计，印度已入库保存 14.4 万份，韩国 11.5 万份，加拿大 10 万份。全世界合计已收集种子样品 610 万份（含重复）。

1.4.1.3　育种方法和技术的应用

作物雄性不育性研究的深入，为自花授粉作物和常异花授粉作物杂种优势的利用创造了条件。目前已在几十种大田作物和蔬菜育种上利用了杂种优势，其中，我国在杂交水稻和杂交油菜的选育和推广方面处于国际领先地位。1976—2006 年，全国累计种植杂交水稻 3.76 亿 hm²，共增产稻谷 5 200 亿 kg。杂交水稻被推广至世界各地大面积种植，为世界粮食安全做出突出贡献。

通过远缘杂交创造了新的物种——小黑麦和其他新的植物类型，如八倍体小偃麦等。此外，通过创造异附加系、异代换系和异易位系等新材料，国内外均成功地将异缘种属的优良性状导入作物品种，一些易位系材料在育种中发挥了重要作用。如小麦与黑麦之间的 1BL/1RS 异易位系，在国内外小麦育种中得到了广泛应用，衍生了大批小麦品种。

花药培养已在 250 多种高等植物中获得成功应用。其中我国科技人员在国际上首先培育成功的有小麦、玉米、大豆、甘蔗和橡胶等近 50 种植物。通过花药培养培育出的小麦、水稻和烟草等作物的多个花培品种，在生产中大面积推广应用。

截至 2009 年，利用诱变育种技术，60 多个国家在 170 多种植物上育成了 3 000 多个突变品种，其中我国在 45 种植物上培育的突变品种有 800 多个。诱变育种已成为提高农业经济效益的重要手段之一。

转基因技术给作物育种开辟了一条崭新的途径。伴随着巨大的争议，转基因作物商业化生产获得了快速的发展。在全世界范围内，转基因作物种植面积从 1996 年首次商业化种植的 1.70×10^6 hm^2 增加到 2016 年的 1.85×10^8 hm^2，增长了近 110 倍。种植转基因作物的国家从 6 个增加到 26 个。从种植面积上看，大豆、玉米、棉花和油菜目前仍是 4 大主要转基因作物，占到转基因作物总面积的 99% 以上，其中转基因大豆占比 50%。从 4 大作物单独来看，2016 年转基因应用率分别为大豆 78%、棉花 64%、玉米 26%、油菜 24%。

我国大面积应用的转基因作物是抗虫棉。从 1997 年批准种植以来，转基因抗虫棉种植面积不断上升，到 2016 年已占到棉花种植面积的 95%。其他商业化种植的转基因植物还有抗病毒番木瓜和抗虫杨树。2009 年 11 月 27 日，农业部批准了 2 个转 *Bt* 基因水稻、1 个转植酸酶基因玉米的安全证书，为转基因粮食作物的商业化应用奠定了基础。

1.4.1.4　目标性状的选育

引发"绿色革命"的水稻和小麦品种的主要性状突破是株高的降低。我国自 20 世纪 50 年代开始水稻矮化育种，实现了我国水稻育种历史上的第一次突破，单产由 3 000～3 750 kg/hm^2（200～250 kg/亩）提高到 4 500～5 250 kg/hm^2（300～350 kg/亩）。小麦的矮化育种使小麦株高由 110～120 cm 降低到 80～90 cm。

在作物抗病育种方面，小麦抗锈品种的选育，使我国小麦生产自 20 世纪 60 年代以后再没有发生大规模的锈病流行；抗枯、黄萎病棉花品种的育成，基本上控制了这两种病对棉花产量的影响；玉米抗大、小斑病，水稻抗白叶枯病等都取得了显著成效。

在作物品质育种方面，禾谷类作物的高蛋白含量、高赖氨酸含量品种，强筋小麦品种，高油含量、高直链淀粉含量玉米品种，高含油量、低芥酸含量、低硫苷含量油菜品种，高纤维强度棉花品种等的选育，都获得了较大的进展。目前欧美油菜生产已基本实现了优质化。我国优质品种的面积也正逐年扩大。

1.4.2　作物育种工作的展望

总的来说，作物育种的成就主要是靠传统育种技术取得的。但目前传统育种技术的发展已遇到了瓶颈，具体的表现是粮食单产提高的速度不断减慢。如我国粮食单产提高

20 世纪 80 年代约为 1 t/hm^2，90 年代减少为 0.7 t/hm^2，21 世纪前 10 年仅为 0.4 t/hm^2。与此同时，农业生产面临的挑战并没有减小。最大的挑战是世界人口仍在持续增长。据估计，未来 30 年，世界人口将增加到 100 亿。这意味着粮食产量的增长速度至少要能跟上人口的增长速度，才能满足未来的需求。另外，还要面临随着城市化进程的加快，耕地仍在不断减少；气候变暖、土地荒漠化、土壤流失等环境问题也在不断恶化等一系列问题。这些问题的解决需要多方面的共同努力。就作物育种工作来说，未来的育种可能需要从以下几个方面考虑突破的途径：

一是在现行育种中，加强目标性状改良，提高作物产量潜力。如根据生产形势的变化选育水肥高效、抗旱耐瘠、兼抗多种病虫害的新品种。抗病育种的进展已基本控制了锈病、白粉病对我国小麦生产的危害，但在主产区，原来一些非主要病害如赤霉病、纹枯病、茎基腐病等的危害越来越严重，对这些病害的抗性品种的需求变得非常迫切。另外，矮化育种使稻、麦等作物的收获指数提高到 50%，但这一增产途径也许达到了极限，未来，注意茎秆质量，适当提高株高，选育生物产量和经济产量均高的新品种也许是新的方向。

二是发展新的育种技术，加速育种进程，加大选择规模。作物的生长通常每年只能完成一代或两代的世代交替，这决定了育种周期长是常规育种的关键限制因素。此外，常规育种的选择过程主要依靠育种家个人完成，受育种家精力所限，选择规模也难以扩展得很大。近些年来，基因组学、表型组学等学科的发展，使得在作物育种中开展高通量的表型分析、基因分型、标记辅助筛选、基因组选择、基因编辑等成为可能。这些技术与"快速育种"技术相结合，可以进一步加速育种进程，有望克服常规育种的局限，让育种家们能够跟上环境变化和人口增长的步伐。

所谓"快速育种"，是指通过人工调整光照长度、光照强度、光谱组成和环境温度，加速作物开花结实，缩短作物传代时间的育种技术。这一技术与胚拯救、种子低温层积、水培等技术相结合，可以进一步缩短作物的生长周期。已有报道，快速育种技术可以使小麦一年生长 8 代，大麦生长 9 代。这种"快速育种"与基因组学、表型组学、基因编辑等技术相结合的育种体系，是目前可以预见的育种学最有可能的新的发展方向。

三是开展作物的从头驯化。现有作物的驯化，是一个野生植物的突变性状的漫长选择过程。相对于我们的先人，今天的育种家拥有更多的创新技术人工模拟这一过程，加速作物的驯化，从而丰富作物的遗传多样性。从头驯化在多倍体作物中相对容易实现，如模拟普通小麦的形成过程，育种家利用小麦的四倍体种与不同的粗山羊草杂交和染色体加倍，创造了大量的人工合成小麦，极大地丰富了小麦的育种可利用资源，尤其对扩大小麦 D 基因组的遗传多样性具有重要意义。类似的，在花生和香蕉中，利用各种二倍体种进行多倍体驯化种的再合成，为抗病性等性状的改良提供了新途径。

1.5　作物育种相关的国际研究机构

作物遗传改良是提高农业生产力的决定性因素。除了各国建立的作物育种的研究机构之外，20世纪60年代以来，一些致力于作物品种改良的国际性农业研究机构也相继成立，并取得了显著成绩。1960年，洛克菲勒基金会和福特基金会与菲律宾政府合作创建了国际水稻研究所（IRRI），这是最早成立的国际农业研究机构。20世纪60年代后期，该所育成的 IR 系列水稻品种大面积推广，进一步引起国际社会对农业科研的重视。1966年、1967年和1968年，按国际水稻研究所的模式先后成立了国际玉米小麦改良中心（Centro Internacional de Mejoramiento de Maizy Trigo, CIMMYT）、国际热带农业研究所（International Institute of Tropical Agriculture, IITA）和国际热带农业研究中心（Centro Internacional de Agricultura Tropical, CIAT）3个科研机构。以上4个机构的研究工作在解决发展中国家粮食短缺问题上取得了巨大成功，代表性成果便是"绿色革命"。受此鼓舞，1971年，世界银行、联合国粮农组织、联合国开发计划署和其他12个捐助机构共同发起成立了国际农业研究磋商小组（Consultative Group on International Agricultural Research, CGIAR），以领导和扩大原有的国际农业研究体系，所属研究机构从4个逐步扩大到目前的15个，研究范围也从谷物、薯类和豆类扩大到其他作物、畜牧兽医以及耕作制度等，从而在世界范围内形成了一个具有一定规模和较完整体制的国际农业研究体系。表1-1列出了 CGIAR 体系内与作物育种相关的国际农业研究中心的基本情况。

表 1-1   CGIAR 体系内的国际农业研究中心

缩写	建立时间 / 年	全　称	所在地	研究重心
IRRI	1960	International Rice Research Institute 国际水稻研究所	菲律宾 洛斯巴尼奥斯	水稻
CIMMYT	1966	Centro Internacional de Mejoramiento de Maizy Trigo 国际玉米小麦改良中心	墨西哥 墨西哥城	小麦 小黑麦 玉米
IITA	1967	International Institute of Tropical Agriculture 国际热带农业研究所	尼日利亚 伊巴丹	豆类作物 块根作物 块茎作物
CIAT	1968	Centro Internacional de Agricultura Tropical 国际热带农业研究中心	哥伦比亚 卡利	菜豆 木薯
CIP	1971	Centro Internacional de la Papa 国际马铃薯中心	秘鲁 利马	马铃薯
AfricaRice	1971	Africa Rice Center 非洲水稻中心	贝宁 科托努	水稻
ICRISAT	1972	International Crops Research Institute for the Semi-Arid Tropics 国际半干旱地区热带作物研究中心	印度 安德拉邦	谷子 高粱 豆类
Bioversity International	1974	Bioversity International 国际生物多样性中心	意大利 罗马	种质资源
ICARDA	1976	International Center for Agricultural Research in the Dry Areas 国际干旱地区农业研究中心	叙利亚 阿勒颇	大麦

　　国际农业研究磋商组织与世界各国紧密合作开展相关研究工作。中国于 1984 年正式加入该组织，由中国农业科学院负责协调与该组织的合作。在加入该组织之前，中国的很多农业研究与教学机构就已经与其下属的研究中心开展了广泛的合作，并取得了显著的合作成果。全国大约 20% 的水稻种质来自 IRRI 品种；来自 CIMMYT 的小麦种质在我国的小麦育种中也发挥了重要作用，云南省的小麦和广西省的玉米大约 50% 的种质来自 CIMMYT 提供的材料。

参 考 文 献

［1］　北京农业大学作物育种教研组 . 植物育种学 . 北京：北京农业大学出版社，1989.

［2］　董玉琛 . 我国作物种质资源研究的现状与展望 . 中国农业科技导报，1999, 1(2): 36-40.

［3］　国际农业生物技术应用服务组织 . 2016 年全球生物技术 / 转基因作物商业化发展态势 . 中国生物工程杂志，2017, 37(4): 1-8.

［4］　潘家驹 . 作物育种学总论 . 北京：农业出版社，1994.

［5］　王天云，黄亨履 . 抢救种质资源 保护生物多样性 . 中国农业科技导报，1999, 1(2): 46-49.

［6］　张天真 . 作物育种学总论 . 北京：中国农业出版社，2003.

［7］　中国农业年鉴编辑委员会 . 中国农业年鉴 . 北京：中国农业出版社，2009.

［8］　Acquaah G. Principles of Plant Genetics and Breeding. Bowie State University, Maryland, USA, 2012.

［9］　Chahal G S, Gosal S S. Principles and Procedures of Plant Breeding. Pangbourne: Alpha Science International Ltd, 2002.

［10］　Diamond J. Evolution, consequences and future of plant and animal domestication. Nature, 2002, 48: 700-707.

［11］　Mayr E. The Growth of Biological Thought-Diversity, Evolution, and Inheritance. The Belknap Press of Harvard University Press Cambridge, Massachusetts London, England, 2000.

第2章 作物繁殖方式

作物繁殖（crop reproduction）是指作物产生同自己相似的新个体，是作物繁衍后代、延续物种的一种自然现象。作物的繁殖方式主要有 2 种：一种是采用种子繁殖后代，通过种子萌发、营养生长、有性生殖生长，形成下一代种子，这种繁殖方式称为种子繁殖或有性繁殖；另外一种是不通过种子进行后代的繁殖，而是利用营养器官，如马铃薯的块茎、甘薯的块根、竹子的根状茎、甘蔗的蔗茎、香蕉的吸芽等长成新植株来繁殖后代，这种繁殖方式称为营养繁殖或无性繁殖。还有一种繁殖方式也是采用种子繁殖后代，但种子的形成不需有性过程，这种繁殖方式称为无融合生殖，也属于无性繁殖范畴。作物的主要繁殖方式如图 2-1 所示。

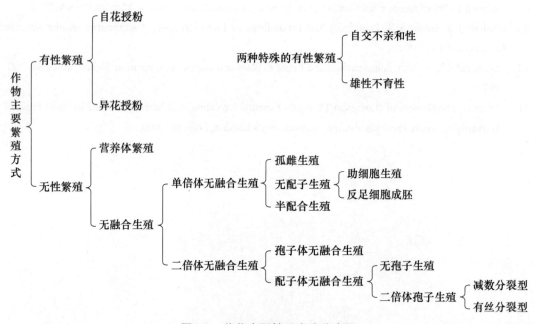

图 2-1 作物主要繁殖方式分类图

2.1 作物的繁殖方式

作物的繁殖方式（mode of reproduction）不同，其后代群体的遗传特点各异，所采用的育种方法和良种繁育方法便有差别。了解作物的繁殖方式，对于培育作物品种的类型、育种方法的选择、种子的繁殖等至关重要。

2.1.1　有性繁殖

有性繁殖（sexual propagation）是指不同生物个体的雌、雄生殖细胞，或同一个体的不同雌、雄生殖细胞相结合后形成新的生物个体（种子）的方式。其后代的产生经历了一个两性生殖细胞结合的有性过程，将不同个体中的优良基因进行了重组，这是作物育种的核心所在。

2.1.1.1　有性繁殖种类

作物有性繁殖按授粉方式可分成自花授粉和异花授粉 2 类。授粉方式是作物的一个重要特性，各种作物的育种方法、种子繁殖等技术规程都要根据其授粉方式而定。

1）自花授粉和自花授粉作物

自花授粉（self-pollination）是指一朵花的花粉给同一朵花或给同一植株上其他花的雌蕊授粉的方式。通过自花授粉方式繁殖后代的作物称为自花授粉作物（self-pollinated crops）。小麦、水稻、大豆和花生等属于此类。

自花授粉作物的花器构造特点（二维码 2-1）为：① 两性花，即雌雄同花（monoecious）。② 花器保护严密，外来花粉不易进入。③ 雌、雄蕊的长度相仿或雄蕊较长，雌蕊较短，有利于自花授粉。有些作物的雄蕊紧紧围绕雌蕊，花药开裂部位紧靠柱头，极易自花授粉等。

二维码 2-1　自花授粉作物的花序及花器构造

自花授粉作物的开花习性为：① 雌雄同熟；② 开花时间较短，甚至闭花授粉（cleistogamous）。③ 花粉不多，不利于风媒传粉。④ 花瓣多无鲜艳色彩，花也无特殊香味，多在夜间或清晨开花，不易引诱昆虫传粉等。但闭花授粉并不排除开放授粉造成异交的可能性。一般将异交率<4% 的作物列为自花授粉作物。

自花授粉作物是通过同一花内的雌雄配子结合，即由遗传性相同的两性细胞结合产生的同质结合子进行后代繁殖的。所以其后代每一个体的基因型都是纯合的（homozygosity），其后代群体中各个体的基因型是同质的（genetic uniformity），表型也是整齐一致的。基因型与表型一致。通过表型选择的优良性状，可以稳定地遗传给后代。

自花授粉作物由于长期自交，在自然选择和人工选择的作用下，对严重影响作物生长发育的有害基因，如致死基因、半致死基因等已淘汰殆尽，因此自花授粉作物具有自交不退化的特点。

2）异花授粉和异花授粉作物

有的作物雄蕊和雌蕊不长在同一朵花里，甚至不长在同一株植株上，这些花就无法自行授粉了，它们的雌蕊必须得到另一朵雄花的花粉才能结实，这种授粉方式叫异花授粉（cross-pollination）。通过异花授粉方式繁殖后代的作物称为异花授粉作物（cross-pollinated crops）。玉米、黑麦、甘薯、向日葵、银杏、南瓜和荞麦等属于此类。

二维码 2-2　雌雄异株的异花授粉作物的花器构造

异花授粉作物主要由风力或昆虫传播异花花粉而结实，其自然异交率至少在 50% 以上，很多作物可达 100%。

异花授粉作物的花器构造类型常见的有 3 种：① 雌雄异株（dioecious），即植株的雌花和雄花分别着生于不同植株上。对一个单株而言，要么全是雄性花（雄株），要么全是雌性花（雌株）。如菠菜、石刁柏、银杏、番木瓜和铁树等（二维码 2-2）。② 雌雄同株异花（monoecious），即一株植株上同时具有雌花和雄花两种单性花（unisexual flower）。如玉米、蓖麻、黄瓜和西瓜等（二维码 2-3）。③ 雌雄同花，但雌雄异熟（dichogamy）（二维码 2-4），有的作物雄蕊先熟（protandry），如胡萝卜、向日葵等；有的作物雌蕊先熟（protogyny），如珍珠粟。

二维码 2-3　雌雄同株异花的异花授粉作物的花序及花器构造

异花授粉作物的开花习性为：① 对于雌雄同花的异花授粉作物，雌雄异熟；② 花粉量较大，利于风媒传粉；③ 花瓣有鲜艳色彩，或花有特殊香味，易引诱昆虫传粉等。

异花授粉作物主要是通过不同的雌雄配子结合，即由遗传性不同的两性细胞结合产生的杂合子进行后代繁殖的。在长期开放授粉的条件下，其后代

二维码 2-4　雌雄同花的异花授粉作物（向日葵）的花序及花器构造

个体基因型是杂合的（heterozygosity），群体中各个体的基因型是异质的（heterogeneity），表型是多种多样的，缺乏整齐一致性。基因型与表型不一致。根据表型选择的优良性状，后代总是出现分离，不能在子代稳定地遗传下去，这是异花授粉作物的重要遗传特点之一。

对于雌雄同株异花和雌雄同花的异花授粉作物，在人工控制授粉条件下，经过多代强制自交，可使其后代逐渐趋向纯合，可获得隔离条件下稳定遗传的纯合基因型。但强制自交会导致生活力显著衰退（称为近交衰退）。所以，异花授粉作物不耐自交。通过连续人工自交、选择，得到纯合的自交系后，再将遗传基础不同的优良自交系进行杂交，可得到具有杂种优势的杂交种。

3）常异花授粉作物

常异花授粉作物（often cross-pollinated crops）是指异交率介于自花授粉作物和异花授粉作物之间（4%～50%）的作物，是自花授粉作物和异花授粉作物的过渡类型。如棉花、高粱等。

常异花授粉作物的花器构造特点（二维码 2-5）及开花习性为：雌雄同花，雌雄蕊不等长、外露，易接受外来花粉；雌雄蕊不同期成熟，开花时间长，比自花授粉作物容易发生异交；不少常异花授粉作物花瓣色彩鲜艳，并能分泌蜜汁，引诱昆虫传粉等。

由于常异花授粉作物的异交率较高，因此其遗传特点表现为：群体的遗传组成比较复杂，其中大部分是自交产生的后代，

二维码 2-5　常异花授粉作物的花序及花器构造

因此后代群体基本为基因型纯合的同质个体，一小部分个体由于异交表现为个体基因型杂合。杂合基因型出现的比例因天然异交率的高低而不同。常异花授粉作物在人工控制条件下连续强制自交，导致群体较为同质和纯合，一般不会出现显著的自交衰退现象。

常见自花授粉作物、异花授粉作物和常异花授粉作物见表 2-1。

表 2-1　常见自花授粉作物、常异花授粉作物和异花授粉作物

作物种类	代表性作物		
自花授粉作物	小麦（wheat）	花生（groundnut）	烟草（tobacco）
	小黑麦（triticale）	豌豆（peas）	黄麻（jute）
	大麦（barley）	鹰嘴豆（chickpea）	亚麻（linseed）
	燕麦（oats）	豇豆（cowpeas）	生菜（lettuce）
	水稻（rice）	黑豆（black gram）	茄子（brinjal）
	大豆（soybean）	绿豆（green gram）	番茄（tomato）
常异花授粉作物	棉花（cotton）	蚕豆（broadbean）	黄秋葵（okra）
	高粱（sorghum）	木豆（pigeonpea）	甘蓝型油菜（swede type rape） 芥菜型油菜（mustard type rape）
异花授粉作物	玉米（maize）	甘蔗（sugarcane）	白菜（cabbage）
	黑麦（rye）	甜菜（sugarbeet）	菜花（cauliflower）
	珍珠粟（pearl millet）	啤酒花（hop）	芦笋（asparagus）
	甘薯（sweetpotato）	红花（safflower）	番木瓜（papaya）
	马铃薯（potato）	紫花苜蓿（alfalfa）	银杏（ginkgo）
	向日葵（sunflower）	瓜类（cucurbits）	香蕉（banana）
	蓖麻（castor）	胡萝卜（carrot）	苹果（apple）
	麻（hemp）		栗子（chestnuts）

2.1.1.2　两种特殊的有性繁殖方式

在作物有性繁殖中，还存在 2 种特殊的类型，即自交不亲和与雄性不育。由于自交不亲和基因或雄性不育基因的作用，使作物不能自交结实，只能接受外来花粉，产生异交种子。这两种特殊类型的繁殖方式对于作物杂种优势利用意义重大。

1）自交不亲和性

根据自交结实情况，作物可以分为自交结实正常和自交结实不正常 2 种类型。自交结实正常的包括：① 完全正常（小麦、水稻和大豆等）；② 自交结实基本正常（棉花和高粱等）；③ 自交结实很少，但同一品种（或品系）内不同植株间授粉（兄妹交）结实正常（玉米、蓖麻和瓜类作物等）；自交结实不正常，自交和兄妹交都基本不结实（甘薯、黑麦等），即自交不亲和。

自交不亲和性（self-incompatibility，SI）是指具有两性花，并可形成正常雌、雄配子，当花粉落在同一朵花的柱头上或同一品系内异株上时，不能萌发，或萌发后不能受精结实的特性。自交不亲和对于物种避免近亲交配和保持遗传多样性具有重要意义。

自交亲和或不亲和一般用自交亲和指数（结实指数）来度量。作物自交亲和指数是指同一株系内花期授粉时，结籽数除以授粉花朵结荚数的数值（结籽数／授粉花朵结荚数），通常将甘蓝的自交亲和指数低于 1 的列为自交不亲和；大白菜的自交亲和指数低于 2 的列为自交不亲和；萝卜的自交亲和指数低于 0.5 的列为自交不亲和。

具有自交不亲和性的作物通常表现出雌蕊排斥自花授粉的行为，使自花的雄配子在受精的不同阶段受阻：① 有的自花花粉不能在雌蕊柱头上发芽；② 有的花粉管不能穿透柱头表面；或在花柱内生长缓慢，落后于异花花粉；或不能到达子房，不能进入珠心；或进入胚囊后不能与卵细胞结合完成受精过程。

自交不亲和产生的生化原因是成熟柱头的乳突细胞表面的特殊糖蛋白和花粉的外壁蛋白质不亲和。当花粉落在柱头上后，花粉粒的外壁蛋白质与柱头乳突细胞表面的特殊糖蛋白质相互作用：如果二者是亲和的，表现为接受反应；如果二者是不亲和的，柱头乳突细胞随即产生胼胝质，阻止花粉管的侵入，表现为拒绝反应。

自交不亲和系的繁殖可以通过蕾期授粉、花期盐水（5%～8%）喷雾、4% CO_2 气体处理花或利用自交不亲和系的保持系等（详见 12.5.5 中的利用自交不亲和性生产杂交种）。

自交不亲和性受自交不亲和复等位基因 S 控制。基于花粉识别特异性的遗传决定方式，自交不亲和性分为孢子体自交不亲和性和配子体自交不亲和性 2 种类型。孢子体自交不亲和作物的花粉亲和与否由父母本（即二倍体植株）S 位点的基因型决定。配子体自交不亲和作物的花粉亲和与否雌雄配子体的 S 基因型决定。

自交不亲和性绝大部分受单基因位点上的复等位基因 S 控制，如存在于烟草、三叶草和马铃薯等作物中的配子体自交不亲和性；存在于白菜、甘蓝和萝卜等作物中的孢子体自交不亲和性。极少数由 2 个或多个基因位点上的复等位基因共同控制，如存在于禾本科植物中的 2 个复等位基因控制的配子体自交不亲和性；存在于野生萝卜、向日葵中的 2 个独立位点控制的孢子体自交不亲和性；存在于藜科和毛茛科等植物中的 3 个或 4 个复等位基因控制的配子体自交不亲和性；存在于十字花科芝麻菜中的 4 个基因位点控制的孢子体自交不亲和性等。自交不亲和基因（S）位点上复等位基因之间的相互关系有共显性（大多数为此种类型）、显隐性和竞争性互作 3 种。

（1）配子体自交不亲和性

配子体自交不亲和性（gametophytic self-incompatibility）是指同一朵花（或同一株、或同一个系内等）上的花粉在柱头上萌发后可侵入柱头，并能在花柱组织中延伸一段，此后便受到抑制。这种不亲和反应发生在雌配子（卵细胞）和雄配子（精细胞）之间，常见于豆科、茄科和禾本科的一些植物。这种抑制关系可以发生在花柱组织内，也可以发生在花粉管与胚囊组织之间，甚至还有花粉管释放的精子已达胚囊内，但仍不能与卵细胞结合。

在配子体自交不亲和性中，花粉表型由单倍体花粉（即配子体）自身的 S 基因型决定。分布最为广泛的是一种称为 S 核酸酶类的自交不亲和性，主要存在于茄科、蔷薇科和车前科等植物中。

配子体自交不亲和性由配子体中的自交不亲和复等位基因 S 决定，相互之间没有显、隐性关系。雌蕊是二倍体组织，常含有 2 个复等位基因，且常呈杂合状态，如 $S1S2$、$S1S3$、…、$SmSn$ 等。然而在花粉管中，只有 1 个复等位基因，如 $S1$、$S2$、…、Sn。S 基因是在减数分裂完成后起作用的。只有当花粉中的自交不亲和基因与雌蕊中的自交不亲和基因不同时，才能杂交成功，否则不能亲和。如 $S1S2 \times S1S2$ 表现不亲和；$S1S2 \times S1S3$ 表现配子体一半亲和，只有 $S3$ 的配子体可以杂交产生后代；$S1S2 \times S3S4$ 表现全部亲和。

（2）孢子体自交不亲和性

孢子体自交不亲和性（sporophytic self-incompatibility）是指花粉落在柱头上不能正常发芽，或发芽后在柱头乳突细胞上缠绕而无法侵入柱头。这种不亲和反应发生在花粉管与柱头乳突细胞之间。花粉的行为决定于二倍体亲本的基因型，因而称为孢子体型自交不亲和性。这种自交不亲和性存在于圆白菜和西兰花等十字花科植物和向日葵等菊科植物中。

孢子体自交不亲和性作物的花粉亲和与否取决于产生花粉的二倍体亲本（即孢子体）S 基因型。研究发现，自然群体中 S 单倍型的类型可达上百个之多。当花粉粒所携带的 S 等位基因与雌蕊的 S 基因相同时，花粉管就不能进入柱头，最终不能参与受精；反之，当花粉粒所携带的 S 等位基因与雌蕊的 S 基因不同时，花粉管可以进入柱头，并在花柱组织中延伸，最后参与受精作用。

孢子体自交不亲和性和配子体自交不亲和性的区别见表 2-2。

表 2-2　孢子体自交不亲和性和配子体自交不亲和性的区别

项目	孢子体自交不亲和性	配子体自交不亲和性
自交不亲和反应控制	由孢子体基因型控制。	由花粉的基因型决定。
自交不亲和基因	白菜、甘蓝、萝卜等多达 20 个科的植物受单个位点上的复等位基因控制，且复等位基因之间有显隐性关系。 向日葵中受 2 个独立位点上的复等位基因控制。 十字花科芝麻菜由 4 个位点上的复等位基因控制。	烟草、三叶草、马铃薯等受单基因位点复等位基因控制，且复等位基因之间无显隐性关系。 一些禾本科植物受 2 个位点的复等位基因控制。 藜科、毛茛科受 3 个或 4 个位点上的复等位基因控制。
自交不亲和反应位置	柱头表面。	花柱内。
正常授粉可否产生自交不亲和基因纯合体	可能会产生自交不亲和基因纯合体。	不可能产生自交不亲和基因纯合体。
自交不亲和反应发生时期	发生在减数分裂前，由产生花粉的植株基因型决定。	发生在减数分裂后，由花粉的基因型决定。

自交不亲和性可用于作物杂种优势利用。利用自交不亲和系作母本，接受父本花粉生产 F_1 种子，降低制种成本，提高制种效率。因此，自交不亲和性是一种有实用价值的有性繁殖方式。详见 12.5 作物杂种优势利用方法。

2）雄性不育性

雄性不育性（male sterility）是指植株的雌蕊正常而花粉败育、不产生有功能的雄配子的特性。雄性不育性广泛存在于水稻、玉米、高粱、油菜、大麦、小麦、棉花及向日葵等作物中，对作物的杂种优势利用非常重要。

受遗传控制的雄性不育性分为两大类：① 受核基因控制的细胞核雄性不育性（genic male sterility，GMS）。包括隐性核不育和显性核不育 2 种。一般隐性核不育居多，显性核不育相对较少。② 细胞质 - 细胞核互作雄性不育性，简称细胞质雄性不育性（cytoplasmic male sterility，CMS），是由细胞质不育基因与细胞核中相对应的不育基因互作而产生的雄性不育性。按照雄性不育花粉败育发生的过程，细胞质雄性不育又可分为孢子体不育和配子体不育 2 种类型。

此外，还有一种由基因型与环境共同决定的基因型 - 环境互作雄性不育性类型。目前发现的基因型 - 环境互作雄性不育性类型多为核 - 环境互作雄性不育性。我国自 20 世纪 70 年代以来，陆续在水稻、小麦、大豆、大麦、油菜和谷子等作物中发现的光温敏核雄性不育系就是属于核 - 环境互作雄性不育性，其诱导育性转换的主导因子为光照和温度。有光敏、温敏和光温互作等类型，但以光温互作型居多。

（1）细胞核雄性不育

这种类型的雄性不育性受细胞核基因控制，这些基因不受细胞质基因类型的影响，不育性的基因型和表现型完全是孟德尔式的遗传，因此找不到保持系把不育性固定下来，也不能得到完全不育或高度不育的不育系。

目前，在水稻、小麦、棉花和大豆等作物上都发现了核不育类型，绝大多数是由隐性基因控制的，少数是由显性基因控制的。

当雄性不育性受一对隐性核基因（msms）控制时，正常品种具有的可育基因是显性的，所以隐性核雄性不育的恢复品种很多。雄性不育系（msms）做母本与正常品种（MsMs）杂交，F_1（Msms）便恢复育性，F_2 出现育性分离，可育株与不育株的分离比例是 3∶1。雄性不育系（msms）和 F_1（Msms）杂交时，后代出现可育株和不育株 1∶1 的分离。

当雄性不育性受单显性基因（Msms）控制时，用带隐性基因（msms）的可育材料与其进行杂交，后代可育株（msms）与不育株（Msms）的分离比例为 1∶1，不能得到稳定的不育系，也不能制成完整可育的商品杂交种。但是，单显性核不育可以作为自花授粉作物进行轮回选择的异交工具（详见第 14 章中的轮回选择）。

（2）质 - 核互作的雄性不育

质 - 核互作的雄性不育是受细胞核内雄性不育基因的主导控制，并受细胞质和细胞核基因的互作控制，是可以稳定遗传的雄性不育性。此类雄性不育性是通过"三系"配套的方式加以利用的。"三系"是雄性不育系、雄性不育保持系、雄性不育恢复系的总称。

这种类型的雄性不育性由特定的核基因（Rf 或 rf）与特定的细胞质类型（S 或 N 细胞质）相互作用的结果。在质 – 核互作的雄性不育中，根据细胞核和细胞质基因的互作方式，又将其划分为孢子体雄性不育和配子体雄性不育。

① 孢子体雄性不育：孢子体雄性不育（sporophyte male sterility）是指花粉的育性受孢子体（植株）基因型控制，而与花粉本身所含的基因无关，F₁ 自交后代表现株间分离。

在孢子体雄性不育材料中，如玉米的 T 型不育系、C 型不育系，水稻的野败等雄配子败育时期较早、败育彻底，败育的发生受控于孢子体的质 - 核基因互作方式。当植株的细胞核和细胞质基因组双方任何一方有可育基因（Rf 或 N）时，减数分裂后产生的所有雄配子均为可育；只有当孢子体基因型为 [S（rfrf）] 时，往往因孢子体的绒毡层细胞发生畸变而导致雄配子体的发育受阻，形成仅具有干瘪花药的雄花。因此，不育系 [S（rfrf）] 与恢复系 [N（RfRf）或 S（RfRf）] 杂交 F₁ 植株 S（Rfrf）的花粉全部可育，F₂ 群体的单株间表现出可育株 [S（Rf_）] 和不育株 [S（rfrf）] 的孟德尔式的分离（3：1）（图 2-2）。

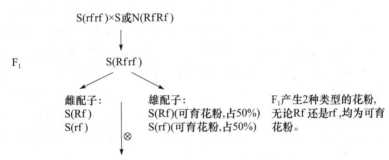

图 2-2 孢子体雄性不育杂交后代育性分离示意图

② 配子体雄性不育：配子体雄性不育（gametophyte male sterility）是指花粉育性直接受配子体（单倍体花粉）本身的基因所控制。

在配子体雄性不育材料中，如玉米 S 型雄性不育系、水稻红莲型雄性不育系等的育性反应由单倍体花粉的基因型决定，败育时期较晚。败育的发生受控于雄配子自身的质 - 核基因的互作方式。当细胞核和细胞质基因组双方存在任何一个可育基因（Rf 或 N）时，败育现象不会发生。只有当配子体基因型为 S（rf）时，雄配子体的发育才会夭折，形成空泡状的败育花粉。因此，不育系 [S（rfrf）] 与恢复系 [N（RfRf）或 S（RfRf）] 杂交 F₁ 植株 [S（Rfrf）] 上的花粉发生分离：50% 花粉带 Rf 基因，可育；50% 的花粉带 rf 基因，败育。由于含有 rf 基因的败育花粉不能参与授粉，仅含有 Rf 基因的花粉能参与授粉，因此，F₁ 自交产生的 F₂ 群体的单株间不表现可育株与不育株的分离，花粉的育性仅表现为穗上分离（图 2-3）。

③ 基因型 - 环境互作的雄性不育：作物的雄花育性随生殖生长特定时期的光照长短或（和）温度高低的变化而呈现有规律的变化，这种雄性不育类型称为基因型 - 环境互

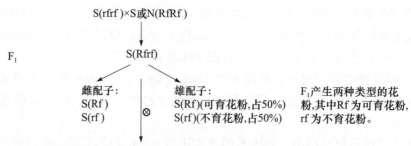

$$S(rfrf) \times S或N(RfRf)$$

F₁ S(Rfrf)

雌配子： 雄配子： F₁产生两种类型的花
S(Rf) S(Rf)(可育花粉,占50%) 粉,其中Rf为可育花粉,
S(rf) ⊗ S(rf)(不育花粉,占50%) rf为不育花粉。

F₂ S(RfRf)(可育基因型,占50%)；S(Rfrf)(可育基因型,占50%)

图2-3 配子体雄性不育杂交后代育性分离示意图

作的雄性不育（genotype-environment interaction male sterility）。根据作物核雄性不育系对环境因子的敏感性可以分为3种类型：① 以光周期反应为主，温度反应为辅的光敏核雄性不育系；② 以温度高低反应为主，光周期反应为辅的温敏核雄性不育系；③ 由光周期和温度协同调控的光温敏核雄性不育系。

光敏核雄性不育系又分为长光不育/短光可育和短光不育/长光可育2种。如水稻光敏雄性不育系'NK58S'、谷子光敏雄性不育系'GM'和棉花光敏雄性不育系'9106'等均为长光不育/短光可育；小麦雄性不育系'C49S'为短光不育/长光可育。

温敏型雄性不育系又可分为高温不育/低温可育和高温可育/低温不育2种。如玉米温敏雄性不育系'琼68ms'、棉花温敏雄性不育系'TMS-2'均为高温不育/低温可育；小麦'BNS'雄性不育系、油菜温敏雄性不育系'417S'均为高温可育/低温不育。

对于光温互作型雄性不育系来说，决定其育性转换的光、温因素难以分清主次，二者存在互作和协同关系。如水稻光温敏雄性不育系'培矮64S'、小麦光温敏雄性不育系'337S'均为光温互作型雄性不育。

基因型-环境互作的雄性不育类型的雄性不育性由核基因控制，与细胞质无关。通过育种程序，可将雄性不育基因导入不同的自交系（亲本系），以育成温敏、或光敏、或光温敏雄性不育系，从而通过"两系法"利用作物杂种优势。

④ 人工创造的雄性不育：花粉发育是在花药中完成的。花药壁最内层细胞（即绒毡层细胞）为花药发育提供所需营养。因此，当绒毡层细胞的发育发生异常时，花粉发育会因缺乏营养而发育异常。

烟草中的 *TA29* 启动子是一种特殊启动子，可以在花粉绒毡层特异表达。Mariani等（1990）将来自芽孢杆菌的核糖核酸酶（barnase）基因与 *TA29* 启动子融合形成嵌合基因（*TA29-Barnase*）。由于 *TA29* 是在花粉绒毡层特异表达的启动子；核糖核酸酶基因的产物可特异性地破坏绒毡层的发育，从而可导致植物花粉不育。

二维码2-6 人工创造的雄性不育系（A）及其保持系（A'）

因此，当将嵌合基因 *TA29-Barnase* 克隆到含有抗除草剂基因 *bar* 的双元载体后，转化油菜等作物，即可获得雄性不育抗草胺膦的转基因品系（A系）。这种转基因雄性不育系，可用未转化的品种（A'系）授粉，所得到的后代植株花粉育性将发生分离。通过喷洒草胺膦杀死不抗草胺膦的雄性可育株，存活下来的抗草胺膦的全部为雄性不育株，可用于杂交制种（二维码2-6）。

后来，Mariani 等（1992）又将同样来自芽孢杆菌的 *Barstar* 基因与 *TA29* 启动子融合构建了 *TA29-Barstar*，并克隆到含有抗除草剂基因 *bar* 的双元载体。由于 *Barstar* 基因编码的蛋白为核糖核酸酶的拮抗物，它能够特异地结合 *Barnase* 基因编码的蛋白，组成 1∶1 的蛋白复合体，从而使 Barnase 处于失活状态。因此，这种人工创造的雄性不育系（A 系）可在 *Barstar* 基因作用下恢复其育性。因此，当将嵌合基因 *TA29-Barstar* 克隆到含有抗除草剂基因 *bar* 的双元载体后，转化油菜等作物的其他品种，获得抗除草剂雄性可育转基因品系（B）。用转基因的雄性可育系（B）给转基因的雄性不育系（A）授粉，由于 *Barstar* 基因对 *Barnase* 基因的显性上位性作用，*Barstar* 基因编码的蛋白能够特异地结合 *Barnase* 基因编码的蛋白，形成复合物，抑制了 Barnase 蛋白的作用，杂种一代恢复育性（二维码 2-7）。

二维码 2-7　利用转基因雄性不育系（A）及转基因恢复系（B）配制杂交种

雄性不育性在育种中的利用详见 12.5 中的杂种优势利用。

除了有性繁殖外，在作物中还存在无性繁殖方式，包括无融合生殖。

2.1.2　无性繁殖

凡不经过雌、雄配子结合繁殖后代的方式，称为无性繁殖（asexual propagation）。主要利用无性繁殖方式繁殖后代的作物称为无性繁殖作物（asexually propagated crops），如甘薯、马铃薯、木薯及甘蔗等。其实质是作物没有性细胞的融合和基因的重组，只是经过细胞的有丝分裂产生新个体。理论上无性繁殖后代的基因型与母体是一样的，任何一个单独个体的独立性状都能够长期保持下去，不存在变异或者变异较小。无性繁殖主要包括营养体繁殖和无融合生殖。

2.1.2.1　营养体繁殖

许多作物的植株营养体部分都具有再生繁殖能力。如植株的根、茎、叶、芽等营养器官及其变态部分如块根、块茎、球茎、鳞茎、匍匐茎和地下茎等，都可利用其再生能力，由营养体繁殖（vegetative propagation）后代。它没有经过两性生殖细胞的结合，由母体直接产生后代，保持其母体的性状而不发生或极少发生性状分离。因此，一些不易进行有性繁殖而又需保持品种优良性状（如杂种优势）的作物，可利用无性系保持种性。

2.1.2.2　无融合生殖

作物的雌性细胞甚至雌配子体内的某些单倍体、二倍体细胞，不经过雌、雄配子的融合即可繁殖后代，这种繁殖方式称为无融合生殖（apomixes）。通过无融合生殖可以形成遗传上稳定的可由种子繁殖的无性系，可以固定有利基因型，改变育种及种子生产程序。

根据无融合生殖发生的完全程度，可将其分为专性无融合生殖和兼性无融合生殖。其中专性无融合生殖（obligate apomixes）无须经过受精自主发育，子代基因型与母体完全一致；兼性无融合生殖（facultative apomixes）的植株同时发生有性生殖和无融合生殖，子代会发生性状分离。

根据胚胎发生的起源不同，无融合生殖可分为孢子体无融合生殖（不定胚）和配子体无融合生殖。孢子体无融合生殖是由珠心或珠被细胞直接发育成胚，与有性生殖共存表现出多胚现象。配子体无融合生殖可分为减数配子体无融合生殖和未减数配子体无融合生殖。无融合生殖的发生过程见图2-4。

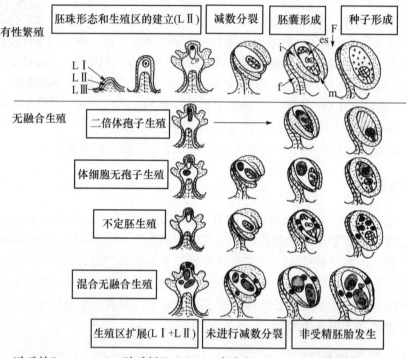

i为珠被(integuments)；f为珠柄(funicle)；m为珠孔(micropyle)；es为胚囊(embryo sac)；F为双受精(double fertilization)。该图总结了胚珠的发育，从形成由LⅠ、LⅡ和LⅢ三层组成的原基开始。横线上方显示的是有性繁殖，横线下方显示的是无融合生殖过程。参与无融合生殖的细胞或结构用灰色阴影表示，而那些与有性繁殖有关的细胞或结构则保持白色。

图2-4 开花植物胚珠的有性生殖和无融合生殖（Koltunow，2003）

1）不定胚生殖

不定胚生殖（adventitious embryony）是指在胚囊以外的胚珠、珠心或子房壁的二倍体细胞经过有丝分裂形成胚（称为不定胚），同时由正常胚囊中的极核发育成胚乳而形成种子。不定胚常见于柑橘和芒果的多胚品种中。

2）减数配子体无融合生殖

减数配子体无融合生殖（reduced gametophytic apomixes）是指在正常减数分裂的胚囊中，卵细胞、助细胞和反足细胞不经受精过程直接形成胚。减数分裂胚囊中的无融合生殖有孤雌生殖、孤雄生殖和无配子生殖3种方式。在细胞学上由这3种方式产生的胚不同于其他无融合生殖类型。这些胚只含有配子体的染色体组，以后形成的植株为单倍体。

（1）孤雌生殖

孤雌生殖（parthenogenesis）是指胚囊中的卵细胞未和精核结合，直接形成单倍体的胚。有时胚囊中的助细胞和反足细胞（配子体的体细胞）在特殊情况下，也能发育为单倍体或二倍体的胚。

（2）孤雄生殖

孤雄生殖（androgenesis）是指进入胚囊中的精核未与卵细胞融合，直接形成单倍体的胚。

（3）无配子生殖

无配子生殖是指减数分裂的胚囊中，除卵细胞以外的助细胞或反足细胞不经受精自发形成胚的现象。近年来，在小麦和多胚水稻中报道了助细胞形成胚的现象。

3）未减数配子体无融合生殖

未减数配子体无融合生殖包括体细胞无孢子生殖和二倍体孢子生殖。

体细胞无孢子生殖：体细胞无孢子生殖在禾本科植物的无融合生殖中最为常见。从细胞学上来说，体细胞无孢子生殖的胚囊来源于胚珠的珠心细胞，但有的种子也可以从珠被、子房壁发育而来。体细胞无孢子生殖胚珠的造孢组织在减数分裂期间即行退化。体细胞无孢子生殖胚囊有一个卵细胞和一个相当于有性胚囊的极核，通常缺少第二个极核和反足细胞。胚由卵细胞产生。

二倍体孢子生殖：二倍体孢子生殖（diplospory）是大孢子母细胞减数分裂受阻形成的，不经过减数分裂而进行有丝分裂。通过有丝分裂形成二倍体胚囊，胚由未减数的胚囊所衍生。

在不定胚生殖、体细胞无孢子生殖和二倍体孢子生殖中，无论胚是来自于胚囊以外的母体组织，还是来自于胚囊以内的双倍体的卵细胞，其产生的后代均为二倍体，基因型与母本相同，可以永久固定杂种优势。这 3 种无融合生殖方式对作物杂种优势利用具有实践指导意义。

孤雌生殖、孤雄生殖和无配子生殖是单倍体产生的主要途径。单倍体常常是不育的，但可经染色体加倍，形成纯合的二倍体（加倍单倍体）。育种家可根据育种目标要求从中选育出优良品种（或自交系），缩短了育种年限。详见 11.2 中的单倍体在育种上的应用。

2.2　作物的品种类型及其育种特点

根据作物品种中各个体的遗传特点和群体的结构特点，作物品种可分为纯系品种、杂交种、群体品种及无性系品种等类型，但生产上推广的作物品种主要有 3 种类型，即纯系品种、杂交种和无性系品种。

2.2.1　纯系品种

纯系品种（pure line variety）是对突变或杂合基因型经过连续多代自交加选择而得

到的同质纯合群体。包括自花授粉作物和常异花授粉作物的纯系品种，还有异花授粉作物的自交系。目前，我国生产上种植的大多数小麦、大麦、大豆和花生等自花授粉作物的品种，就是纯系品种。异花授粉作物经多代强迫自交加选择而得到的纯系，如玉米的自交系，当作为推广杂交种的亲本使用时，由于它具有生产和经济价值，也属于纯系品种之列。

1）纯系品种的育种特点

纯系品种的选育主要通过不同基因型的亲本进行有性杂交（包括种内杂交和远缘杂交）获得杂交种；经过多代自交加选择，在其后代中得到纯系品种。这是目前选育纯系品种最有效的育种方法。还可利用作物在自然条件下或人工诱变条件下发生的突变，通过人工选择，选育纯系品种。

对于常异花授粉作物来说，在杂交育种时，应对亲本进行必要的自交纯化和选择，以提高杂交育种的成效。在良种繁育中，应特别注意隔离，防止生物学混杂，以保持品种纯度和优良种性。

对于异花授粉作物来说，则需在严格的隔离条件下，经多代强迫自交加选择而得到纯系。在自交系繁育、利用自交系配制杂交种时应特别注意严格进行隔离，防止生物学混杂，以保持自交系的纯度和杂交种的质量。

无论是自花授粉作物、常异花授粉作物的纯系品种，还是异花授粉作物的自交系，都必须具有优良的农艺性状，例如高产、优质、抗病虫、抗倒伏及生态适应等。因此，可以通过拓宽育种资源，采用杂交和诱变等方法，引起基因重组和突变，扩大性状变异范围，并在性状分离的大群体中进行选择，多中选优，优中选优，方能选育出具有较多优良性状的个体。所以，创造丰富的遗传变异和在性状分离的大群体中进行单株选择，是纯系品种育种的一个重要特点。

2）纯系品种的特点

对于纯系品种群体中的每一个个体来说，都是经过多代自交得到的。所以，纯系品种中的个体基因型是纯合的。对于一个纯系品种的群体来说，各个体的基因型是相同的，所以群体是同质的。

2.2.2 杂交种

杂交种（hybrid）是在严格选择亲本和控制授粉的条件下生产的各类杂交组合的 F_1 群体。它们的基因型是高度杂合的，群体又具有不同程度的同质性，表现出很高的生产力。杂交种通常只种植 F_1，即利用 F_1 的杂种优势。F_1 不能留种，因为 F_1 植株上结的种子 F_2 将发生基因型分离，导致群体产量下降，所以 F_1 以后世代的种子生产上一般不利用。

1）杂交种的育种特点

无论是自花授粉作物、常异花授粉作物，还是异花授粉作物，只要亲本品种（或自交系）杂交有杂种优势，就可以在生产上利用它们的杂交种。

20 世纪 70 年代之前，杂交种的生产利用主要存在于异花授粉作物中（如玉米杂交种）。到目前为止，很多作物相继发现并育成了雄性不育系、自交不亲和系，解决了大量生产杂交种子的问题，使自花授粉作物和常异花授粉作物也可利用杂交种。如水稻杂交种、油菜杂交种、棉花杂交种和高粱杂交种等。

杂交种利用的是 F_1 的杂种优势。杂种优势的强弱是由亲本品种（或自交系）的配合力决定的。因此，杂交种的育种实际上包括两个育种程序：自交系选育和杂交组合的选配。其中关键问题是自交系的配合力测定，只有经过配合力测定，才能了解自交系配合力的高低，才能得到杂种优势强、产量高的杂交种。所以，需要进行配合力测定是杂交种育种（杂种优势利用）的主要特点。

能否配制出大量 F_1 杂交种种子是生产上利用杂交种的主要限制因素。虽有优良的杂交种组合，若不能生产出大量 F_1 种子，则难以大面积推广。因此对影响亲本繁殖和配制杂交种种子的一些性状应加强选择。例如，对亲本自身的生产力，两个亲本花期是否能相遇，母本雄性不育系的不育性稳定性，父本花粉量的多少等性状，都要注意选择。另外，在进行繁殖和制种时应注意严格隔离，防止生物学混杂，保证制种质量，提高制种产量，降低种子生产成本。

2）杂交种的特点

杂交种是自交系间杂交或自交系与自由授粉品种间，或由雄性不育系与恢复系间，或由自交不亲和系间杂交产生的 F_1。所以，对杂交种的每个个体来说基因型高度杂合。对于一个杂交种的群体来说，各个体的基因型是相同的，都是杂合体，所以群体是同质的。

2.2.3　群体品种

群体品种（population variety）的特点是群体内的植株基因型不一致，既有纯合的，又有杂合的。因作物种类和组成方式不同，群体品种包括异花授粉作物的自由授粉品种、异花授粉作物的综合品种、自花授粉作物的杂交合成群体和多系品种 4 种类型。

1）异花授粉作物的自由授粉品种

异花授粉作物的自由授粉品种在繁殖过程中，品种内植株间随机授粉，个体基因型是杂合的，群体是异质的。群体内各植株间性状有一定程度的变异，但保持着一些本品种的主要特征、特性，可以区别于其他品种。例如玉米、黑麦等异花授粉作物的地方品种都是自由授粉品种。

异花授粉作物的自由授粉品种的育种特点包括 3 点：① 多代强迫自交，培育自交系，进而配制杂交种，利用杂种优势。② 保持原品种群体的基因频率、基因型频率和群体的遗传平衡，保持原品种的种性。③ 进行群体改良。淘汰不良的基因和基因型，选择和保留优良的基因和基因型，改变原品种群体的基因频率和基因型频率，创建新的遗传平衡群体。

2）异花授粉作物的综合品种

异花授粉作物的综合品种（synthetic variety）是由一组根据既定目标选择的自交系，

采用人工控制授粉和在隔离区多代随机授粉组成的遗传平衡群体。综合品种的遗传基础复杂，每一个体基因型杂合，各个体的性状也有较大的变异，个体间的基因型异质，但具有一个或多个代表本品种特征的性状。异花授粉作物的综合品种在遗传上处于平衡状态，其群体的基因频率和基因型频率在一定条件下保持不变，因而在生产上可连续使用一定年限。综合品种在繁殖时，要严格隔离，并尽可能让其在较大群体中自由随机授粉，避免发生遗传漂移和削弱遗传基础，以保持群体的遗传平衡。

3）自花授粉作物的杂交合成群体

自花授粉作物的杂交合成群体（composite-cross population）是用自花授粉作物两个以上的品种杂交后繁殖出的、分离的混合群体，把它种植在特别的环境条件下，主要靠自然选择的作用促使群体发生遗传变异，并期望这些遗传变异在后代中不断加强，逐渐形成一个较稳定的群体。杂交合成群体实际上是一个多种纯合基因型混合的群体。

4）多系品种

多系品种（multiline variety）是若干纯系品种的种子混合后繁殖的后代，可以用自花授粉作物的几个近等基因系（near-isogenic lines）的种子混合繁殖成为多系品种。由于近等基因系具有相似的遗传背景，只在个别性状上有差异，因此多系品种可以保存纯系品种的大部分性状，而在个别性状上得到改进。实际上多系品种包括若干个不同的基因型，而每一个植株的基因型是纯合的。例如小麦、燕麦和棉花上应用的抗病多系品种。

多系品种也可是指由自花授粉作物的不同纯系品种混合在一起种植组成，亦称混合品种。

2.2.4　无性系品种

无性系品种（clonal variety）是由一个无性系或几个近似的无性系经过营养器官繁殖而成的品种类型。它们的基因型由母体决定，表型和母体相同。许多薯类作物和果树品种都是这类无性系品种。由专性无融合生殖，如孤雌生殖、孤雄生殖等产生的种子繁殖的后代，并未经过两性细胞受精过程，由单性的性细胞或性器官的体细胞发育形成的种子，这样繁殖出的后代，也属无性系品种。

用营养体繁殖的无性系品种的基因型由作物种类及来源而定，如甘薯为异花授粉作物，其无性系品种的基因型是杂合的，但表型是一致的。对于自花授粉作物，其无性系品种如果来自多代的自交后代，则基因型是纯合的；如果来自杂交后代，则基因型是杂合的，但其无性系品种的表型都是一致的。因而，可以采用有性杂交和无性繁殖相结合的方法进行无性繁殖作物育种。在适宜的自然和人工控制条件下，无性繁殖作物也可进行有性繁殖，进行杂交育种。这时，无论是自花授粉或异花授粉，由于它们的亲本原来就是遗传基础复杂的杂合体，因此，F_1代就有很大的分离。在存在广泛变异的F_1实生苗中，选择优良个体，进行无性繁殖，迅速把优良性状和杂种优势稳定下来，再通过比较、鉴定和选择，培育成新的无性系品种。这种把有性杂交和无性繁殖结合起来的实生苗育种，是改良无性繁殖作物的一种有效途径（详见第15章无性繁殖作物育种），也是无性繁殖作物较其他类型作物杂交育种年限短的主要原因。此外，利用无性系品种自交，淘汰不良基因后产生的自交系，再进行自交系间的杂交可获得更大的杂种优势。但在此过程中可能会出现自交不亲和及自交严重退化现象，因而可进行 1～3 次株系内的近交，选择优良的近交系，再进行不同近交系间的杂交或与其他亲本杂交，培育无性系品种。

无性繁殖作物芽的分生组织细胞经常发生突变，称之为芽变（bud mutation）。芽变发生后，可在各种器官和部位表现变异性状，一旦出现有利的突变即可选留，利用营养体繁殖把芽变迅速固定下来。还可用理化因素进行诱变处理提高突变率。选择和保留有利的突变通过无性繁殖形成无性系，再通过系统鉴定和比较，即可扩大繁殖，培育成优良的无性系品种，这种育种方法称为芽变育种。芽变育种是营养体无性系品种选育的一种有效方法，国内外都曾利用芽变选育出一些甘薯、马铃薯和甘蔗等无性系品种。

另外，花药培养、花粉培养及体细胞杂交技术也可用于无性繁殖作物的选育。无性繁殖作物进行繁殖时无须进行隔离，但需要进行必要的选择，淘汰机械混杂或自然变异的弱株和劣株，以保持品种的种性。无性繁殖作物品种因感病毒发生退化时，可通过茎尖与分生组织培养进行脱毒生产无毒种苗加以解决。

思　考　题

1. 名词解释：有性繁殖、无性繁殖、无融合生殖、自花授粉作物、异花授粉作物、常异花授粉作物、雄性不育性、自交不亲和性、纯系品种、杂交种、群体品种、无性系品种。
2. 简述无性繁殖与有性繁殖的本质区别。
3. 简述作物的品种类型及其育种特点。
4. 试述无融合生殖在育种中的应用。

参　考　文　献

［1］ 付志远，秦永田，汤继华. 主要作物光温敏核雄性不育基因的研究进展与应用. 中国生物工程杂志，2018，38(1): 115-125

［2］ 刘忠松，罗赫荣. 现代植物育种学. 北京：科学出版社，2010.

［3］ 潘家驹. 作物育种学总论. 北京：中国农业出版社，1994.

［4］ 孙其信. 作物育种学. 北京：高等教育出版社，2011.

［5］ 张天真. 作物育种学总论. 北京：中国农业出版社，2003.

［6］ Chahal G S, Gosal S S. Principles and Procedures of Plant Breeding. Alpha Science International Ltd, 2002.

［7］ Chen L, Liu Y G. Male sterility and fertility restoration in crops. 2014, 65: 579-606.

［8］ Koltunow A M, Grossniklaus U. Apomixis: A developmental perspective. Annual Review of Plant Biology, 2003, 54: 547-574.

［9］ Mariani C, DeBeuckeleer M, Trueltner J, et al. Induction of male sterility in plants by a chimeric ribonuclease gene. Nature, 1990, 347: 737-741.

［10］ Mariani C, Gossele V, Beuckeleer M D, et al. A chimaeric ribonuclease-inhibitor gene restores fertility to male sterile plants. Nature, 1992, 357: 384-387.

第3章　育种目标

在启动育种程序之前，育种家必须充分了解所在地区的自然条件、种植制度以及生产者、消费者对品种的需求、偏好，分析当地品种的变迁历史和现有品种的特征、特性等因素，据此制定明确的育种目标，即拟选育的新品种应具备的优良性状的具体指标。育种目标是育种工作的蓝图，育种程序中的一系列具体操作，如有目的地收集种质资源、有计划地选择亲本和配置组合、杂种后代的选择鉴定等，都是围绕明确的育种目标开展的。可以说，育种目标制定得正确与否是决定育种工作成败的关键。

3.1　主要育种目标性状分析

人类所需的作物种类繁多，不同群体对品种的要求也各有侧重。对生产者来说，高产品种可以生产出更多的农产品，从而增加收入；抗倒伏品种有利于作物机械化收获，降低劳动强度；抗病虫品种可以减少农药的使用，在降低生产成本的同时，也可以减轻环境污染。如果考虑消费者的需求，育种家还应选育具备更高营养价值、更好加工品质和食品风味的新品种。因此，具体到每种作物，育种目标涉及的性状千差万别。但归结起来，高产、稳产、广适、优质是现代农业对优良品种的共同要求，是所有作物的总育种目标。

3.1.1　高产

随着人口不断增长，提高产量是作物育种的永恒主题。农业生产中，作物产量一般指经济产量，是指一定面积、一定时间内作物经济产品的生产量。作物经济产品是能够满足人类需求的作物的各种部分，如根、茎、叶、花和果实等，或者是其化学组分如蛋白质、淀粉、油脂和矿物质等。很多情况下，作物的多个部分会分别具有不同的经济价值，因此产量是对作物经济产品生产能力的综合描述。

3.1.1.1　产量形成的生物学基础

从生物学角度来看，作物经济产量是其生物产量的一部分。作物经济产量与生物产量之比称为经济系数，又称收获指数。生物产量可以定义为一个单株或单位面积上作物积累的所有干物质的总量，其形成基础是作物生长发育过程中一系列生理生化过程的互作。这些生理生化过程由作物自身的基因型控制并受环境条件的影响。作物的主要生理过程包括光合作用、呼吸作用、运输作用和蒸腾作用等。作物积累的干物质中90%～95%是由光合作用通过碳素同化过程生产的,其余5%～10%是通过吸收土壤中各种养分生产的。因此,从光合作用角度,作物的产量可分解为:

经济产量＝生物产量×收获指数＝净光合产物×收获指数＝(光合强度×光合面积×光合时间－光呼吸消耗)×收获指数

由此可见,高产品种应该具有光合能力较高、呼吸消耗较低、光合机能保持时间长、叶面积指数大和光合产物转运率高等生理特点。目前作物的光能利用率还很低,一般只有1%～2%或以下,因此,通过提高光能利用率来提高作物产量的潜力巨大。

从运输作用角度,作物产量是光合同化产物的转化和贮藏的结果。因此,改善干物质的转运效率是品种高产的重要基础。在这一方面,"源、流、库"学说,或称"源、流、库协调"学说对于理解影响作物产量高低的某些规律是有帮助的。源是指供给源或代谢源,也就是制造或提供养料的器官,如茎、叶等。流是指控制养料运输的器官,如根、茎等。库是贮藏库或代谢库,即接纳或最后贮藏养料的器官,如禾谷类作物的籽粒,棉花的铃及籽棉,甘薯、甜菜等的块根,马铃薯、山药等的块茎等。

根据这一学说,当库的潜力大于源时,源是限制产量的因素,通过改良源,可以提高产量;当库的潜力小于源时,则产量受库潜力所限制。所以,源、库是互相限制、互相促进的。当源充足时,可使库发展得更大些;当库大时,可提高源的能力;当源、库能协调发展时,便可获得较高的产量。

按源、库对产量的作用,水稻品种可分为3种类型:库限制型,即源大库小;源限制型,即库大源小;源、库限制型,即源和库都限制着产量。一般而言,南方稻区,因水稻生育期长、气温高、水稻叶面积过大,库是主要矛盾,所以应选育大穗、大粒水稻品种。而北方稻区,因水稻生育期短、气温低、水稻叶面积不足,源是主要矛盾,应注意选育株型紧凑、耐密植的品种,以提高叶面积指数,增加光合产物。

3.1.1.2 高产目标的育种策略

作物各个生理生化过程的遗传基础非常复杂,之间又存在复杂的互作。因此,产量是一个极为复杂的数量性状。目前还没有一个简单、成熟的遗传学理论指导高产育种。在实践中,育种家主要依据与作物生理生化过程相关的一些间接指标开展高产育种工作。

1)产量因素的合理组合

作物产量可进一步分解为育种过程中易于观察和度量的不同产量因素,各个产量因素的乘积便是理论产量。如:

禾谷类作物的单产＝单位面积穗数×穗粒数×粒重

棉花单产＝单位面积株数×单株有效结铃数×铃重×衣分

大豆和油菜单产＝单位面积株数×每株有效荚数×荚粒数×粒重

在其他产量因素不变的条件下,提高其中的1个或2个因素,或3个因素同时提高,均可提高单位面积的产量水平。但是,实际上产量因素之间常呈负相关,即一个因素的提高会导致另一因素的下降。因此作物高产的关键是各产量因素的合理组合,从而得到产量因素的最大乘积。

在不同生产水平和条件下，各个品种获得高产的产量因素组合可能不同。对稻麦品种来说，有 3 种组合形式，即以单位面积成穗数多为主要因素的多穗型；以单穗粒数和单穗粒重高为主的大穗型；以穗数、粒数和粒重相互协调的中间型。

在制定育种目标时，应在充分分析现有品种产量因素的基础上，找出决定产量的关键因素，围绕关键因素的改进实现产量的突破。比如，在北方寒冷干旱地区，小麦单位面积成穗数是决定高产的主要因素，因此要求选育耐寒性好、分蘖力强、成穗率高的多穗型品种。在温暖湿润地区，多要求穗粒数和穗重高的大穗型品种。在稳产的基础上要进一步高产时，可在一定穗数基础上，再同步增加穗粒数和粒重，选育中间型品种。近年来玉米育种改变了过去追求大穗、大粒的做法，选育出了紧凑型、耐密植的品种，通过提高单位面积穗数实现了玉米产量的大幅度提高。

2）株型改良

株型（plant architecture）是指作物的茎、叶、枝和果等器官的尺寸以及在植株上的着生态势。品种的株型会显著影响作物群体的光能利用率和光合产物转运效率。育种家很早就注意到株型与产量的关系。1968 年，C.M. Donald 提出了作物理想株型的概念，用于描述有利于干物质向经济器官分配的作物品种的最优表型。他设想的小麦品种的理想株型是：种子根比重高；独秆，茎秆强壮，株高较矮；叶片小而直立，叶数少；穗大，直立。虽然目前世界各国主流小麦品种的株型并没有完全符合 Donald 的设想，但理想株型的思想对作物育种产生了广泛影响。目前，禾谷类作物品种的株型均具有矮秆、半矮秆，叶片挺直、窄短，叶色较深，株型紧凑等特点。棉花品种的株型一般为主茎和果枝的节间短、果枝与主茎的角度小、叶片大小适中、着生直立和株型紧凑等。

株型改良的一个重要内容是矮化育种。植株矮化的一个直接结果是增强了作物的抗倒能力，从而提高了作物耐密植、耐肥水能力，促进了高产栽培技术的应用；另一个结果是提高了谷类作物的收获指数。收获指数反映了作物的同化物转化为经济产量的效率，是决定品种产量高低的一个重要指标。研究表明，收获指数与产量间为高度正相关，提高品种的产量，可以通过提高其收获指数实现。

矮化育种的遗传学基础是矮秆基因的应用。不同作物中均存在矮秆基因的广泛遗传变异，其中最著名的是小麦的 *Rht-B1b*（*Rht1*）、*Rht-D1b*（*Rht2*）和水稻的 *sd1*。*Rht-B1b* 和 *Rht-D1b* 来源于日本小麦品种'达摩（Daruma）'。由其衍生的品种'农林 10号'是 CIMMYT 半矮秆小麦的基础矮源；*sd1* 来源于我国台湾水稻品种'低脚乌尖'，是 IRRI 水稻矮化育种的主要基础。由于 20 世纪 60 年代的绿色革命，这 3 个基因被广泛应用于世界各国的小麦和水稻育种中，因此又称作"绿色革命基因"。

3.1.2 稳产

一个作物的优良品种除了具备较高的产量潜力外，还应具备保持年际间产量相对稳定的能力，即应具备一定的稳产性。产量高而不稳的品种是没有推广前景的。

作物生产过程中常常会受到各种不利环境条件的影响，导致产量降低。这些不利环境条件大体可分为不良气候条件和不良土壤条件引起的非生物逆境和病虫危害导致的生物逆境。针对各种逆境，选育抗倒伏、抗病虫、抗寒、抗旱、耐热、耐盐等品种是保持作物稳产性的最经济、有效的农艺措施。

（1）抗倒伏

倒伏（lodging）是指作物植株在收获前发生的倾倒、弯折、折断等现象。这些现象可能发生在作物根部，称为根倒；也可能发生在茎部，称为茎倒。土传病害或地下害虫危害作物根系可引起根倒。病虫害也可能危害茎部引起茎倒。此外，强风、暴雨、冰雹等不利天气条件，过量施用氮肥等栽培措施也是引起倒伏的重要因素。从作物自身来说，植株高、茎秆细、营养生长过度等使品种更容易发生倒伏。

倒伏会导致作物产量降低和品质变劣，同时给机械收获带来严重影响。因此，随着农业机械化水平的提高，品种抗倒伏性（lodging resistance）成为越来越重要的育种目标。如前所述，矮化育种是增强抗倒性，提高收获指数的重要育种策略。但通过降低株高提高收获指数对产量的贡献是有限度的，要获得产量的持续提高，在维持较高收获指数的前提下，进一步提高生物产量是必由之路。在此限制下，选育根系发达，茎秆强壮、坚硬、茎壁厚，抗倒伏能力强的品种，应成为作物育种的重要目标。

（2）抗病虫

各种作物不同环境中的病虫害种类繁多。在我国，大田作物主要病虫害有：水稻的稻瘟病、白叶枯病和稻飞虱等；小麦的锈病（条/叶/秆锈病）、白粉病、赤霉病和蚜虫等；玉米的大/小叶斑病、丝黑穗病、穗腐病、青枯病和玉米螟等；棉花的枯/黄萎病、蚜虫、棉铃虫和红铃虫等；大豆的病毒病、线虫、食心虫和秆潜蝇等；甘薯的黑斑病、茎线虫病和地下害虫等；油菜的病毒病、菌核病和蚜虫等。

由于各种作物都会受到多种病虫害威胁，所以抗病虫育种目标不能只注重单一抗性，而要注意兼抗品种的选育。此外，专化抗性基因的抗性丧失是抗病虫育种经常面临的困境。为解决这一困境，增强品种的持久抗性，非专化抗性基因的利用已成为抗病虫育种中越来越重要的内容。当然，对抗病虫性的理解不能绝对化，只要保证作物产量和品质的损失在合理范围内，这样的抗性水平就达到了育种目标要求。

（3）抗非生物逆境

我国不少地区水资源缺乏，水利条件差，无灌溉条件的耕地占全国耕地面积的半数以上，其中有些地区常年缺雨干旱。即使在雨量较多的地区，季节性干旱也时有发生，造成作物严重减产。而在许多丘陵山区，土层薄、土壤肥力差，不能满足作物生长对营养的需要。在这些地区，选育节水、抗旱、耐瘠（又称营养高效）品种对增强作物的稳产性具有重要的意义。

我国的气候条件和土壤条件十分复杂，除病、虫、干旱和贫瘠外，在相当大的范围内，还常有严寒、水涝和盐碱等灾害性自然条件。因此，还应针对不同地区的条件选育抗寒、耐湿、耐盐碱能力强的品种。

（4）生育期适宜

因光温条件的差异，不同地区耕作栽培制度各异，推广应用适应各地耕作栽培制度的作物品种，使之既能充分利用生长期的光热资源，又能避免或减轻当地自然灾害，是实现作物高产、稳产的基础。因此，适宜的生育期就成为作物育种的基本目标性状。

决定作物生育期的关键生理过程是成花转变，即由营养生长向生殖生长的转变过程，这一过程受作物自身遗传因子和外部环境因素的共同影响。其中，昼夜节律和温度是影响生育期的两个主要环境因素。作物通过光周期途径和春化作用途径感受这两个环境信号的变化来控制成花转变。

目前，对一些作物光周期途径和春化作用途径遗传机制已有比较深入的了解。如小麦中，光周期反应主要由位于第 2 部分同源群染色体上的 3 对基因 *Ppd-A1*、*Ppd-B1* 和 *Ppd-D1* 控制，其中 *Ppd-D1* 起主导作用；在大豆中，也发现了多个在长日条件下影响开花的基因位点，其中 *E3* 位点最重要，*e3e3* 基因型对长日条件无感。在高粱中，有 4 对基因 *Ma1*、*Ma2*、*Ma3* 和 *Ma4* 与生育期有关，在长日条件下（日长 14 h），*Ma1Ma2Ma3Ma4* 基因型的开花日数为 70 d，而 *Ma1ma2Ma3Ma4* 和 *Ma1Ma2ma3Ma4* 分别只有 44 d 和 35 d。在小麦中有 5 个与春化作用有关的基因，其表达调控以及与光周期途径之间互作机制的研究也比较深入。

一般来说，生育期长的品种具有更高的产量潜力。但在很多情况下，生育期短的早熟品种的推广应用是保持作物稳产的重要条件。如我国高纬度的东北、西北地区北部及某些丘陵地区，无霜期短，生产中常发生早霜危害；西北旱塬，玉米存在"伏旱晒花"的威胁；广大主产麦区，在灌浆期间，干热风危害常发；而在南、北方的某些地区，秋雨常使棉花烂铃、玉米烂穗；光热条件较好的华北、黄淮平原，复种是基本耕作制度。这些生产条件下，选用生育期短的作物品种成为避免或减轻自然灾害、满足复种要求的基本措施，也决定了早熟成为我国很多作物品种的共同特点。

3.1.3 广适

一个优良品种不仅拥有在特定种植区域内高产、稳产的特点，而且应该具备在更广泛区域间保持产量相对稳定的能力，即具有广适性（widely adaptation）。广适性品种具有大面积推广潜力，能最大限度发挥品种的增产作用。研究发现，广适性品种一般具有对日照长度变化反应不敏感，对温度反应范围较宽的特点。光周期不敏感基因型是广适性品种的重要遗传基础。在育种中，对适应性的选择多采用"穿梭育种"和"异地鉴定"方法。

随着现代农业的发展，适应机械化生产成为品种适用性的新内容。我国农业生产中，有些作物已实现了播种到收获的全程机械化，但仍有很多作物，机械化收获成为生产的难点。机械化栽培管理对作物性状有特殊的要求，因此在制定作物育种目标时就要充分考虑选育满足和适应机械化要求的作物新品种。

3.1.4 优质

随着社会的发展，人们对优质农产品的消费需求也不断提高，优质目标在作物育种中的重要性越来越突出。作物品种品质优劣是指其经济产品满足人类需求程度的高低。由于人类对农产品需求的多样性，不同作物的品质指标多种多样，归纳起来，大体可分为外观品质、营养品质和加工品质 3 类。

（1）外观品质

外观品质（appearance quality）是指人类感官能直接观测到的农产品的大小、形状、质地、色泽和味道等方面的特征。感官需求是人类消费需求的重要部分。外观品质有时会对农产品的市场价值产生决定性影响，而且也会对其他品质性状产生直接影响，如小麦籽粒大小、形状、硬度与出粉率、面粉白度等加工品质性状密切相关。

（2）营养品质

营养品质（nutritional quality）是指农产品的化学成分的含量、组成等特征。从根本上来说，人类所需的营养物质碳水化合物、蛋白质和脂肪等大都直接或间接来自农产品。因此，提高农产品中这些有益成分含量，优化这些成分的构成是作物品质育种的重要内容。此外，很多作物还会产生对人、畜健康有害的成分，如油菜中的芥酸和硫代葡萄糖苷、大豆中的胰蛋白酶抑制剂等，在此情况下，降低有害成分含量就成为这些作物品质改良的主要目标。

（3）加工品质

加工品质（processing quality）是指农产品在加工成最终消费品时表现出的性能。大部分农产品要经过一系列加工过程才能变成人类的最终消费品，因此，加工品质成为作物品质育种中最受关注的品质指标。外观品质、营养品质有时也会直接或间接地影响加工品质。需要强调的是，品种的加工品质是与作物产品的最终用途紧密相连的，即使同一作物，由于产品的最终用途不同，品种品质优劣的指标标准可能完全相反，因此，离开最终用途，品质优劣就失去了针对性。如优质啤酒大麦品种要求低籽粒蛋白质含量，而优质饲料大麦品种却要求高籽粒蛋白含量；优质面包小麦品种要求籽粒硬度大、蛋白质含量高、面筋强度高，而优质蛋糕和饼干小麦品种则要求软质、低蛋白含量、面筋强度弱等。

针对各类作物产品的品质，相关行业部门研究制定了相应的评价标准，育种家应该对自己从事的作物的品质标准有充分的了解。

3.2　制定育种目标的原则

一般来说，每个育种家都是针对一种作物开展育种工作的。在制定自己所从事的作物的育种目标时，应明确上述总目标涉及的具体性状指标，并遵循一定原则，使制定的育种目标切实可行。

（1）着眼当前，顾及发展，兼顾现实可行性和预见性

育种工作首先要解决的是当前的实际需要。我国各地区的生产条件和栽培技术水平很不平衡：在现有耕地中，高产、稳产田只占 1/4 左右，大部分地区还处于中、低产水平。在制订育种目标时，应从现有条件出发，在那些水、肥条件好的高产地区，应着重选育高产、优质、早熟、抗倒和抗病的品种，促进产量和品质的进一步提高；而针对肥、水条件较差的低产地区，应着重选育抗逆性强、适应性好的中产水平品种。不顾实际情

况一味追求高产品种是不现实的。

一个新品种的育成和推广，少则5～6年，多则10年以上。因此，在制订育种目标时，还必须预计到今后生产条件和市场需求的变化，使育种工作走在生产发展的前面。

（2）抓住生产中的主要问题，有针对性

制定育种目标时，针对各地当前生产条件下限制生产发展的主要问题，找出现有品种有关目标性状的缺点，有针对性地进行改良。

以秋播冬小麦为例，我国根据小麦的冬春性、对长日照反应和生育期等划分为3大麦区10个生态地区和生态类型。各个生态区的生态条件和品种的生态型均不相同，因而其育种目标的侧重点也不尽相同。如黄淮平原中熟冬麦区（包括淮河、秦岭以北的黄淮平原，苏北、皖北、豫中北、河北和山西南部、陕西中部、甘肃天水地区等），小麦生长期间的主要自然灾害是干旱、成熟期的干热风、白粉病和条锈病重，并有叶锈病和赤霉病。所以，在这些地区应选育丰产、早熟、抗倒、耐旱、抗干热风、抗锈（条锈和叶锈）病、抗白粉病和抗赤霉病的品种。华北北部晚熟冬麦区（包括华北北部的寒冷地带、陇东、辽宁的旅大地区、山东的胶东半岛），冬季寒冷，冬春干旱，锈病时有流行，有时也有干热风。所以该地区应选育耐寒、耐旱、抗锈病、抗干热风的早熟丰产品种。

（3）明确落实具体性状，注重可操作性

制订育种目标时，切忌泛泛地提出高产、稳产、优质、多抗等要求，而必须对相关性状进行分析，确定具体性状改良的指标或选择标准，作为选育新品种的依据。如具体品质性状的最低指标、成熟期提前的具体天数、具体抗何种病害以及抗病性水平等。针对高产这一育种目标，要明确实现高产的不同途径，在稻、麦等作物上，是选育穗大、粒重的穗重型品种，还是选育分蘖力强、成穗率高的穗数型品种？对棉花，是着重选育大铃、高衣分品种，还是着重选育结铃性强、单株结铃数多的品种？这要分别进行有针对性的设计。

（4）考虑品种的合理搭配，实现品种多样性

生产和市场对品种的要求往往是多方面的。育种实践证明，不可能有一个能完全满足生产和市场各种需要的"全才"品种。有些针对不同需求的品种，具体性状的选择方向不同，甚至是相反的，比如青食甜玉米和高油玉米、面包小麦和饼干小麦、啤酒大麦和饲料大麦、油用大豆和蛋白用大豆等。不同育种目标性状之间往往还存在着明显的负相关，像高产、优质和抗病性之间，难以在一个品种中兼顾。在实际工作中，要按不同要求，育种目标各有侧重，分别选育具有不同特点的"偏才"品种，通过品种的合理搭配，来满足生产上多样化的需要。

思 考 题

1. 名词解释：育种目标、产量因素、收获指数、理想株型。
2. 作物育种的主要目标性状有哪些？
3. 制定作物育种目标的原则有哪些？
4. 针对你所熟悉的某地区，拟定一种作物的育种目标，并说明理由。

参 考 文 献

［1］ 北京农业大学作物育种教研室 . 植物育种学 . 北京：北京农业大学出版社 , 1989.

［2］ 蔡旭 . 植物遗传育种学 . 2 版 . 北京：科学出版社 , 1988.

［3］ 西北农学院 . 作物育种学 . 北京：农业出版社 , 1981.

［4］ 张天真 . 作物育种学总论 . 北京：中国农业出版社 , 2003.

［5］ George A. Principles of Plant Genetics and Breeding. Bowie State University, Maryland, USA, 2012.

第4章 种质资源

作物育种的原始材料、品种资源、种质资源（germplasm resources）、遗传资源（genetic resources）、基因资源（gene resources）是一类意义内涵大体相同的名词术语。我国在 20 世纪 60 年代以前把用以培育作物新品种的原材料或基础材料称为作物育种的原始材料，20 世纪 60 年代初期改称为品种资源。由于现代育种主要利用的是现有育种材料内部的遗传物质或种质，所以国际上现仍大都采用种质资源这一术语。随着作物遗传育种研究的不断发展，种质资源所包含的内容越来越广。凡能用于作物育种的生物体都可归入种质资源之范畴，包括地方品种、改良品种、新选育的品种、引进品种、突变体、野生种、近缘植物、人工创制的各种生物类型、无性繁殖器官、单个细胞、单个染色体和单个基因等。

4.1 种质资源的概念和作用

4.1.1 种质资源的概念

种质资源一般是指具有一定种质或基因、可供育种及相关研究利用的各种生物类型。种质是亲代传给子代的遗传物质，是控制生物本身遗传和变异的内在因子。种质资源的遗传物质是基因，且作物遗传育种研究主要利用的是生物体中的部分或个别基因，因此种质资源又被称为遗传资源或基因资源。

4.1.2 种质资源的作用

种质资源是经过长期自然演化和人工创造而形成的一种重要的自然资源，它在漫长的生物进化过程中不断得以充实与发展，积累了由自然选择和人工选择所引起的各种各样、形形色色、极其丰富的遗传变异，蕴藏着控制各种性状的基因，形成了各种优良的遗传性状及生物类型。长期的育种实践充分体现了种质资源在作物育种中的物质基础作用与决定性作用。农业生产上每一次飞跃都离不开新品种的作用，而突破性品种的培育与特异种质资源的利用密切相关。归纳起来，种质资源在作物育种中的作用主要表现在以下几方面：

1）种质资源是现代育种的物质基础

栽培作物品种是在漫长的生物进化与人类文明发展过程中形成的。在这个过程中，野生植物先被驯化成多样化的原始栽培植物，经种植选育变为各种各样的地方品种，再通过对自然变异、人工变异不断地自然选择与人工选择而育成符合人类需求的各类新品种。正是由于已有种质资源具有不同育种目标所需要的多样化基因，才使得人类的不同育种目标得以实现。现代作物育种工作之所以能取得显著的成就，除了育种途径的发展和新技术在育种中的应用外，种质资源的广泛收集、深入研究和充分利用也起到关键性作用。作物育种工作者拥有种质资源的数量与质量，及对其研究的深度和广度是决定育种成效的主要因素，也是衡量其育种水平的重要标志。作物育种实践证明，在现有种质资源中，没有一种种质资源能具备与社会发展完全相适应的所有优良基因，但可以通过遗传改良，将分别具有某些或个别育种目标所需要的特殊基因有效重组，育成新品种。例如，育种家可以从种质资源中筛选具有抗病基因的种质资源和具有优异矮秆基因的矮秆资源杂交，育成抗病、矮秆作物品种。对产量潜力、适应性、品质和熟期等性状的改良也都依赖于种质资源中的目标基因。只要将分散于不同种质资源中的这些目标基因进行有效重组，就能实现高产、稳产、优质和早熟等育种目标。

2）稀有特异种质对育种成效具有决定性的作用

栽培作物育种成效的大小，很大程度上决定于所掌握种质资源的数量多少和对其性状表现及遗传规律的研究深度。从近代作物育种的显著成就来看，突破性品种的育成及育种上大的突破性成就几乎都决定于关键性优异种质资源的发现与利用。如水稻籼稻矮源'低脚乌尖'、小麦矮源'农林 10 号'对世界范围"绿色革命"的突出贡献；油菜品种'Liho''Bronowski'对双低油菜新品种选育的积极作用；'北京小黑豆'对美国大豆生产的作用；水稻矮源'矮脚南特'和'矮子粘'对我国水稻育种的贡献；具有细胞质雄性不育基因的'野败'和非洲水稻'冈比亚卡'，具有雄性不育基因的'Dis/D5237'对杂交水稻的作用；具有细胞质雄性不育基因的'Polima'对我国及世界杂交油菜的贡献；小麦'1BL/1RS 易位系'对世界小麦抗锈病育种的贡献；玉米高赖氨酸突变体'Opaque-2'对玉米营养品质的遗传改良的推动作用；高蛋白、高赖氨酸大麦'Hiproly'与突变体'φ1508'对大麦营养品质遗传改良的促进作用等。这充分说明这些种质资源对人类享受这些育种成果起到了不可替代的作用。

未来栽培作物育种上的重大突破仍将取决于关键性优异种质资源的发掘与利用。一个国家与单位所拥有种质资源的数量和质量，以及对所拥有种质资源的研究程度，将决定其育种工作的成败及其在遗传育种领域的地位。将来谁在拥有和利用种质资源方面占有优势，谁就可能在农业生产及其发展上占有优势。我国种质资源丰富，已发现了许多特异珍贵种质资源，如水稻广亲和材料和光温敏不育材料；小麦太谷显性核不育材料；小麦、大麦光温敏雄性不育材料与核质互作雄性不育材料；大豆核质互作雄性不育材料；油菜光温敏雄性不育材料；谷子核质互作雄性不育材料和光温敏雄性不育材料；特早熟大麦'5199'；抗旱抗寒半野生大麦等，这些材料将会对我国未来栽培作物遗传育种的新突破发挥重要的作用。

3）新的育种目标能否实现决定于所拥有的种质资源

栽培作物育种目标不是一成不变的。人类文明进程的加快和社会物质生活水平的提高对作物育种不断提出新的目标。新的育种目标能否实现决定于育种者所拥有的种质资源。如人类所需求的新作物、适于可持续农业的作物新品种等育种目标能否实现就决定于育种者所拥有的种质资源。种质资源还是不断发展新作物的主要来源，现有的作物都是在不同历史时期由野生植物驯化而来的。从野生植物到栽培作物，就是人类改造和利用种质资源的过程。随着生产和科学的发展，现在和将来都会继续不断地从野生植物资源中驯化成更多的栽培作物，以满足生产和生活日益增长的需要。如在油料、麻类、饲料和药用等植物方面，常常可以从野生植物中直接选出一些优良类型，进而培育成具有经济价值的新作物或新品种。

4）种质资源是生物学理论研究的重要材料

种质资源也是进行生物学理论研究的重要材料。不同的种质资源具有不同的生理特性、遗传特性和生态特点，对其进行深入研究，有助于阐明作物的起源、演变、分类、形态、生态、生理和遗传等方面的问题，并为作物育种工作提供理论依据，从而克服作物育种实践的盲目性，增强预见性，提高育种成效。由此可见，种质资源不但是选育新作物、新品种的基础，也是生物学研究必不可少的重要材料。

4.1.3 种质资源的类别及其特点

为了便于研究和利用多种多样、来源不同的种质资源，需要对作物种质资源进行分类。作物种质资源一般可按其来源、生态类型、亲缘关系和育种实用价值等进行分类。从作物遗传和育种的角度看，按育种实用价值与亲缘关系进行分类较为合理。

1）按育种实用价值分类

按作物育种的实用价值，种质资源可分为地方品种、主栽品种、原始栽培类型、野生近缘种和人工创造的种质资源5类。

地方品种（primitive varieties or landraces）一般指在局部地区内栽培的品种，多未经过现代育种技术的遗传修饰。其中有些材料虽有明显的缺点，但具有稀有有用特性，如特别抗某种病虫害、特别的生态环境适应性、特别的品质性状以及一些目前看来尚不重要但以后可能特别有价值的特殊性状。

主栽品种（major varieties）是指那些经现代育种技术改良过的品种，包括自育成或引进的品种。国外多称为商业品种（commercial varieties），由于其具有较好的丰产性与较广的适应性，一般被用作育种的基本材料。

原始栽培类型（primitive cultivation type）是指具有原始农业性状的类型，大多为现代栽培作物的原始种或参与种。该类型多有"一技之长"，但不良性状遗传力高。现存的原始栽培类型已很少，多与杂草共生，如小麦的二粒系原始栽培种、一年生野生大麦等。

野生近缘种（wild relatives）是指现代作物的野生近缘种及与作物近缘的杂草，包括介于栽培类型和野生类型之间的过渡类型。这类种质资源常具有作物所缺少的某些抗逆性，可通过远缘杂交及现代生物技术把该类种质的优异性状转入栽培作物中。

人工创造的种质资源（artificially created germplasm resources）是指杂交后代、突

变体、远缘杂种及其后代、合成种等。这些材料多具有某些缺点而不能成为新品种，但其有一些明显的优良性状，可作为育种的亲本在作物育种中发挥一定的作用。

2）按亲缘关系分类

Harlan 和 Dewet（1971）按亲缘关系，即按彼此间的可交配性与转移基因的难易程度将种质资源分为初级基因库、次级基因库和三级基因库 3 个级别的基因库。

初级基因库（gene pool 1）是指库内各种资源间能相互杂交，正常结实。库内各资源无生殖隔离，杂种可育，染色体配对良好，基因转移容易。

次级基因库（gene pool 2）是指库内各类资源间的基因转移是可能的，但存在一定的生殖隔离。库内各资源杂交不实或杂种不育，必须借助特殊的育种手段才能实现基因转移。如大麦与球茎大麦。

三级基因库（gene pool 3）库内各类资源间的亲缘关系更远，库内各资源彼此间杂交不实、杂种不育现象更明显，基因转移困难。如水稻与大麦、水稻与油菜。

4.2　栽培作物起源中心学说及其发展

苏联著名植物学家瓦维洛夫（Vavilov）所提出的栽培作物起源中心学说及其后继者所发展的有关理论，使人们对作物起源有了较好的了解，为研究作物的起源、演化、分布及其与环境的关系提供了依据，为种质资源的收集、研究、利用工作提供了导向，对种质资源应用于作物育种工作具有重要意义。

4.2.1　瓦维洛夫的栽培作物起源中心学说

瓦维洛夫的栽培作物起源中心学说是在 Candolle（1886）的观点上发展起来的。Candolle 通过植物学、历史学、语言学等方面的考证，提出每一种作物都起源于一定的地点，且起源地广泛分布于全世界。瓦维洛夫从 1920 年起，组织了一支庞大的植物采集队，先后到过 60 多个国家，在生态环境各不相同的地区进行了 180 多次考察。对采集到的 30 余万份作物及其近缘种属的标本和种子进行了多方面的研究。在近 20 年考察分析的基础上，用地理区分法，从地图上观察这些植物种类和变种的分布情况，进而发现了物种变异多样性与分布的不平衡性，于 1935 年提出了作物起源中心学说（Theory of Origin Center of Crops）。

4.2.1.1　瓦维洛夫栽培作物起源中心学说的要点

植物物种在地球上的分布是不平衡的。所有物种都是由多少不等的遗传类型所组成的，它们的起源是与一定的环境条件和地区相联系的。凡遗传类型有很大的多样性而且比较集中、具有地区特有变种和近缘野生类型或栽培类型的地区，即为作物起源中心（centers of origin of crops）。根据变异类型特点及近缘野生种情况可把作物起源中心分为初生中心和次生中心。

4.2.1.2　瓦维洛夫栽培作物起源中心学说的内容

栽培作物起源中心有两个主要特征，即基因的多样性和显性基因的频率较高，所以又可命名为基因中心或变异多样性中心（center of diversity）。现在的作物起源中心概念一般为：野生植物最先被人类栽培利用或产生大量栽培变异类型的比较独立的农业地理中心。

作物最初始的起源地称为原生起源中心（primary origin center），现在一般称为初生中心，意为当地野生类型驯化的区域。初生中心一般有 4 个标志：① 有野生祖先；② 有原始特有类型；③ 有明显的遗传多样性；④ 有大量的显性基因。

当作物由原生起源中心地向外扩散到一定范围时，在边缘地点又会因作物本身的自交和自然隔离而形成新的隐性基因控制的多样化地区，即次生起源中心（secondary origin center）或次生基因中心。同初生中心相比，次生起源中心亦有 4 个特点：① 无野生祖先；② 有新的特有类型，如高粱，初生中心在非洲，但在中国形成糯质高粱，中国即为高粱的次生起源中心；③ 有大量的变异；④ 有大量的隐性基因。

根据驯化的来源，将作物分为 2 类：一类是人类有目的驯化的作物，如小麦、大麦、玉米、大豆和棉花等，称为原生作物。另一类是与原生作物伴生的杂草，当其被传播到不适宜于原生作物而对杂草生长有利的环境时，被人类分离而成为栽培的主体，如燕麦和黑麦等，称为次生作物。

4.2.1.3　瓦维洛夫提出的栽培作物起源中心

瓦维洛夫于 1935 年提出了栽培作物的 8 个起源中心。他认为，这 8 个中心在古代由于或山岳或沙漠或海洋等地理障碍的阻隔，其农业都是独立发展的，所用的农具、耕畜、栽培方法都不尽相同。每个中心都有相当多的有价值的作物和多样性的变异体，是作物育种者探寻新基因的宝库。

中国—东部亚洲中心（1）：包括中国中部和西部山岳及其毗邻的低地。主要起源作物有黍、稷、粟、高粱、裸粒无芒大麦、荞麦、大豆、茶、大麻和苎麻等。

印度中心（2）：包括缅甸和阿萨姆（印度东部的省）。主要起源作物有水稻、绿豆、饭豆、豇豆、甘蔗、芝麻和红麻等。

印度—马来亚补充区（2A）：包括马来亚群岛，一些大岛屿如爪哇、婆罗洲、苏门答腊以及菲律宾和中南半岛。起源作物有薏苡和香蕉等。

中亚细亚中心（3）：包括印度西北部（旁遮普、西北边区各省）、克什米尔、阿富汗、塔吉克和乌兹别克及天山西部。起源作物有普通小麦、密穗小麦、印度圆粒小麦、豌豆、蚕豆和草棉等。

西部亚洲中心（4）：包括小亚细亚、外高加索、伊朗和土库曼高地。起源作物有一粒小麦、二粒小麦、黑麦、葡萄、石榴、胡桃、无花果和苜蓿等。

地中海中心（5）：许多蔬菜、甜菜和许多古老的牧草等作物都起源于此，为小麦和粒用豆类的次生起源地。

埃塞俄比亚中心（6）：包括埃塞俄比亚和厄立特里亚山区。该中心小麦和大麦的变种类型极其多样。这里的亚麻既非纤维用，也非油用，而是以其种子制面粉。

南美和中美起源中心（7）：包括安的列斯群岛。该中心存在着大量玉米变异类型。陆地棉起源于墨西哥南部。甘薯和番茄也起源于此。

南美（秘鲁—厄瓜多尔—玻利维亚）中心（8）：有多种块茎作物，包括马铃薯的特有栽培种。

智利中心（8A）：木薯、花生和凤梨的起源地。

巴西—巴拉圭中心（8B）：主要有花生、可可、橡胶树等特有种。

4.2.1.4 瓦维洛夫栽培作物起源中心学说在作物育种上的意义

近代的作物育种实践表明，瓦维洛夫所提出的作物起源中心学说及其后继者所发展的有关理论对作物育种工作具有特别重要的指导作用。

（1）指导选择优良材料

作物起源中心存在着各种基因，且在一定条件下趋于平衡，与复杂的生态环境建立了平衡生态系统，各种基因并存、并进，从而使物种不至于毁灭。因此，在相关作物起源中心能找到所需要的育种材料。

（2）作物起源中心与作物抗源中心一致，作物不育基因与作物恢复基因并存

作物起源中心有大量的与抗病虫性有关的种质资源，也可找到不育突变体及其相应的恢复基因。因此，可在作物起源中心得到作物抗性材料与作物恢复基因。

（3）指导引种，避免毁灭性灾害

引种造成生物灾害的主要原因是生态平衡被打破。物种在原生地，由于生态平衡的作用，同种异种自然竞争、天敌制约，自然条件的影响，使之面临强大的生存压力，种群的消长变化达到平衡。引种到彼地后，则多种生存压力解除，如果环境条件适宜，则会以惊人的速率繁殖扩展，在一定时期内，迅速形成优势种群，蔓延成灾，破坏当地生态平衡，引起当地其他物种的减少和灭绝，破坏当地农业生产，发生意想不到的环境灾害。所以在引种时，要考虑作物起源地与引入地之间的生态条件，避免因引种引起的灾害发生。

4.2.2 栽培作物起源中心学说的发展与补充

瓦维洛夫的栽培作物起源中心学说发表后，也引起了一些争议。其争议点为：遗传多样性中心不一定就是起源中心；起源中心不一定是多样性的基因中心；次生中心有时比初生中心具有更多样的特异物种。

4.2.2.1 齐文和茹考夫斯基的有关栽培作物起源的发展

荷兰的齐文（Zeven）（1970）和苏联的茹考夫斯基（Zukovsky）（1975）在瓦维洛夫学说的基础上，根据研究结果，将8个栽培作物起源中心所包括的地区范围加以扩大，另又增加了4个起源中心，使之能包括所有已发现的作物种类的起源地。他们称这12个栽培作物起源中心为大基因中心（megagene center）。这12个栽培作物起源中心包括中国—日本中心、东南亚洲中心、澳大利亚中心、印度中心、中亚细亚中心、西亚细亚

中心、地中海中心、非洲中心、欧洲—西伯利亚中心、南美中心、中美和墨西哥中心以及北美中心。Zeven（1982）又称这些中心为变异多样化区域。大基因中心或变异多样化区域都包括作物的原生起源地点和次生起源地点。有的中心虽以国家命名，但其范围并非以国界来划分，而是以栽培作物起源多样化类型的分布区域为依据。

4.2.2.2 Harlan 的有关栽培作物起源的观点

针对遗传多样性中心不一定就是起源中心；起源中心不一定是多样性的基因中心；有些物种的起源中心至今还无法确定；有的栽培作物可能起源于几个不同的地区等争论问题，Harlan 提出了不同于瓦维洛夫栽培作物起源中心学说的有关作物起源的观点。

（1）中心和非中心体系

农业是分别独立地开始于 3 个地区，即近东、中国和中美洲，存在着由一个中心和一个非中心组成的一个体系。在一个非中心内，当农业传入后，土生的许多作物物种才被栽培化，在非中心栽培化的一些主要作物可能在某些情况下传播到它的中心。Harlan 的 3 个中心和非中心体系（center and non-center system）为：

$$
\begin{array}{ll}
\text{中 心} & \text{非 中 心} \\
A_1\ \text{近东} \longleftrightarrow A_2\ \text{非洲} \\
\\
B_1\ \text{中国} \longleftrightarrow B_2\ \text{东南亚} \\
\\
C_1\ \text{中美洲} \longleftrightarrow C_2\ \text{南美洲}
\end{array}
$$

Harlan 提出的作物起源中心是农业起源中心，它不同于瓦维洛夫的栽培作物起源中心。他是从人类文明进程和栽培作物进化进程在时间和空间上的同步和非同步角度上来说明栽培作物起源的。

（2）地理学连续统一体学说

1975 年，Harlan 对他的中心非中心论进行了修正，提出了地理学连续统一体学说（geographical continuum）。该学说认为：任何有过或有着农业的地方，都发生过或正在发生着植物驯化和作物进化。每种栽培植物的地理学历史都是独特的，但作物的驯化和进化活动是一个连续统一体，不是互不相关的中心。其依据如下：很难把起源中心说成是相对小的范围和明确的区域。进化的开始阶段似乎就已散布到较大的或很大的地区，作物随着人类迁移而迁移，并在移动中进化。不存在具有突出进化活力的 8 个或 12 个地区。东西两半球都是发展农业的一个地理学连续统一体。野生祖先源、驯化地区和进化多样性地区三者间无必然联系，有的只是二者或三者间的巧合而已。

4.3 种质资源的工作内容

种质资源工作主要包括种质资源的收集和保存、种质资源的鉴定和评价、种质资源的利用和创新以及种质资源数据库的建立和利用等内容。我国农作物品种资源研究工作重点在相当长的时期内将仍是"二十字方针"，即"广泛收集、妥善保存、深入研究、积极创新、充分利用"。

4.3.1　种质资源的收集和保存

为了很好地保存和利用自然界生物的多样性，为了丰富和充实育种工作和生物学研究的物质基础，种质资源工作的首要环节和迫切任务是广泛收集种质资源并很好地予以保存。

4.3.1.1　种质资源收集和保存的紧迫性

实现新的育种目标必须有更丰富的种质资源。作物育种目标是随着农业生产的不断发展和人民生活水平的不断提高而不断改变的。社会的进步对良种提出了越来越高的要求，要完成这些日新月异的育种任务，使育种工作有所突破，迫切需要更多、更优异的种质资源。

为满足人类需求，必须不断地发展新作物。发展新作物是满足人口增长和生产发展需要的重要途径。地球上有记载的植物约有 20 万种，其中陆生植物约 8 万种，然而只有 150 余种被用以大面积栽培。而世界上人类粮食的 90% 只来源于约 20 种作物，其中75% 由小麦、水稻、玉米、马铃薯、大麦、甘薯和木薯 7 种作物提供。迄今为止，人类利用的植物资源仍很少。发掘植物资源、发展新作物的潜力还很大。据估计，如能充分利用所有的植物资源，地球可养活 500 亿人。

不少宝贵种质资源大量流失，亟待发掘保护。种质资源的流失（又称遗传流失）（genetic erosion）是必然的。自地球上出现生命至今，有 90% 以上的物种已不复存在。这主要是物竞天择和生态环境改变所造成的。人类活动加快了种质资源的流失，其结果是造成了许多种质的迅速消失，大量的生物物种濒临灭绝的边缘。瓦维洛夫等 20 世纪30 年代在地中海、近东和中亚地区所采集的小麦等作物的地方品种，希腊 95% 的土生小麦，早在 40 年前就已绝迹。我国的一年生野生大麦、野生水稻、野生油菜也难得一见。这些种质资源一旦从地球上消灭，就难以用任何现代技术重新创造出来，因此必须采取紧急有效的措施，来发掘、收集和保存现有的种质资源。

有效开展种质资源的收集和保存工作可以避免遗传多样性的减少，克服遗传脆弱性。遗传多样性的大幅度减少必然增加遗传脆弱性并最终导致病虫害严重发生而危及国计民生，如美国南方连绵几个州的玉米种植带，由于大面积扩种雄性不育 T 型细胞质的玉米杂交种，1970—1971 年受到有专化性的玉米小斑病菌 T 小种的侵袭，致使当年全美玉米总产量损失 15%。而克服品种遗传脆弱性的关键是在作物育种过程中利用更多的种质资源，拓宽新品种的遗传基础。随着少数优良品种的大面积推广，许多具有独特抗逆性和其他特点的地方农家品种逐渐被淘汰而导致不少改良品种的遗传基础单一化。如近 40 年来，水稻、小麦品种多为半矮秆品种所代替，这些半矮秆品种的矮源，都集中于少数几个种质，用它们作亲本培育出的一系列品种，不但在许多农艺性状上大同小异，而且在遗传组成上也是相近的。大豆、玉米、油菜和大麦等主要作物的种质资源单一化程度较明显。种质资源单一化所带来的品种遗传基础狭窄、遗传脆弱性大是不容忽视的现实问题，必须也只有通过拓宽育成品种的遗传基础来化解。

4.3.1.2 种质资源的收集

种质资源的收集方法有直接考察收集、征集、交换和转引 4 种。由于国情不同，各国收集种质资源的途径和着重点也有异。资源丰富的国家多注重本国的种质资源收集。资源贫乏的国家多注重外国种质资源征集、交换与转引。美国原产的作物种质资源很少，所以从一开始就把国外引种作为种质资源收集的主要途径。苏联则一向重视广泛地开展国内外作物种质资源的考察采集和引种交换工作。我国的作物种质资源十分丰富，所以，目前和今后相当一段时间内，主要着重于收集本国的种质资源，同时也注重发展对外的种质交换，加强国外引种。

直接考察收集是指到野外实地考察收集，多用于收集野生近缘种、原始栽培类型和地方品种。直接考察收集是获取种质资源的最基本的途径。常用的方法为有计划地组织国内外考察收集。除到作物起源中心和各种作物野生近缘种众多的地区去考察采集外，还可到本国不同生态地区考察收集。为了尽可能全面地收集到客观存在的遗传多样性类型，在考察路线的选择上要注意：① 作物本身性状表现不同的地方，如熟期早晚、抗病虫害程度等；② 地理生态环境不同的地方，如地形、地势和气候、土壤环境类型等；③ 农业技术条件不同的地方，如灌溉、施肥、耕作、栽培与收获、脱粒方面的习惯不同；④ 社会条件，如务农和游牧等不同。为了能充分代表收集地的遗传变异性，收集的资源样本要求有一定的群体。如自交草本植物至少要从 50 株上采取 100 粒种子，而异交的草本植物至少要从 200～300 株上各取几粒种子。收集的样本应包括植株、种子和无性繁殖器官。采集样本时，必须详细记录品种或类型名称，产地的自然、耕作、栽培条件，样本的来源（如荒野、农田、农村庭院、乡镇集市等），主要形态特征、生物学特性和经济性状、群众反映及采集的地点、时间等。

自新中国成立以后，我国曾经组织过数次有计划的直接考察收集工作，如云南稻、麦、食用豆类、蔬菜和茶叶等种质资源的考察；全国范围内的野生大豆考察；西藏农作物种质资源的综合考察等，通过这些考察收集到了一大批有特色的种质资源。

征集是指通过通信方式向外地或外国有偿或无偿索求所需要的种质资源。征集是获取种质资源花费最少、见效最快的途径。20 世纪 50 年代中期，我国在农业合作化高潮中，为了避免由于推广优良品种而使地方品种大量丧失，农业部曾于 1955 年和 1956 年 2 次通知各省（市、区），以县为单位进行大规模的群众性品种征集。据 1958 年初统计，全国共征集到 40 多种大田作物约 40 万份材料。另据 1963 年和 1965 年 2 次不完全统计，全国共征集到蔬菜种质资源 1.7 万余份。20 世纪 70 年代末 80 年代初，各省、自治区、直辖市贯彻执行农业部和国家科委关于开展农作物品种资源补充征集的通知，1979—1982 年全国共征集到作物种质资源约 9 万份。

交换是指育种工作者彼此互通各自所需的种质资源，是目前种质资源收集的主要方法。

转引一般指通过第三者获取所需要的种质资源，如我国小麦 T 型不育系就是通过转引方式获得的。

由于采取了各种方式收集种质资源，到 2000 年，中国农业科学院国家种质库中保存的主要作物种质资源总数已逾 30 万份。截止到 2016 年，国家种质库拥有粮食、纤维、油料、蔬菜、果树、糖类、烟草、茶、桑、牧草、绿肥和热作等 340 多种作物 47 万份种质的基本信息、形态特征、品质特性、抗逆性、抗病虫性和其他特征特性等数据，数据量约 200 GB。

收集到的种质资源，应及时整理。首先应将样本对照现场记录，进行初步整理、归类，将同种异名者合并，以减少重复；将同名异种者予以订正，给以科学的登记和编号。如美国，自国外引进的种子材料，由植物引种办公室负责登记，统一编为 P.I. 号（plant introduction）。苏联的种质资源登记编号由全苏作物栽培研究所负责，编为 K 字号。

中国农业科学院国家种质库对种质资源的编号办法如下：① 将作物划分成若干大类。Ⅰ 代表农作物，Ⅱ 代表蔬菜，Ⅲ 代表绿肥、牧草，Ⅳ 代表园林、花卉。② 各大类作物又分成若干类。1 代表禾谷类作物，2 代表豆类作物，3 代表纤维作物，4 代表油料作物，5 代表烟草作物，6 代表糖料作物。③ 具体作物编号。1A 代表水稻，1B 代表小麦，1C 代表黑麦，2A 代表大豆等。④ 品种编号。1A00001 代表水稻某个品种，1B00006 代表小麦某个品种，1C00001 代表黑麦某个品种。

此外，还要进行简单的分类，确定每份材料所属的植物分类学地位和生态类型，以便对收集材料的亲缘关系、适应性和基本的生育特性有个概括的认识和了解，为保存和做进一步研究提供依据。

4.3.1.3　种质资源的保存

保存种质资源的目的是维持样本的一定数量，保持各样本的生活力及原有的遗传变异性。种质资源保存涉及种质资源的保存范围与保存方法 2 个方面，保存范围与保存方法会随着研究的不断深入及技术的不断完善而有变化。

在目前条件下，应优先考虑保存以下几类种质资源：① 有关应用研究和基础研究的种质，一般指进行遗传育种研究所需的种质。包括主栽品种、地方品种、过时品种、原始栽培类型、野生近缘种和育种材料等。② 可能灭绝的稀有种质和已经濒危的种质，特别是栽培种的野生祖先种。③ 具有经济利用潜力而尚未被发现和利用的种质。④ 在普及教育上有用的种质，如分类上的各个作物的种、类型和野生近缘种等。

种质资源的保存方式主要有种植保存、贮藏保存、离体保存和基因文库技术保存 4 种。

1）种植保存

为了保持种质资源的种子或无性繁殖器官的生活力，并不断补充其数量，必须每隔一定时间（如 1～5 年）播种一次，即称种植保存。种植保存一般可分为就地种植保存和迁地种植保存。前者是通过保护植物原来所处的自然生态系统来保存种质；后者是把整个植物迁出其自然生长地，保存在植物园、种植园中。来自自然条件悬殊地区的种质资源，都在同一地区种植保存，不一定都能适应。因此，宜采取集中与分散保存的原则，把某些种质资源材料分别在不同生态地点种植保存。

在种植保存时，每种作物或品种类型的种植条件，应尽可能与原产地相似，以减少由于生态条件的改变而引起的变异和自然选择的影响。在种植过程中应尽可能避免或减少天然杂交和人为混杂的机会，以保持原品种或类型的遗传特点和群体结构。为此，像玉米、高粱、棉花和油菜等异花授粉作物和常异花授粉作物，在种植保存时，应采取自交、典型株姐妹交或隔离种植等方式，进行控制授粉，以防生物学混杂。

2）贮藏保存

对于数目众多的种质资源，如果年年都要种植保存，不但在土地、人力、物力上有很大负担，而且往往由于人为差错、天然杂交、生态条件的改变和世代交替等原因，易引起遗传变异或导致某些材料原有基因的丢失。因而，各国对种质资源的贮藏保存极为重视。贮藏保存主要是用控制贮藏时的温、湿条件的方法，来保持种质资源种子的生活力。

为了有效地保存好众多的种质资源，世界各国都十分重视现代化种质库的建立。新建的种质资源库大都采用先进的技术与装备，创造适合种质资源长期贮藏的环境条件，并尽可能提高运行管理的自动化程度。如 IRRI 的稻种资源库便分 3 级：① 短期库。温度 20℃，相对湿度 45%。稻种盛于布袋或纸袋内，可保持种子生活力 2～5 年。每年贮放 10 万多个纸袋的种子。② 中期库。温度 4℃，相对湿度 45%。稻种盛放在密封的铝盆或玻璃瓶内，密封，瓶底内放硅胶，可保持种子生活力 25 年。③ 长期库。温度 −10℃，相对湿度 30%，稻种放入真空、密封的小铝盒内，可保持种子生活力 75 年。

日本农业技术研究所采用干燥种子密封低温二重贮藏法。先将收集到的种子在防疫温室内用深层土栽种，以防病虫传播。贮藏前先将种子均匀混合，予以干燥处理，使含水量降到 6%～8%，然后分装密封（每份 300 粒），低温贮藏。贮藏室有两种，一种为 −10℃，是 30 年以上极长期贮藏；另一种为 −1℃，是 10 年以上的长期贮藏。长期贮藏的种子主要供国内外各育种单位作为育种材料用。当长期贮藏的种子将分发完毕时，可以从极长期贮藏的种子中取出一部分，再行繁殖，以补充长期贮藏种子的库存量。一般极长期贮藏的种子量为 3 000 粒，可用于 10 次种子再繁殖。当极长期的种子即将用完而最后一次繁殖时，就要分别补充极长期和长期两类种子的库存量。

20 世纪 70 年代后期以来，我国陆续在北京、湖北和广西等一些农业科学院建造了自动控制温、湿度的种质资源贮存库。其中长期库的温度条件一般为 −10℃，相对湿度为 30%～40%；中期库温度为 0～5℃，相对湿度为 50%～60%。

中国农业科学院于 20 世纪 80 年代建立了国家种质资源库。它是我国唯一的作物种质资源贮藏保存中心，包括种质长期库和种质交换库。国家种质资源库的任务是把全国各地送存的种子，经过一系列严格的科学加工处理（包括接收、清选、发芽、干燥、入库），使其达到入库标准，在 −（18±2）℃、相对湿度（30±7）% 条件下妥善保存，并开展种质资源贮藏研究，以便实现国家种质资源库的规范化、科学化管理和种子的长期、安全贮存。同时保存供育种家利用和向国外交换的种质资源。

3）离体保存

植物体的每个细胞，在遗传上都是全能的，含有发育所必须的全部遗传信息。20世纪 70 年代以来，国内外开展了用试管保存组织或细胞培养物的方法，来有效地保存种质资源。利用这种方法保存种质资源，可以解决用常规的种子贮藏法所不易保存的某些资源材料，如具有高度杂合性的、不能产生种子的多倍体材料和无性繁殖植物等，可以大大缩小种质资源保存的空间，节省土地和劳动力。另外，用这种方法保存的种质，繁殖速度快，还可避免病虫的危害等。

目前，作为保存种质资源的细胞或组织培养物有愈伤组织、悬浮细胞、幼芽生长点、花粉、花药、体细胞、原生质体、幼胚和组织块等。对这些组织和细胞培养物采用一般的试管保存时，要保持一个细胞系，必须作定期的继代培养和重复转移，这不仅增加了工作量，而且会产生无性系变异。因此，近年来发展了培养物的超低温（-196℃）长期保存法。如英国的 Withers 已用 30 多种植物的细胞愈伤组织在液氮（-196℃）中保存后，能再生成植株。在超低温下，细胞处于代谢不活动状态，从而可防止、延缓细胞的老化，由于不需多次继代培养，细胞分裂和 DNA 的合成基本停止，因而保证资源材料的遗传稳定性。对于那些寿命短的作物、组织培养体细胞无性系、遗传工程的基因无性系、抗病毒的植物材料以及濒临灭绝的野生植物，超低温培养是很好的保存方法。

4）基因文库技术

面对自然界每年都有大量珍贵的动植物死亡灭绝，遗传资源日趋枯竭的状况，建立和发展基因文库技术（gene library technology），为抢救和安全保存种质资源提供了有效的方法。基因文库技术保存种质资源的程序为：① 从动物和植物中提取 DNA，用限制性内切核酸酶把所提取的 DNA 切成许多 DNA 片段，用连接酶将 DNA 片段连接到克隆载体上；② 再通过载体把该 DNA 片段转移到繁殖速度快的大肠杆菌中去，通过大肠杆菌的无性繁殖，产生大量的、生物体中的单拷贝基因。这样当需要用某个基因时，就可通过某种方法去"钩取"获得。因此，建立某一物种的基因文库，不仅可以长期保存该物种遗传资源，而且还可以通过反复的培养繁殖筛选，来获得各种目的基因。

种质资源的保存还包括保存种质资源的各种资料。每一份种质资源材料应有一份档案，档案中记录有编号、名称、来源、研究鉴定年度和结果。档案按材料的永久编号顺序排列存放，并随时将有关该材料的试验结果及文献资料登记在档案中，档案资料输入计算机存储，建立数据库，以便于资料检索和进行有关的分类和遗传育种研究。

4.3.2　种质资源的评价与研究

种质资源的评价与研究内容包括性状和特性的鉴定、细胞学鉴定研究和遗传性状的评价等。鉴定是对种质资源做出客观的科学评价，是种质资源研究的主要工作。种质资源鉴定的内容因作物不同而异，一般包括农艺性状（如生育期、形态特征和产量因素）、生理生化特性、抗逆性、抗病性、抗虫性、对某些元素的过量或缺失的抗耐性和产品品质（如营养价值、食用价值及其他实用价值等）等。

鉴定方法依性状、鉴定条件和场所分为直接鉴定（direct evaluation）和间接鉴定（indirect evaluation）、自然鉴定和控制条件鉴定（诱发鉴定）、当地鉴定和异地鉴定（详见第 5 章性状的鉴定）。根据目标性状的直接表现进行鉴定称为直接鉴定；根据与目标性状高度相关性状的表现来评定该目标性状称为间接鉴定，如小麦的面包品质的鉴定；对抗逆性和抗病虫害能力的鉴定，不但要进行自然鉴定与诱发鉴定，而且要在不同地区进行异地鉴定，以评价其对不同病虫生物型（biotypes）及不同生态条件的反应，如对小麦条锈病的不同生理小种的抗性鉴定和小麦的冬春性的确定。对重点材料广泛布点，检验其在不同环境下的抗性、适应性和稳定性已成为国际上通用的做法。如CIMMYT 组织国际性的小麦产量、抗锈病、抗白粉病和抗叶枯病的联合鉴定等。

能否成功地将鉴定出来的具有优异性状的种质资源用于作物育种，在很大程度上取决于对种质资源本身目标性状遗传特点的认识。因此，现代育种工作要求种质资源的研究不能局限于形态特征、特性的观察鉴定，而要深入研究其主要目标性状的遗传特点，这样才能有的放矢地选用种质资源。种质资源利用还包括用已有种质资源通过杂交、诱变及其他手段创造新的种质资源，如 CIMMYT 的种质资源工作者通过不同种质资源间杂交，创造出了集长穗、分枝穗、多小穗于一体的小麦新类型和抗锈病不同生理小种的抗性基因集中于一起的小麦新类型。我国的小麦育种工作者利用不同种质资源互交，育成了一些广泛利用的新种质，如‘繁 6’‘矮孟牛’等。为了提高鉴定结果的可靠性，供试材料应来自同一年份、同一地点和相同的栽培条件。取样要合理准确，尽量减少由环境因子的差异所造成的误差。由于种质资源鉴定内容的范围比较广，涉及的学科多，因此，种质资源鉴定必须十分注意多学科、多单位的分工协作。

4.3.3　种质资源的创新和利用

国际上常将储备的具有形形色色基因资源的各种材料称之为基因库或基因银行（gene pool，gene bank），其意是从中可获得用于作物育种及相关研究所需要的基因。随着遗传育种研究的不断深入，基因库的拓展工作已成为种质资源研究的重要工作之一。育种者的主要工作是如何从具有大量基因的基因库中，选择所需的基因或基因型并使之结合，育成新的品种。但是种质资源库中所保存的一个个种质资源，往往是处于一种遗传平衡状态。处于遗传平衡状态的同质结合的种质群体，其遗传基础相对较窄。为了丰富种质资源群体的遗传基础，必须不断地拓展基因库，进行种质资源的创新。

拓展基因库，进行种质资源创新的方式与途径很多，常用的有利用雄性不育系、聚合杂交、不去雄的综合杂交以及理化诱变等。如美国用 X 射线处理的方法，对从世界各地收集来的、并已多次应用过的花生种质资源，分批加以改造，获得了大量有经济价值而遗传基础不同的突变体，使他们拥有的花生基因资源扩大了 7 倍多，大大丰富了花生育种材料的遗传基础。我国栽培作物基因库的拓展与创新工作也卓有成效，利用雄性不育系、聚合杂交等手段，建立了小麦、水稻、玉米、油菜、大麦和柑橘等栽培作物的基因库。

4.3.4　种质资源的信息化

4.3.4.1　国内外植物种质资源数据库概况

农作物种质资源信息的激增和计算机技术的迅速发展，促使许多国家、地区和国际农业研究机构开始研究利用电子计算机建立自己的种质资源管理系统。20 世纪 70 年代以来，一些科学技术发达的国家，如美国、日本、法国、德国等相继实现了种质资源档案的计算机管理，不少国家还形成了全国范围或地区性网络。在世界上为数众多的作物种质资源数据库计算机管理系统中，比较著名的有芬兰、瑞典、挪威、冰岛和丹麦共同建立的北欧五国作物种质资源数据库；民主德国建立的欧洲大麦数据库（RBDB）；联邦德国农业科学院植物和遗传研究所的作物品种资源数据库；捷克斯洛伐克的作物种质信息系统；苏联的农作物种质资源数据库；日本农林水产省的作物种质资源信息系统（EXIS）；美国农业部的作物种质资源信息网络系统（GRIN）；中国国家作物种质资源数据库系统；菲律宾 IRRI 的国际水稻种质资源数据库等。

我国于 1986 年开始进行国家作物种质资源数据库系统研究工作，到 1990 年建成了我国的国家作物种质资源数据库系统，目前拥有的种质资源已逾 30 万份，使我国作物种质资源信息管理跨入世界先进行列，成为世界上仅次于美国的第二大作物遗传资源数据库系统。它包括 3 个子系统：国家种质库数据库管理子系统、国家作物种质特性评价数据库子系统（该系统所存入的种质是与国家种质库存放的种质——对应的）和国内外作物种质交换数据库子系统。

4.3.4.2　种质资源数据库的目标与功能

不同国家、不同作物的种质资源数据库或信息系统尽管在规模、组成等方面不同，但种质资源信息管理的目标基本相似。一般均能满足育种家和有关研究人员对下述几种主要信息的需求，即植物引进、登记和最初的繁殖，品种性状的描述和评价，世代、系谱的维护与保存，生活力的测定、生活力复壮和种质分配等。如美国的 GRIN 在资源管理上有 3 个重要功能：① 它是全美所有植物遗传资源的信息中心；② 它提供了包括作物特性描述和评价信息在内的美国作物种质资源标准化信息方法；③ 它提供了每个资源收集站进行信息管理和交换的方法并使各站能及时掌握国家种质资源信息系统的最新信息，该网络系统与 26 个资源收集站相连，美国、加拿大和墨西哥的科学家都允许使用这个系统来检索自己需要的资源。又如，我国国家种质资源数据库 3 个子系统的功能分别为：① 种质库管理子系统，其主要功能是帮助国家种质库管理人员及科研人员及时掌握种子入库的基本情况，如品种名称、统一编号、原产地、来源地、保存单位、库编号、种子收获年代、发芽率、种子重量和入库时间等；可随时为用户查找任何种质所在的库位、活力情况，制成各种作物年度入库贮存情况中英文报表，任何作物不同繁种地入库种子质量的报告等。② 种质特性评价数据库子系统，其主要功能有 3 个。首先是为作物育种和生物工程研究人员查询定向培育的有用基因；其次该系统可按育种目标从数据库中查找具有综合优良性状的亲本，供育种工作者参考选择和利用；最后，该系统可以追踪品种的系谱，查找选育品种的特征，各个世代的亲本及选配率，分析系谱结构，绘制系谱图等。③ 国内外种质交换数据库子系统，其主要目的是为引种单位或种质库管理人员提供国内外作物种质交换动态。我国的国家农作物种质资源数据库系统与同类数据库相比有自己的特色，它首次提供了图形分析功能，可以绘制我国农作物种质资源的地理分布图，和对某些农艺性状如株高、穗长、千粒重以及品质、抗病性、抗逆性等在不同生态区的差异或种质之间的差异进行形象直观分析。

目前世界各国建立的种质信息系统，按其主要特征可分为 3 大类：① 文件系统，其数据以文件方式存贮。每份文件设计有一组描述字段，文件可采用不同的组织和记录格式，借助一些描述信息可把文件连接起来操作，以实现对所存贮信息的处理。如北欧的豌豆基因库信息系统。② 数据库系统，数据库系统具有文件系统的若干特征，但存贮的数据可独立于数据管理的程序，以供不同目的的管理程序共同享用。如日本的EXIS，我国的 NGRDBS 等属于数据库管理系统。③ 网络系统，随着网络技术的快速发展，提供和交换种质信息的方式主要为网络系统，通过网络系统可获取所需的种质信息，如美国的 GRIN 的信息网络系统，用户与该系统的通信采用远程通信连接，作物育种家以及有合理需要的任何研究组织，只要有计算机终端，即可使用 GRIN。

4.3.4.3　种质资源数据库的建立

建立种质资源数据库的目的在于迅速而准确地为作物育种、遗传研究者提供有关优质、丰产、抗病、抗逆以及其他特异需求的种质资源信息，为新品种选育与遗传研究服务。因此，设计建立种质资源数据库时应紧紧围绕这一总体目标。一般要求做到：① 适用于不同种类的作物并具有广泛的通用性；② 对品种的描述规范化并具有完整性、准确性、稳定性和先进性；③ 具有定量或定性分析的功能，程序功能模块化，使用方便。

建立种质资源数据库系统的一般步骤如下：

（1）数据收集

数据收集是建立数据库的基础。采集数据时应首先决定收集哪些对象和哪些属性的数据，提出数据采集的范围、内容和格式，以保证数据的客观性与可用性；其次是建立数据采集网，确定数据采集员，落实数据采集任务，并按统一规定采集数据，以保证数据采集的及时性和科学性；再次是明确数据表达规则，尽可能采用简单的符号、缩写或编码来描述对象的各种属性，符号、名词术语应统一并具有唯一性，度量单位要用法定计量单位，以保证数据的科学性和可交换性。

（2）数据分类和规范化处理

采集得到的数据必须经过整理分类和规范化处理才能输入计算机。如我国的品种资源数据库把鉴定的项目或性状分为 5 类，输入计算机便形成 5 种类型的字段：A 类字段表示种质库编号、全国统一编号、保存单位、保存单位编号、品种所属科名、属或亚属名、种名、品种名、来源地、原产地等；B 类字段按顺序表示物候期、生物学特性、植物学形态（根、茎、叶、花和果实）等；C 类字段表示品质性状鉴定和评价资料，如稻米的色、香、味、蛋白质含量和脂肪含量等；D 类字段表示农作物的抗逆性及抗病虫性状；E 类字段是农作物细胞学特性、所含基因以及其他生理生化特性的鉴定资料等。

（3）数据库管理系统设计

首先是确定机型和支持软件，确定库的结构；进而编制一整套的管理软件，这些软件包括数据库生成、数据链接变换、数据统计分析等各种应用软件，实现建立数据库的总体目标及全部功能。

思 考 题

1. 名词解释：种质资源、栽培作物起源中心、初生中心、次生中心、原生作物、次生作物、遗传多样性中心、基因银行、初级基因库、次级基因库、三级基因库。
2. 种质资源在作物育种中作用有哪些？
3. 简述本地种质资源的特点与利用价值。
4. 简述外地种质资源的特点与利用价值。
5. 瓦维洛夫（Vavilov）起源中心学说在作物育种中有何作用？
6. 初生中心与次生中心如何划分？
7. 试述作物种质资源研究的主要工作内容与鉴定方法。
8. 拓展作物基因库有何意义？如何拓展作物基因库？
9. 建立作物种质资源数据库有何意义？如何建立作物种质资源数据库？
10. 简述种质资源发掘、收集、保存的必要性与意义。

参 考 文 献

［1］ 北京农业大学作物育种教研室. 植物育种学. 北京：北京农业大学出版社，1989.
［2］ 卜慕华. 中国大百科全书：作物起源中心学说. 北京：中国大百科全书出版社，1990.
［3］ 蔡旭. 植物遗传育种学. 2 版. 北京：科学出版社，1988.
［4］ 霍志军，吕爱枝. 作物遗传育种. 2 版. 北京：高等教育出版社，2015.
［5］ 李晴祺. 冬小麦种质创新与评价利用. 济南：山东科学技术出版社，1998.
［6］ 刘后利. 作物育种研究与进展（第一集）. 北京：中国农业出版社，1993.
［7］ 孙其信. 作物育种学. 北京：高等教育出版社，2011.
［8］ 席章营，陈景堂，李卫华. 作物育种学. 北京：科学出版社，2014.
［9］ 俞世蓉. 漫谈基因库及基因库的建拓. 种子世界，1990，(12): 39-40.
［10］ 张天真. 作物育种学总论. 北京：中国农业出版社，2003.
［11］ Zeven A C, Zhukovsky P M. Dictionary of cultivated plants and their regions of diversity. Excluding most ornamentals, forest trees and lower plants. 2ed//Excluding Ornamentals Forest Trees & Lower Plants, 1975.
［12］ Zeven A C, Zhukovsky P M. Dictionary of cultivated plants and their centres of diversity, excluding ornamentals, forest trees and lower plants//Dictionary of cultivated plants and their regions of diversity, 1982.

第 5 章　性状的鉴定

具有遗传差异且能相互交配繁育后代的个体集合称为孟德尔群（Medelian popul-ation）。在人为控制下按一定的目标与方式建立的群体称为人工群体（artificial population）。而由自然繁衍而成的群体则称为自然群体（natural population）。

遗传学上的所谓选择（selection）就是使孟德尔群体内的不同个体有差别地繁殖，从而改变群体的基因频率与基因型频率；而作物育种上的选择一般是指从自然的或人工创造的变异群体中，根据个体的性状表现挑选出符合期望的基因型，使选择的性状逐步稳定地遗传下去，直至选育出新品种。

在作物育种中，无论采用何种育种方法和材料，都必须通过选择，淘汰不良变异，积累和巩固有益变异。选择是创造新品种和改良现有品种的主要手段，是贯穿作物育种和良种繁育整个过程不可缺少的重要技术和主要内容。

选择分为自然选择和人工选择。自然选择（natural selection）是指自然条件对生物所起的选择作用。由于自然因素的影响，生物体常常会发生各种变异，如不同基因型在繁殖力、生活力等方面的差异所造成的个体间繁殖贡献率差异等。不适合环境的变异被淘汰，适应环境的变异被保留下来。人工选择（artificial selection）是在人为的干预下，按人类的要求对群体内个体加以选择，即把某些合乎人类要求的性状或个体保留下来，逐代增加群体内有利基因的频率，最终育成符合需要的新品种。可以这样说，没有人工选择就不会有作物品种产生。现有栽培作物及其品种，都是通过人工选择从野生植物驯化而来的，或经过创造变异后通过定向选择而形成的。

作物育种学上的所谓性状鉴定，是指对作物育种材料做出客观、科学评价的过程。性状鉴定是对性状进行选择的重要依据。性状鉴定的手段及其准确性是决定选择效率的主要因子之一。性状鉴定的准确性低会使选择效率大幅下降，这里的鉴定准确性低包含两部分内容，即所赋予的鉴定条件不合适或鉴定方法可靠性低。所赋予的鉴定条件不合适一般是指鉴定条件的一致性差或特定性不恰当，这会使期望基因型难以有充分表现的机会或表现的机会下降。如进行小麦矮化育种或抗倒伏性育种，若试验田肥力低且施肥水平不高，就会使小麦矮秆抗倒伏材料难以有脱颖而出的机会。又如进行小麦耐渍性育种，试验田水分过高或过低都会使小麦耐渍性好的材料难以鉴定出来。水分过低，耐渍性好的材料无法表现；水分过高，超出耐渍性好的材料所能承受之极限，与耐渍性差的材料一样死亡而无从选择。鉴定方法的可靠性决定着鉴定结果的准确性，可靠性低必然导致鉴定结果准确性低，选择效率不可能高。如对小麦、水稻品质的鉴定，肉眼与经验判定结果的可靠性就不及仪器测定结果的可靠性高。用分子标记辅助选择法鉴定结果的可靠性就大大高于基于表型鉴定的结果。

5.1 性状鉴定的内容和方法

5.1.1 性状鉴定的内容

性状鉴定的内容因作物不同而异。一般包括农艺性状（如生育期、形态特征和产量构成因子等）、生理生化特性、抗耐性（如抗逆性、抗病性、抗虫性以及对某些元素的过量或缺失的抗耐性）和品质性状（如营养品质、加工品质、食用品质及其他实用品质等）等。

在影响选择效果的其他因子确定之后，选择效率主要就取决于鉴定效率。随着科学技术的发展，性状鉴定技术也得到了显著的改进。性状鉴定已不仅仅只根据其外观的形态表现，还要测定有关的生理生化指标，甚至可以通过分子标记技术直接对基因型进行鉴定。对产量、抗逆性等复杂性状，综合采用多种鉴定方法会取得比较准确的结果。对品质性状、生理生化特性等的鉴定，测定仪器和技术的不断改进，使鉴定和选择效率不断提高。比如甜菜含糖量的选择就是一个经典的事例：随着鉴定方法的改进，在1889—1928 年间甜菜含糖量的提高量几乎是之前 40 年的 2 倍（表 5-1）。现代化的性状测定已向大容量、微量样品、精确、快速、自动化和非破坏性的方向发展。比如籽粒蛋白质含量的测定，经典方法主要是凯氏定氮法，样品需要粉碎和化学处理，速度慢、费用高。后来发展的近红外反射光谱（NIRS）技术，可以实现单粒种子的非破坏性测定，快速高效。另外该技术还可用于淀粉含量和油分含量等的快速非破坏性测定。

表 5-1　含糖量鉴定方法改进与甜菜含糖量的提高效果

时间	1818—1848 年	1849—1868 年	1869—1888 年	1889—1928 年
鉴定方法	间接鉴定 圆锥形根、叶色较浅	间接鉴定 块根比重法	直接鉴定 旋光计法	直接鉴定 测块根含糖量
含糖量增加值 /%	3.8	0.3	3.6	7.3

为了提高鉴定结果的可靠性，供试材料应来自同一年份、同一地点和相同的栽培条件。取样要合理准确，尽量减少由环境因子的差异所造成的误差。由于作物性状鉴定内容的范围比较广，涉及的学科多，因此，作物性状鉴定工作还必须注意多学科、多单位的分工协作。

5.1.2 性状鉴定的方法

作物性状的鉴定方法依作物性状、性状鉴定条件和场所分为直接鉴定和间接鉴定、自然鉴定和控制条件鉴定（即通常所说的诱发鉴定）、当地鉴定和异地鉴定以及田间鉴定和室内鉴定等。

1）直接鉴定和间接鉴定

直接根据目标性状的表现进行的鉴定为直接鉴定（direct evaluation）。根据与目标性状高度相关的其他性状的表现来评定目标性状，称为间接鉴定（indirect evaluation）。如小麦面粉面包烘烤品质的直接鉴定，需要通过烘烤试验，按所烤出面包的体积、形状、色泽、质地和口味等，进行综合评价；而烘烤品质的间接鉴定，可以通过少量面粉的沉降试验，以沉降值来评定烘烤品质。又如小麦的抗旱性鉴定，在干旱条件下测定所受的损害程度为直接鉴定；而通过旗叶的持水力测定来评价其抗旱性，则为间接鉴定。直接鉴定的结果固然可靠，但是有些性状的直接鉴定需要较大的样本，或者鉴定条件不容易创造，或者鉴定程序复杂、鉴定费时费工等，则需要采用间接鉴定以适当代替直接鉴定，而最后结论还是要根据直接鉴定的结果。间接鉴定的性状必须与目标性状有密切而稳定的相关关系或因果关系，而且其鉴定方法、技术必须具备微量、简便、快速和精确的特点，适于对大量育种材料早期进行选择。

传统育种是通过表型间接对基因型进行选择，育种成效主要依赖于植株的表型选择。这种选择方法对质量性状而言一般是有效的，但对数量性状来说，则效率不高，因为数量性状的表型与基因型之间缺乏明确的对应关系。即使是质量性状，环境条件、基因间互作、基因型与环境互作等多种因素也会影响表型选择效率。有的也可能会因为表型测量难度大、成本高或误差较大而造成表型选择的困难。另外，在个体发育过程中，每一性状都有其特定的表现时期。产量、品质等重要目标性状必须到发育后期或成熟时才得以表现，因而选择也只能等到那时才能进行。抗病性的鉴定要受发病的条件、植株生长状况和评价标准等因子的影响。对那些植株高大、占地多、生长季长的作物，特别是果树之类的园艺作物，传统的表型选择显得更为不利。育种家在长期的育种实践中不断探索运用遗传标记来提高育种的选择效率与育种预见性。棉花的芽黄、番茄的叶型、水稻的紫色叶鞘等形态性状标记，在育种工作中曾得到一定的应用。以非整倍体、缺失、倒位、易位等染色体数目、结构变异为基础的细胞学标记，在小麦等作物的基因定位、连锁图谱构建、染色体工程以及外缘基因鉴定中起到重要的作用。DNA分子标记的应用越来越广泛，已成为或将发展成为一些作物遗传育种的主要鉴定技术。

2）自然鉴定和诱发鉴定

如果生物胁迫和非生物胁迫在试验田上经常反复出现，则可就地直接鉴定试验材料的抗耐性，这就是自然鉴定；否则就需要人工造成干旱、水涝、冷冻和病虫害等条件，进行抗旱性、抗涝性、抗寒性和抗病虫性等的诱发鉴定。对当地关键性灾害的抗耐性最后还是依靠自然鉴定。但是在人工控制下的诱发鉴定，可以提高选育工作的效率，保证鉴定及时进行。在利用诱发鉴定时，必须适当掌握所诱发的危害程度及全部诱发材料所处条件的一致性和适当的危害时期，以免发生偏差。

3）当地鉴定和异地鉴定

当一种灾害在当地试验田常年以相当的程度发生时，则可以在当地鉴定其抗耐性，这是当地鉴定；如果这种灾害在当地年份间或田区间有较大差异，而且在当地又不易或不便人工诱发，则可以将试验材料送到异地鉴定其抗耐性，这就是异地鉴定。异地鉴定对个别灾害的抗耐性往往是有效的，但不易同时鉴定其他目标性状。

4）田间鉴定和室内鉴定

对需要在生产条件下才能表现的性状，则应在具有一定代表性的地块上进行鉴定，如生育期、生长习性、株型、产量及其构成因素等，只有田间鉴定才能得到确切的结果。品质性状及其他生理生化性状则需要在实验室内，借助于专门的仪器设备，才能得到精确的鉴定。有些性状需要田间鉴定与实验室鉴定结合进行。

对某些作物的某些特定目标性状的鉴定有时还需多种鉴定方法综合运用，如对作物品种抗逆性和抗病虫害能力的鉴定，不但要进行自然鉴定与诱发鉴定，而且要在不同地区进行异地鉴定，以评价其对不同病虫生物型及不同生态条件的反应，如对小麦条锈病的不同生理小种的抗性和小麦的冬春性鉴定。

5.2　农艺性状的鉴定

5.2.1　农艺性状的鉴定内容

在作物育种中所指的农艺性状（agronomic traits）主要是作物的生育期性状、叶部性状、茎秆性状、穗部性状和籽粒性状等可以代表作物品种特点的相关性状。不同作物所鉴定的农艺性状的内容有所不同，例如小麦的农艺性状包括：生育期性状（出苗期、分蘖期、拔节期、孕穗期、抽穗期、开花期和成熟期等）、叶部性状（叶数、剑叶长、剑叶宽、叶面积、叶色、叶耳、叶舌和叶鞘茸毛等）、茎秆性状（匍匐性、株高、茎粗、节数、每节长度和有效分蘖数等）、穗部性状（有效穗数、小穗数、穗粒数、穗型、穗长、芒长、穗密度、结实率和千粒重等）和籽粒性状（粒色、粒长、粒宽、粒厚、粒质和粒形等）等性状指标。对各作物的农艺性状进行鉴定，发掘出增加有效穗数、增加穗粒数、增加粒重、高产新株型和高光效利用率等的优异种质，进而培育生育期恰当、理想株型的优良新品种。

5.2.2　农艺性状的鉴定方法

一般农艺性状的鉴定是根据目标性状进行直接鉴定的，也可以利用与农艺性状紧密连锁的遗传标记进行间接鉴定。农艺性状鉴定的方法有大田试验鉴定、温室盆栽试验鉴定以及利用仪器等间接鉴定。一般情况下，鉴定作物农艺性状最直接和客观的方法是大田鉴定与实验室测定相结合的方法。但在大田鉴定中必须赋予土壤一致的肥力条件来保障鉴定的准确性。由于大多数农艺性状属于作物形态性状，所以除了利用大田鉴定与实验室测定相结合的鉴定方法外，可以通过分子标记对农艺性状进行间接鉴定。目前，开发的作物形态标记数量多，可鉴别的标记基因多，简单直观、经济方便，也可以通过基因型的筛选来鉴定作物的农艺性状。分子标记与传统大田鉴定相比，不仅可以解决部分农艺性状表型难测量的问题，而且可在作物发育的早期进行鉴定，加快育种进程。大田农艺性状鉴定要在植株发育到特定阶段才能进行鉴别，如穗部性状只有在植株成熟后才能进行测量鉴定。而应用分子标记可以在作物个体发育早期，甚至在苗期或播种前对种子就可以进行目标农艺性状的鉴定。

5.3 产量性状的鉴定

5.3.1 产量性状的鉴定内容

保障国家粮食安全是关系我国国民经济发展和社会稳定的重大战略问题。"国以民为本，民以食为天。"我国是农业大国，也是世界人口第一大国，在经济全球化背景下，我国粮食安全长期面临多种刚性制约以及激烈的市场竞争等多重压力。预计到2030年，我国人口将达到16.5亿，粮食缺口 1.4×10^{11} kg（1.4亿 t）。在有效耕地面积难以增加的情况下，为满足国人吃饱吃好的小康需求，提高作物单位面积的产量是保障我国粮食自给自足的必由之路。

作物产量指单位面积作物产品器官的数量。因此可把产量分解成不同的组成因子，各类作物的产量构成因子详见第3章育种目标。

5.3.2 产量性状的鉴定方法

产量性状的鉴定方法主要有大田鉴定与实验室测定相结合的方法，也可在温室盆栽试验鉴定以及利用仪器间接鉴定等。一般情况下，鉴定作物产量性状最直接和客观的方法是对大田种植的作物经济产量进行评价，但在大田鉴定中必须赋予土壤一致的肥力条件来保障鉴定的准确性。通过大田调查和室内考种相结合可对产量相关性状进行准确、科学的鉴定评价。例如水稻产量性状的鉴定，可通过田间调查产量相关性状。估测水稻产量的方法主要有：① 小面积试割法。选择有代表性的田块，进行收割、脱粒、称湿谷重。有条件的则送干燥器烘干、称重，一般按早、晚季稻和收割时天气情况，按70%～85%折算干谷，并丈量该田块面积，计算出每公顷干稻谷产量。② 穗数、粒数、粒重测定法。水稻单位面积产量是由每公顷有效穗数、每穗平均实粒数和千粒重构成，对这3个产量因子进行调查测定，就可求出水稻单位面积的理论产量。选好测产田块后，即取样调查，取样点力求有代表性和均匀分布，调查株行距、每穴平均有效穗数、每穴平均实粒数、千粒重，最终计算出理论产量。同时，作物产量性状一般是由多基因控制的复杂性状，目前已发现并克隆了大量的作物产量性状的相关基因，也可以通过对这些基因的筛选来鉴定作物产量性状。

5.4 抗逆性状的鉴定

作物在生长发育过程中，其产量和品质除了受到病害、虫害和杂草等生物因素的影响外，还受到不良气候和土壤环境因素的影响。这些对作物生长发育产生不利影响的生物因素称为生物逆境。其中，作物对病原菌的侵入、扩展和危害的抵抗能力称为抗病性；作物对昆虫的侵袭和危害的抵御能力称为抗虫性。对作物生长发育产生不利影响的环境因素称为非生物逆境。通过对生物逆境抗性和非生物逆境抗性的鉴定和选择，可以选育出抗逆性强的高产优质作物品种。

5.4.1　抗生物逆境性状的鉴定

在对抗病虫性进行鉴定时，采用科学合理的鉴定方法，得到客观、准确的鉴定结果，是进行抗病虫品种选育和遗传研究的先决条件。根据寄主和病虫害的种类及抗性和致害性变异程度，选择适当规模的寄主群体及其生长条件、合适的菌（虫）源、保持接种后环境条件的稳定、合适的抗性鉴定指标及抗感对照是抗病虫性鉴定需要考虑的因素。

5.4.1.1　作物抗病虫性鉴定指标

作物抗病性鉴定指标分为定性分级和定量分级两大类。定性分级主要根据侵染点及其周围枯死反应的有无或强弱、病斑大小、色泽及其上产孢的有无、多少，把抗病性分为免疫、高抗到高感等级别。定性分级多应用于病斑型（或侵染型）、抗扩展的过敏性坏死反应型及危害作物局部的一些病害。如玉米大斑病分为 1、3、5、7 和 9 级。定量分级即通常所用的普遍率（局部病害侵染植株或叶片的百分率）、严重度（平均每一病叶或每一病株上的病斑面积占体表面积的百分率，或病斑的密集程度）和病情指数（由普遍率和严重度综合而成的数值）来区分抗病等级。作定量鉴定时，每个鉴定材料必须有较多的株数或叶数，并参照抗病和感病对照的病情进行判断，因为发病程度会受到鉴定材料基因型、气候条件和诱发强度等因素的影响。

抗虫性鉴定指标主要选用寄主受害后的表现，或昆虫个体或群体增长的速度等。如死苗率、叶片被害率、果实被害率和减产率等，以及害虫的产卵量、虫口密度、死亡率、平均龄期、平均个体重、生长速度和食物利用等指标。其中鉴定害虫群体密度是最常用的鉴定方法，包括估计害虫群体绝对密度的绝对法和在大体一致条件下捕获害虫群体数量的相对法；或利用害虫的产物如虫粪、虫巢及对作物的危害效应来估计群体密度。在鉴定时可用单一指标，也可用复合指标以计量几种因素的综合效果。室内鉴定时，可选用寄主受害后的表现，或以昆虫个体或群体增长的速度等作为反应指标。抗生物逆境性状的鉴定应根据鉴定对象双方的特点，寻找能准确反映实际情况，且快速、简便的方法。

5.4.1.2　作物抗病虫性鉴定方法

作物抗病虫性鉴定方法主要有田间鉴定和室内鉴定 2 种。室内鉴定又可分为温室鉴定和离体鉴定。

1）田间鉴定

自然发病条件下的田间鉴定是鉴定作物抗病虫性的最基本方法，尤其是在病虫害的常发区，进行多年、多点的联合鉴定是一种有效的方法。在田间鉴定中，有时需采用一些调控措施，如喷水、遮阴、多施某种肥料和调节播种期等，以促进病虫害的自然发生。

抗病性的田间鉴定一般在专设病圃中进行，病圃中要均匀地种植感病材料作诱发行。对棉花枯、黄萎病等土传病害，除在重病地块设立自然病圃外，在非病地块设立人工病圃，必须用事先培养的菌种，在播种或施肥时一起施入，以诱发病害。对于小麦锈病、玉米大、小斑病和稻瘟病等气传病害，可分别用涂抹、喷粉（液）和注射孢子悬浮液等方法人工接种。对于腥黑穗病和线虫病等由种苗侵入的病害，可用孢子或虫瘿接种。对于水稻白叶枯病等由伤口侵入的病害，可用剪叶、针刺等方法接种。对于由昆虫传播的病毒病，可用带毒昆虫接种。在病圃中，要等距离种植抗、感病品种作为对照，以检查全田发病是否均匀，并作为衡量鉴定材料抗性的参考。

抗虫性的田间鉴定可在大面积感虫品种中设置抗虫性鉴定试验。在测试材料中套种感虫品种，利用引诱作物或诱虫剂把害虫引进鉴定圃。也可以用特殊的杀虫剂控制其他害虫或天敌，而不杀害测试昆虫，以维持适当的害虫群体。如要鉴定棉花蚜虫和螨类时，适时、适量地喷用西维因和果苯对硫磷，可以控制天敌。要鉴定水稻品种对飞虱的抗性时，喷用苏云金芽孢杆菌可排除螟虫的干扰等。

2）室内鉴定

为了不受季节及环境条件的限制，加快抗病虫遗传育种研究工作进程，在以田间鉴定为主的前提下，也可利用温室进行活体鉴定或实验室离体鉴定。

在温室鉴定抗病性时，必须进行人工接种。为了获得准确的鉴定结果，要注意光照、温度和湿度的调控，使寄主的生长发育正常，保证最适于发病的环境条件，有利于病原菌孢子萌发侵入。接种量既要保证充分发病，又不要丧失鉴定材料的真实抗病性。温室鉴定一般只有一代侵染，不能充分表现出群体的抗病性。

离体鉴定是室内鉴定的一种。它是用植株的部分枝条、叶片、分蘖和幼穗等进行离体培养并人工接种，可用于鉴定那些在组织和细胞水平表现出抗病性的病害，如马铃薯晚疫病、小麦白粉病、小麦赤霉病和烟草黑胫病等。离体鉴定的速度快，可同时分别鉴定同一材料对不同病原菌或不同小种的抗性，而不影响其正常的生长发育和开花结实。对以病原物毒素为主要致病因素的病害，如烟草野火病、甘蔗眼斑病、玉米小斑病T小种和油菜菌核病等还可利用组织培养及原生质体培养等方法进行鉴定。在进行离体鉴定前，必须试验寄主对该病害的离体和活体抗性（田间或室内）之间的相关性。只有显著相关的病害才适合采用离体鉴定。

有一些害虫在田间不一定每年都能达到最适的密度，而且同种昆虫的不同生物型在田间分布没有规律，难以使不同昆虫的种类和密度一致。抗虫性的室内鉴定工作主要在温室和生长箱中进行，依作物和昆虫种类及研究的具体要求而定。相对于田间鉴定方法，室内鉴定的环境易于人为控制，因此精确度高，也易于定量表示。室内鉴定法特别适用于苗期为害的害虫，以及对作物抗虫性机理和遗传规律的研究。室内鉴定的虫源可以人工养育，也可以通过田间种植感虫作物（品种）引诱捕捉。如果是人工养育的要考虑到长期养育会使害虫致害力降低，应在养育一定世代后，在田间繁殖复壮。

5.4.2　抗非生物逆境性状的鉴定

5.4.2.1　作物非生物逆境的种类

根据 Levitt（1980）对逆境的分类，非生物逆境可分为温度胁迫、水分胁迫和土壤胁迫 3 大类。温度胁迫（temperature stress）中有低温和高温危害，低温危害又分为冻害（freezing injury）和冷害（chilling injury）。水分胁迫（water stress）中有干旱、湿害和渍害（logging damage）。土壤胁迫中有盐碱害（salt and alkaline damage）、土壤瘠薄（barren）和重金属害（heavy metal stress）等。

5.4.2.2　抗旱性鉴定

干旱（drought）是指长时期降水偏少，造成空气干燥、土壤缺水，使作物体内的水分发生亏缺，影响其正常生长发育而减产的一种农业气象灾害。科学地进行抗旱性鉴定和评价，对培育高产、抗旱、优质的作物新品种具有十分重要的意义。

作物所受的干旱主要有大气干旱（atmospheric drought）、土壤干旱（soil drought）及混合干旱（mixed drought）3 种类型。根据作物的抗旱特点可分为避旱、免旱和耐旱。作物的避旱性（drought escape）是通过早熟或发育的可塑性，在时间上避开干旱的危害。避旱性不是真正的抗旱性。免旱性（drought avoidance）是指在生长环境中水分不足时植物体内仍能保持一部分水分而免受伤害，以致能进行正常生长的性能，包括保持水分的吸收和减少水分的损失。耐旱性（drought tolerance）则指作物忍受组织水势低的能力，其内部结构可与水分胁迫达到热力学平衡，而不受伤害或减轻损害。免旱性的主要特点大都表现在形态结构上，耐旱性则大都表现在生理上抗旱。

作物抗旱性鉴定方法很多。一般采用田间直接鉴定法，即在干旱胁迫条件的试验点，直接按作物的受害程度或产量的降低程度进行抗旱性评价。该方法受环境条件影响大，需进行多年多点鉴定才能正确评价作物的抗旱性。根据条件和需要，可同时设置旱地和水浇地的对比试验。也可用控制土壤水分含量的盆钵试验，包括沙培、水培和土培来评价农作物的抗旱性。

作物抗旱性是通过抗旱性指标得到反映的，抗旱性指标有：① 形态指标。大量研究表明，株型紧凑程度、根系发达程度、茎的水分输导能力和叶片形态结构等均可作为作物抗旱性鉴定指标。一般认为，抗旱作物的形态特征主要有株型紧凑、根系发达、根冠比较高、输导组织发达、叶直立、叶片小且厚、茸毛密集和蜡质、角质层发达及气孔下陷等。从叶片的解剖结构来看，抗旱性品种维管束排列紧密，导管多且直径较大。一般认为禾本科作物的叶片较窄而长，叶片薄，叶色淡绿，叶片与茎秆夹角小，干旱时卷叶是抗旱的形态结构指标。② 产量指标。作物品种在干旱条件下的产量是鉴定品种抗旱性的重要指标之一。抗旱系数、干旱敏感指数和抗旱指数都是从产量上反映抗旱性的重要指标。③ 生长发育指标。作物在干旱条件下的生长发育状况，如种子发芽率、存活率、萌发胁迫指数、干物质积累速率和叶面积等均能在一定程度上反映品种的抗旱性。④ 生理指标。作物抗旱性的生理指标包括对蒸腾的气孔调节、对缺水的渗透调节和质膜的透性调节等。叶片相对含水量（RWC）、失水速率（RWL）和水势能很好地反映植株的水分状况与蒸腾之间的平衡关系。在相同渗透胁迫条件下，抗旱性强的品种具有较高的相对含水量（RWC）和较低的失水速率（RWL），且水势、压力势和相对含水量下降速度慢，下降幅度小，能保持较好的水分平衡。近年来许多学者对根系提水在抗旱性鉴定中的作用做了大量研究。根系提水是指在低蒸腾条件下（在夜间），作物根系不同部位所处土壤水势的空间分布不同，生长于潮湿区域部分的根系吸水后把水运输到干燥区域部分的根系，并通过这部分根系将其中一部分水分释放到根际周围干土中去的水分运动现象。在干旱条件下，根系提水可保证作物根系整夜从深层相对湿润的土壤吸收水分从而保持干层根系不死亡，故抗旱性强的品种根系提水作用显著大于抗旱性弱的品种。⑤ 生化指标。耐旱性生化指标有脯氨酸和甘露醇等渗透性物质的含量、植株的脱落酸（ABA）水平、超氧化物歧化酶（SOD 酶）与过氧化氢酶（CAT 酶）活性等。在渗透调节物质中，一种是以可溶性糖、氨基酸等有机质来调节细胞质渗透压，同时对酶蛋白和生物膜起保护作用；另一种是以 K^+ 和其他无机离子调节液泡渗透势，以维持膨压等生理过程。当土壤干旱时，作物在根系中形成大量 ABA，使木质部汁液中 ABA 浓度增加，引起气孔开度减小，实现作物水分利用最优化控制。在抗旱研究中，干旱胁迫对外源 ABA 的敏感性已作为抗旱基因型筛选的一个鉴定指标。此外，干旱胁迫下 SOD 酶和 CAT 酶与膜透性及膜脂过氧化水平之间存在负相关。

综上所述，抗旱性鉴定基本上都是通过单项指标因素进行评定的。而作物的抗旱性是由多种因素相互作用构成的一个较为复杂的综合性状。近年来多采用综合指标法：一是统计抗旱总级别法，根据多项指标所测数据，把每个指标数据分为 4 个或 5 个级别，再把同一品种的各指标级别相加即得到该品种的抗旱总级别值，以此来比较品种抗旱性的强弱；二是采用模糊数学中隶属函数的方法，对品种各个抗旱指标的隶属值进行累加，求其平均数并进行品种间比较以评定其抗旱性。

5.4.2.3 耐湿性鉴定

由于土壤中水分达到饱和，造成土壤中空气不足而引起作物生长发育障碍的现象统称为湿害（water logging）。湿害是多雨、土壤排水不良地区影响作物产量及稳定性的主要因素之一。有些地区，湿害已成为限制作物产量水平和影响作物稳产性的主要逆境。

耐湿性（moisture tolerance）是指在土壤水分饱和条件下，作物根部受到缺氧和其他因素的胁迫而具有免除或减轻受害的能力。耐湿性的鉴定方法一般包括场圃鉴定法和盆钵鉴定法。场圃鉴定法是将供试材料和对照品种同时分别种植于人为湿害处理的试验区和土壤湿度正常而其他条件基本相同的对照区，通过各材料间及其与对照品种间在处理区与对照区有关性状表现对比来鉴定供试材料的耐湿性。盆钵鉴定法是将各供试材料种子分为 2 份，一份在正常条件下盆栽，另一份在种子萌动时播于底部钻孔的装土盆钵内，到关键的生育期将盆钵浸入盛水的水箱或水泥池内分别鉴定对过湿的反应。此外，还有幼苗鉴定法和组织性状、生理性状及生态性状鉴定法。由于作物不同生育期对湿害的敏感性不一样，所以应选择适宜的时期进行鉴定。

国内外普遍采用的耐湿性指标是在过湿条件下的籽粒产量，以及根、茎、叶形态学指标和生理生化指标。也可用综合湿害指数（几个单项湿害指数的综合）表示，由株高、单株绿叶数、有效穗数、每穗实粒数和千粒重等性状组成。周琳等（2001）在小麦耐湿性研究中，发现渍水条件下耐湿性品种的叶绿素、脯氨酸（Pro）、可溶性糖、可溶性蛋白质、亚铁离子含量，SOD 酶活性，乙醇脱氢酶（ADH 酶）活性和根系活力均高于不耐湿性品种。而丙二醛（MDA）含量和质膜相对透性却明显低于不耐湿性品种。

5.4.2.4 耐渍性鉴定

涝渍是作物主要的非生物逆境胁迫之一。在热带和亚热带地区，由于某一个时间段或季节性的过量降雨而导致土壤几个小时到几天的渍水而形成缺氧的环境，常常导致作物大量减产，甚至带来毁灭性的打击。作物的耐渍性鉴定对农业生产的发展具有重要意义。

Setter 等（2003）把作物耐渍性（water logging tolerance）定义为作物在涝害条件下相对于正常情况下的高存活能力，或高生长率、高生物积累量或产量。不同作物及同一作物不同品种的耐渍性存在显著差异。淹水引起作物形态、生理生化方面发生明显变化，这为耐渍性种质资源的选择和鉴定提供了基础。

作物耐渍鉴定方法有大田直接鉴定法和盆栽鉴定法。大田直接鉴定法是指将供试品种直接种植于大田，通过人工灌水控制土壤水分来模拟自然涝害，然后根据材料的性状变化来评估其耐渍性。该方法较大限度地模拟了自然涝害，试验结果可以对实际生产进行直接指导，且试验不需要特殊设备，可以批量鉴定，但其环境因素较为复杂，难以控制。盆栽鉴定法则易于对环境因素进行控制，但不适合对大批材料筛选，且还需要进一步结合田间试验来指导实际生产。作物耐渍性鉴定指标包括：① 形态指标。主要有种子发芽状况、叶色、根色、单株绿叶数、单株荚数、每荚粒数、千粒重、产量、不定根的发育程度、植株存活率与恢复力、生长量和产量等。② 解剖指标。包括单位面积茎的气隙百分率、横切面发育特征等。③ 生理生化指标。主要包括根系泌氧力、K^+ 和 NO_3^- 含量、叶绿素含量、保护酶系和厌氧呼吸酶系活性、硝酸还原酶活性、质膜透性、光合强度与呼吸强度、营养水平等。生理生化指标相对稳定、灵敏，但测定时烦琐，成本也相对较高。④ 分子生物学指标。主要有编码厌氧胁迫蛋白基因和酶基因等。

5.4.2.5 抗冻性鉴定

低温是经常发生且危害严重的逆境因子之一。气温下降到冰点以下使作物体内结冰而受害的现象称为冻害（freezing injury）。全球每年因冻害引起的作物产量损失巨大，冻害已成为制约作物生产的重要自然灾害之一。所以，抗冻种质资源的鉴定和抗冻品种的选育已成为世界农业研究的重要课题。

作物的抗冻性（freezing resistance）是指作物在冰点以下温度的环境中，其生长习性、生理生化、遗传表达等方面的特殊的适应特性。抗冻性是作物的重要性状之一。不同作物、同一作物的不同品种的抗冻性不同。作物抗冻性鉴定一般在田间自然条件下进行，以人工冷冻技术为补充。后者主要是在人工模拟本地区所发生的冻害条件下进行鉴定和选择（如冰冻处理）。作物抗冻性的生理生化指标有可溶性蛋白质、可溶性糖、脯氨酸、抗坏血酸（ASA）和谷胱甘肽（GSH）浓度等。如小麦的抗冻性越强，可溶性糖、可溶性蛋白质和抗坏血酸含量越高。根据植株受到低温胁迫时，细胞膜受损、透性增大、外渗量增加、导电率增大，抗冻性强的品种导电率增长较小的原理，可以用电导法进行作物抗冻性的间接测定。电导法适用于对大量种质资源材料抗冻性的早期筛选。利用基因工程技术来提高部分作物抗冻性的研究也取得了很大进展。给克隆出的抗冻基因连上强启动子或冷诱导启动子，通过转基因手段导入作物，获得转基因植株，能对低温迅速做出反应。

5.4.2.6 抗冷性鉴定

0℃以上的低温影响作物正常生长发育的现象为冷害（chilling injury）。冷害会造成植株苗弱、生长迟缓、萎蔫、黄化、局部坏死、坐果率低、产量降低和品质下降等不良影响，对农业生产造成严重损失。抗冷性（chilling tolerance）是指作物在 0℃以上的低温下能维持正常生长发育到成熟的特性。作物抗冷性是其抵御低温危害的重要决定因素。作物抗冷性是自身长期适应环境而形成的，并受遗传因素控制的一种生理特性，故存在着不同品种间抗冷性的差异，这为作物抗冷性鉴定提供了理论基础。

作物抗冷性研究一般在田间自然条件下和人工模拟本地冷害条件下进行鉴定和选择，如冷水灌溉或人工气候室。大多数鉴定试验都是用作物幼苗作为材料，在低温胁迫下调查其低温伤害症状。也有研究者以种子、胚作为研究材料进行发芽试验，以鉴定其抗冷性。

抗冷性鉴定指标包括形态指标、生长发育指标和生理生化指标。在自然低温或人工控制低温条件下，种子的发芽力和发芽势、幼苗的形态和生长发育特征是直观、简单易测的抗冷性指标。生理生化指标的应用也较为普遍，主要包括：① 细胞膜透性。大量研究证明植株受到低温胁迫时，作物细胞内溶物外渗，电解质渗透率增强，导电率增大。而抗冷性较强的作物品种导电率增加较小。② 脯氨酸含量。作物处于低温胁迫时，脯氨酸能维持细胞结构、细胞运输和调节渗透压等，对作物具有一定的保护作用，使作物具有一定的抗性。所以，抗冷性较强的作物脯氨酸含量较高。③ 保护酶系统。作物体内的自由基、活性氧和清除它们的酶类及非酶类物质在低温下可以保护膜结构，延迟或阻止细胞结构的破坏，从而使作物能在一定程度上减缓或抵抗逆境胁迫。这些酶类和非酶类物质包括 SOD 酶、过氧化物酶（POD 酶）、CAT 酶、抗坏血酸过氧化物酶（APS 酶）等抗氧化酶和抗坏血酸、谷胱甘肽、细胞色素 f、铁氧还蛋白及类胡萝卜素等抗氧化剂。④ 可溶性蛋白质含量。低温引起蛋白质谱系的变化。一般认为，可溶性蛋白质含量和总蛋白质与抗冷性呈正相关。对低温下水稻叶片中蛋白质含量的研究表明，由常温转入低温后，抗冷性强的粳稻和抗冷性弱的籼稻叶中可溶性蛋白质含量均下降，抗冷性弱的籼稻下降幅度更大。⑤ 作物激素。ABA 是抗冷基因表达的启动因子，对作物抗冷力的调控起着重要作用。研究表明，内源 ABA 含量在抗冷性不同的作物中存在明显的差异。在冷胁迫下作物中的 ABA 水平与其抗冷性呈正相关，抗冷性强的植株内源 ABA 含量高于抗冷性弱的植株。

5.4.2.7 耐热性鉴定

随着温室效应的日益严重，全球气温不断上升且极度高温发生频率显著增加，这给温带种植地区作物生产产生很大的热胁迫压力。作物生产面临高温逆境的严峻挑战。高温胁迫对作物生长及产量形成严重威胁。因此，作物耐热性鉴定研究和耐热性品种的培育已成了当前作物育种研究的一个新课题。

由高温引起作物伤害的现象称为热害（heat injury）。耐热性（heat resistance）是指作物对高温胁迫（high temperature stress）的适应性。热害的温度很难定量，且不同种类的作物抗热机理不同，对高温的忍耐程度有很大差异。同一作物不同发育阶段其耐热性也不同。

作物耐热性鉴定可分为田间直接鉴定、人工模拟直接鉴定和间接鉴定 3 种方法。田间直接鉴定法是在自然高温条件下，以作物较为直观的性状变化指标为依据来评价作物品种的耐热性。这种方法比较客观，但试验结果易受地点和年份的影响，需进行多年多点重复鉴定。人工模拟直接鉴定法是在模拟的高温胁迫条件下，通过外部形态、经济性状等指标对作物耐热性进行评价。这种方法克服了田间鉴定的缺点，且逆境条件容易控制，但受设备投资和能源消耗等因素的限制，不能对大批材料进行鉴定。而间接鉴定法是根据形态学、解剖学、生理学、生物物理学、生物化学及分子生物学等学科的研究结果建立起来的。一般是根据作物耐热性在生理生化上的表现，选择和耐热性密切相关的生理生化指标，对在自然或人工热环境中生长的作物，借助仪器等实验手段在实验室或田间进行耐热性鉴定。这类方法一般不受季节限制，而且快速准确。

作物耐热性鉴定和评价的指标包括：① 外部形态指标。高温胁迫中叶片的叶型和叶色等是衡量品种耐热性的重要形态指标。例如，耐热萝卜常为板型叶，叶片大而厚，叶色深绿，功能叶多。② 经济性状指标。高温使番茄坐果率下降，从而导致产量下降，故坐果率和平均产量等性状可作为番茄耐热性的评价指标。许为钢等（1999）研究发现，高温胁迫下千粒重下降率可作为小麦耐热性评价的经济性状指标。③ 微观结构指标。微观结构指标从细胞学角度为耐热性鉴定提供依据，气孔密度大及高温胁迫下的气孔开度大，是耐热品种的重要标志。耐热品种叶肉细胞排列紧密，高温胁迫下很少出现质壁分离现象。除此之外，耐热品种的维管束内形成层、木质部和韧皮部也比较发达。另外，耐热性品种高温下配子体能保持正常的授粉、受精能力。作物细胞受高温胁迫时，还可通过观察其超微器官叶绿体、细胞核和液泡等发生的变化来鉴定其耐热性。大量研究表明，高温胁迫下，耐热品种叶肉细胞结构基本能保持正常状态和完整性；而热敏感品种叶绿体膜断裂、解体，类囊体片层松散，排列紊乱，基质片层模糊不清，部分核膜膨大、有断裂现象，核仁逐渐消失，核内出现许多纤维状颗粒体，部分液泡膜遭到破坏。④ 生理生化指标。耐热性鉴定的生理生化指标较多，其中膜的热稳定性（MT）、冠层温度衰减（CTD）、叶导度（L-COND）、叶绿素含量（CHL）和 SOD 酶、抗坏血酸盐过氧化物酶（APX 酶）活性指标与耐热性关系密切，可以预测作物耐热性。MT 和 CTD 能较好地反映作物的耐热性，可用于作物品种耐热性的鉴定。在热胁迫条件下，利用气孔计能够快速测定叶导度值。叶导度高的基因型其耐热性强。在热胁迫条件下，耐热性好的品种可维持相对较高的叶绿素含量，SOD、APX 酶活性均高于不耐热品种。SOD 和 APX 活性作为耐热性鉴定指标已得到普遍认可。⑤ 分子生物学指标。作物耐热性的分子生物学研究主要集中在热激蛋白（heat shock protein，HSP）上。HSP 是指生物体在受到高温胁迫时合成新的或合成增强的蛋白质。在分子水平上，热激反应的特点是正常蛋白质合成终止，瞬时合成 HSP，从而维持细胞活力水平，故 HSP 量的积累可使细胞具有高水平的耐热性（张建国，2005）。

作物耐热性受多种因素影响，且不同品种的抗性机制不同。用某一指标或少数几个指标来鉴定作物耐热性有很大局限性，很难客观反映作物的耐热能力。因此，应根据不同的作物有针对性地选择指标，确定客观的耐热性鉴定方法和适宜的评价指标，鉴定评价不同作物品种的耐热性高低。

5.4.2.8 耐盐碱性鉴定

据统计，全球大约有 10 亿 hm^2 土地存在不同程度盐渍化，约占耕地面积 10%。土壤盐碱化已成为这些地区作物高产稳产的主要限制因素之一。作物对盐害的耐性称为耐盐性（salt tolerance）。习惯上，把碳酸钠与碳酸氢钠为主的盐碱化土壤称为碱土，把氯化钠与硫酸钠为主的盐碱化土壤称为盐土。碱土和盐土两者常同时存在，难以绝对划分。实际上把盐分过多的土壤统称为盐碱土，简称为盐土，耐盐碱性简称为耐盐性。

作物的耐盐性主要有避盐性和耐盐性。避盐性（salt avoidance）作物是通过泌盐以避免盐害的，如玉米、高粱等，或通过吸水与加速生长以稀释吸进的盐分或通过选择吸收以避免盐害，如大麦。耐盐性则是通过生理的适应，忍受已进入细胞的盐类。如通过细胞渗透调节以适应因盐渍而产生的水分胁迫；消除盐对酶和代谢产生的毒害作用；通过代谢产物与盐类结合，减少游离离子对原生质的破坏作用等。不同作物、同一作物不同品种及同一品种不同生育阶段的耐盐能力都有明显差异。

作物耐盐性的鉴定方法有：① 营养液栽培法。将供试材料进行砂培或水培，控制培养液的盐分和营养成分，根据供试材料生长表现测定其耐盐性。② 萌发试验法。把供试材料播种在装有能控制盐分浓度的土壤或砂的容器中，检查种子萌发和幼苗发育的表现。③ 田间产量试验法。将供试材料在适当程度的盐碱地上进行产量试验，根据产量表现评定其耐盐性。

耐盐性鉴定指标包括：① 形态指标。在盐害条件下的幼苗苗高、根长、根数和叶片数等。② 生理生化指标。根据盐害对作物生理代谢的影响机理或作物耐盐的内在机理，用很多生理生化指标来判断作物耐盐性的高低。例如，在盐胁迫下，作物根系 Na^+/K^+ 和 Ca^{2+} 浓度显著增加，脯氨酸、氨基乙酸、可溶性糖、多羟基化合物和甜菜碱等在细胞内进行积累，保护细胞结构和水的流通，从而提高耐盐能力；盐胁迫时，CAT 酶、APX 酶、愈创木酚过氧化物酶、谷胱甘肽还原酶（GR 酶）和 SOD 酶的含量、活性增高，并且这些酶的浓度和盐胁迫的程度有很好的相关性；高盐浓度也可引发作物激素如 ABA 和细胞分裂素的增加，使作物产生生理适应并增强作物耐盐性。③ 产量指标。实际上在盐分胁迫下，最终产量或产量构成因素是衡量其耐盐的最可靠指标。

5.4.2.9 耐瘠薄性鉴定

土壤为作物提供必需的养分和水分，这些养分和水分以多种方式参与作物体内的各种生物化学过程，对作物生长发育、生理代谢、产量与品质都起着重要的作用。我国现有耕地中大部分土壤缺氮，约 1/3 以上的土壤缺钾，约 2/3 的土壤缺磷及在不同程度上缺乏作物所需的微量营养元素。即使原来较肥沃的土壤，由于复种指数的提高和掠夺式的生产经营，也导致土壤养分逐年减少。要保证作物的高产稳产，除了施用足够的化肥外，利用作物耐瘠薄性的遗传特性，选育耐低营养的作物品种和提高作物自身对土壤营养的利用能力等，是促进我国农业可持续发展并达到作物高产稳产的重要途径。

瘠薄（barren）是指土壤因缺少作物生长所需的养分而不肥沃。耐瘠薄（barren tolerance）则是指作物抗瘠薄能力强，在土壤养分较低时能够按照自身习性生长发育的特征特性。研究表明，作物在养分胁迫下表现出各种适应机制。在不同作物之间、同一作物不同品种之间对养分的利用效率存在显著差异，这为筛选耐瘠薄作物和养分高效利用基因型进行作物遗传改良提供了可能。

耐瘠薄性鉴定的方法有大田试验、溶液培养试验和盆栽试验等。一般情况下，鉴定作物耐低营养基因型最直接和客观的方法是在缺素土壤上进行种植，用经济产量进行评价。但大田全生育期试验耗时、费工、筛选效率低，且由于土壤在空间和时间上的不确定性，增大了控制试验条件的难度。为了缩短筛选周期，加快筛选速度，常采用溶液培养法在苗期进行大量的初筛，此法可以对培养介质进行准确控制，能对大批量基因型的某些形态或生理指标进行快速筛选。

耐瘠薄性鉴定的指标包括：① 形态指标。营养胁迫下，作物的根 / 冠比提高以增加养分吸收的适应性。作物的根数和根重增加，以扩大吸收养分的面积。最明显的变化就是形成簇生根以增加根系的表面积。因此根系形态变化与作物耐瘠薄性关系密切。② 生理生化指标。研究发现，作物在某些养分胁迫下，根系做出相应的代谢反应，分泌出某种类型的有机化合物。作物在某些养分胁迫下，体内激素也会发生相应的变化。大量研究表明，氮素不足时，作物叶片中脱落酸、乙烯含量提高；缺磷时，植株中细胞分裂素含量下降；缺钾时，外部症状最明显的植株正好是积累腐胺最多的植株。③ 其他指标。例如用土壤养分利用量、化肥利用率、土壤养分激发率和根圈有效营养存在量等来说明作物品种的耐瘠薄程度。考察植株生长对土壤固有养分的利用状况，可鉴定不同作物品种对瘠薄土壤的适应能力。一般认为，品种的化肥利用率越高或养分激发率越高，其耐瘠薄性越强。根圈有效营养存在量的高低，直接反映了作物品种耐瘠薄能力的大小，因而也可作为检验作物品种耐瘠薄特性的指标。

5.4.2.10　重金属耐性鉴定

随着工业生产的不断发展和人类活动范围的持续拓展，全球土地重金属污染越来越严重，已成为危害人类自身生存和发展的重大因素。近年来开展的重金属污染治理已成为国际学术界研究的热点问题之一。鉴定、选择和培育具有重金属耐性的作物品种则是解决重金属问题的前提和基础。

重金属（heavy metal）一般指密度在 $4.5\ g/cm^3$ 以上的金属。构成土壤环境污染的重金属主要有汞、镉、铅和铬等对生物毒性强的金属和具有一定毒性的金属铜、锌和镍等。土壤中重金属过量会限制作物的正常生长、发育和繁衍，改变作物群落结构。而作物的重金属耐性（heavy metals tolerance）是指作物在某一特定的含量较高的重金属环境中，由于体内具有某些特定的生理机制而使作物不会出现生长率下降或死亡等毒害症状。由于作物的生态学特性、遗传学特性不同，不同种类作物对金属污染的忍耐性不同；同种作物的不同种群或同一种群内不同植株对重金属的忍耐性也有较大的差异。

由于土壤条件比较复杂，作物除了受重金属的危害，还同时受其他因素的影响。因此，对作物重金属耐性鉴定比较困难。田间试验难以做到不同试验间和地点间鉴定结果的一致性，所以一般多采用幼苗营养液培养法。用不同浓度的重金属溶液处理作物种子，通过调查发芽率、幼苗生长量来鉴定作物对重金属的耐性。作物对重金属产生耐性通过2 条基本途径：一是金属排斥性（metal exclusion），即重金属被作物吸收后又被排出体外，或者重金属在作物体内的运输受到阻碍；二是金属富集（metal accumulation），但可自身解毒，即重金属在作物体内以不具生物活性的解毒形式存在，如结合到细胞壁上、离子主动运输进入液泡、与有机酸或某些蛋白质的络合等。

5.5 品质性状的鉴定

传统的农业过度要求高产，对作物品质性状没有足够的重视。随着人民生活水平的提高，人们的消费已向富于营养和有益健康的方向发展。因此，对农产品品质的要求越来越高。为了满足人们日益增长的物质生活需要，要求作物生产实现"两高一优"，即高产、优质、高效，其保证措施为优质育种、优质生产及优质加工。优质育种要求品种的品质优良，适宜做成优质的食品。优质生产要求环境适宜于生产优质的农产品，需有配套的高产保优调控技术。快速、准确、操作简便、费用少和适用范围广的品质性状的鉴定是品质育种工作的基础。通过品质育种，发展不同类型的优质稻米、专用优质小麦、特用玉米、优质油料作物、优质糖料作物、优质饲料作物和优质纤维作物等，对于改善我国人民的营养状况，推动我国食品、化工、纺织和畜牧业等方面的发展具有十分重要的意义。

5.5.1 作物品质性状的类别

作物品质是指作物的某一部分，以某种方式生产某种产品时，在加工过程及最后形成产品所表现的各种性能，以及在食用或使用时感觉器官的反应，对人类要求的适合程度。人类对各种产品性能的要求和感官的感觉要求，往往落实到作物本身及其产品某些有关的特性和特征上，这些特性和特征称为作物品质性状（quality traits）。

作物品质性状是表征作物品质特性的单位性状。依用途可分为食用品质、饲用品质和工业品质；依营养成分差异可以分为淀粉品质性状、蛋白质品质性状、脂肪品质性状、纤维素品质性状和糖分品质性状等。农作物的种类不同，用途各异，对它们的品质要求也各不一样。对食用作物要求食用品质、营养品质；对经济作物要求工艺品质、加工品质等。

作物的品质性状通常分为产品外观品质性状、营养品质性状、风（食）味品质性状和适合贮藏和加工品质性状等。

（1）产品外观品质性状

产品外观品质性状一般指产品的大小、形状、色泽、表面特征和整齐度等。产品外观品质的具体指标，因作物种类、地区、食用习惯、食用方法及贮藏加工的不同要求而异。例如，水稻的外观品质指糙米籽粒或精米籽粒的外表物理特性，是大米给消费者的第一感官印象，它体现为吸引消费者的能力，常被作为稻米交易评级的主要依据。其评价指标主要有垩白米率、垩白面积、垩白度、透明度、粒形和裂纹等物理性状。小麦的外观品质包括籽粒形状、整齐度、饱满度、粒色和胚乳质地等。玉米的外观品质包括种子色泽、粒重、质地（粉质和硬质）等。棉花的外观品质包括纤维色泽、纤维长度、纤维整齐度、均匀度和纤维细度等。大豆的外观品质包括种皮色泽、脐色、种子大小和形态等。这些外观品质性状不仅直接影响其商品价值，而且与加工品质和营养品质也有一定关系。

（2）营养品质性状

作物产品不仅为人类提供食粮和某些副食品，以维持生命活动的需要，还为食品工业提供原料，为畜牧业提供精饲料和大部分粗饲料。营养品质性状主要包括淀粉、蛋白质、脂肪和纤维素等性状。各种作物营养品质性状的侧重点有所不同。例如，小麦营养品质中最重要的指标是蛋白质含量、蛋白质各组分含量和比例及组成蛋白质的氨基酸种类与含量；水稻营养品质指精米中蛋白质及氨基酸等养分的含量与组成，以及脂肪、纤维素和矿物质含量等；玉米营养品质指玉米籽粒中所含的蛋白质、淀粉、脂肪和膳食纤维等。衡量蛋白质质量时，需要测定氨基酸的成分和含量，尤其是赖氨酸、色氨酸等必需氨基酸含量。糯性禾谷类作物需要测定籽粒支链淀粉含量，要求为 100%。甜玉米要求测定含糖量等。

（3）风（食）味品质性状

不同作物、同一作物不同品种具有不同的风（食）味品质。食味品质与各种作物所含可溶性营养物质的数量、特有气味的不同挥发性化合物种类和数量及产品器官的组织结构等有密切关系。例如，水稻的蒸煮与食味品质是指稻米在蒸煮过程及食用时所表现的理化特性和感官特性，主要包括直链淀粉含量，胶稠度，糊化温度，米饭的色、香、味及适口性（如黏弹性、柔软性等）等。

（4）适合贮藏和加工品质性状

不同作物的加工对产品的品质常有特殊要求。小麦加工品质指籽粒和面粉对制粉和制作不同食品的适合性，包括磨粉品质和食品加工品质。磨粉品质表现为出粉率、种皮比例、容重、角质率、籽粒硬度、粒色、籽粒形状和腹沟深浅等性状；加工品质包括面粉品质（白度、灰分、面筋含量、沉降值）、面团品质（吸水率、形成时间、稳定时间、断裂时间、公差指数、软化度和评价值等）、烘焙品质（面包体积、比容和面包评分等）和蒸煮品质。水稻加工品质也称碾米品质，主要取决于籽粒的灌浆特性、胚乳结构及糠层厚度等，其评价指标主要有糙米率、精米率和整精米率等性状。玉米加工品质针对不同的加工目的要求不同，加工淀粉要求淀粉含量高、易于提取；生产玉米粉和玉米淀粉糖时要求籽粒硬度较大、角质率高、易脆皮；生产玉米油则需要胚大、含油率高等。

5.5.2　作物品质性状的鉴定

作物品质性状鉴定（quality evaluation）就是根据一定的标准，通过一定的手段来评定产品品质性状的优劣。作物品质性状鉴定的方法，按照有关学科和技术手段可分为物理的、化学的、物理化学的、生物化学的、生物学的、感官的、仪器的或自动化的等鉴定方法；按照样品用量分为常量的、大量的、半微量的、微量的或单粒的等品质性状鉴定方法；按发布单位的级别分为国际标准的、国家标准的、行业标准的、某些学会、协会或研究单位的正式或试用的等品质性状鉴定方法。

5.5.2.1　感官鉴定

感官鉴定主要通过感官检验，如看、闻、尝和触等途径进行。较科学的方法是由一个经过专门训练的评定小组，在一定条件的实验场所，对产品的质地、风味和色泽等预先确定的指标性状进行客观的鉴别和描述。必须同时对相同条件下获得的对照品种进行鉴定评价。这对于消除环境因素的差异非常重要。在条件许可情况下，采用一些仪器代替人的感官进行鉴定，可以得到更客观、准确的结果。如稻米食味品质可通过食味值仪器测定，可避免由于主观因素带来的误差。

5.5.2.2　化学成分分析鉴定

化学成分分析包括对农产品的水分、脂肪、蛋白质、碳水化合物和灰分等成分的定量分析，还包括一些含量虽低，但对营养起着重要作用的微量元素、维生素和氨基酸等成分的分析，以及对粮食工艺品质、食用品质、利用品质及与储藏安全性有密切关系的酶类活力的测定等。

蛋白质含量的测定一般可分为间接方法和直接方法 2 大类。凯氏定氮法是一种测定蛋白质含量的间接方法。国际谷物化学协会（ICC）、美国分析化学协会（AOAC）、美国谷物化学协会（AACC）等都把凯氏定氮法定为标准法。作物种子中的氮化物可分为蛋白氮和非蛋白氮。用三氯乙酸溶出种子粉或脱脂种子粉中的非蛋白氮化物（氨基酸、酰胺和无机氮），沉淀样品中的蛋白质，并使二者分离。在催化剂参与下，用浓硫酸消煮分解样品，使蛋白氮转化为氨态氮，并与硫酸结合生成硫酸铵。加碱蒸馏，使氨释放出来并吸收于一定量的硼酸中，再用标准酸滴定，求出样品中氮含量，乘以 16% 的倒数 6.25 即可换算成蛋白质含量。

考马斯亮蓝 G-250 法是比色法与色素法相结合的复合方法，简便快捷，灵敏度高，稳定性好，是一种较好的蛋白质含量测定的常用方法。考马斯亮蓝 G-250 是一种染料，在游离状态下呈红色，当它与蛋白质结合后变为青色。蛋白质含量为 $0\sim1\,000\ \mu g/mL$，蛋白质 - 色素结合物在 595 nm 下的吸光度与蛋白质含量成正比，故可用比色法测定蛋白质含量。

氨基酸是蛋白质的基本结构单位。构成蛋白质的氨基酸共 20 种，其中 Lys、Phe、Trp、Val、Leu、Ile、The、Met 8 种氨基酸是人体必需氨基酸必须由蛋白类食物供给。不同食品蛋白质的氨基酸组成也不同。其必需氨基酸的含量是否平衡，对营养品质有很大影响。氨基酸组成分析又是蛋白质序列分析的重要组成部分，因此，氨基酸组分分析是常用的重要分析项目。目前多用氨基酸自动分析仪法进行氨基酸测定。利用各种氨基酸组分的结构、酸碱性、极性及分子大小不同，在阳离子交换柱上将它们分离，采用不同 pH、不同离子浓度的缓冲液将各氨基酸组分依次洗脱下来，再逐个与另一流路的茚酮试剂混合，然后共同流至螺旋反应管中，于一定温度下（通常为 115～120℃）进行显色反应，形成在 570 nm 有最大吸收的蓝紫色产物。其中的脯氨酸与茚三酮反应生成黄色产物，其最大吸收在 440 nm。这些有色产物对 570 nm 和 440 nm 光的吸收强度与洗脱出来的各氨基酸的浓度（或含量）之间的关系符合比耳定律，可与标准氨基酸比较做定性和定量测定。

蛋白质中赖氨酸（Lys）的含量是谷物品质的主要指标之一。由于动物及人类不能合成，须从食物中得以补充，为此培育赖氨酸含量高的谷物，对于提高谷物营养价值有重要意义。谷物蛋白质中赖氨酸残基与茚三酮试剂可发生颜色反应，生成紫红色物质，反应后颜色的深浅与蛋白质中赖氨酸的含量在一定范围内呈线性关系，其颜色与赖氨酸残基的数目成正相关。用已知浓度的游离氨基酸制作标准曲线，通过比色分析（530 nm）即可测定出样品中的赖氨酸含量。亮氨酸与赖氨酸所含碳原子数目相同，且与肽链中的赖氨酸残基一样，含有一个游离氨基，所以通常用亮氨酸配制标准液。但由于这两种氨基酸分子质量不同，以亮氨酸为标准计算赖氨酸含量时，应乘以校正系数 1.151 5，最后再减去样品中游离氨基酸含量。

5.5.2.3　作物食用品质、蒸煮品质和烘焙品质鉴定

作物食用品质、蒸煮品质和烘焙品质鉴定，包括国内外对稻米、小麦及小麦粉食用品质评价。例如测定小麦面筋筋力有多种方法，最常用的是沉降值方法。沉降值是综合反映小麦面筋含量和面筋质量的指标，有 Zeleny 法和 SDS 法。沉降值的测定原理是：当小麦粉加水形成面筋后，加入裂解剂对面筋进行破坏，在裂解剂破坏过程中，显示出对不同小麦粉面筋破坏程度与破坏速度的不同。破坏作用越慢，程度越小，显示出面筋的强度越大。沉降值是小麦育种上与品质关系很大的一个指标。沉降值遗传力较强，与食品加工品质呈显著正相关，故而在小麦品质育种上很有意义。

为了测定小麦面筋的特性，还可以有针对性地进行食品试验。食品试验结果直观，能快速地反映面粉在某一方面的适用性。烘焙与蒸煮品质是衡量小麦加工品质的直接指标。烘焙品质一般通过考察烘烤面包的品质指标来鉴定，主要包括面包体积、比容、面包的纹理和结构、面包评分等。面包体积是最客观的烘焙品质指标。小麦烘焙品质鉴定一般按照标准方法进行烘焙操作，待面包出炉冷却后，用油菜籽置换法测定，以 cm³ 或 mL 表示。比容是指面包体积（cm³）与重量（g）之比。面包体积大，则比容大。纹理及结构指成品面包断面质地状况和纹理结构。好的面包纹理和结构有如下特征：面包心平滑细腻，气孔细密、均匀，呈长圆状，孔壁细而薄，无明显大孔洞和实心，呈海绵状。面包评分（loaf score）是根据体积、皮色、形状、断面平滑度、纹理、弹性和口感等多项指标进行综合评价记分。

对作物品质性状进行鉴定时必须注意非遗传因素对分析结果的影响。取样的误差、不同的成熟度及各种环境因素造成的差异均可能超过基因型间的差异。因此对产品品质性状的评价必须遵循严格的原则和程序，将非遗传因素造成的差异控制在尽可能小的范

围内。每种作物涉及的品质内容很多，育种家必须制定切实可行的品质育种计划。选择品质指标时，不可能面面俱到，必须根据已拥有种质资源的特性和市场需求，确定切合实际的重要品质指标，并且要掌握该作物最关键的、也就是消费者认为最重要的性状。每种作物总有众多品质性状共存，它们之间常常互相影响、互相联系。例如，糖分及有机酸含量是重要的营养品质内容，两者又是果实的糖酸比和风味品质的重要构成因素。选择时要处理好品质性状间的关系。

5.6　适应机械化生产性状的鉴定

5.6.1　适应机械化生产性状的鉴定内容

发展现代农业，提高农业劳动生产率，实现农业机械化是必由之路。机械化栽培管理对作物性状有其特殊的要求，因此，我们要对适应机械化生产性状进行鉴定，进而培育适合机械化要求的新品种。适应机械化种植、管理和收获的品种应该株型紧凑、生长整齐、株高一致、成熟一致、抗倒伏、不打尖、不去杈、不裂荚、不落粒。同时还应具备适应机械化生产的一些特殊要求。例如，大豆结荚部位与地面有一定的距离、后期叶片迅速枯落、不自然落粒；玉米穗部整齐适中、后期籽粒脱水快、不倒伏；棉花成熟时包叶自然脱落、含絮力不强；小麦和水稻要求不倒伏、成熟期一致；马铃薯和甘薯块根和块茎集中等。

5.6.2　适应机械化生产性状的鉴定方法

适应机械化生产性状鉴定方法有大田试验鉴定、温室盆栽试验鉴定以及利用仪器间接鉴定等。一般情况下，鉴定作物适应机械化性状最直接和客观的方法是大田鉴定。但在大田鉴定中必须赋予土壤一致的肥力条件。作物的株型、生长整齐性、株高一致性、成熟期一致性、抗倒伏、裂荚性、落粒性等在大田中可以进行直观、科学的鉴定。对于某些形态或生理指标也可在实验室进行基因型筛选以及形态学、解剖学、物理学、化学成分的鉴定。例如抗倒伏性的鉴定。作物倒伏受到众多因素影响，风、雨等气候因素是其外界直接诱因，基因型的差异是其内因和根本。可以通过基因型的筛选来鉴定作物的抗倒性。作物抗倒性鉴定的一般方法是人工创造条件诱发作物倒伏，调查田间倒伏率，或试验模拟自然条件下风速对作物倒伏的影响。也可通过增大种植密度、过量施用氮肥等栽培管理措施，在自然发生倒伏情况下鉴定作物的抗倒性强弱。田间的倒伏面积和倒伏程度是抗倒性的直接体现，这是目前抗倒性综合评价中最常用的方法，在生产实际中更具有代表性。为了评价作物未发生倒伏时抗倒性，国内外许多学者对作物抗倒伏的形态学、解剖学、物理学、化学成分的鉴定方法进行了许多探索，有的方法对于鉴定作物抗倒性有一定的应用价值。例如，王莹等（2001）提出大麦抗倒伏性可通过量根和茎秆抗折力、第一茎节长度、茎秆机械强度、株高、单茎鲜重等指标进行分析；王勇等（1998）对小麦品种茎秆的抗倒性进行解剖学研究时，主要分析了机械组织细胞层数、机械组织厚度、机械组织细胞壁厚度、维管束的长度和宽度、维管束的数目和厚度、纤维细胞的长度和粗度、秆壁厚度及髓腔直径与小麦抗倒性关系；华泽田等（2003）认为抗折力矩是模拟水稻抵抗外力折断的一个直接指标，它能直观地表现出水稻抗倒性能的强弱。同时，作物茎秆的化学成分如木质素含量、纤维素含量、全钾含量和全硅含量等对增强茎秆抗倒性也非常重要。

思　考　题

1. 名词解释：孟德尔群体、自然选择、人工选择、直接鉴定、间接鉴定、自然鉴定、诱发鉴定、当地鉴定、异地鉴定、抗病性、抗虫性、抗旱性、耐湿性、抗冻性、耐热性、抗倒性。
2. 作物性状鉴定的意义是什么？
3. 作物性状鉴定的方法有哪些？
4. 作物农艺性状鉴定的内容有哪些？
5. 作物产量性状鉴定的内容是什么？
6. 作物抗病性和抗虫性的类别有哪些？
7. 作物抗病性和抗虫性的鉴定方法有哪些？
8. 作物非生物逆境的类别有哪些？
9. 作物非生物逆境抗性的鉴定方法有哪些？

参 考 文 献

［1］ 北京农业大学作物育种教研室 . 植物育种学 . 北京：北京农业大学出版社，1989.

［2］ 卜慕华 . 中国大百科全书：作物起源中心学说 . 北京：中国大百科全书出版社，1990.

［3］ 蔡旭 . 植物遗传育种学 . 2 版 . 北京：科学出版社，1988.

［4］ 华泽田，郝宪彬，沈枫，等 . 东北地区超级杂交粳稻倒伏性状的研究 . 沈阳农业大学学报，2003(03): 161-164.

［5］ 霍志军，吕爱枝 . 作物遗传育种 . 2 版 . 北京：高等教育出版社，2015.

［6］ 李晴祺 . 冬小麦种质创新与评价利用 . 济南：山东科学技术出版社，1998.

［7］ 刘后利 . 作物育种研究与进展（第一集）. 北京：中国农业出版社，1993.

［8］ 孙其信 . 作物育种学 . 北京：高等教育出版社，2011.

［9］ 王莹，杜建林 . 大麦根倒伏抗性评价方法及其倒伏系数的通径分析 . 作物学报，2001(06): 941-945.

［10］ 王勇，李斯深，亓增军，等 . 小麦抗倒性状的基因效应及杂种优势分析 . 西北植物学报，1998(04): 41-47.

［11］ 席章营，陈景堂，李卫华 . 作物育种学 . 北京：科学出版社，2014.

［12］ 许为钢，胡琳，盖钧镒 . 小麦耐热性研究 . 华北农学报，1999(02): 20-24.

［13］ 俞世蓉 . 漫谈基因库及基因库的建拓 . 种子世界，1990(12): 39-40.

［14］ 张天真 . 作物育种学总论 . 北京：中国农业出版社，2003.

［15］ Setter T L , Waters I . Review of prospects for germplasm improvement for waterlogging tolerance in wheat, barley and oats. Plant and Soil, 2003, 253(1):1-34.

第 6 章　引种与选择育种

6.1　引　　种

广义的引种泛指从外地区和外国引进新植物、新作物、新品种以及育种和有关理论研究所需的各种遗传资源材料。狭义的引种是指从当前生产的需要出发，从外地或外国引进作物新品种，通过适应性试验鉴定后，直接在生产上推广种植。引种虽然并不创造新品种，但具有简单、易行、迅速见效的特点，是解决生产上迫切需要新品种的迅速有效的途径。

6.1.1　引种的意义

1）引进新植物，丰富植物类型

农业生产发展的历史证明，现今世界上广泛栽培的植物品种和类型，最初都是由野生种经过驯化而来的，并通过相互引种，逐步传播扩散到广大地区的。我国是农业古国和大国，据郑殿升等（2012）统计，我国种植的植物有 840 种，包括粮食作物和经济作物约 100 种，果树和蔬菜作物约 312 种，牧草和绿肥作物约 80 种，花卉和药用植物约 265 种，树木约 83 种。在这些植物中，约 420 种是陆续从国外引进的。早在公元前2 世纪，汉朝张骞出使西域时引进了葡萄和苜蓿。在秦汉时期还引进了核桃、大蒜、香菜、黄瓜、芝麻、蚕豆和石榴等。唐宋时期引进了占城稻、胡萝卜、油橄榄、菠萝蜜、胡椒、无花果、阿月浑子、菠菜、茴香、茭白等。明清时期引进了近 30 种作物，包括玉米、番薯、马铃薯、花生、烟草、陆地棉等。近 200 年来，又陆续引进一大批新植物，如橡胶、可可、咖啡、亚麻、剑麻、红麻和甜菜等经济作物和多种果树、蔬菜、牧草、花卉、药材、林木等。域外引种在中国农业发展中起到相当大的作用。可以说，没有国外植物引种，就不会有中国当今发达的农业。

我国是世界 8 个栽培作物起源中心之一，是水稻和大豆等重要栽培作物的起源地，也是许多栽培果树的起源中心，还是水稻、大豆和香蕉的多样性中心。许多重要的作物类型，如水稻、普通小麦、裸大麦、裸燕麦、黍稷、高粱和大豆等，通过多种途径传播到国外，为世界农业生产做出了重大贡献。美国利用中国的大豆资源，发展大豆育种和生产，成为大豆生产和出口大国。新西兰利用从中国得到的猕猴桃种质培育出新品种并命名为"奇异果"，已经发展成为世界上最大的猕猴桃生产和出口国。

2）引进作物新品种，促进农业生产发展

通过引种，不仅能够引入某些在当地没有栽培过的植物新类型，还能够迅速应用外地优良作物品种于生产，代替当地原有作物品种，提高作物产量和品质。

小麦优良品种的引入在我国小麦生产上发挥了重要作用。统计到 2000 年，直接推广利用的国外引进品种就有 80 多个，其中年推广面积超过 3.33×10^4 hm²（50 万亩）的品种近 30 个，超过 6.67×10^5 hm²（1 000 万亩）的就有 6 个：来自美国的'碧玉麦''甘肃 96（CI12203）'，来自意大利的'南大 2419''阿夫''阿勃'和'st1473/506（郑引 1 号）'。而每次主栽品种的更替，都使我国的小麦生产达到一个新的水平。

引种对我国的水稻生产也具有重要意义。根据统计，1958—2010 年间，连续 2～3 年年种植面积超过 6.67×10^4 hm²（100 万亩）的外引品种就有 22 个，年种植面积曾达到 $(0.667～6.67) \times 10^4$ hm²（10 万～100 万亩）的国外品种有 81 个，在我国水稻生产和育种中发挥了重要作用。如 1958 年从日本引进的粳稻品种'农垦 58'在我国长江流域广泛种植，年最大种植面积 3.74×10^6 hm²（5 600 万亩），累计种植面积 1.10×10^7 hm²（1.65 亿亩）以上。

从 20 世纪 80 年代到 2003 年，在我国主栽和新育成的 200 多个优良玉米单交种中，年种植面积在 1.33×10^5 hm² 以上的有 18 个，其中 85% 是按"国内血缘自交系 × 国外血缘自交系"的模式组配而成的。引进的玉米优良自交系'Mo17'，经测配培育出'中单 2 号''单玉 13''烟单 4 号'等高产、抗病、适应性好的优良单交种，种植面积都在数百万公顷以上，大幅度提高了我国玉米产量。仅'中单 2 号'已累计推广 2.0×10^7 hm²，增加产量达 150 多亿 kg。

棉花是我国最重要的经济作物之一。自 20 世纪 30 年代以来，我国曾先后多次引进高产、优质的陆地棉品种，对促进我国棉花生产和棉纺工业的发展起了巨大作用。比如，20 世纪 50 年代引入的'岱字棉 15 号'，适应性强、产量高、品质好，在南北棉区大面积推广，1958 年的种植面积占全国棉田面积的 61.7%，是百年来推广面积最大的一个棉花品种。

3）充实种质资源，促进作物品种选育

引种的作用不仅在于所引进的品种（系）能直接应用于生产，更重要的是充实作物育种的物质基础和丰富遗传资源，以适应各种育种工作的需要。

自 20 世纪 70 年代至 2010 年，我国利用国外引进水稻品种，通过测交、杂交和其他育种途径获得的重要恢复系有 66 个，占我国大面积利用恢复系总数的 95.7%。利用具有国外强恢复源种质，培育出年种植面积超过 4.0×10^5 hm²（600 万亩）的杂交稻组合超过 33 个。'明恢 63'是用'IR30'与我国的'圭 630'杂交选育的恢复系，用其配制的'汕优 63''D 优 63''协优 63'等系列"63"组合，是当前我国杂交水稻种植面积最大、分布范围最广的籼型杂交稻，1989 年种植面积上亿亩，占我国杂交稻总面积的 50%。此外，利用国外水稻不育胞质资源在我国育成的不育系类型有 BT 型、冈型、D 型和印尼型等 4 种，占我国水稻不育系类型总数的 50%。利用国外引进骨干亲本，通过各种方法培育的常规稻和杂交稻品种超过 2 000 个。

直接用于大田生产的引进良种，在本地生态条件下往往会出现许多变异，成为系统育种的宝贵原始材料。据统计，到 2000 年，我国以'南大 2419'为骨干亲本选育的衍生小麦品种有 152 个，以'阿夫'为骨干亲本选育的衍生小麦品种有 188 个，以'阿勃'为骨干亲本选育的衍生小麦品种有 211 个。应该指出的是，从国外引进品种'丹麦 1 号''尤皮 1 号''尤皮 2 号''奥克曼（保加利亚）''保德''VPM 系列（法国）''伊利亚''威尔（意大利）''水原 11（韩国）''印度 798'以及'1B/1R'易位系为代表的洛类品种等，曾作为重要的抗条锈病亲本育成了一系列大面积生产应用的抗锈小麦品种，对我国的小麦抗条锈病育种起了重大作用。

6.1.2　引种的基本原理和引种规律

6.1.2.1　作物引种的基本原理

作物引种驯化理论是引种区划的基础和先导。只有在合适的理论指导下，引种才容易成功。作物引种驯化实践具有悠久的历史，但理论研究少，而且不够系统全面，进展较为迟缓。直至 1859 年英国著名生物学家达尔文的《物种起源》出版后，在生物进化论的影响和指导下，作物引种驯化理论的研究才有了新的进展。从 20 世纪开始，相继提出了一些作物引种驯化理论，其中在国际上最受重视和普遍应用的是"气候相似论"。

1）气候相似论

气候相似论是 20 世纪初德国慕尼黑大学著名林学家迈依尔（H. Mayr）提出的。这一理论全面系统地阐述于《欧洲外地园林树木》（1906 年）和《在自然历史基础上的森林栽培》（1909 年）两部著作中。该理论认为，木本树种引种成功的最大可能性要看原产地气候条件是否与引入地区的气候条件相似。

气候相似论是根据木本树种的引种提出来的，也适用于其他植物的引种。气候相似论的要点是：不同地区之间引种，影响植物生产的主要气候因素应尽可能相似，引种才有可能获得成功。例如，美国中部的小麦品种引种到我国华北北部比较适应；美国的棉花品种和意大利的小麦品种比较适合我国长江流域和黄河流域，都是因为两地的气候条件和土壤条件基本相似。因此，进行农业气候相似性的研究，对搞好引种工作十分必要。

2）生态条件和生态型相似性原理

作物品种的形态特征和生物学特性都是长期自然选择和人工选择的产物，是基因型和环境互作的结果。作物的环境包括作物生存空间的一切条件，那些对作物的生长发育有明显影响的因素称为生态因子（ecological factor），如气候、土壤、生物等。各种生态因素构成一个复合体，称为生态环境（ecological environment）。在生态环境这个复合体中，各种生态因素相互影响、相互作用。各个生态因素对作物的影响都是通过复合体而不是单独起作用的。对一种作物来说，具有大体相似的生态环境的地区称为生态区。作物对一定的生态环境表现生育正常的反应，称为生态适应。作物品种对生态环境的适应主要从生育期、丰产性、稳产性上得到反映。一般来说，生态条件相似的地区间引种是易于成功的。

一种作物在一定的生态地区范围内，通过自然选择和人工选择，形成与该地生态环境及生产要求相适应的类型，称为生态型（ecotype）。生态型的形成可由气候因素、土壤因素、生物因素或人为活动等多种因素所引起。根据形成生态型的主导环境因子类型的不同，可将生态型分为气候生态型、土壤生态型和共栖生态型（生物生态型），其中最主要的是气候生态型。同一物种往往会有不同的生态型，比如水稻中的籼稻和粳稻。籼稻是适应热带、亚热带高温、高湿、短日照环境条件的气候生态型；粳稻是适应温带和热带高海拔、长日照环境条件的气候生态型。相同生态型之间相互引种较易成功，反之则有一定的困难。

为科学指导、规范同一适宜生态区省际间品种引种工作，我国农作物品种审定委员会各专业委员会研究制定了国家审定品种同一适宜生态区，在同一适宜生态区内引种容易成功。详见二维码 6-1。

二维码 6-1　国家审定品种同一适宜生态区

3）纬度、海拔、品种发育特性与引种的关系

原产地和引入地主要生态条件的差异，表现为纬度和海拔的差异，由此而导致日照长度、日照强度和温度的差异，土质和雨量的差异，以及伴随而来的栽培技术等方面的差异。引种时要了解和分析不同纬度、海拔地区的温度、光照变化情况，以及不同作物品种的遗传、发育特性。

（1）温度

各种作物品种对温度的要求不同。同一品种在各个生育时期要求的最适温度也不相同。一般说来，温度升高能促进作物生长发育，提早成熟；温度降低，会延长作物生育期。作物的生长和发育是两个不同的概念。发育与生长所需的温度是不同的。如冬小麦品种生长的适宜温度为 20℃左右，但在幼苗发育的初期春化阶段需要有一定时期的低温。如果所需的低温条件不能满足，就会阻碍小麦通过春化发育阶段，也就不能抽穗开花或者延迟成熟。

温度因纬度、海拔、地形和地理位置等条件不同而不同。一般而言，高纬度地区的温度低于低纬度地区，高海拔地区的温度低于平原地区。

（2）光照

一般而言，光照充足，有利于作物的生长。但在发育上，不同作物、不同品种对光照的反应是不同的。有的对光照长短和强弱反应比较敏感，有的比较迟钝。日照的长度因纬度、季节和海拔而变化。我国地处北半球的中、低纬度区域，从北纬 4°附近至北纬 53°多，南北跨越近 50°，在同一天内南北各地日照差别很大。在北半球，夏至日日照最长，冬至日最短，在春分和秋分，昼夜等长各为 12 h。从春分到秋分，我国高纬度地区的北方日照时数长于低纬度地区的南方；从秋分到春分，我国高纬度地区的日照时数短于低纬度地区。同一纬度的高海拔地区的太阳辐射量大，光照较强；低海拔地区的太阳辐射量小，光照相对较弱。

作物开花要求一定的日照长度，这种特性与其原产地在生长季节里自然日照的长度

有密切的关系，也是作物在系统发育过程中对于所处的生态环境长期适应的结果。有些作物一定要经过一定时期的短日照过程才能满足发育的要求，否则会阻碍其发育的进行，不能抽穗或延迟成熟，这类作物称为短日照作物（short-day crop），如水稻和大豆等；另一类作物一定要经过一定时期的长日照过程才能抽穗成熟，日照时间越长，开花越早，这类作物称为长日照作物（long-day crop），如冬小麦、大麦、油菜、菠菜和萝卜等。

（3）纬度与海拔

随着纬度和海拔高度不同，日照、温度和降水有很大差异。一般来说，纬度愈高，夏季白昼时间愈长，冬季白昼时间愈短，各月平均温度的差异较大，而且温度的年较差也较大。从降水量看，低纬度地区降水量多，高纬度地区降水量少。一般而言，纬度相近的东西地区之间，日照和气温条件相近，相互引种容易成功。经度相近而纬度差异较大的南北地区之间，日照、气温和降雨量上差异很大，引种难以成功。

温度随海拔上升而逐渐降低，海拔每升高 100 m，相当于纬度增加 1°，日平均气温降低 0.5～1.0℃（平均 0.6℃）。在纬度和海拔都相近的地区间引种，容易成功。如山东中南部、山西中部、河南中北部、江苏和安徽的淮北等地区之间的小麦引种比较容易成功。同纬度的高海拔地区与平原地区之间相互引种不易成功；而纬度偏低的高海拔地区与纬度偏高的平原地区之间相互引种容易成功，如北京地区的冬小麦品种引种到陕西省北部往往能很好适应。

（4）栽培水平、耕作制度和土壤状况

引种地区的栽培水平、耕作制度和土壤状况等条件与引入地区相似时，引种容易成功。只考虑品种，不考虑栽培水平、耕作制度和土壤状况等条件往往会使引种失败，如将高肥水品种引种到贫瘠的土壤种植，会导致引种失败。

（5）作物的发育特性

在一、二年生作物的发育过程中，存在着对温度、日照反应不同的发育阶段，即感温（春化）阶段和感光阶段。

① 感温阶段：感温阶段是作物发育的第一阶段，在此阶段中温度条件起着主要作用。因此，当温度条件不能满足感温性要求时，作物的发育就会停滞，感光阶段就不能进行。不同的作物在通过感温阶段时，所需温度和日数不同，据此将其分为冬性、半冬性、春性和喜温作物 4 种类型，它们通过感温阶段所需温度和天数分别为：冬性类 0～0.5℃、30～70 d；半冬性类 3～15℃、20～30 d；春性类 5～20℃、3～15 d；喜温类 20～30℃、5～7 d。

② 感光阶段：通过感温阶段后，作物就会立刻进入感光阶段。只有通过此阶段，作物才能抽穗结实。在感光阶段中，起主导作用的条件是光照和黑暗。根据作物对光照长度的要求不同，可分为长日照作物、短日照作物和中间型作物 3 种类型。

长日照作物：这类作物需 12 h 以上的日照才能通过感光阶段。光照连续的时间越长，通过感光阶段越快，使抽穗、开花时间提早。当日照短于 12 h 时，就不能顺利通过感光阶段，导致抽穗开花时间推迟，甚至不能抽穗。这类作物是在长日照生态因子的长期影响下形成的。起源于高纬度地区的作物一般是长日照作物，如小麦、大麦和甜菜等。

短日照作物：这类作物需 12 h 以下的日照才能通过感光阶段，在一定范围内，日照时间越短，黑暗时间越长，感光阶段通过得就越快，抽穗开花期也就越早；而在长日照条件下，则不能顺利通过感光阶段。这类作物起源于低纬度地区的南方，如水稻和玉米等。

中间型作物：这类作物对日照长短要求不严格，反应不敏感。日照长短对抽穗开花影响不明显。如早稻、中稻和番茄等作物，都属中间性作物。

了解作物感温阶段和感光阶段的生长发育特性，对引种和栽培都具有指导作用。对于感光性强的作物引种，若以收获果实、种子为目的，必须满足它们对日照长度的要求才能获得成功；若以收获营养器官为目的，要尽量不满足其对日照的要求，使其延迟抽穗结实，促使营养器官充分生长，实现丰产，南麻北引获得优质高产就是典型的案例。

作物的光温反应类型不是一成不变的。经过人类的引种驯化、选择培育，同一种作物的不同品种对温度和日照的要求及反应会产生明显的差异。例如，华北的水稻品种对光照的反应较迟钝，日照长短对其穗分化的早晚影响较小；华南的晚稻品种对光照的反应很敏感，日照长短对其穗分化的早晚影响很大。

6.1.2.2　作物引种的基本规律

根据低温长日性作物和高温短日性作物的生长发育特点，结合引种区和引入区的生态条件，就可以分析出其引种的规律。

1）低温长日性作物的引种规律

原产高纬度地区的品种，引到低纬度地区种植，往往因为低纬度地区冬季温度高于高纬度地区，春季日照短于高纬度地区，因此其感温阶段对低温的要求和感光阶段对日照长度的要求不能满足，经常表现为生育期延长，超过一定范围，甚至不能抽穗开花，但营养器官加大。成熟期延迟，容易遭受后期自然灾害的威胁，或者影响后作的播种、栽植。

原产低纬度地区的品种，引至高纬度地区，由于温度、日照条件都能很快满足，表现生育期缩短。但由于高纬度地区冬季寒冷，春季霜冻严重，所以容易遭受冻害。植株可能缩小，不易获得较高的产量。

低温长日性作物冬播区的春性品种引到春播区作春播用，有的可以适应，而且因为春播区的日照长或强，往往表现早熟、粒重提高，甚至比原产地还长得好。如长江流域的蚕豆、小麦品种引到西藏春播，表现良好。低温长日性作物春播区的春性品种引到冬播区冬播，有的因春季的光照不能满足而表现迟熟，结实不良，有的易遭冻害。

高海拔地区的冬作物品种往往偏冬性，引到平原地区往往不能适应。而平原地区的冬作物品种引到高海拔地区春播，有适应的可能性。小麦引种实践详见二维码 6-2。

二维码 6-2　小麦引种实践

2）高温短日性作物的引种规律

原产高纬度地区（如我国东北、华北、西北）的高温短日性作物，大都是春播的，属早熟春作物，其感温性较强而感光性较弱。所以这些品种由高纬度向低纬度引种时，低纬度地区温度较高，其生育期会缩短，株、穗、粒变小。特别是引到低纬度地区后又延迟播种，则营养生长期明显缩短，株、穗、粒更小，产量很低，所以存在能否高产的问题。

原产低纬度地区的高温短日性作物品种，有春播、夏播之分，有的还有秋播。如水稻品种有早、中、晚稻之分。一般这类作物的春播品种感温性较强而感光性较弱，引至高纬度地区，往往表现迟熟，营养器官变大。夏播或秋播品种一般感光性较强而感温性较弱，引至高纬度地区，不能满足对短光照的要求，往往延迟成熟，株、穗可能较大。

二维码 6-3　水稻
引种实践

成熟期过迟，往往影响后茬播种或遭受后期冷害，所以存在能否安全成熟的问题。

原产高海拔地区的品种感温性较强，引到平原地区往往表现早熟，有一个能否高产的问题。而平原地区的品种引到高海拔地区往往由于温度较低而延迟成熟，有一个能否安全成熟的问题。

水稻引种实践详见二维码 6-3。

3）作物对环境反应的敏感度与引种

根据不同作物对环境条件反应的敏感程度不同，高温短日性作物大体上可以分成敏感型作物、迟钝型作物和中间型作物 3 类。

① 敏感型作物：这类作物的适应性比较小，对环境变化的反应比较敏感，因此其引种范围比较窄。南北之间相互引种，纬度不宜超过 1°～2°。如大豆。

大豆引种实践详见二维码 6-4。

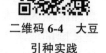

二维码 6-4　大豆
引种实践

② 迟钝型作物：这类作物适应性比较广，引种范围比较宽。如甘薯和花生。甘薯品种'胜利百号''徐薯18'曾遍布我国东西南北。广东的'白沙1016'花生，引到山东，表现也很好。但是也不能引种范围过大，比如将花生（不论南北的品种）引到西藏，由于积温不够，在大部分地区开花而不结果，或者不能成熟。

二维码 6-5　棉花
引种实践

③ 中间型作物：这类作物对环境条件的反应，其敏感程度介于以上敏感型作物和迟钝型作物之间。如水稻、玉米、谷子、棉花和麻类等。其引种范围大于敏感型作物，而小于迟钝型作物。

棉花引种实践详见二维码 6-5。

6.1.3　引种程序

引种是一项复杂的工作，必须遵循引种的一般规律和一切经过试验的原则。为保证引种效果，避免浪费和减少损失，引种必须有目标、有计划地进行。

6.1.3.1　引种计划的制订和引种材料收集

确定引种目标，即根据当地种植业、加工业和畜牧业等相关产业发展的需要，结合当地自然经济条件、栽培条件以及现有作物品种存在的问题等，确定所要引种的作物种类和品种。

引种材料的收集应在作物引种的基本原理和规律的指导下有预见性地进行。引种时，必须了解引种地和本地在主要生态因子方面的相似之处和差异所在，并尽可能掌握拟引入品种的特性，包括选育系谱、生态类型、遗传特性、产量水平和抗病虫能力等。通过分析比较，首先从生育期上估计引入品种是否适合本地耕作制度。如果这一点不符合，即使其他性状优良，也不能直接利用。引种时，引入的品种数要多些，单个品种的种子数量以足够初步试验研究为度。切忌在未试验之前大批量调种，直接投入应用，以免造成巨大损失。

6.1.3.2 引种材料检疫

引种常是病虫害和杂草传播的一个主要途径。引种将危害病虫引入的惨痛事例，在世界各国和我国曾多次发生。美国每年因生物入侵造成的农林业经济损失约为 1 200 亿美元。中国每年因为松材线虫等十余种有害物种入侵造成的直接农林经济损失达 574 亿元人民币。因此，必须依法依规对引进和输出的作物及其产品的疫病、害虫和杂草等有害生物进行严格的检疫、检验和监督处理，严防病虫害或杂草乘机而入。

二维码 6-6 全国农业植物检疫性有害生物名单和应施检疫的植物及植物产品名单（2009）

全国植物检疫对象和应施检疫的植物、植物产品名单（2009）详见二维码 6-6。

6.1.3.3 引种试验

引种要想取得成功，减少盲目引种的危害，除了遵循引种的基本理论和规律外，还必须坚持一切通过试验的原则。必须通过引种试验，才能准确了解和客观评价引进品种和材料在引入地的实际表现和利用价值。引种试验田应肥力适中偏高、均匀一致、排管方便、管理水平较高等，以便获得公正客观的评价。引种试验包括观察试验、品种比较试验和区域试验、生产试验。引进品种只有通过引种试验后才能审定和推广。

（1）观察试验

对引进的品种，特别是从生态环境差异大的地区和国外引入的品种，必须先小面积试种和观察，初步鉴定其对本地生态条件的适应性、生育期、光温反应、产量潜力、病虫抗性、抗逆性和利用价值。若条件允许，最好能在引种地区范围内选择几个代表性的试验点同时进行试验。对于表现符合要求的品种，选留足够的种子，以备后续试验使用。

在引种观察试验中，由于生态条件的改变，引入品种往往会出现较多的变异，这是重要的遗传变异来源，需要注意选择和育种利用。有 3 种选择方法：① 去杂去劣。将杂株和不良变异株全部淘汰，保持品种的典型性和一致性。② 混合选择。将典型而优良的植株混合脱粒，参加后续试验。③ 单株选择。选出突出优良的少数单株，分别脱粒，按照系统育种程序选育新品种。对于在生产上一时还不适宜直接利用的引种材料，应当作为种质资源加以保存，以备后用。

（2）品种比较试验和区域试验

对在观察试验中表现优异的引进品种，应及时升级进入面积较大的、有重复的品种比较试验，并设置对照品种，进一步进行精确的比较鉴定。经2～3年（季）的品种比较试验，表现优异的品种参加区域试验，以评价其适种地区和范围。

二维码 6-7 《京津冀主要农作物品种引种备案办法》（2017）

（3）生产试验

对于通过区域试验的品种，需要及时根据其遗传特性进行生产试验或栽培试验，以探索关键性的栽培措施，借以控制其在本地区一般栽培条件下所可能表现的不利性状，做到良种良法配套，充分发挥引进品种的作用。

（4）引进品种的审定和推广

在品种比较试验、区域试验和栽培试验中表现优异，产量、品质与抗性均符合本地区要求的引进品种，根据所属的作物种类，可分别报请当地政府农业主管部门（品种审定委员会）进行审定（认定）、备案或登记。《中华人民共和国种子法》（2016）将农作物分为主要农作物和非主要农作物。主要农作物是指水稻、小麦、玉米、棉花、大豆。国家对主要农作物实行品种审定制度，对非主要农作物实行登记制度。对于主要农作物的引种，引种地和引入地不属于该作物同一适宜生态区的，必须在引入地审定后，才可推广；引种地和引入地属于该作物同一适宜生态区的，已经在引种地审定的品种，必须在引入地引种备案后，才能推广。未经审定（认定）、引种备案或登记的品种，不得在生产上推广应用。

二维码 6-8 《主要农作物品种审定办法》（2016）

二维码 6-9 《非主要农作物品种登记办法》（2017）

《京津冀主要农作物品种引种备案办法》（2017）详见二维码 6-7。
《主要农作物品种审定办法》（2016）详见二维码 6-8。
《非主要农作物品种登记办法》（2017）详见二维码 6-9。

6.2 选 择 育 种

选择育种是根据育种目标，在现有品种群体出现的自然变异类型中，通过个体选择或混合选择等手段，选优去劣而育成新品种的方法。选择育种又称系统育种，对典型的自花授粉作物又可称为纯系育种（pure line breeding）。无性繁殖作物和果树的芽变选种也属于选择育种的范畴。选择育种的实质是优中选优和连续选优。它是改良和提高现有作物品种的有效方法，也是作物育种最基本的方法之一。

选择育种是最古老的育种方法。我国西汉的《氾胜之书》、北魏贾思勰的《齐民要术》和清代的《齐民四术》对利用单株选择和混合选择进行留种、选种都曾作过系统详细的记载。选择育种方法的应用应归功于法国的 Vilmorin。他于1856年提出了对所选单株进行后裔鉴定（progeny test）的原则，这正是大家公认的选择指导思想。直到丹麦学者 Johannsen（1903）发表了纯系学说，才使得现代的系统育种建立在科学的理论基础之上。

选择育种的优点是无须人工创造变异，简单易行、见效快，尤其当供选群体为当前主推优良品种时，起点高，选择优良变异往往能很快地育成优良品种。选择育种在各个国家作物育种的早期阶段都发挥了重要作用。根据周有耀统计（2003），我国采用选择育种育成的棉花品种在 20 世纪 50 年代占 88.2%，60 年代占 71.9%，70 年代占 59.0,%，80 年代占 39.5%，90 年代占 15.0%。据不完全统计（2015），1923—2005 年，我国育成大豆品种 1 350 个，其中通过选择育种培育的品种有 202 个，占比 15.5%。

选择育种的局限性在于：缺乏主动创造利用新变异；供选群体优良变异率往往很低，导致选择效率不高；育成品种遗传基础较贫乏，难以在综合性状上有较大的突破。

6.2.1　选择的基本原理

6.2.1.1　群体产生遗传变异的途径

作物品种在种植或引种过程中，其群体内常会出现遗传变异。作物品种产生自然变异的原因主要有自然异交引起基因重组、自然变异和新育成品种群体中的变异。

（1）自然异交引起基因重组

作物品种在繁殖推广和引种过程中，不可避免地会发生异交。即使是自花授粉作物，其异交率也有 0~4%，常异花授粉作物和异花授粉作物的异交率则更高。一个品种与不同基因型的品种或类型杂交后，必然引起基因重组，出现遗传变异。

（2）自然变异

作物品种在繁殖和种植过程中，受不同因素的影响会发生突变。比如受营养、温度、天然辐射、化学物质等因素的影响，可能发生突变；由于植株和种子内部生理和生化过程中的变化可以导致自发突变；块茎和块根作物常会发生芽变等。从不同生态地区引种时常出现遗传变异，或者由于原品种纯合程度不高，在新的生态条件下暴露出其中的变异，或者由于生态条件差异较大，较易引起自然突变。

（3）新育成品种群体中的变异

这类变异主要是由于有些品种在育成时，控制有些性状的基因并未达到真正的纯合程度，以致在开始推广后仍然出现性状分离现象。

6.2.1.2　纯系学说

纯系学说是丹麦植物学家约翰逊（Johannsen）于 1903 年首次提出的，其实验基础是一项菜豆粒重试验。1901 年，约翰逊从天然混杂的同一菜豆品种（*Phaseolus vulgaris*）中选出粒重显著不同的 100 粒种子分别种植，成熟后分株收获并测定每株的平均粒重，单株粒重维持了亲代的水平，说明选择是有效的。从中挑选出单株平均粒重明显不同的 19 个纯系，于 1902—1907 年，连续 6 代在每个纯系内选重的和轻的种子分别种植，发现每代由重种子长出的植株所结种子的平均粒重，都与由轻种子长出的植株所结种子的平均粒重相似，而且经历 6 代的选择后，各系的平均粒重与各自的原始品系大致相同，而各个纯系之间的平均粒重仍保持开始选择时的明显差异。这说明在纯系内选择是无效的，各纯系间平均粒重的差异是稳定遗传的，在原始混杂群体内的选择是有效的。

纯系学说的主要论点可以概括为：① 在自花授粉作物原始混杂品种群体中，通过单株选择繁殖，可以分离出一些不同的纯系，表明原始品种为各个纯系的混合群体，在这样的群体中选择有效。② 在同一纯系内继续选择是无效的。纯系内个体间的基因型是相同的，纯系内的表型变异是环境造成的，是不遗传的。

纯系学说正确区分了生物体的可遗传变异与不遗传变异，并强调通过后代鉴定来判断是否属于可遗传变异。纯系学说是选择育种的理论基础。然而，对作物而言，即使是严格的自花授粉作物，纯系的保持也是相对的，有可能因基因突变而导致某种性状发生变异，使选择有效。约翰逊本人似乎也意识到这一点，在他生前发表的最后著作中，曾指出"在纯系的某一后代中，当基因型发生改变时，纯系可能分为几种基因型。"

6.2.2　选择育种程序

6.2.2.1　纯系育种程序

纯系育种（或称系统育种）的主要工作环节如下（二维码 6-10）：

（1）选择优良变异个体

在种植原始品种群体的地块中，选择较符合育种目标的优良个体；经室内复选，淘汰不良个体；选留的个体分别脱粒，并对其特点加以记录、编号。

二维码 6-10　纯系（系统）育种示意图

（2）株行（系）试验

将上季当选的各单株的种子分别种植成株行（系），每隔 9 或 19 株行（系）设一对照行，种植原始品种或已推广的良种；通过田间和室内鉴定，选择优良的株系；在系内植株间目标性状表现整齐一致的，则可作为品系，参加下季的品系比较试验；如系内目标性状尚有分离，再进行一次个体选择，参加下季的株行（系）试验。

（3）品系比较试验

上季当选各品系和对照品种分别种成小区，并设置重复，一般进行两年，以提高试验的精确性；根据田间和室内鉴定结果，选出比对照优越的品系 1～2 个，供下季参加区域试验；在第一年试验中表现特别优越的品系，在第二年继续参加品系试验的同时，可提早繁殖种子，并参加区域试验。

（4）区域试验和生产试验

新育成的品系需要参加区域试验，以测定其所适应的地区范围；同时进行生产试验，以鉴定其在大面积生产条件下的表现。根据这两种试验结果进行品种审定，合格的品种就可以开始大面积推广。为了保证及时提供较大数量的优质种子，在进行这两项试验的同时设置种子田，加速繁殖种子，用于推广。

（5）品种审定与推广

经过上述程序后，综合表现优良的新品种，可报请品种审定委员会审定，审定合格并批准后，定名推广。对表现优异的品系，从品系比较试验阶段开始，就应加速繁殖种子，以便及时大面积推广。

6.2.2.2　混合选择育种程序

混合选择育种，就是从原始品种群体中，按育种目标的统一要求，选择一批个体，混合脱粒，所得的种子下季与原始品种的种子成对种植，进行比较鉴定。如经过混合选择的群体确比原品种优越，就可以取代原品种，作为改良品种加以繁殖和推广。基本环节（二维码 6-11）如下：

二维码 6-11　混合选择
育种示意图

（1）从原始品种群体中进行混合选择

按性状改良的标准，在田间选择一批各改良性状一致的个体，经室内鉴定，淘汰其中的一些不合格的，然后将选留的各株混合脱粒，以供比较试验。

（2）比较试验

将上季选留的种子与原品种的种子分别种植于相邻的试验小区中，通过比较试验，证明其确比原品种优越，则收获其种子供繁殖。

（3）繁殖和推广

经混合选择而改良的群体，需要繁殖种子以供大面积推广之用。对于推广地的选择，首先选择适于原品种推广的地区范围。

6.2.2.3　集团法选择育种程序

集团法选择育种是上述混合选择育种的一种变通方法。就是当原始品种群体中有几种基本符合育种要求而分别具有不同优点的类型时，为了鉴定类型间在生产应用上的潜力，则需要按类型分别混合选择脱粒，即分别组成集团，然后各集团之间及其与原始品种之间进行比较试验，从而选择其中最优的集团进行繁殖，作为新品种加以推广（二维码 6-12）。

二维码 6-12　集团法
选择育种示意图

当这种育种方法应用于异花授粉作物时，在各集团与原品种进行比较试验的同时，各集团应分别隔离留种，在集团内自由授粉，以避免集团间的互交。对当选的集团则以隔离留种的种子进行繁殖。

6.2.2.4　改良混合法选择育种程序

改良混合法选择育种是通过个体选择和分系鉴定，淘汰一些不良系统，然后将选留的各系混合脱粒，再通过与原品种的比较试验，表现确有优越性时，则加以繁殖推广。简言之，改良混合选择育种是通过个体选择及其后代鉴定的混合选择育种（二维码 6-13）。改良混合选择法广泛地应用于自花授粉作物和常异花授粉作物良种繁育中的原种生产。在玉米中所用的穗行法、半分法，有些异花授粉作物中的母系选择法与此法类似。

二维码 6-13　改良混
合法选择育种示意图

思 考 题

1. 名词解释：引种、气候相似论、生态型、生态适应、选择育种、纯系育种。

2. 影响作物引种的主要因素有哪些？

3. 简述低温长日型和高温短日型作物的引种规律。

4. 要想引种成功，应当遵循哪些引种程序？

5. 纯系学说的含义和对作物育种的指导意义有哪些？

6. 哪些原因可以导致作物群体产生变异？

7. 选择育种的基本程序有哪些？

参 考 文 献

［1］ 曹立勇，唐绍清．水稻良种引种指导．北京：金盾出版社，2004.

［2］ 陈孝，马志强．小麦良种引种指导．北京：金盾出版社，2003.

［3］ 潘家驹．作物育种学总论．北京：中国农业出版社，1994.

［4］ 孙其信．作物育种学．北京：高等教育出版社，2011.

［5］ 张天真．作物育种学总论．北京：中国农业出版社，2011.

［6］ 郑殿升．中国引进的栽培植物．植物遗传资源学报，2011，12(6)：910-915.

［7］ 周有耀．五十年来，我国棉花品种改良工作的进展．江西棉花，2003(04): 3-9.

［8］ Acquaah G. Principles of Plant Genetics and Breeding. Wiley-Blackwell, John Villey & Sons, Ltd, UK, 2012.

第7章　杂交育种

利用不同品种间杂交，获得杂交种并自交，再根据育种目标对杂种后代进行选择而育成符合生产要求新品种的方法，称为杂交育种（cross breeding）。杂交育种是一种最基本而十分有效的作物育种方法，广泛运用于作物常规种、自交系和亲本系的选育。该方法还常常与其他育种方法相结合，选育作物新品种。

杂交育种的遗传原理是通过不同亲本品种的杂交，在后代中对性状加以鉴定，选育出双亲的优良基因组合在一起，即优良性状集于一体的新品种。因此，其遗传基础主要包括2个方面：① 利用基因重组和互作，将分散在不同品种中控制不同性状的优良基因随机组合，通过定向选择育成集双亲优点于一体的新品种，即所谓的组合育种（combination breeding）；② 利用基因的累加效应，将双亲中控制同一性状的不同微效基因积累于一个后代个体中，形成在该性状上超过亲本的类型，又称为超亲育种（transgression breeding）。基于前者，可以将分属于不同亲本的优良性状如抗病、丰产和优质等结合在一起，育成既抗病、丰产又优质的新品种；后者则通过将控制丰产或优质的微效基因的累积，育成产量更高或品质更优的新品种。由此可见，杂交育种不仅适用于通过基因累加对单个性状进行改良，而且适用于利用基因的重组和互作，同时改良多个不同性状。

杂交育种已广泛应用于不同繁殖方式和授粉方式的作物。自花授粉作物的纯系亲本杂交后，通过杂交后代的分离、鉴定和选择可以育成新的纯合群体。常异花授粉作物亦可采用类似方法。异花授粉作物的亲本品种杂交后，在控制授粉条件下通过混合选择或轮回选择可以选育成新的杂合品种或综合品种。无性繁殖作物品种杂交后，即可在杂种F_1的无性繁殖后代中选育出新的、具有一定杂种优势的优良无性系。

7.1　杂交亲本的选配

杂交亲本的正确选配是杂交育种的关键环节。若亲本选配得当，后代出现理想的类型多，选育出优良品种的机会就多，杂交育种的效率便会高；如果亲本选择不当，尽管在杂种后代中精心选择，也可能很难实现育种预期，育种效率会很低。

杂交亲本的选配必须依照明确的育种目标，并在全面了解和掌握品种资源的主要性状特征特性和遗传规律基础上，选用恰当的亲本，合理配组，才有可能在杂交后代中出现符合育种目标的重组类型，并选出优良的品种。一般而言，亲本的选配需要遵循以下

4 个基本原则。

7.1.1 双亲性状优良，优缺点能够互补

这一原则要求，杂交所选用的亲本双方都要有较多的优点，而且越多越好。如果有少数缺点，双亲间的优缺点必须能够互补。从理论上来说，如果双亲具有较多的优点，杂交后代出现综合性状较好个体的概率就大，便容易选育出优良的品种。性状优缺点的互补其实就是杂交亲本双方的"取长补短"，通过基因的交换与重组，使亲本双方的优良性状综合在杂交后代同一个体上。

性状互补应着重于主要性状，尤其要根据育种目标抓住重点。当育种目标要求在某个主要性状上有所突破时，则选用的双亲最好在这个性状上表现都好，而且又在多个因子上能够互补。比如，当育种目标要求的产量结构是穗重、穗数并重类型，可考虑采用大穗类型与多穗类型的亲本相互杂交；而当把优质作为主要育种目标时，就要选择具有多个不同优良品质指标的亲本进行杂交；在确定了抗逆稳产性的育种目标后，即可将具有不同抗性如抗病性、抗旱性、抗寒性和耐热性等亲本相互杂交。曾经在关中地区和华北地区大面积种植的冬小麦品种'碧蚂 1 号'，其亲本'蚂蚱麦'和'碧玉麦'的选配成为体现这一原则的经典实例（表 7-1）。'蚂蚱麦'具有越冬性较好、成熟较早、每穗粒数较多、分蘖力适中、耐旱性较强等优点。其主要缺点是感条锈病，籽粒较小。而'碧玉麦'在 9 个性状中有 5 个性状表现较好，其中的 2 个性状（抗条锈病能力强、籽粒大）正好弥补了'蚂蚱麦'的缺点。此外，'碧玉麦'的主要缺点越冬性差也恰好为'蚂蚱麦'所弥补。所以，这两个品种杂交后育成的'碧蚂 1 号'，综合性状较好，遗传基础丰富。

表 7-1 '碧蚂 1 号'及其亲本的特性

亲本和品种	株高	成熟期	分蘖力	每穗粒数	籽粒大小	越冬性	抗倒伏性	抗条锈病	耐旱性
'蚂蚱麦'	中	早中	中	多	小	较好	较弱	感	较强
'碧玉麦'	中高	早中	中弱	少	大	差	较强	免疫	较强
'碧蚂 1 号'	较高	早中	中	中多	中大	中	中	高抗	较强

当然，双亲优缺点的互补是有限度的，双亲之一性状不能有严重缺点，特别是在重要性状上更不能有难以克服的缺点，否则会造成杂交育种效率的严重降低。

7.1.2 选用适应性强、综合性状好的推广品种作为亲本

品种对外界条件的适应性是影响丰产、稳产等的重要因素。杂交后代能否适应当地条件往往与亲本适应性关系很大。适应性强的亲本可以是农家种，也可以是国内改良种或国外引进品种。为了使杂交后代具有较好的丰产性和适应性，新育成的品种能在生产上大面积推广，亲本中最好有能够适应当地条件的推广品种。曾有人对国内外小麦推广品种进行了系谱分析，在 150 个优良品种中，双亲均为推广品种的有 64 个，双亲之一为推广品种的有 74 个，两者总和占调查品种数的 94%，可见推广品种在亲本组配中的重要性。

7.1.3　亲本间遗传差异要大

不同生态型、不同地理来源和不同亲缘关系的亲本杂交，由于亲本间的遗传基础差异大，杂交后代的遗传基础十分丰富，分离类型会更加广泛，易于选出性状超越亲本和适应性比较强的新品种。一般情况下，利用不同生态类型的品种作亲本，容易引进新种质，克服用当地推广品种作亲本的某些局限性或缺点，增加成功的机会。这在许多作物杂交育种实践中都得到了广泛的证明。如我国曾经利用杂交育种育成的冬小麦推广品种几乎都是在杂交亲本中使用一个国外品种或有国外品种亲缘的品种育成的。我国棉花杂交育种引入国外的岱字棉系统作为杂交亲本之一，杂交后代都表现较好，如杂交育成的优良品种'鲁棉 1 号''陕棉 4 号''豫棉 1 号''泗棉 2 号''鄂沙 28''鄂荆 92'等。当然，亲本间的生态型差异大小和亲缘关系远近必须要适度，才能提高杂交育种的效率。若一味追求双亲的亲缘关系很远，遗传差异很大，一定会造成杂交后代性状分离过大，分离世代延长，影响育种的效率。一般以超亲育种为主要目的的亲本选配，大多要求双亲的遗传差异尽可能大些；而不以大幅度超亲为目标，并希望在短期内育成新品种时，则以选择遗传差异不太大的亲本进行杂交为宜。

7.1.4　亲本的配合力要好

配合力（combining ability）是指某亲本与其他亲本杂交时产生优良后代的能力，即将优良性状向后代传递的能力。配合力又包括一般配合力（general combining ability）和特殊配合力（specific combining ability）。一般配合力是指某一亲本品种和其他若干品种杂交后，杂交后代在某个数量性状上的平均表现。特殊配合力则是指 2 个特定亲本所组配的杂交种在某个数量性状上的表现水平，而在以培育稳定的优良品系为目标的杂交育种中，某一品种的一般配合力是指以该品种为亲本所配制的各杂交组合中，获得稳定优良品系的平均比率。即选用一般配合力好的品种作亲本，在其配置各杂交后代中就能产生较多的优良品系，故更容易选出优良品种，提高杂交育种的效率。所以在根据性状表现选配亲本的前提下，还要考虑其配合力特别是一般配合力。当然，一般配合力的好坏与品种本身性状的优良与否有一定关系，但两者并非完全一致，即一个优良的品种不一定就是一个好的亲本。有的优良品种在其杂交后代中能选择到优良个体，但并非所有优良品种都是如此。相反，有时一个本身表现并不突出的品种却是个好的亲本，能育出优良品种，即这个亲本品种的配合力好，因此，在选配亲本时，除注意亲本本身的优缺点外，还要注意选择配合力高的品种作为育种亲本。

7.2　杂交技术与杂交方式

7.2.1　杂交技术

杂交技术是杂交育种的一个基本环节。不同作物的花器构造、开花习性、授粉方式、花粉寿命、胚珠受精能力以及受精持续时间等有所差异，因此所采用的杂交方法与技术也依作物特点而异。归纳起来，杂交技术主要包括调节开花期、父母本的隔离与母本的去雄、花粉的采集与授粉、授粉后的管理及收获等4个方面。

（1）调节开花期

父、母本花期相遇是顺利完成亲本间杂交的基本要求。对于无限花序或开花期较长的作物来说，一般情况下不需要进行开花期的调节就可完成亲本间的杂交授粉工作，如棉花和油菜等；但对于有限花序或开花期相对较短的作物来说，如果双亲的生育期有差异，在正常播种期播种的情况下花期不遇，则需要用调节花期的方法使亲本间花期相遇，如水稻、小麦和玉米等。

调节开花期最常用的方法是分期播种，一般将早熟亲本或主要亲本每期间隔7～10 d，分3～4期播种。对于具有明显春化特性的作物，可以通过春化处理满足其对于春化条件的要求来有效地促进抽穗。对于那些对光照长短有明显反应的作物类型，则可以根据作物对光照条件的要求，进行补充光照或缩短光照处理。此外，也可采用地膜覆盖、水肥的调控、密度调整、中耕断根以及剪除大分蘖等农业技术措施，起到延迟或提早开花的作用。

（2）父、母本的隔离与母本的去雄

隔离的目的是为了保证获得高纯度的杂交F_1代。父本的隔离可以使提供的花粉不会受到来自其他非目的亲本花粉的污染。母本的去雄及严格隔离，可防止母本自花授粉和非选定亲本品种引起的天然异花授粉。在作物育种试验田间，通常采用网室隔离和纸袋隔离2种方式。

除严格的自交不亲和及雄性不育亲本外，两性花必须在花药开裂前完成母本去雄工作。去雄时间因作物种类而异。一般选择在开花前12～24 h完成去雄。去雄方法因作物种类不同而异，最常用的方法是人工夹除雄蕊去雄法。先将花朵剥开或部分剪去，然后用镊子将雄蕊一个个夹除。去雄一定要及时和彻底，不能损伤子房、花柱和柱头，也不能弄破花药或有遗漏。如果连续对2个以上不同材料去雄，则在给下一个材料去雄前，所有用具及手都必须用70%酒精处理，以杀死附着的前一个亲本花粉。其他去雄方法还有：水稻，利用雌雄蕊对温度的敏感性差异而采取温汤杀雄；棉花，采用麦秆套管去雄或花冠连同雄蕊管一起剥除去雄；油菜，应用化学杀雄剂去雄等。

（3）花粉的采集与授粉

花粉的采集一般应选择在盛花期进行。天气晴朗、温度适宜的情况下更容易采集到足够的花粉量，此时的花粉及柱头的活力以及胚珠的受精能力都很强，授粉后的结实率也高。所采花粉应是来自亲本典型植株上健康的、未受到其他品种花粉污染的新鲜花粉。

授粉需考虑开花时间、花粉及柱头活力、胚珠受精能力以及天气等因素。花粉和柱头的活力因作物类型、生育时期、环境及贮藏条件的不同而有差异。在自然条件下，自花授粉作物花粉的寿命比常异花授粉作物和异花授粉作物短。如水稻的花粉在散出后5 min以内活力较强；小麦花粉取下后十几分钟至半小时内使用有效；玉米花粉取下后2～3 h才开始有部分失活，其生活力可维持5～6 h；而花粉若在紫外光照射下，几秒钟之内即可失活。花粉在低温及适宜的湿度条件下，避光保存，其活力能够持续较长时间。柱头的活力一般在开花期最强，此时的柱头光泽鲜明，授粉后结实率高。禾谷类作物在开花前 1～2 d 即有受精能力，其开花后能维持的天数：小麦为 8～9 d；黑麦为 7 d；大麦为 6 d；燕麦及水稻只有 4 d。玉米在花丝抽齐后 1～5 d 受精能力最强，6～7 d 后开始下降，最长可达 9～10 d，但夏玉米维持时间相对较短。棉花柱头的受精能力只能维持到开花后的第 2 天，大豆可维持 2～3 d。

（4）授粉后的管理及收获

授粉后的植株需要在穗或花序下挂牌标识或在套袋上标明父母本名称、授粉日期、授粉人姓名等信息。授粉后数日要及时检查，对授粉未成功或异交结实率较低的组合还要重新进行杂交，务求按杂交计划完成所有杂交组合的配制。在杂交种灌浆期还要注意防止种子霉变和病虫危害，以保证种子正常发育、充实饱满。

杂交种子成熟后要及时收获脱粒、晾晒，并做好各杂交组合的详细信息记录。同一杂交组合的不同杂交穗最好进行单独脱粒、编号。若需经过夏季之后再行播种，杂交种子应该冷藏保存。

7.2.2 杂交方式

杂交方式（pattern of crossing）是指配置杂交组合要用多少个亲本以及各亲本参与杂交的前后顺序等。它是影响杂交育种成效的重要因素之一，并决定着杂交后代的变异程度。杂交方式应依照育种目标和选配亲本的特点具体而定。

概括来说，杂交方式主要包括单交、复交、回交和多父本授粉等方式。

7.2.2.1 单交

只有 2 个品种之间进行的杂交称为单交（single cross），以符号 A×B 或 A/B 表示。2 个亲本的遗传组成各占 50%。单交只进行一次杂交，简单易行，育种时间短，杂种后代群体的规模也相对较小。当 2 个亲本的性状基本符合育种目标，而且优缺点可以互补时，便可以采用单交方式。如果参与单交的 2 个亲本亲缘关系较近、性状差异较小，则杂交后代的分离幅度不大，性状稳定就较快。反之，则分离幅度较大，性状稳定也相对较慢。曾经在生产上大面积推广的'中棉 12'（乌干达 4 号×邢台 6871）和'徐州 514'（中棉 7 号×徐州 114）等棉花品种，以及目前生产上大面积推广的小麦品种'新麦 26''郑麦 366''师栾 02-1''济麦 17'和'济麦 19'等都是用单交法育成的。

两亲本杂交可以互为父、母本，因此单交也有正交和反交之分。正、反交是相对而言的，如果称 A（♀）/B（♂）为正交，则 B（♀）/A（♂）为反交。由于正、反交涉及性状的细胞质遗传，所以正交和反交的后代性状表现会有一定差异。但是，当亲本主要性状的遗传不受细胞质控制时，正交和反交后代性状差异一般不大，就可以只进行正交或反交。习惯上常以对当地条件适应性最强、综合性状优良的亲本作为母本。

7.2.2.2 复交

涉及 3 个或 3 个以上的亲本、进行 2 次或 2 次以上的杂交称为复交（multiple cross）。

复交又因亲本数目及杂交方式不同而有多种。一般先将一些亲本配成单交组合，再在各组合之间或组合与各品种之间进行两次或更多次的杂交。相对于单交而言，复交杂种的遗传基础更为复杂，杂交亲本至少有一个是杂种，因此，复交 F_1 就会表现性状分离，产生更多的变异类型，并能出现良好的超亲类型，但性状稳定相对较慢，所需育种年限比单交长。由于复交 F_1 代已经开始分离，需要进行株选，要求有较大的群体，因此，复交当代的杂交工作量要比单交大几十倍。

当单交方式不能达到育种目标预期，或某亲本虽然有非常突出的优点但缺点也很明显，一次杂交难以完全克服其缺点时，宜采用复交方式。复交方式的关键在于亲本的组合方式和亲本在各次杂交中的先后次序，可根据各亲本的优缺点、性状的互补性以及期望各亲本在杂交后代中的遗传组成所占比重等来确定。一般遵循的原则是：将综合性状较好、适应性较强并有一定丰产性的亲本安排在最后一次杂交，从而使其在杂交后代遗传组成中占有较大的比重，增强杂交后代的优良性状。

随着农业生产的发展，育种目标更加全面，复交方式越来越被广泛应用于作物育种实践中。复交主要有三交、双交、循序杂交和聚合杂交等。

（1）三交

三交（three-way cross）是指 3 个品种间的杂交，即以单交 F_1 再与另一品种杂交，以符号 A/B//C 表示。三交后代 A 和 B 的遗传比重各占 25%，C 的遗传比重占 50%。一般用综合性状优良的品种或具有重要目标性状的亲本作为最后一次杂交的亲本，从而增加该亲本性状在杂交后代遗传组成中所占的比重。

（2）双交

双交（double cross）是指将两个单交 F_1 再杂交。参加杂交的亲本可以是 3 个或 4 个。3 亲本双交是指一个亲本先分别同其他两个亲本配成单交，再将这两个单交 F_1 进行杂交，以符号 C/A//C/B 表示。3 亲本双交后代 A 和 B 的遗传比重各占 25%，C 的遗传比重占 50%。4 亲本双交是将 4 个亲本两两杂交配成两个单交 F_1，再把两个单交 F_1 进行杂交，以符号 A/B//C/D 表示。4 亲本双交后代 A、B、C 和 D 的遗传比重各占 25%。4 个亲本的双交方式不但可以使亲本的缺点容易得到弥补，而且亲本的一些共同优点通过互补作用而得到强化，甚至有可能出现各亲本原来所不具备的新的优良性状。

当然，与单交相比，在相同的杂交后代群体规模下，复交 F_2 代中出现理想基因型的频率会因参与杂交的亲本数量增加而随之降低。当其中的一个或两个亲本具有较多不利性状时，则双交后代出现优良类型的频率会更少。所以为了提高双交组合后代出现优良类型的频率，在双交组合中至少应包括 2 个或 2 个以上综合农艺性状较好的亲本，才能取得较好的效果。

（3）循序杂交

循序杂交（sequential cross）是指多个不同亲本逐个参与杂交的方式。以符号 A/B//C/3/D/4/E……表示，即所称的四交、五交、六交等。各亲本在杂交后代中的遗传组成所占比重随着加入的先后依次增加，最后一个亲本的比重最高，达到 50%。在采用 4 个以上亲本进行循序杂交时，一般要求各个亲本综合性状都较好，且杂交次序越靠后，对亲本综合性状水平要求越高。添加的亲本越多，杂种综合优良性状越多，当然也可能随之加入一些不良性状，这就需要选择。循序杂交方式需要的时间会很长，一般只有在亲本组合不能保证产生理想性状重组类型时才会采用。

（4）聚合杂交

聚合杂交（convergent cross）是指采用多个亲本进行的一种复杂的杂交方式。当育种目标所要求的优良性状较多，其他杂交方式难以培育出超过现有品种水平的新品种时，即采用各种不同形式的聚合杂交。比如采用复交和有限回交相结合的方法，把分散在不同亲本中的优良性状聚合到需要改良的品种中，产生超亲的后代个体类型。聚合杂交包括最大重组率聚合杂交、超亲重组聚合杂交、超亲重组与不完全回交结合的聚合杂交、超亲基因积累与回交结合的聚合杂交等（图 7-1）。

7.2.2.3　回交

回交（back cross）是指 2 个亲本杂交，F_1 代与 2 个亲本之一再进行的杂交。详见第 8 章回交育种。

7.2.2.4　多父本杂交

多父本杂交（multiple male-parental cross）是指用 2 个或 2 个以上的品种花粉混合为父本，与一个母本品种的杂交。其杂交方式有 2 种：一是多父本混合授粉，即将 2 个或 2 个以上的品种花粉人工混合，授给一个母本品种。二是多父本自由授粉，即将母本种植在若干选定的父本品种之间，去雄后任其天然自由授粉。这种方式宜用于风媒传粉作物。多父本授粉比成

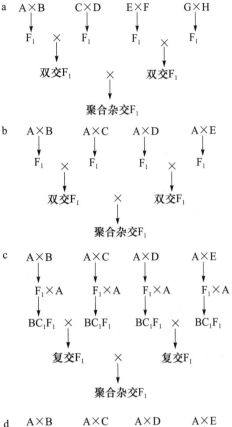

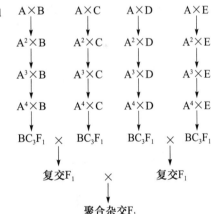

a.最大重组率聚合杂交　b.超亲重组聚合杂交
c.超亲重组与不完全回交结合的聚合杂交
d.超亲基因积累与回交结合的聚合杂交

图 7-1　聚合杂交类型

对杂交方式的后代变异类型丰富，有利于选择，可应用于多种作物。棉花杂交育种采用多父本杂交较多，且育种效果较好。如陕西省棉花研究所育成的抗枯萎病棉花品种'陕棉 4 号'（中棉所 3 号/辽棉 2 号＋射洪 57681），以及辽宁省棉麻研究所育成的早熟棉花品种'辽相 3 号'（长绒 2 号/4978//4978＋关农 1 号＋1298）都是采用此种杂交方式育成的。

7.3 杂交后代的处理

杂交后代的处理是指获得的 F_1 及其自交后代的种子准备、播种方式、选择、收获和整理等一系列具体内容，尤其是根据确立的育种目标对 F_1 及其自交后代所进行的性状观察、鉴定、比较和选择等处置方式和方法。在具备良好的大田试验条件下，按照合理的田间试验设计，种植 F_1 种子和足够数量的 F_1 自交后代群体，根据不同世代的特点，通过仔细地观察性状、比较，做出初步的选择，再进一步经过全面的性状鉴定、品比试验而作出严格选择，最后育成符合育种目标的新品种。

在杂交后代的处理方法中，最常用的方法有系谱法、混合法、衍生系统法和单粒传法等。

7.3.1 系谱法

系谱法（pedigree method）是指从杂交第一次分离世代（单交和多父本杂交 F_2，复交 F_1）开始选择优良单株，其后各世代将入选单株分别种植成株行（系，即系统），并在优良系统中继续进行单株选择，直至选出性状优良且稳定一致的株行（系）。在选择过程中，各世代予以系统编号，以便考察株株行（系）历史和亲缘关系。系谱法是自花授粉作物和常异花授粉作物在杂交育种中比较常用的杂交后代处理方法。我国推广的许多纯系品种是用此法选育而来的。

7.3.1.1 系谱法的工作要点

系谱法各世代处理的主要内容如下（以单交为例）：

1）杂种一代（F_1）

将单交 F_1 按杂交组合排列，点播（或单苗定植），以加大种子繁殖数量，也便于拔除假杂种等操作。一般每组合种植 1 行，每间隔 10～20 行再种植 1 行对照品种和 1 行亲本，以便比较。每一组合的种植株数应按照预期 F_2 群体的大小及该作物的繁殖系数而定，几株到几十株。稻麦等小株作物需要 20 株左右，棉花需要十几株。

在成熟时，将经过比较鉴定的优良杂交组合按组合混合收获种子，标明行号或组合号，并作好记录。若确实需选择单株，则按单株单独收获，单独脱粒，并注明单株号。每个当选组合所留的种子数量，应能保证其 F_2 代有足够的株数。

2）杂种二代（F_2）

收获的不同杂交组合种子要分开点播或单苗定植。F_2 的种植应注意株间距离一致，尽可能减少株间竞争，使每个单株的遗传潜力都能充分表现，增加选择的可靠性。每间隔 10～20 行种植 1 行对照品种和 1 行亲本，以便于对单株的比较和选择，同时还可根据 F_2 代群体的性状表现，了解亲本在某些性状上的遗传特点。

F_2（或复交 F_1）群体应尽可能大些，确保符合育种目标的基因重组和较高的优良性状类型出现的概率。如稻麦等小株作物，每个 F_2 代群体应能达到 3 000～5 000 株，棉花至少也应有 2 000 株。F_2 群体具体规模可根据杂交亲本的遗传差异的大小、杂交方式、目标性状的多少及其遗传特点等而定。如果育种目标要求的优良性状较全面，例如对熟期、抗病抗虫性、抗逆性、丰产性甚至品质等性状都有要求，则群体应该更大一些；亲本的遗传差异大，群体也应该加大；采用复交的杂种群体要比单交的杂种群体大一些。对于 F_1 表现较差但没有十分把握予以淘汰的组合群体可小，以便进一步观察来决定取舍。

F_2（或复交 F_1）的选择主要是在入选杂交组合中选择优良的单株。当选单株在成熟时分株收获、脱粒（或轧花），编写组合号、行号和株号，做好标记、记录，并建立详细的档案。

3）杂种三代（F_3）

按杂交组合进行排列，将入选的 F_2 单株等距点播（或定植）成行（即株行），从而形成 F_3 株行（系，或称系统）。每隔 10～20 行设 1 行对照品种。每个系统均予以编号，并在全生育期内详细记载各性状的具体表现。经过选择，入选的单株按系统分单株收获，分单株脱粒，并为入选的单株编号。F_3 及其以后世代依同样方法继续编号，并做好详细的记录和归档工作。

对于 F_3 出现的性状基本整齐一致且表现突出的个别系统，在选择优良单株后，可将其余植株混合收获脱粒，以便提前参加产量比较试验。

4）杂种四代（F_4）及以后世代

F_4 及以后世代的种植方式与 F_3 基本相同。将属于同一 F_2 单株后代、来自同一 F_3 系统的 F_4 各系统统称为系统群（sib group）。系统群内各系统之间互称为姊妹系（sib line）。

F_4 选择的重点是选拔优良一致的系统，以便升级进入产量比较试验。一般将参加产量比较试验的系统称为品系（strain）。F_5 及其以后世代的工作与 F_4 相同。

成熟时，应将准备升级系统中的当选单株先行收获，然后再按系统混收。如果系统群表现整齐和相对一致，也可按系统群混合收获，这样既可以保持系统群内有一定的异质性，又能获得较多的种子量，满足多点试验的需要。

7.3.1.2　系谱法的早代选择

系谱法的早代选择可以简单归纳为："一代看组合，二代选单株，三代定系统，四代促稳定。"即在杂种 F_1 代只比较组合优劣，淘汰不良组合；F_2 代则在优良组合中选择优良的单株；F_3 代选择出优良的系统；F_4 代促进优良系统尽快稳定。当然，在 F_3 代的优良系统中，还可以继续选择优良的单株。早代选择的具体方法如下：

1）杂种 F_1 代的选择

用两个纯系品种杂交所得到的 F_1 在性状表现上应该是一致的。一般只根据育种目标淘汰那些有严重缺点的杂交组合，并参照亲本淘汰假杂种。也可以借助分子标记技术进行真假杂种的鉴定，去除假杂种。杂种 F_1 一般不选单株。如果选用的杂交亲本不是纯系品种，则在 F_1 代有可能发生性状分离，此时也可以选单株。

2）杂种 F_2（或复交 F_1）的选择

F_2（或复交 F_1）是杂交后代性状开始分离的世代，也是杂交育种后代选择的关键世代。F_2 所选单株的优劣在很大程度上决定其后代表现得好坏。因为来自同一 F_2 单株的后期世代的一些系统，大多具有共同的优点及相似的产量水平。在育种工作者中流传着"二代中间藏黄金"之说，由此可见 F_2 代性状选择工作的重要性。

由于 F_2（或复交 F_1）性状的分离，加之群体较大，进行性状选择时似乎难以把握，尤其对于育种经验不足者来说会不得要领。其实，对 F_2 的选择也是有章可循的。首先，要在选择前对将要育成品种有明确的预期目标，并能够在选择的整个过程中时时牢记这个目标，即选择必须有的放矢，做到"心中时刻有品种"。其次，在实施性状选择过程中，要化繁为简，按程序分步骤地进行。具体而言，先对田间种植的所有组合的表现作总体的观察比较，确定优良组合。虽然各组合内的 F_2 植株间因性状分离而表现出很大差异，但就每个组合自身而言，其生育期、植株形态、抗病性、产量构成因素等性状表现的总体趋势还是有一定规律的，因此各组合表现得优劣即可一目了然。一般在表现较好的组合内，出现性状符合育种目标要求的单株较多，而在表现较差的组合内，很难找到理想的单株，于是便可淘汰那些不良组合，保留优良组合。然后集中精力在优良组合中选择优良单株。可以先在田间对目标性状进行仔细观察比较，经过综合考量后做出初步选择。在此过程中，不仅要牢记育种目标，还要注意性状选择的轻重缓急，根据不同性状的遗传特点而选择。不同性状的遗传力大小各有差异。那些遗传力较大的性状，如抽穗期、开花期、株高、穗长、棉花的纤维长度和强度，以及某些由主效基因所控制的抗病性等，不易受环境影响，在 F_2 代便可选；那些遗传力较小，如单株产量、单株分蘗数、每穗粒数和粒重、棉花单株结铃数等，易受环境的影响，则不宜在 F_2 代作为选择的主要依据，仅供选择参考。

在田间选择的基础上，有些性状如株高、穗部性状、产量构成因素、籽粒品质性状等还要在室内再作进一步考查评定。一般 F_2 代不需进行细致的考种。棉花、大豆等有分枝的作物在田间可根据株型、结铃（荚）性和抗病性等性状进行评选。棉花还需在室内对单铃重、衣分、衣指、籽指和纤维长度等性状进行考查。此外，对于诸如抗病虫性、抗旱性、抗寒性和耐热性等特殊性状的选择，还要在特定的条件下进行鉴定，才能做出最终的取舍。

至于 F_2 选择单株的数量，也依育种目标、杂交方式、目标性状的遗传特点及杂交组合优劣程度而定。一般 F_2 单株入选率为播种（或定植）株数的 0.05%～10%，高的可达 15%。即每个杂交组合选几株、几十株或几百株不等。在育种目标要求广、综合性状良好的组合中选株宜多。由于 F_2 当选的单株是后继世代的基础，选择单株是否得当，将影响后继世代的选择及其效果。选择标准过宽，会使试验规模过大而分散精力；反之，不恰当地提高选择标准，以致过分缩小选择规模，也将丧失大量优良基因及其重组的机会。

在选株的时间上，可以是整个生育期，但最佳时间应该是作物的生育后期，此时大部分目标性状都已经充分表现出来。比如，可以在抽穗后进行初步观察、选择，并挂牌或做好标记，在成熟时再做进一步选择，决定是否收获留种。

3）杂种 F_3 代的选择

F_3 的各系统（或株系）之间因基因型不同而有性状上的差异。在同一系统内也会因杂合基因型的存在仍有不同程度的分离，但分离程度比 F_2 要轻。由于 F_3 各系统的主要性状表现趋势已较明显，所以该世代也是对 F_2 单株选择结果的进一步验证。

F_3 的主要选择策略是先确定优良系统，再从优良系统中选择优良单株。即对各个系统的整体表现做出比较判断后，再选择单株，这样的选择结果更加可靠。在选择系统和单株时，可根据生育期、抗病性、抗逆性及产量性状等的综合表现进行。

入选系统的数量主要根据其来源组合的优劣而定。至于入选优良单株的数量，一般在每个入选系统中可选择 3~5 株或更多。若在 F_3 出现个别表现突出且性状基本整齐一致的系统，可将其植株混合收获脱粒，提前升级参加产量试验。对于那些落选而被淘汰的某些系统，如果有个别优良的单株，也可选留。

4）杂种四代（F_4）及以后世代

F_4 及以后世代不同系统群间的性状表现差异相对较大，而同一系统群内的各姊妹系间的性状总体表现相对接近，因此，F_4 及以后世代，首要任务应该是选择优良系统群中优良一致的系统，以便尽快升入产量试验。当然，在选拔优良一致系统的同时，也可再从中选拔优良单株，以便进一步观察性状分离情况和综合性状表现。对于性状表现优良但尚在分离的系统，一般只进行选单株，以便使其性状进一步纯合稳定。F_4 及以后世代的系统选择和单株选择所依据的标准应更加全面。一些遗传力较小、易受环境影响的性状，如单株产量、单株分蘖数、每穗粒数和粒重、棉花单株结铃数及品质性状等，此时都应该在考查范围内。

如果某组合在 F_5 或 F_6 代仍然未能出现优良一致的株系，则可以就此舍去。另外，常异花授粉作物的选择世代可以适当延长。系谱法各世代性状表现及工作内容见表 7-2。

表 7-2　系谱法各世代性状表现及主要工作内容简表

世代	性状表现	种植方法	选择方法	收获	编号
F_1	组合间有差异；同一组合内表现一致。	按组合点播或定植。	淘汰有严重缺点的组合。	按组合混收。	A(1)
F_2	组合间有差异；同一组合内有分离。	按组合点播或定植。	淘汰不良组合；优良组合中选优良单株。	按组合分别收获当选单株。	A(1)-1
F_3	同一组合内不同系统间有差异；同一系统内有分离。	点播或定植成株行。	优良系统中选优良单株。	按系统分别收获当选单株。	A(1)-1-1
F_4	同一组合内不同系统群间差异明显；同一系统群内系统间有差异；出现表现一致系统。	按株行点播或定植；姊妹系相邻种植。	优良系统群内选优良系统；优良系统内选优良单株；选优良一致系统升级。	按系统分别收获当选单株；优良系统分别混收。	A(1)-1-1-1
F_5	同 F_4	小区条播或定植；设置重复和对照。	鉴定系统产量的一致性；优良品系升级。	按小区分别收获、分别脱粒。	A(1)-1-1-1-1

7.3.1.3 系谱法的优缺点

系谱法是杂交育种中运用最广的一种方法。这种方法的优点在于：① 在杂种早期世代，针对一些质量性状及遗传力高的数量性状连续几代选择，起到了定向选择的作用；② 可及早把注意力集中在少数突出的优良系统上，育种效率高，便于及时繁殖推广优良品种；③ 有利于消除不同植株间的生存竞争，保留目标性状；④ 系谱详尽，系统间的亲缘关系十分清楚，且当代选择结果可在次年得到验证。

系谱法也存在一些缺点：① 从 F_2 起进行严格选择，中选率低，特别对多基因控制的性状，效果更差，因而使不少优良类型被淘汰；② 工作量大，占地多，往往受人力、地力条件的限制，不能种植足够大的杂种群体，使优异类型丧失了出现的机会。

7.3.2 混合法

1）混合法的工作内容

混合法（bulk method）基于的理论基础是：育种目标涉及的许多性状为数量性状，受多基因控制，且易受环境的影响。在杂种早代，纯合个体很少，大部分数量性状基因到高世代才能达到纯合，所以在杂种高代进行单株选择会更加有效。相对于系谱法而言，混合法的工作内容要简单很多。自花授粉作物杂种 F_1 代的种植、收获等与系谱法基本相同，也不进行选择，只淘汰表现不良的组合，并去除假杂种。而在杂种自交分离世代，均按不同组合分别混种、混收，除淘汰明显的劣株和杂株外，一般不加选择，直到估计杂种后代纯合个体百分率达到 80% 以上时（在 $F_5 \sim F_8$），或在有利于性状选择时（如出现严重的干旱、热害以及病害流行等逆境条件的年份），才开始选择一次单株。在选择单株的世代，要求混播种植的群体应足够大，同时代表性要广泛，尽可能包括各种类型的植株。入选的各单株分别收获、脱粒，下一代种成株行，成为系统（株系），之后在所有系统中选拔优良系统升级进行产量试验。

2）混合法的高代选择

与系谱法不同的是，混合法的杂种后代到了高世代才进行选择，此时群体中纯合个体的百分率已达 80%～90%。许多重要经济性状特别是那些控制数量性状的微效基因大部分已经纯合，因而选择更加准确、可靠。

混合法高代选择单株的适宜生育时期、方法和步骤与系谱法基本相同，但入选的株数应尽可能多些，甚至可达数百乃至上千株。在选择标准上无须太严格，主要依靠下一代的系统表现予以严格淘汰。另外，对于一些抗逆性状如抗病性、抗旱性、耐热性和耐寒性等，如果在出现有利于这些性状选择的条件时，也可在早代加以选择。混合法在一定程度上加强了自然选择的影响，一些不为作物本身所要求，但为人类所需要的经济性状，如大粒性、优良品质、矮秆和棉花的衣分等性状可能被削弱，因此应注意在早代对具有这些经济性状的个体加以选择。

3）混合法的优缺点

与系谱法相比，混合法的优点表现在：① 在早代不进行选择，到了高代才选择一次单株，工作量较小；② 在大部分性状趋于稳定的高代进行选择，这样对遗传力低的数量性状选择效果较好；③ 混合法通过混收、混种，使群体内保留了个体间的竞争，有利于选择适应性和抗逆性较强的品种。

混合法的缺点在于：① 在高代才开始选择单株，不利于优良性状的及早选择和稳定，育种年限较长；② 由于自然选择的影响，具有人类所需的经济性状的个体在群体中将逐渐减少，不利于这些性状的保存。

为减少杂种后代不同类型间生长竞争所产生的不良后果，提高育种效率，育种工作者对典型的混合法加以改良，即在 F_2 或在条件有利于性状表现的年份，如病害、旱害等灾害大发生的年份或者针对遗传力高而又为人类所需的性状，可在杂种早代适时选择，以后仍按混合法处理，以使杂种群体中符合人类需要的类型增加。

7.3.3　衍生系统法

1）衍生系统法的工作内容

衍生系统法（derived line method）是将系谱法和混合法相结合的一种杂种后代处理方法。衍生系统指可追溯于同一单株的混播后代群体。其工作内容是：杂种第 1～2 次分离世代选择 1～2 次单株；随后改用混合法种植各单株形成衍生系统；根据衍生系统的综合性状、产量表现及品质测定结果，选留优良衍生系统，淘汰不良衍生系统；直到当选衍生系统的外观性状趋于稳定时，再进行一次单株选择；下年种成株系，从中选择优良系统，进行产量比较试验，直至育成品种。

至于衍生系统法中杂种 F_1 代和 F_2 代的种植、收获及整理等与系谱法的早代处理方法基本相同，而随后的衍生系统以及衍生系统内单株选择的处理方法与混合法基本相似。

2）衍生系统法的早代选择和高代选择

衍生系统法的早代选择即在 F_2（或 F_3）的单株选择，选择方法可参照系谱法，一般只针对质量性状和遗传力高的性状进行。由于 F_3 系统（即 F_2 的衍生系统）产量及其他性状的优劣在很大程度上决定了其后继世代的优劣，所以根据衍生系统的表现进行选拔与淘汰，可靠性较高。而在以后的衍生系统世代，以各衍生系统的综合性状、产量性状及品质性状表现作为参考，淘汰明显不良的衍生系统，并逐代明确优良的衍生系统，一般不进行单株选择。

直到产量及其他有关性状趋于稳定时（一般到 F_5～F_8），从优良衍生系统内选优良单株。此时的高代选择在参考产量性状的基础上，也对数量性状及遗传力较低的性状加以综合选择。下一代形成株系后，再依据综合性状从中选出优良系统，以便升级进行产量试验。

3）衍生系统法的优缺点

衍生系统法兼具系谱法和混合法的优点，又在不同程度上消除了这 2 种方法的缺点。和系谱法相比，衍生系统法在早代选择单株，按株系种植，可以尽早获得优良株系，发挥了系谱法的长处。采用系谱法要连续在系统内选择单株，选单株太多会增加工作量，选单株太少又可能损失一些优良基因；而采用衍生系统法，既不会使所处理的材料在若干世代内增加太多，又可在系统内保存较大的变异，弥补了系谱法的缺点。

与混合法相比，衍生系统法在早代选择单株后，即按衍生系统混合种植，保存变异。在早期世代，可以大大减少工作量，保留了混合法的优点。由于分系种植，可以减少在混播条件下群体内出现不同类型间的竞争问题，这又是混合法难以做到的。另外，采用衍生系统法能集中精力在有希望的材料中进行选择，可以在选择世代减少选择单株的工作量，又能提早选择世代，缩短年限。因此，如果将衍生系统法和系谱法用于不同类型的杂交组合，并加以灵活掌握，可以提高育种的效率。

7.3.4　单籽传法

1）单籽传法的工作内容

单籽传法（single seed descent method，SSD 法）基于的遗传原理是：决定性状的基因加性效应在世代与世代之间是相对稳定的，随着世代的推进，株系间的加性遗传方差会逐代增大，株系内加性遗传方差却逐代减小，因此最终会形成不同类别的株系，可从中选育出优良的品种类型。

相对于以上几种方法，单籽传法工作内容更加简单。它是利用 2 个亲本杂交得到 F_1；经自交得到 F_2；在 F_2 的每一单株上选取一粒种子（或种子育成的 1 株苗），种植成为 F_3；在 F_3 每一单株仍取一粒种子（或种子育成的 1 株苗）进级到 F_4；再同样处理至 F_5、F_6 代。每代都保持同样规模的群体，一般为 200～400 株，直到所需要的世代。一般到 F_6 时便可进行单株收获，并在 F_7 种成株系。此时 F_7 的株系数应与 F_2 的选择单株数相同。在 F_7 株系间进行选择，中选的株系分别混收，进行产量比较试验。

2）单籽传法的高代选择

单籽传法在早代不加选择，只是到了高代才进行单株选择。其高代单株选择方法与混合法以及衍生系统法大同小异。事实上，单籽传法的高代选择就是在大部分基因型已经纯合的单株中进行选择。除少数单株后代会继续分离外，入选单株种成的株系已经是性状基本稳定的系统。

3）单籽传法的优缺点

单籽传法与其他方法相比，优点是：① 在育种过程中，可以不受自然选择和单株间竞争的影响，尽可能地保存了杂种群体遗传变异的多样性；② 由于将后代群体植株一直控制在较少的数量，可以在最小面积，利用最少的人力，并借助温室条件或其他方法促进植株提早成熟，增加每年的繁殖世代，提早进行品系产量比较试验，加速育种进程。

单籽传法的缺点表现在：① 在每一单株取一粒种子时，可能丢失一部分优良的基因型，F_2 的某些不具有理想基因型的不良植株，也以同样的概率入选而存在于群体中；② 因其只根据当代的表现型进行选择，而缺乏对后代株行或株系的鉴定，在全过程中只经一次选择，不得不保留较多的品系进行产量比较试验，后期的工作量也较大；③ 缺乏系内单株选择。

有人认为在具备一定条件，即有温室或冬季加代条件，而且掌握的育种材料的性状已达到较高的水平才能应用单籽传法。

系谱法、混合法、衍生系统法和单籽传法各有优缺点。4 种不同杂种后代处理方法的比较如二维码 7-1 所示。在具体育种实践中应根据不同情况加以选择应用。

二维码 7-1 四种不同杂种后代处理方法的比较

7.4 杂交育种的流程

整个杂交育种工作的过程，主要包括亲本圃、选种圃、鉴定圃、品种比较试验圃、区域试验和生产试验以及品种审定与推广等，形成一定的工作流程。

7.4.1 亲本圃

种植杂交亲本材料的田间地段称为亲本圃。这些亲本材料包括从国内外收集来的原始材料，或有目的地引进具有丰产、抗倒伏、抗病虫害和优质等特性的材料。经过纯化，保持了原始材料的典型性和一致性。根据育种目标，从中选出符合杂交育种亲本要求的材料作为亲本，种植于亲本圃。杂交亲本应分期播种，以便花期相遇，并适当加大行间距离和株间距离，便于进行杂交。一般每个亲本种植十几株。

7.4.2 选种圃

种植杂交组合各世代群体的地段均称选种圃。各世代群体包括杂种 F_1、F_2、F_3 和 F_4 等。选种圃的种植以系谱法为例，F_1、F_2 按组合混种，点播或单苗稀植，肥力宜高。从单交 F_3（复交 F_2）开始，当选单株种成株系，小株作物每间隔 10～20 行、中株作物每间隔 5～10 行种植 1 行对照。必要时，可在每一组合的前后种植亲本。杂种株行或株系在选种圃中的种植年限，因性状稳定所需的世代而不同。在选种圃主要进行连续单株选择以及系统选择，直到选出优良一致的品系升级为止。

7.4.3 鉴定圃

从选种圃中选出的优良株系或混系升级而来的新品系所种植的地段称为鉴定圃。鉴定圃的种植一般采用顺序排列，按品系种成小区，并设置 2～3 次重复，每隔 4 区或 9 区种植 1 个对照区。种植密度和试验环境应接近大田生产，保证试验的代表性。每一品系一般试验 1～2 年。鉴定圃主要进行新品系的初步产量比较试验及性状的进一步评定，淘汰整体经济性状较差的品系，并对中选的品系扩大繁殖，供下一步的品种比较试验和生产试验用种。

7.4.4 品种比较试验圃

种植从鉴定圃中选出的优良品系的地段称为品种比较试验圃。品种比较试验一般采用随机区组设计，重复4～5次，并间隔设置对照品种。小区面积较大，具体可根据作物的种类和供试品系的种子数量来确定。品种比较试验的主要目的是在较大面积上对品种的产量、生育期、抗性和生长发育特性等进行更精确和全面详细的考察，选出在产量、品质以及其他经济性状等方面比对照更优良的品系，参加全国（或省/地/区）组织的区域试验。由于各年的气候条件不同，而不同品种对气候条件又有不同的反应，因此为了准确地评选品种，一般要参加2～3年的品种比较试验。

7.4.5 区域试验和生产试验

从品种比较试验中选出的优良新品系，还需参加国家或省农业主管部门主持的以及其他途径开展的区域试验和生产试验，进一步鉴定新品系的丰产性、稳产性及适宜推广的地区。由主持单位统一制定区域试验方案，组织有关专家进行田间考察，汇总试验结果。区域试验时间一般为2～3年（详见第19章作物品种试验、品种审定与种子生产）。在区域试验中表现突出的品系，可同时进行多点较大面积的生产试验，以鉴定其增产潜力，并起示范推广作用。生产试验一般不设重复，以当地生产上主栽品种为对照。在进行生产试验的同时，应进行主要栽培技术的研究，以便良种能结合良法，获得更好的效果。

7.4.6 品种审（认）定与推广

在区域试验和生产试验中表现优异，产量、品质和抗性等符合推广条件的新品系，可报请品种审定委员会，根据种子管理部门对不同作物新品种的要求，对品种进行审（认）定或登记。对表现优异的品系，在品种比较试验阶段，就应加速繁殖种子，以便能及时大面积推广（详见第19章作物品种试验、品种审定与种子生产）。

7.5 加速杂交育种进程的方法

就一般的杂交育种程序而言，从亲本杂交开始，到新品系育成，一般需要6～8代，加上至少2年的品种试验，至少2年的区域试验，一个新品种真正应用于生产会需要很长的周期。这将难以满足生产上对品种快速更新的要求。在实际工作中，应本着积极而慎重的态度，在不影响品种选育试验正确性的前提下，采取各种措施，尽可能加快选育品种的进程。

常用的缩短选育品种周期的措施主要有加速世代进程、改进育种流程、加快种子繁殖等。

7.5.1　加速世代进程

加速世代进程的方法有多种，如利用我国地势复杂，不同地区和不同季节生态条件多样，采取"北育南繁"或"南育北繁"的异地繁殖方法，一年可以繁殖 2～3 代。如水稻、玉米和棉花等作物，每年冬季在海南进行加代；而对小麦和油菜等喜冷凉作物，可以利用北方春秋季节繁种，或者利用高原和高山夏季冷凉条件加代繁殖。另外，利用保护地、温室或人工气候室进行一年多代播种选择，也可以加速世代进程。

随着组织培养技术的成熟及广泛应用，将单倍体育种与杂交育种相结合，在杂种分离世代利用花药培养技术，并通过染色体加倍迅速获得纯合类型，可以大大缩短杂种分离世代，从而加速世代进程。

以上加速世代进程的方法较适用于混合法和单籽传法，不适用于系谱法。

7.5.2　改进育种流程

对于综合性状表现特别突出的优异材料，可以在性状基本稳定的前提下，缩短选择世代，提前升级进入品比试验。在品种区域试验阶段越级试验，可不通过品种筛选试验直接进入正式区域试验，以及在区域试验阶段可同时开展生产试验，因此可提前几年完成品种的审定，加速品种推广的进程。还可以在育种过程中采用分子设计育种，在育种早代（单交 F_2 或复交 F_1）通过分子生物学技术选择目标基因型纯合的个体，这样就可以在杂交早代选出符合育种目标的纯合体，甚至在单交 F_2（或复交 F_1）种子阶段就可筛选出目标基因型，这样既减少了田间选择的工作，又节省了杂交早代的种植面积，还缩短了获得纯系品种或自交系的时间。

7.5.3　加快种子繁殖

在品种选育过程中，对于表现优良、有希望但还没有最后确定的系统，可提早繁殖种子。这样经过品种比较试验确定为优良品系时，就有大量种子可供大面积推广。此外，还可通过稀播、分株和割茬再生等方法扩大繁殖系数，增加繁殖种子量。

思　考　题

1. 名词解释：杂交育种、杂交组合、系统（或株行、株系）、系统群、姐妹系、系谱法、混合种植法、衍生系统法、单籽传法。
2. 杂交育种的遗传原理是什么？
3. 为什么说亲本的正确选配是杂交育种的关键？
4. 在育种实践中应该如何灵活运用杂交方式？
5. 杂交育种的亲本选配应遵循哪些原则？
6. 什么是配合力？为何在亲本选配时要求亲本的配合力要好？
7. 简述杂交后代系谱法处理的工作要点。
8. 试比较杂交后代处理方法中的系谱法、混合法、衍生系统法和单粒传法之间的异同。
9. 简述杂交育种的工作流程。加速杂交育种进程的方法有哪些？

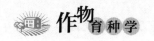

参 考 文 献

［1］ 蔡旭.植物遗传育种学.北京：农业出版社，1988.

［2］ 巩振辉.植物育种学.北京：中国农业出版社，2008.

［3］ 潘家驹.作物育种学总论.北京：中国农业出版社，1994.

［4］ 张天真.作物育种学总论.3版.北京：中国农业出版社，2011.

第8章 回交育种

回交是一种特殊的杂交方式，是一种改良品种或自交系个别性状的有效方法。回交育种（back cross breeding）是指两个亲本杂交后，利用 F_1 与亲本之一进行连续多代回交，从而育成新品种的方法。在回交育种中，用于多次回交的亲本是目标性状的接受者，因而称为轮回亲本（recurrent parent）或受体亲本（receptor parent）；另一个亲本只在第一次杂交时应用，是目标性状的提供者，因而称为非轮回亲本（nonrecurrent parent）或供体亲本（donor parent）。

回交育种可用 $[(A \times B) \times A] \times A \cdots$ 或 $A^3 \times B$ 等方式表示，其中 A 为轮回亲本，综合性状表现优良，但尚有个别性状有待改进；B 为非轮回亲本，携带 A 有待改进的优良性状。常用 BC_1、$BC_2 \cdots$ 分别表示回交 1 次、回交 2 次 $\cdots$；BC_1F_1、BC_1F_2 分别表示回交 1 次的杂交种和 BC_1F_1 的自交后代，依此类推（图 8-1）。

与其他育种方法相比，回交育种具有诸多优点：① 通过多次回交，可对育种群体的遗传变异进行较大程度的控制，使其按照既定的方向发展，既保持了轮回亲本的基本性状，又增加了非轮回亲本特定的目标性状，这是回交育种的最大优点；② 回交育种比杂交育种需要的育种群体小得多，并且只要目标性状得以表现，在任何条件下均可进行，从而可利用温室、异地或异季加代等措施缩短育种年限；③ 有利于打破目标基因与不利基因的连锁，增加基因重组频率，提高优良重组类型出现的概率；④ 通过回交育成的品种在形态特征、适宜范围、栽培条件等方面与轮回亲本相似，因此不需经过严格的产量试验即可在生产中试种，而且在轮回亲本推广的地区易于为生产单位所接受。

回交育种也具有一定的局限性：① 回交育种只改进原品种的个别缺陷，难以育成众多性状得以改良的品种，并且如若轮回亲本选择不当，回交选育的新品种往往不能适应农业发展的需要，这是回交育种最大的缺点；② 回交育种多用于由单基因或少数主基因控制的质量性状的遗传改良，对于微效多基因控制的数量性状的遗传改良比较困难；③ 回交的每一世代都需进行人工杂交，工作量较大；④ 回交群体回复为轮回亲本基因型时经常出现偏离。

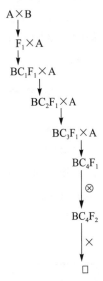

$A \times B$

$\downarrow$

$F_1 \times A$

$\downarrow$

$BC_1F_1 \times A$

$\downarrow$

$BC_2F_1 \times A$

$\downarrow$

$BC_3F_1 \times A$

$\downarrow$

BC_4F_1

$\downarrow \otimes$

BC_4F_2

$\downarrow \times$

$\square$

图 8-1　回交育种示意图

8.1 回交的遗传基础

8.1.1 回交群体中纯合基因型比率

不论自交或回交，随着世代的演进，后代群体中纯合个体的比例都会不断增加，而且其随世代变化的比率是一样的，都可以表示为 $(1-1/2^m)^n$（m 为自交或回交的世代数，n 为杂交种的杂合基因对数）。但是，两类群体中纯合体基因型并不相同：在自交后代群体中，纯合体种类是双亲杂合等位基因的所有组合，就是说，F_1 中有 n 对杂合基因，后代会分离出 2^n 种纯合体；而在回交后代群体中，纯合体的基因型是定向的，所有纯合体都是轮回亲本的类型，这是由非轮回亲本的基因在回交过程中不断被轮回亲本取代导致的。以一对杂合基因 Aa 为例，自交所形成的纯合体基因型是 AA 和 aa；而 Aa×AA 回交后代群体中，纯合体基因型只有轮回亲本的基因型 AA 一种。自交 F_4 群体中，AA 或 aa 两种基因型的频率各为 43.75%，而育种进程相同的 BC_3F_1 中，AA 一种纯合基因型个体的频率是 87.5%，这说明回交比自交控制某种基因型的纯合进度要快得多。

8.1.2 回交群体中背景基因回复频率

在轮回亲本和非轮回亲本杂交形成的 F_1 中，双亲的基因频率各占 50%。以后每与轮回亲本回交一次，轮回亲本的基因频率均在原有基础上增加 1/2，而非轮回亲本的基因频率相应地有所递减。在回交 m 次的群体中，轮回亲本和非轮回亲本的基因频率分别为 $1-(1/2)^{m+1}$、$(1/2)^{m+1}$。各世代群体轮回亲本和非轮回亲本基因频率的推算结果见表 8-1。

表 8-1 回交各世代群体基因回复频率（潘家驹，1994）

回交世代	基因回复频率 /%	
	轮回亲本	非轮回亲本
F_1	50	50
BC_1F_1	75	25
BC_2F_1	87.5	12.5
BC_3F_1	93.75	6.25
⋮	⋮	⋮
BC_mF_1	$1-(1/2)^{m+1}$	$(1/2)^{m+1}$

基因回复频率计算的是所有位点的等位基因频率，与群体内纯合基因型比率是不同的 2 个概念。例如，轮回亲本（AABB）和非轮回亲本（aabb）存在 2 对基因的差异，BC_1F_1 群体中会出现比例相同的 4 种基因型 AABB、AABb、AaBB、AaBb。16 个基因

中，轮回亲本的基因有 12 个，占 75%，符合公式 $1-(1/2)^{m+1}$ 的计算结果；但 4 种基因型中，与轮回亲本相同的纯合基因型只有 1 种，与公式 $(1-1/2^m)^n$ 的计算结果相符。不同回交世代，轮回亲本基因型纯合个体比率列于表 8-2。

表 8-2　回交各世代群体中轮回亲本基因型纯合个体比率　　　　　　　　　　　%

回交世代	等位基因对数										
	1	2	3	4	5	6	7	8	10	12	21
1	50.0	25.0	12.5	6.3	3.4	1.6	0.6	0.4	0.1	0.0	0.0
2	75.0	56.3	42.2	31.6	23.7	17.8	13.4	10.0	5.6	3.2	0.2
3	87.5	76.6	67.0	58.6	51.3	44.9	39.3	34.4	26.3	20.1	6.1
4	93.8	87.9	82.4	77.2	72.4	67.9	63.6	59.6	52.4	46.1	25.8
5	96.9	93.9	90.9	88.1	85.3	82.7	80.1	77.6	72.8	68.4	51.4
6	98.4	96.9	95.4	93.9	92.4	91.0	89.6	88.2	85.8	82.8	71.9
7	99.2	98.5	97.7	96.9	96.2	95.4	94.7	93.9	92.5	91.0	89.6
8	99.6	99.2	98.8	98.4	98.1	97.7	97.3	96.9	96.2	95.4	92.1
9	99.8	99.6	99.4	99.2	99.0	98.7	98.5	98.3	97.9	97.5	95.7

8.1.3　回交消除不利基因连锁的概率

上述各回交世代群体中，轮回亲本纯合基因型回复频率是在基因独立遗传的情况下的推算结果。如果非轮回亲本携带的目标基因与不利基因连锁，那么轮回亲本优良基因替换非轮回亲本不利基因的进程将会受到影响。假如欲向轮回亲本（aaBB）中转移非轮回亲本（AAbb）的目标基因 A，而 A 与不利基因 b 连锁，那么将 F_1（Ab/aB）回交于 aaBB 后，由于存在连锁，b 基因也会随之传递到后代中，因此在回交后代中选到 A-B 个体的概率比独立遗传要少，基因型纯合的速度必将减慢。

如果不对 b 基因进行选择，可以根据 Allard（1960）给出的公式计算回交消除 b 基因的概率：

$$1-(1-p)^{m+1}$$

其中，p 是连锁基因的重组率，m 是回交次数。回交 5 次和自交 5 代群体中不利基因消除的概率见表 8-3。可以看出在重组率相同且不加选择的情况下，通过回交消除不利基因连锁的概率，远比通过自交高。

表 8-3　回交和自交后代消除非目标基因的概率（Allard，1960）

重组率	消除非目标基因的概率	
	回交 5 次	自交 5 代
0.50	0.98	0.50
0.20	0.74	0.20
0.10	0.47	0.10
0.02	0.11	0.02

续表 8-3

重组率	消除非目标基因的概率	
	回交 5 次	自交 5 代
0.01	0.06	0.01
0.001	0.006	0.001

8.2　回交法的应用

8.2.1　培育作物新品种

在作物育种中，培育作物新品种是育种家的终极目标。美国学者 Harland 和 Pope（1922）首先将回交法应用于作物遗传改良。之后，加利福尼亚大学的 Briggs 将此法应用于小麦抗病育种，育成了'Batt 35''Batt 38''Batt 46'和'Batt 52'等一系列抗腥黑穗病和秆锈病小麦品种，在美国西部地区推广。我国学者俞启葆（1944）以'德字531'为轮回亲本、鸡脚陆地棉为非轮回亲本育成的丰产、抗卷叶螟的'鸡脚德字棉'，曾在四川等地大面积种植。山东省农业科学院与中国农业科学院合作（2016），以'豫麦 34'为非轮回亲本、'济麦 22'为轮回亲本，用回交法把'豫麦 34'的 5+10 优质亚基转至'济麦 22'，育成了高产优质小麦新品种'济麦 23'。

8.2.2　培育近等基因系和多系品种

近等基因系（near-isogenic lines，NILs）是指遗传背景相同或相近、只在个别性状上存在差异的一组品系。通过回交育种，可将非轮回亲本的目标基因转育给轮回亲本，育成的新品系与轮回亲本只在目标基因上存在差异，它们构成一对近等基因系。涉及多个基因时，可以将不同基因分别转育给同一轮回亲本，分别培育成近等基因系，便可在同一遗传背景上，准确地鉴定不同基因对性状的影响。

回交法还可用于培育多系品种，即将不同的抗病主效基因分别导入同一推广品种中，育成以该品种为遗传背景，但具有不同抗性基因的多个近等基因系，然后按需混合其中若干品系组成多系品种用于生产。多系品种既有综合性状上的一致性，又有抗病基因上的异质性，可以保持抗病性的稳定和持久，从而控制某种病害的流行（详见第 16 章抗病虫育种）。

8.2.3　转育细胞质雄性不育系和恢复系

在雄性不育系杂种优势利用中，回交是创造不育系、转育不育系和恢复系的主要方法，也是培育同质异核系和同核异质系的方法。

8.2.4　加速远缘杂交后代性状的稳定

在远缘杂交中，杂种不育和杂交后代疯狂分离是影响育种进程的主要障碍。利用回交法可以在一定程度上克服远缘杂交种的不育性，获得回交种子，也可以控制杂种后代的性状分离，提高理想类型出现的概率，培育异源种质的渐渗系等。

8.3　回交育种方法

8.3.1　亲本的选择

在回交育种中，轮回亲本综合性状良好，个别性状需要改良，是回交育种的对象和基础。而非轮回亲本是目标性状的提供者。因此，对轮回亲本和非轮回亲本均应予以慎重选择。

轮回亲本必须是适应性强、综合性状好、丰产潜力大、只在个别性状上存在缺点、经数年改良后仍有发展前途的品种（系），如当地推广的优良品种，或新育成的存在个别缺陷但最有希望推广的优良品系。轮回亲本的选择至关重要，一旦选择不当，数次回交之后，选育的新品种落后于生产要求，就将前功尽弃。

非轮回亲本必须具备轮回亲本所缺少的目标性状，并且其他性状不能有严重的缺点。目标性状要非常突出，最好由简单的显性基因控制，以便于识别选择；如有困难，也必须具有较高的遗传力，否则就会在多次回交中被削弱，乃至消失。同时，目标性状最好不与不利性状连锁，以免为打破不利连锁而增加回交次数，延长育种年限。此外，还应注意非轮回亲本的其他性状要尽可能与轮回亲本相似，以便减少为了恢复轮回亲本理想性状所需的回交次数。

8.3.2　回交的次数

回交次数关系到轮回亲本优良性状的恢复程度和非轮回亲本目标性状的导入程度。回交计划中，回交的次数决定于以下几个因素：

（1）轮回亲本性状的恢复程度

在回交育种中，根据育种目标及亲本性状差异的大小，一般回交 4～5 次即可恢复轮回亲本的大部分优良性状。从育种实效出发，轮回亲本的农艺性状也并不一定需要 100% 恢复。当非轮回亲本除目标性状之外，还具备其他一些优良性状时，回交 1～2 次就可能得到综合性状优良的回交后代，经自交选育后，虽与轮回亲本有一定差异，却综合了双亲的优良性状，丰富了育成品种的遗传基础。中国农业大学曾以意大利抗锈品种'Elica'为非轮回亲本、'农大 183'为轮回亲本，利用'农大 183'仅回交一次，育成了丰产性和适应性与'农大 183'相当、抗锈性明显提高的'农大 155'。如果回交次数过多，则可能削弱目标性状的强度，并不一定能够获得理想结果。而当非轮回亲本的某些性状显著差于轮回亲本，或者非轮回亲本为栽培种的近缘野生种时，为了排除不利性状的影响，必须适当增加回交次数。

（2）非轮回亲本的目标性状和不利性状连锁的强度

如果非轮回亲本携带的目标性状与另一不利性状连锁，必须进行更多次回交才可能打破连锁，获得理想的重组类型。回交的次数由目标基因与不利基因之间的连锁强度决定，连锁越紧密，即重组率越小，所需回交的次数就越多；反之，所需回交的次数就越少。如表 8-3 所示，如果两个基因之间重组率为 0.01，尽管连续回交 5 次，打破连锁、消除不利基因的概率也仅为 0.06。

（3）轮回亲本性状的选择强度

理论上，在回交后代群体中只需对非轮回亲本的目标性状进行选择，而轮回亲本的优良性状可以通过回交得以恢复。但 Allard（1960）的研究结果表明，在回交早期世代群体中，除了目标性状外，对轮回亲本的性状也进行严格选择，这样可以提高轮回亲本性状的恢复频率，其效果相当于多回交 1～3 次，因此回交的次数可相应减少。

8.3.3 回交后代群体大小

尽管与杂交育种相比，回交育种所需的后代群体要少得多，但为了确保回交后代中出现携带目标性状的植株，就要求每一回交世代必须种植足够的植株数。在无连锁情况下，每个回交世代所需的植株数可用下式计算：

$$n \geqslant \frac{\lg(1-\alpha)}{\lg(1-p)}$$

式中，n 为所需的植株数；p 为在回交后代群体中符合要求的基因型的期望比率；α 为概率平准。按照该式，转移不同对数的目标基因所需要的回交群体规模见表 8-4。

表 8-4 回交后代群体所需要的植株数

拟转移的基因对数	回交后代目标基因型比例	回交后代群体植株数	
		概率平准 0.95	概率平准 0.99
1	1/2	4.3	6.6
2	1/4	10.4	16.0
3	1/8	22.4	34.5
4	1/16	46.3	71.2
5	1/32	95	146
6	1/64	191	296

假如目标性状由 1 对显性基因 RR 控制，那么 BC_1F_1 代就有 Rr 和 rr 2 种基因型，其期望比例为 1∶1，即含有目标基因 R 的植株（Rr）占 1/2，也就是说每 2 株中就有 1 株携带目标基因 R。在这种比例下，为使 100 次中有 95 次机会（即 95% 的保证率）在 BC_1F_1 代中出现一株带有 R 基因，BC_1F_1 应种植不少于 5 株；同理，在 99% 保证率下应不少于 7 株。在继续进行回交时，同样要保证每个回交世代有不少于这个数目的植株数。如果需要转移的是隐性基因 r，预期回交一代植株的基因型比例为 1 RR∶1 Rr，带有需要转移基因 r 的植株的预期比例同样为 1/2。由于带有 RR 和 Rr 的植株在表型上无法区别，因此，在采用连续回交的方式下，每代回交植株数应不少于 7 株，并且要保证每个

回交植株能产生不少于 7 株后代。以后每个回交世代均应如此。

假定需要转移的基因为 2 对，其中 1 对为显性 RR，1 对为隐性 pp，轮回亲本基因型为 rrPP，非轮回亲本基因型为 RRpp，在 BC1F1 代中的基因型比例为 1 RrPP : 1 RrPp : 1 rrPP : 1 rrPp，同时携带 R 和 p 两个目标基因的个体（RrPp）所占比例为 1/4。如果保证率为 95%，回交一代应不少于 11 株。又由于基因型为 RrPP 和 RrPp 的植株在表型上并无差别，因此都要用以回交，并要求每个回交植株均能产生不少于 11 株后代。在连续回交的每个世代都要保证不少于上述植株数。

如果要求测算的株数超过上表的范围，可用 Sedcole（1977）提出的下列公式进行推算：

$$n = \frac{\left[2(r-0.5) + Z^2(1-q)\right] + Z\left[Z^2(1-q)^2 + 4(1-q)(r-0.5)\right]^{\frac{1}{2}}}{2q}$$

式中，n 为回交后代群体植株总数；r 为期望在回交后代中出现的含有目标基因的植株数；q 为目标基因型出现的概率；Z 为概率 P 的函数值，当 $P=0.95$ 时 $Z=1.645$，当 $P=0.99$ 时 $Z=2.326$。

例如，有一回交材料 $r=15$，$q=1/16$，$Z=2.326$（$P=0.99$），则 BC_1F_1 所需的植株总数为：

$$n = \frac{\left[2(15-0.5) + 2.326^2\left(1-\frac{1}{16}\right)\right] + 2.326\left[2.326^2\left(1-\frac{1}{16}\right)^2 + 4\left(1-\frac{1}{16}\right)(15-0.5)\right]^{\frac{1}{2}}}{2\left(\frac{1}{16}\right)} \approx 416$$

即 BC_1F_1 群体至少要有 416 株，才能出现目标基因杂合的植株 15 株，成功的概率为 99%。

需要指出的是，上述公式的推算结果，仅仅是在一定概率下理论上的最小估计数，在实际育种工作中，必须超过估算的理论值。

8.4　回交后代的选择

8.4.1　前景选择和背景选择

回交后代的选择分为前景选择和背景选择 2 个方面。前景选择（foreground selection）是指对目标性状的选择，其作用是保证从每一回交世代选出的作为下一轮回交亲本的个体携带目标基因。背景选择（background selection）是指对除了目标性状以外的其他部分即遗传背景的选择，其主要作用是加快遗传背景恢复成轮回亲本的速度，以缩短育种年限。

由于目标性状是回交育种中选择的首要对象，因此，一般首先进行前景选择，以保证获得具有目标性状的个体，然后再进行背景选择。

8.4.2　显性单基因控制性状的前景选择

如果目标性状由显性单基因控制，由于该性状在回交过程中容易识别，因此回交比较容易进行。例如，欲利用回交法，把品种乙携带的抗病基因（RR）转移到一个综合性状优良但感病的甲品种（rr）中去，可将甲与非轮回亲本乙进行杂交，再以甲为轮回亲本进行回交。F_1 表现为杂合（Rr）抗病，当 F_1 回交于甲时，BC_1F_1 将分离出 Rr 和 rr 两种基因型。抗病（Rr）植株和感病（rr）植株在接种条件下很容易区别。选择抗病植株（Rr）与轮回亲本甲继续回交，回交后代仍会发生病害抗、感分离。如此连续进行多次，直到背景性状恢复为与轮回亲本甲接近的世代。这时，分离出的抗病植株仍是杂合的（Rr），必须自交 1～2 代，才能获得基因型纯合的稳定抗病植株（RR）。

显性单基因的回交转育过程如图 8-2 所示。

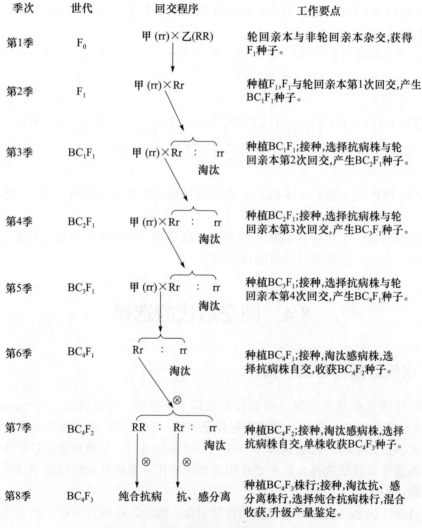

图 8-2　显性单基因的回交转育程序示意图

8.4.3　隐性单基因控制性状的前景选择

若目标性状（如抗病性）由隐性单基因控制，则需对上述育种程序进行适当修改，以保证可以鉴定出携带隐性基因的杂合体。

如图 8-3 所示，轮回亲本甲（RR）与非轮回亲本乙（rr）杂交产生 F_1 种子；F_1 植株表现感病，但基因型杂合（Rr），其中含有抗病基因 r。将 F_1 与轮回亲本回交产生 BC_1F_1；BC_1F_1 中会分离出感病纯合体 RR 和感病杂合体 Rr，两种基因型无法通过表型区分，因此必须自交一次产生 BC_1F_2，分离出隐性纯合体 rr，从而使目标性状得以显现。然后将隐性纯合体 rr 与轮回亲本甲回交产生 BC_2F_1；再将 BC_2F_1 直接与轮回亲本甲回交产生 BC_3F_1。与 BC_1F_1 相同，BC_3F_1 也必须经过自交分离出抗病纯合体 rr 后才能继续回交。如此循环操作至适宜的回交世代后，最后经一次自交便可鉴定出纯合抗病株。

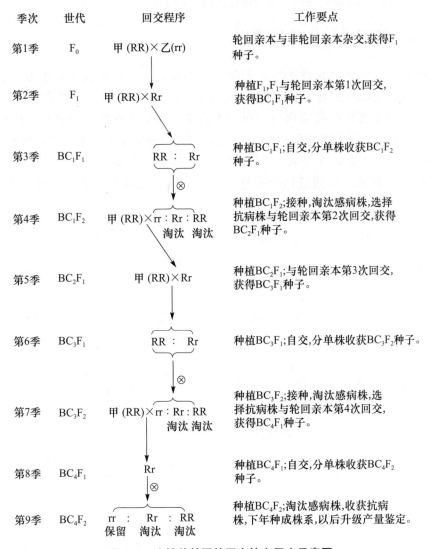

图 8-3　隐性单基因的回交转育程序示意图

与显性单基因的回交转育相比，同样是回交 4 次，转育隐性单基因需要在 BC_1 和 BC_3 各自交一次。但隐性纯合体的鉴定只需 1 代自交即可，比显性纯合体的鉴定又节省了 1 代时间。因此，同样经过 4 次回交，转育隐性单基因比转育显性单基因多需 1 个生长季的时间。

如果适当修改上述回交程序，多需的 1 个生长季也可以节省下来。例如，将 BC_1F_1 的所有单株都与轮回亲本回交，并且同时在回交株上自交；将回交后代和自交后代对应种植并接种鉴定。凡是目标性状无分离的自交后代，说明相应的 BC_1F_1 植株为 RR，不含目标基因 r，与其对应的回交后代全部淘汰即可；凡是目标性状有分离的自交后代，说明相应的 BC_1F_1 植株为 Rr，含有目标基因 r，因此与其对应的回交后代就保留下来，进入下一步回交程序。当然，这种办法在节约时间的同时也大大增加了回交的工作量。如果已有与基因 r 紧密连锁的分子标记，那么就可以省掉自交鉴定环节，直接借助分子标记对基因 r 进行鉴定，从而实现隐性基因的连续回交转育。

8.4.4　雄性不育性状的前景选择

利用回交法可以转育雄性不育，创制新的不育系，丰富不育系的类型。以已有的不育系为母本，与雄性可育、不含恢复基因的亲本杂交，F_1 表现雄性不育。将 F_1 与原父本回交，如果不育性状仍能保持，再用不育株与原父本连续回交多代，使核基因接近纯合，即成为新的雄性不育系（A 系）。雄性可育的轮回亲本就是它的保持系（B 系）。'二九南 1 号 A''二九矮 4 号 A''珍汕 97A''V20A'等我国第一批半矮秆籼稻野败型细胞质雄性不育系均是通过回交法选育而成的。二九矮不育系的选育过程如图 8-4 所示。

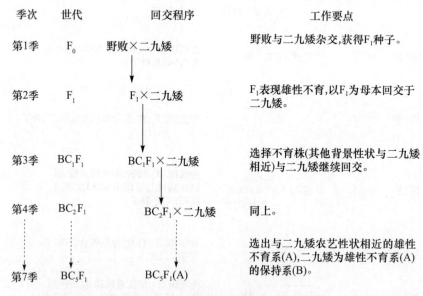

图 8-4　二九矮不育系的选育程序示意图

在连续回交的过程中，要选择性状与父本类似的不育株作母本进行成对回交。随着世代的递进，回交株系的数目减少，而每个株系的群体增大，根据轮回亲本恢复程度和不育性状的表现进行选择，直至育成新的不育系。

8.4.5 共显性基因控制的胚乳性状的前景选择

作为种子贮藏蛋白的主要成分，高分子量谷蛋白亚基（high molecular weight glutenin subunits，HMW-GS）对小麦面团的弹性和强度有重要影响，是决定小麦品质的关键因素（详见第 18 章作物品质育种）。HMW-GS 为共显性遗传，可以通过十二烷基硫酸钠 - 聚丙烯酰胺凝胶电泳（SDS-PAGE）将其按照分子量大小分离开来。结合 SDS-PAGE 技术，利用回交法可以转育优质 HMW-GS 进行作物品质改良。

例如，将含有劣质 HMW-GS 的高产、抗病、有推广前途的亲本甲作为轮回亲本，含有优质 HMW-GS 的乙作为非轮回亲本，利用回交法可以改良甲的品质，具体过程如图 8-5 所示。

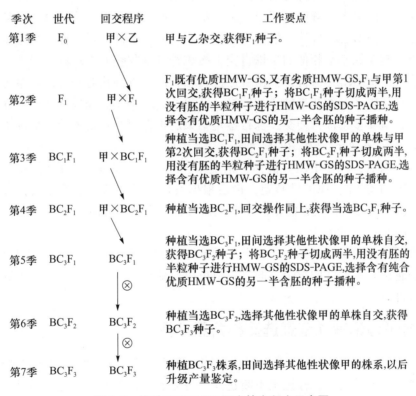

季次	世代	回交程序	工作要点
第1季	F_0	甲×乙	甲与乙杂交，获得F_1种子。
第2季	F_1	甲×F_1	F_1既有优质HMW-GS，又有劣质HMW-GS，F_1与甲第1次回交，获得BC_1F_1种子；将BC_1F_1种子切成两半，用没有胚的半粒种子进行HMW-GS的SDS-PAGE，选择含有优质HMW-GS的另一半含胚的种子播种。
第3季	BC_1F_1	甲×BC_1F_1	种植当选BC_1F_1，田间选择其他性状像甲的单株与甲第2次回交，获得BC_2F_1种子；将BC_2F_1种子切成两半，用没有胚的半粒种子进行HMW-GS的SDS-PAGE，选择含有优质HMW-GS的另一半含胚的种子播种。
第4季	BC_2F_1	甲×BC_2F_1	种植当选BC_2F_1，回交操作同上，获得当选BC_3F_1种子。
第5季	BC_3F_1	BC_3F_1 ⊗	种植当选BC_3F_1，田间选择其他性状像甲的单株自交，获得BC_3F_2种子；将BC_3F_2种子切成两半，用没有胚的半粒种子进行HMW-GS的SDS-PAGE，选择含有纯合优质HMW-GS的另一半含胚的种子播种。
第6季	BC_3F_2	BC_3F_2 ⊗	种植当选BC_3F_2，选择其他性状像甲的单株自交，获得BC_3F_3种子。
第7季	BC_3F_3	BC_3F_3	种植BC_3F_3株系，田间选择其他性状像甲的株系，以后升级产量鉴定。

图 8-5 优质 HMW-GS 回交转育程序示意图

8.4.6 主效 QTL 的前景选择

与上述单基因或少数主效基因控制的质量性状不同，作物的许多产量性状和品质性状属于多基因控制的数量性状。控制数量性状的基因位点称为数量性状基因座（quantitative trait locus，QTL）。控制某一数量性状的 QTL 数目较多，回交育种中转育的主要是主效 QTL，其工作难易及进展快慢受两种因素的影响：

一是 QTL 的数目。当控制某一数量性状的 QTL 数目较多时，回交后代出现目标性状基因型的比例势必降低，这就要求必须种植足够大的回交后代群体。数量性状还会涉及许多遗传力低的微效 QTL，很难保证在回交过程中将其全部转至轮回亲本。因此，为了使目标性状在回交过程中有所损失后还能保持在可以接受的水平，这就要求尽可能选择目标性状比预期要求表现更强的材料作为非轮回亲本。

二是 QTL 表现受环境影响的程度。如果目标性状的表现受环境条件影响程度较大，其准确鉴定就比较困难，此时很少用回交法，但是也不是不可以。这种情况下，最好每回交一次，接着就进行自交一次，并在 BC_1F_2 群体中进行选择。因为要转育的 QTL 已有一部分处于纯合状态，相比完全处于杂合状态的 BC_1F_1 个体而言更容易鉴别。

数量性状回交转育的一般步骤可总结如下：

第 1 季：轮回亲本与非轮回亲本杂交，获得 F_1 种子。

第 2 季：种植 F_1，F_1 与轮回亲本回交，注意获得足量的 BC_1F_1 种子。

第 3 季：种植 BC_1F_1 群体，选择目标性状突出的单株自交，获得 BC_1F_2 种子。

第 4 季：种植 BC_1F_2 群体，根据目标性状和轮回亲本性状对单株进行鉴定，选择目标性状突出且与轮回亲本相似的单株自交，按单株分别收获 BC_1F_3 种子。

第 5 季：种植 BC_1F_3 株行，根据目标性状和轮回亲本性状对株行进行鉴定，选择目标性状突出且与轮回亲本相似的单株回交，获得 BC_2F_1 种子。如果待转移的性状无法在开花前鉴定，就要多选株行回交，株行鉴定结束后再保留符合要求的回交种子。

第 6 季：BC_2F_1 回交产生 BC_3F_1 种子。

第 7 季及以后：种植 BC_3F_1 群体，重复第 3、4、5 季的工作，得到 BC_4F_1 后自交，分别对 BC_4F_2、BC_4F_3 表现进行鉴定，最后根据目标性状和轮回亲本性状，选择符合要求的 BC_4F_3 株系便可获得改良的轮回亲本。如果 BC_4 之后还需回交，就可以不必与 BC_1、BC_3 一样再做 F_2、F_3 的鉴定了。

上述流程中，对 BC_1、BC_3 自交产生的 F_2、F_3 进行鉴定选择，有利于目标 QTL 的聚合以及与轮回亲本性状的重组。同时，也可以避免依靠大量的杂交来获得数量性状转移所需的大群体。

8.4.7 分子标记辅助前景选择和背景选择

随着分子生物学的发展，各类分子标记技术日益完善，各种作物连锁图谱日趋饱和，与作物重要性状连锁的分子标记也不断建立，为分子标记辅助前景选择和背景选择提供了极大便利。水稻品种'武陵粳 1 号'的选育就是成功应用分子标记辅助前景选择和背景选择的典型案例。潘学彪等（2009）以优良品种'武育粳 3 号'为轮回亲本，以含有抗条纹叶枯病毒病基因 *Stvb-i* 的'镇稻 88'为非轮回亲本，在连续回交和自交过程中，以与 *Stvb-i* 紧密连锁的双侧分子标记进行前景选择，同时对'武育粳 3 号'的遗传背景进行背景选择，育成了抗条纹叶枯病的新品种'武陵粳 1 号'。该品种不仅保持了'武育粳 3 号'的基本农艺性状、丰产性、稳产性和优异的食味品质，还大幅度提高了对条纹叶枯病的抗性水平。

分子标记辅助选择（marker-assisted selection，MAS）可以大大提高回交育种的选择效率，加速育种进程（详见 13.2 分子标记辅助选择）。一是可以快速而准确地选择出含有目标基因/QTL 的单株，省时省力。而传统的回交育种，需要依靠育种家的实践经验，通过大量的田间鉴定工作选择目标单株。二是在回交育种中，目标基因/QTL 转入的同时，也会转入与其连锁的不利基因/QTL，成为连锁累赘。利用与目标基因/QTL 紧密连锁的分子标记可直接选择在目标基因/QTL 附近发生重组的个体，从而减少或避免连锁累赘并快速恢复轮回亲本的遗传背景。Zhou 等（2003）通过 MAS 将 *Wx16* 基因区段由水稻'明恢 63'导入'珍汕 97'，经过 3 次回交便选择到遗传背景完全恢复、主要农艺性状与'珍汕 97'相同的目标单株，而采用传统的回交育种法则需要（6.5±1.7）代。

在 MAS 过程中，标记的选择至关重要。进行前景选择时，标记与目标基因的连锁越紧密，需要的群体越小，选择效率越高，并且选用目标基因两侧双标记比单标记更准确，选用定位在目标基因内部的直接标记最理想。选用标记的数量，并非越多越好，因为 MAS 效率取决于标记对目标性状效应的显著程度而非标记数目。进行背景选择时，标记应该尽可能覆盖整个基因组，从而进行全基因组选择，并且宜在早代进行，因为随着世代增加，背景选择效率会逐渐下降。

思　考　题

1. 名词解释：回交育种、轮回亲本、非轮回亲本、前景选择、背景选择。
2. 回交育种有何优点和不足？在什么情况下应用最有效？
3. 回交有何遗传学效应？
4. 回交育种中亲本选择应该注意哪些问题？
5. 简述显性单基因和隐性单基因控制性状的回交转育程序。
6. 利用分子标记辅助前景选择和背景选择，对标记的选用应该注意哪些问题？

参　考　文　献

［1］胡延吉. 植物育种学. 北京：高等教育出版社，2006.

［2］潘学彪，陈宗祥，左士敏，等. 以分子标记辅助选择育成抗条纹叶枯病水稻新品种"武陵粳 1 号". 作物学报，2009，35(10)：1851-1857.

［3］孙其信. 作物育种学. 北京：高等教育出版社，2011.

［4］禹山林. 中国花生遗传育种学. 上海：上海科学技术出版社，2011.

［5］张天真. 作物育种学. 3 版. 北京：中国农业出版社，2011.

［6］Allard R W. Principles of Plant Breeding. Soil Science, 1961, 91(6): 414.

［7］Chahal G S, Gosal S S. Principles and Procedures of Plant Breeding. Pangbourne: Alpha Science International Ltd, 2002.

［8］Zhou P H, Tan Y F, He Y Q, et al. Simultaneous improvement for four quality traits of Zhenxian 97, an elite parent of hybrid rice, by molecular marker-assisted selection. Theoretical and Applied Genetics, 2003, 106: 326-331.

第 9 章 诱变育种

诱变育种（mutation breeding）是指人为地利用物理、化学或生物等因素，对作物的种子、组织和器官等进行诱变处理，以诱发基因突变和遗传变异，从而获得新基因、新种质和新材料，选育新品种的育种方法。

在 20 世纪 20 年代末，人们发现用 X 射线和化学药剂可提高基因突变的频率。20 世纪 50 年代至今，物理、化学和生物突变技术被广泛地应用于各种作物的育种工作中，育成并推广了大批优良作物品种。目前我国利用诱变育种技术育成的农作物品种占国际上利用该方法育成品种总数的四分之一以上。诱变技术在我国种质创制及新品种选育中取得重大进展。据不完全统计，我国在"十二五"期间，在国家"863"计划及国家科技支撑计划的支持下，通过诱变育种育成水稻、小麦、玉米和大豆等作物新品种 58 个，这些新品种在生产上发挥了重要作用。

9.1　诱变育种的分类和特点

常用的诱变育种方法包括物理诱变育种、化学诱变育种和生物诱变育种。人类已逐渐掌握了多种创造作物突变的手段，诱变育种已取得重要显著的成果，大大丰富了物种的遗传变异范畴，为作物遗传学研究和作物育种奠定了坚实的物质基础。

9.1.1　物理诱变育种

物理诱变育种（physical mutation breeding）是指利用各种辐射因素诱导生物体遗传特性发生变异，然后根据育种目标，对这些变异进行鉴定、培育和选择，最终育成新品种的方法。物理诱变因素也称辐射诱变因素，可分为电磁辐射和粒子辐射 2 大类。电磁辐射是以电场和磁场交变振荡的方式穿过物质和空间而传递能量，本质上讲，它们是一些电磁波，包括无线电波、微波、热波、光波、紫外线、X 射线和 γ 射线等；粒子辐射是一些高速运动的粒子，它们通过损失自己的动能把能量传递给其他物质，包括 α 粒子、β 粒子、中子、质子、电子、离子束及介子等。电磁辐射仅有能量而无静止质量；粒子辐射既有能量，又有静止质量。

（1）X 射线

X 射线是一种不带电荷的中性电磁辐射，波长为 $10^{-10} \sim 10^{-5}$ cm，由 X 射线机产生。在辐照作物材料时，采用高压和适当的滤片，吸收能量较低的软辐射，即可得穿透力强的 X 射线。

（2）γ 射线

γ 射线是一种波长很短（$10^{-11} \sim 10^{-8}$ cm）的电磁辐射，来自放射性同位素。当前应用最多的是 ^{60}Co（钴-6o）和 ^{137}Cs（铯-137）。γ 射线对作物组织具有很强的穿透能力，通过与物质相互作用而传递能量，引起遗传物质产生变异。γ 射线是目前诱变育种中使用最多的一种射线。

（3）紫外线

紫外线是一种波长较长（$200 \sim 390$ nm）、能量较低的电磁辐射，不能使物质发生电离。紫外线对组织穿透力弱，只适用于照射花粉、孢子等，多用于微生物研究。

（4）粒子辐射

粒子辐射是由具有静止质量的粒子组成。粒子辐射分带电粒子和不带电粒子 2 种。中子（neutron）为不带电粒子，按其能量可分为热中子、慢中子、中能中子、快中子和超快中子。常用的中子源有反应堆中子源、加速器中子源和同位素中子源。带电粒子辐射主要有 α 射线和 β 射线。α 射线是放射性物质所放出的 α 粒子流。α 粒子有很强的电离作用，主要用做内照射源。β 粒子静止质量小、速度较快、穿透力较强、电离密度较小，一般能穿透几毫米，所以在作物育种中往往用能产生 β 射线的放射性同位素溶液来浸泡处理材料。常用于进行内照射处理的同位素是 ^{32}P、^{35}S、^{14}C 和 ^{131}I。

离子注入诱变的优点是对作物损伤轻、突变率高、突变谱广，而且由于离子注入的高激发性、剂量集中和可控性，因此有一定的诱变育种应用潜力。离子注入首先应用于水稻，获得较高的突变率和较宽的突变谱，并取得一些成果。

目前，我国进行的航天育种主要是利用宇宙射线等进行物理诱变育种。航天育种是指利用各种返回式空间飞行器（返回式地球卫星、航天飞机、宇宙飞船）等搭载作物种质材料进入空间环境，在太空特殊环境（空间宇宙射线、高能粒子、微重力、高真空和弱磁场等因素）诱变作用下，搭载的作物材料发生变异，返回地面后经过精心选择和培育，最终获得新品种的一种高新育种技术。航天诱变育种具有广泛性、特异性和高频性等特点。

9.1.2 化学诱变育种

化学诱变育种（chemical mutation breeding）是利用化学诱变剂处理作物材料，以诱发遗传物质的突变，从而引起形态特征的变异，然后根据育种目标，对这些变异进行鉴定、培育和选择，最终育成新品种。化学诱变剂主要有烷化剂、叠氮化钠、碱基类似物等。

（1）烷化剂

烷化剂是指具有烷化功能的化合物。在生物体内能形成碳正离子或其他具有活泼的亲电性基团的化合物，进而与细胞中的生物大分子（DNA、RNA 和酶）中含有丰富电子的基团（如氨基、巯基、羟基、羧基和磷酸基等）发生共价结合。常用的烷化剂有甲基磺酸乙酯（ethyl methyl sulfonate，EMS）、硫酸二乙酯（diethyl sulfate，DES）、乙烯亚铵（ethyleneimine，EI）、亚硝基乙基脲烷（nitrosoethylurethane，NEU）和亚硝基甲基脲（nitrosomethylurea，NMU）等。

（2）叠氮化钠

叠氮化钠是一种动植物的呼吸抑制剂，它可使复制中的 DNA 碱基发生替换，是目前诱变率高而且安全的一种诱变剂。

（3）碱基类似物

碱基类似物是与 DNA 中碱基的化学结构相类似的一些物质。它们能与 DNA 结合，又不妨碍 DNA 复制。与 DNA 结合时或结合后，DNA 再进行复制时，它们的分子结构有了改变，进而导致配对错误，发生碱基置换，产生突变。最常用的碱基类似物有类似胸腺嘧啶的 5-溴尿嘧啶（5-BU）和 5-溴脱氧核苷（BUDR），以及类似腺嘌呤的 5-嘌呤（5-AP）。

化学诱变剂的特点主要有：① 对处理材料的直接损伤轻。有的化学诱变剂只限于使 DNA 的某些特定部位发生变异。② 诱发突变率较高，而染色体畸变较少。主要是诱变剂的某些碱基类似物与 DNA 的结合而产生较多的点突变，对染色体损伤轻而不致引起染色体断裂产生畸变。③ 大部分有效的化学诱变剂较物理诱变剂的生物损伤大，容易引起生活力和可育性下降。此外，使用化学诱变剂所需的设备比较简单，成本较低，诱变效果较好，应用前景较广阔。但化学诱变剂对人体更具有危险性，必须选择不影响操作人员健康的有效诱变剂。

9.1.3　生物诱变

生物诱变是利用有一定生命活性的生物因素来诱发产生变异，进而产生有价值的突变体的方法。生物诱变因素主要包括病毒入侵、T-DNA 插入、外源 DNA、转座子和反转录转座子等，生物诱变可以引起基因沉默、基因重组、插入突变以及产生新基因等。

（1）T-DNA 插入

利用 T-DNA 插入能进行正向遗传学和反向遗传学的研究，核心是 T-DNA 标签。目前，利用 T-DNA 在豆类、水稻和棉花等作物中已经构建了大型的突变体库，已获得了水稻多分蘖突变体、棉花雄性不育突变体等，为作物育种提供了种质资源。

（2）转座子

转座子（transposon，Tn）是指染色体 DNA 上可以自主复制和移位的 DNA 序列，能够通过剪切、复制、粘贴等过程从基因组的一个位置变换到另一个位置，改变了原有基因的结构和排序，从而产生了变异。转座子在生物界中普遍存在，在遗传进化中起重要作用。转座子是 1951 年 Barbara Mc Clintock 在研究玉米花斑糊粉层时发现的，现利用该技术已获得了粳稻抗病、矮秆、雄性不育、抽穗早晚以及多倍体等类型的突变体。

（3）反转录转座子

反转录转座子（retrotransposon）是真核生物基因中存在的一类可移动的遗传因子，通过 RNA 为中介，反转录成 DNA 后进行转座的可移动元件，是作物基因组中重要的组成成分。作物基因组中含有大量反转录转座子，在黄瓜基因组中占 6.9%，苹果中占 30.7%，水稻中占 25.8%。利用反转录转座子 Tos17 已组建水稻突变体库。

9.1.4　诱变育种的特点

（1）扩大突变谱，为创造新种质提供选择基础

遗传变异是生物进化、获得新种质和选育新品种的基础。作物的自发诱变率约 0.1%，但利用多种诱变因素可使其突变率提高到 3%。利用各种诱变因素诱发产生的突变频率要比自然突变频率高几百倍甚至上千倍。人工诱发的变异范围较大，往往超出一般的变异范围，甚至可产生自然界尚未出现或很难出现的新基因源。例如，通过诱发处理可以产生不同类型的矮秆水稻种质。因此，用各种物理和化学的方法诱发基因突变可创造新的变异，用以丰富作物的基因资源。

（2）改良个别性状比较有效，同时改良多个性状比较困难

诱发突变多数是点突变。实践证明，诱变育种可以有效地改良品种的早熟、矮秆、抗病和优质等单一性状。通过诱变育种同时改良多个性状难度很大。例如，浙江省农业科学院用射线处理晚熟水稻品种'二九矮 7 号'，获得了比原品种早熟 15 d 的'辐育 1 号'品种，而其他性状与原品种相仿。此外，诱变育种所产生的突变体大部分是不理想的，有时选到的理想突变体还很可能带有不理想的附带效应（如其他突变性状、易位和不育等）。突变体在群体中始终是少数，除了如生育期、株高、抗性和雄性不育等易发现的性状外，其他性状必须依靠精确、快速的筛选技术。诱变育种对二倍体的自花授粉作物较为有效，如果是多倍体或无性繁殖作物则收效较少。

（3）诱发的变异短期内易稳定，可缩短育种年限

人工诱发产生的突变大多为隐性突变，经过自交在下一代即可获得纯合突变体，并且这样的突变后代不再分离，经历 3~4 代即可获得稳定株系，缩短了育种进程。

（4）诱发突变的方向难掌握，诱变结果不可预知

诱变育种很难预见变异的类型及突变频率，因此，对突变频率较低的性状就必须扩大诱变后代群体的数量，增加选择优良变异的机会来提高选择效率。

9.2　突变与突变体

9.2.1　突变

1901 年，弗里斯用"突变"（mutation）一词表示突然发生的可遗传变异，即遗传物质发生本质的变化。广义的突变包括染色体与基因结构和功能的改变。染色体水平的突变通常指可以在光学显微镜下识别、涉及范围超出一个基因位点的染色体结构改变，即染色体变异。狭义的突变就是基因突变，指基因内部发生了化学性质的变化，与原来的基因形成对性关系。突变的主要类型及特征如表 9-1 所示。

表 9-1 突变的主要类型及其特征

分类依据	突变的主要类型	主要特征
来源	自发突变	在缺乏已知诱变因素的情况下发生
	诱发突变	在存在已知诱变因素的情况下发生
细胞类型	体细胞突变	发生在非种系中
	种系突变	发生在种系中
表达	条件突变	只在限制性条件下表达（例如高温）
	无条件突变	在允许条件及限制性条件下表达
对功能的作用	功能失去突变（敲除突变、无效突变）	消除正常功能
	减效基因突变（渗漏突变）	减少正常功能
	超效基因突变	增加正常功能
	功能获得突变（异位表达）	在不正确的时间或在不恰当的细胞类型中表达
分子变化	核苷酸置换	双链 DNA 中的一个碱基对被一个不同的碱基对置换
	转换	嘧啶置换为嘧啶，或嘌呤置换为嘌呤
	颠换	嘧啶置换为嘌呤，或嘌呤置换为嘧啶
	插入	存在一个或多个额外的核苷酸
	缺失	缺失一个或多个核苷酸

9.2.2　突变体

突变体（mutant）是指携带突变基因并表现突变性状的细胞或生物个体。自然群体中最常见的典型类型称为野生型（wild type）。野生型和突变型也常被限定用以描述不同类型的生物个体、细胞、基因、品系或性状。例如，突变细胞 / 品系携带突变基因，表现为突变表现型。突变体一般表现为某种性状的缺陷或生活力和育性降低，例如植物雄性不育、禾谷类作物脆秆等。

9.2.3　嵌合体

嵌合体（chimera）是指突变性状和正常非突变性状并存在一个生物体或其器官、组织上。芽变是常见的一种嵌合体形式，植物芽原基发育早期的突变细胞可能发育形成一个突变芽或枝条，称为芽变（bud mutation）。晚期花芽上发生突变，变异性状只局限于一个花朵或果实，甚至它们的一部分。例如，有些水果果实上半边红半边黄的现象，就可能是这样的嵌合体。

9.3　诱变育种程序

9.3.1　诱变材料的选择和处理

9.3.1.1　处理材料的选择

材料的选择是诱变育种成败的关键。

（1）选用综合性状良好的品种

根据诱变育种的特点，一般选用仅有一两个缺点的推广品种为好。我国用诱变育种方法选育的品种，多半是改良推广品种的个别缺点而取得成果的。

（2）选用杂交材料，以提高变异类型和诱变效果

辐射处理 F_1 种子，性状重组机会增多，使变异幅度显著增大，为选择优良单株奠定基础。

（3）选用单倍体

单倍体经诱发产生的突变易于识别和选择，再将单倍体加倍即可获得稳定的后代，缩短了育种年限。可以利用花药培养的愈伤组织、胚芽体或单倍体植株进行诱变。

（4）选用多倍体

倍数性增加则抗诱变剂的遗传损伤能力也提高，减少了突变个体的死亡，但这种能力并不是与倍数性水平成比例增加。

9.3.1.2　诱变材料的处理

1）物理诱变剂处理方法

物理诱变处理最常用的是种子、花粉、子房、营养器官及愈伤组织等。辐射处理主要有外照射和内照射 2 种方法。

（1）外照射

外照射（external irradiation）是指被照射的种子或植株所受的辐射来自外部某一辐射源，如钴源、X 射线源和中子源等。该法操作简便、处理量大，是最常用的处理方法。外照射又可分为急性照射与慢性照射、连续照射和分次照射等各种方式。急性照射剂量率高，在几分钟至几小时内完成；慢性照射的剂量率低，需要几个星期至几个月才能完成。连续照射是在一段时间内一次照射完毕；而分次照射则是间歇性多次照射。

（2）内照射

内照射（internal irradiation）是指将辐射源引入作物体组织和细胞内进行照射的一种方法。内照射是一种慢性照射，进入作物体内的放射性元素在衰变过程中不断放出射线作用于作物体。常用的内照射源有 ^{32}P、^{35}S、^{131}I、^{14}C 等 β 射线源。内照射的主要方法有以下几种：① 浸泡法。将种子或嫁接的枝条放入一定强度的放射性同位素溶液内浸泡。② 注入法。将放射性溶液注入作物的茎秆、枝条、叶芽、花芽或子房内。③ 施入法。将放射性同位素溶液施入土壤中使作物吸收。④ 合成法。供给作物 CO_2，使作物通过光合作用将放射性的 ^{14}C 同化到代谢产物中引起变异。进行作物内照射时一定要十分注意安全防护，在实验室内严格遵守放射性实验室的操作规程，严防放射性污染。

2）化学诱变剂处理方法

种子是化学诱变处理的主要材料。作物的其他各个部分也可用适当的方法来进行处理。常用的处理方法有以下几种：① 浸泡法。把种子、芽和休眠的插条浸泡在适当的诱变剂溶液中。② 滴液法。在作物茎上刻一浅的切口，然后将诱变剂溶液滴到切口处，此法可用于完整的植株或发育中完整的花序。③ 注射涂抹法。用诱变剂进行注射、涂抹作

物的组织或器官。④ 共培养法。在培养基中用较低浓度的诱变剂浸根或花药。⑤ 熏蒸法：在密封而潮湿的小箱中用化学诱变剂蒸气熏蒸铺成单层的花粉粒。

9.3.2 诱变处理剂量的确定

9.3.2.1 物理诱变剂剂量

适宜的诱变剂量是能够最有效地诱发育种家所希望获得的某种变异类型的照射量。照射量是诱变处理成败的关键，如果选用的剂量太低，则突变率很低；如果剂量太高，就会使 M_1 损伤太重，存活个体减少，而且使不利的突变增加，同样达不到诱变效果。

在照射处理时所应用的照射剂量因作物种类、处理材料有所不同。常用的照射单位主要有放射性强度、剂量强度等。诱变效果是与剂量成比例的，剂量过高会杀死大量细胞或生物体，或产生较多的染色体畸变；过低则产生突变体太少。作物和品种的遗传背景及环境条件都可影响诱变效果，所以最适剂量很难精确确定。为了确保既不杀死过多材料，又使处理后代有较多的变异，必须进行预备试验。

9.3.2.2 化学诱变剂剂量

合适的剂量取决于诱变剂和生物体本身。化学诱变剂剂量大小取决于处理浓度、处理时间及处理时的温度等。由于不同作物及同种作物不同品种对化学诱变剂具有不同的敏感性，处理的剂量也应有所不同。

（1）化学诱变剂性质对剂量的影响

化学诱变剂的有效浓度受其在溶液中的溶解度及其毒性的限制。此外，化学诱变剂除了与被处理的有机体发生反应外，也可与溶剂系统的成分，如缓冲剂、增溶剂和溶剂本身起反应。

（2）处理浓度

不同的作物对诱变剂的敏感性不同，因此处理时要求的化学诱变剂浓度亦不同。处理种子时，可将种子浸泡于诱变剂溶液中，种子可借扩散作用来吸收诱变剂。进行诱变剂处理时需要的浓度，除了与诱变剂和处理材料有关外，也与处理的时间、温度等因素有关，必须通过试验来确定。

（3）处理时间

化学诱变处理持续的时间应以使受处理组织完成水合作用及能被诱变剂所浸透为准。能产生最高突变效应的处理持续时间，随诱变剂水解速度而异。

（4）处理温度

诱变剂溶液的温度对化学诱变剂的水解速度有很大影响，但对诱变剂的扩散速度影响不大。

9.3.3 诱变后代的处理

9.3.3.1 M_1 的种植和选择

经过诱变处理的当代长成的植株称为诱变第 1 代，以 M_1 表示。若是用 X 射线和 γ 射

-126-

线处理，也可以分别用 X_1 或 γ_1 表示。化学诱变剂处理的样品多用 M_1 表示。

大多数突变都是隐性突变，少量是显性突变。如果处理花粉后出现显性突变，则经传粉后能在当代被识别；产生隐性突变，则只有经过自交或近亲繁殖后才能被发现。处理种子多产生突变嵌合体，而不是整个植株变异。

诱变处理后所长成的植株，因个别细胞或分生组织出现突变，以致形成的组织出现嵌合现象。如果在该部分形成性细胞，则可以遗传到下一代。因为诱变群体中的突变大多是隐性突变，植株本身又是嵌合体，在形态上不易显露出来（除非是显性突变），因此通常 M_1 不进行选择。一般说来，禾谷类作物的主穗突变率比分蘖穗为高，第一次分蘖穗比第二次分蘖穗高。分蘖穗是含生长点部分的分生组织细胞群，出现突变概率相对较少一些。因此，M_1 往往采取密植等方法控制分蘖，只收获主穗上的种子。如果 M_1 群体较小也可以每株同时收获 3 个穗，下一个播种季节以穗为单位种植穗行；如果 M_1 群体大，劳力有限，为了减轻工作量，也可以从每个单株上收获几粒种子混合起来或混收全部种子随机取部分种子，在 M_2 进行单株种植。

9.3.3.2 M_2 及以后世代的处理

M_2 是分离范围最大的一个世代，但其中大部分是叶绿素突变，如白化、黄化、淡绿、条斑、虎斑和多斑等。由于 M_2 出现叶绿素突变等无益突变较多，所以必须种植足够大的 M_2 群体。M_2 可以采用系谱法或混合法 2 种处理方法。

（1）系谱法

将从 M_1 收获的每个单穗（M_2）种成穗行，如玉米采取稀条播或点播，每行 20～30 粒，每隔 10 行播 2 行未照射处理的亲本作对照。这种方式观察比较方便，易于发现突变体。因为相同的突变体都集中在同一穗行内，即使微小的突变也容易鉴别出来。这种微突变往往是一些数量性状的变异，如果能够正确鉴别和进一步鉴定，往往可以育成新品种。

M_3 仍以穗行种植，观察突变体的性状是否整齐一致，是否符合育种目标。如已整齐一致，则可以混收。如果穗行内性状继续分离，则选择单株或单穗。某些突变性状，尤其是微突变性状不一定都在 M_2 中出现，而是随着世代的提高，在其他性状已整齐一致的情况下才能够鉴别出来。因此，M_3 是选择微突变的关键世代。M_4 和以后世代，除了鉴定株系内是否整齐一致外，在有重复的试验区中进行品系间的产量鉴定。

（2）混合法

将从 M_1 每株主穗上收获的种子，混合种植成 M_2，或将 M_1 全部混收后种植成 M_2。这种方法简单省工，只是缺乏逐代的观察。M_3 和以后各世代，一般都已经稳定了，可进行单株选择。根据育种目标仔细选择，尤其注意一些微突变，尽量多选，不要漏选。一般对明显易见的性状（如早熟性、矮秆性）较易见效。由于化学诱变剂不易渗透到分生组织中去，所以无性繁殖作物一般采用射线处理。一般选择处于活跃状态的组织较合适，选择优异的突变体可以直接无性繁殖和利用，无须进行纯化。

总之，要提高诱变育种的成效，应该考虑的因素主要是选择亲本（即遗传背景）要恰当，选择适当的诱变剂，诱变群体应尽可能大，在试验过程中注意避免异花授粉，采用适当的诱变后代处理方法和选择强度。图9-1是禾谷类作物辐射育种过程示意图，供诱变育种工作者参考。

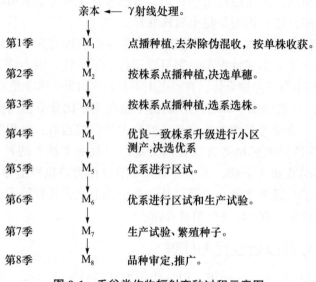

	亲本 ← γ射线处理。	
第1季	M_1	点播种植,去杂除伪混收,按单株收获。
第2季	M_2	按株系点播种植,决选单穗。
第3季	M_3	按株系点播种植,选系选株。
第4季	M_4	优良一致株系升级进行小区测产,决选优系。
第5季	M_5	优系进行区试。
第6季	M_6	优系进行区试和生产试验。
第7季	M_7	生产试验、繁殖种子。
第8季	M_8	品种审定,推广。

图 9-1　禾谷类作物辐射育种过程示意图

思　考　题

1. 名词解释：诱变育种、物理诱变、化学诱变、突变、突变体、嵌合体。
2. 作物诱变育种有哪些特点?
3. 简述物理诱变剂的种类、特点及处理方法。
4. 简述化学诱变剂的种类、特点及处理方法。
5. 简述生物诱变的方法及其特点。
6. 影响作物诱变育种效果的因素有哪些?

参 考 文 献

［1］　哈特尔 D L，鲁沃洛 M. 遗传学：基因和基因组分析 . 杨明译 . 北京：科学出版社，2015.

［2］　刘庆昌 . 遗传学 . 3 版 . 北京：科学出版社，2015.

［3］　任志强，杨慧珍，卜华虎，等 . 诱变在作物遗传育种中的应用进展 . 中国农学通报，2016，32
　　　（33）：125-129.

［4］　孙其信 . 作物育种学 . 北京：高等教育出版社，2011.

［5］　席章营，陈景堂，李卫华 . 作物育种学 . 北京：科学出版社，2014.

［6］　张天真 . 作物育种学总论 . 3 版 . 北京：中国农业出版社，2011.

［7］　赵林姝，刘录祥 . 农作物辐射诱变育种研究进展 . 激光生物学报，2017，26(6): 481-498.

第 10 章　远　缘　杂　交

远缘杂交（wide cross 或 distant hybridization）一般是指植物分类学上不同种（species）、属（genus）或亲缘关系更远的植物类型间所进行的杂交。远缘杂交又可区分为：种间杂交（interspecific hybridization），如普通小麦×硬粒小麦、陆地绵×海岛棉等；属间杂交（intergeneric hybridization），如玉米×高粱、玉米×水稻、普通小麦×黑麦或簇毛麦等；亚种间杂交（又称亚远缘杂交）（sub-wild cross），如籼稻×粳稻等。也有不同科（family）、纲（class）植物间杂交的报道。

10.1　远缘杂交的意义与作用

10.1.1　培育作物新品种

远缘杂交是培育作物新品种的重要手段。远缘杂交可以打破种（或科、属）之间的界限，使不同物种间的遗传物质进行交流或结合，可将 2 个或多个物种经过长期进化积累起来的有益特性结合起来，最终培育出具有优异性状的新品种，尤其是在培育高产、优质、早熟和高抗等突破性品种时，更具有重要作用。

20 世纪 50 年代初，我国小麦条锈病大流行，给小麦生产造成巨大损失。为此，李振声院士开创了长穗偃麦草与小麦远缘杂交育种，培育出了'八倍体小偃麦''小偃 6 号'和'小偃 81'等一批高产、抗病、优质小麦材料和品种。其中以'小偃 6 号'表现最为突出，对条锈病表现广谱抗性与持久抗性，较好地解决了小麦的条锈病持久抗性问题，累计推广面积达 $1 \times 10^7 \ \text{hm}^2$，增产 $4 \times 10^9 \ \text{kg}$，创造了巨大的社会效益和经济效益，1985 年获得国家科学技术发明奖一等奖。'小偃 6 号'也是我国小麦育种中最重要的骨干亲本之一，用其作为亲本或直接系统选育育成的品种 70 余个，累计推广面积 3 亿多亩。

10.1.2　创造新物种

通过导入不同种、属的染色体组，可以创造新作物类型和新物种。根据新合成的物种是否完全含有双亲的染色体组，可将远缘杂交创造的新物种分为 2 类：① 由 2 个亲本的两套来源和性质不同的染色体组结合形成完全双二倍体新物种，如小黑麦；② 由双亲的一部分染色体组结合而成的不完全双二倍体新物种，如国内外学者利用中间偃麦草（*Thinopyrum intermedium*，JJJ^{s}J^{s}StSt）与小麦杂交育成了多种八倍体小偃麦，其中'中1'可能含有中间偃麦草的 St 染色体组。

利用远缘杂交创造出具有生产意义的新物种，并予以新属名的范例是小黑麦（*Triticale*）的育成。人工创造的小黑麦有 2 种类型：① 由硬粒小麦（AABB）与黑麦（RR）杂交，F$_1$ 经染色体加倍而成的六倍体小黑麦（AABBRR）；② 由普通小麦（AABBDD）与黑麦（RR）杂交，F$_1$ 经染色体加倍而成的八倍体小黑麦（AABBDDRR）。

（1）六倍体小黑麦

Gupta 和 Priyadarshan（1982）等利用八倍体小黑麦 × 六倍体小黑麦及六倍体小麦 × 六倍体小黑麦，培育具有六倍体小麦细胞质的六倍体小黑麦，并获得了一批以小麦 D 组染色体或染色体臂代换黑麦 R 组某些染色体或染色体臂的次级小黑麦和三级小黑麦，显著改善了小黑麦籽粒饱满度和面粉烘烤品质，在产量及其他农艺性状方面也有显著提高。

（2）八倍体小黑麦

鲍文奎（1982）认为八倍体小黑麦比六倍体小黑麦更有前途，并获得了结实率和饱满度显著提高、农艺性状明显改进的八倍体小黑麦（二维码 10-1）。由于小黑麦导入了黑麦抗旱、耐涝、耐瘠薄、耐酸性土壤及抗多种病虫害等方面的突出优点，在非洲、南美和澳大利亚的贫瘠干旱土壤、波兰的低涝酸性土地以及我国贵州的贫瘠高寒山地推广种植。但由于其总体农艺性状较差，仍局限于少数生产条件低劣的地区种植。

二维码 10-1 八倍体小黑麦产生途径

10.1.3 创造异染色体系

通过远缘杂交，可以将外源物种的染色体或染色体片段导入受体品种中，进而创造出异附加系（alien addition line）、异代换系（alien substitution line）和易位系（translocation line），用以改良现有品种。通过远缘杂交和染色体工程手段可以将携带外源有利基因的染色体或染色体片段导入栽培物种，最大程度地去掉其他染色体携带不利基因的影响，在育种中有更好的应用前景。目前，已在小麦、黑麦、大麦、簇毛麦、加州野大麦、纤毛鹅观草、山羊草、偃麦草、烟草和棉花等的远缘杂交中，获得了异附加系、异代换系和易位系。南京农业大学细胞遗传研究室通过染色体工程手段选育的小麦 - 簇毛麦 6VS/6AL 易位系，兼抗小麦白粉病和条锈病，已成为我国小麦抗病育种的重要亲本。利用小麦 - 簇毛麦 6VS/6AL 为亲本，迄今已经选育出 30 多个小麦新品种，推广面积超过 4.67×10^6 hm^2（7 000 万亩）。

10.1.4 诱导单倍体

虽然外源花粉在异种母本上通常不能正常受精，但是有时可以刺激母本的卵细胞自行分裂，诱导孤雌生殖，产生母本单倍体。如 Gupta 等（1973）用香叶烟草与心叶烟草杂交，获得了烟草单倍体等。此外，亲缘关系较远的两个亲本因细胞分裂周期不同步等原因，远缘杂交雌雄配子结合形成的合子中，一个亲本的染色体部分或全部消失，进而诱导产生单倍体植株。该方法最早应用于大麦，利用球茎大麦（*Hordeum bulbosum* L.）花粉给大麦授粉可得到大麦单倍体。小麦 × 玉米和小麦 × 大麦杂交系统常常用于生产小麦单倍体，其中小麦 × 大麦的单倍体诱导率最高可达 76%。所以，远缘杂交也是倍性育种的重要手段之一。

10.1.5　利用杂种优势

由于物种之间的核质有明显的分化，如果将一个具有不育细胞质 S（RfRf）的物种和一个具有核不育基因细胞质可育的物种 N（rfrf）进行杂交，并连续回交，进行核置换，便可将不育的细胞质和不育核基因结合在一起，获得核-质互作的雄性不育系 S（rfrf）；然后再利用所得雄性不育系配制杂交组合，从而利用杂种优势。如小麦 T 型细胞质雄性不育系就是通过远缘杂交和连续回交，把普通小麦的细胞核移入到提莫菲维小麦的细胞质中而形成的。此外，高粱 3197A 雄性不育系、水稻的"野败"雄性不育系和具有哈克尼西棉细胞质的棉花雄性不育系等，都是通过这种方法育成的。远缘杂交也可直接利用其杂种优势，如水稻的籼粳杂交和棉花的陆海杂交等。另外，远缘杂交得到的核-质杂种，核基因之间的互作以及核-质之间的互作均可产生一定的优势。这种"双重杂种优势"（double heterosis）可能是获得高产、优质新品种的一种途径。

10.1.6　进行生物进化研究

自然界中，许多物种是通过天然的远缘杂交演化而来的，如普通小麦、陆地棉、普通烟草、甘蔗、甘蓝型油菜和芥菜型油菜等。所以，远缘杂交是生物进化的一个重要因素，是物种形成的重要途径。远缘杂交后代中可再现物种进化过程中所出现的一系列中间类型和新种类型，这就为研究物种的进化历史和确定物种间的亲缘关系提供实验根据，有助于进一步阐明某些物种或类型形成与演变的规律，进而利用这些规律创造新物种。

10.2　远缘杂交障碍及其克服方法

10.2.1　远缘杂交障碍

有性杂交需要经过授粉、花粉萌发、花粉管在柱头中伸长、雄配子经花粉管进入胚珠并完成受精过程；然后雌雄配子融合产生的合子发育成幼胚，并进一步发育成植株，最后获得 F_1 种子。远缘杂交时，由于双亲的亲缘关系较远，遗传差异大，染色体数目和结构不同，生理上也常不协调等，这些因素都会影响受精过程。因此，远缘杂交的障碍主要表现在 3 个方面：① 获得杂种困难；② 杂种高度不育；③ 杂种 F_1 回交结实难。

成功获得远缘杂种需要克服受精前障碍和受精后障碍。受精前障碍主要是外源花粉萌发不好、花粉管生长缓慢。禾本科远缘杂交中，花粉管一般可以萌发，但生长缓慢，能到达胚珠的花粉管少，以致不能完成受精作用。在玉米×高粱杂交中，3 100 条花粉管中只有 3 条到达珠孔；在小麦与黑麦、球茎大麦、簇毛麦、鹅观草等近缘种属的杂交中，位于小麦 5B 和 5A 染色体上的可交配基因 $Kr1$ 和 $Kr2$ 影响花粉管的生长，并进而影响杂交结实率。远缘杂交受精后障碍主要包括杂种夭亡、亲本染色体全部或部分消失、杂种不育。

（1）杂种夭亡

杂种夭亡是指雌雄配子可以受精成为合子，但不能发育成为正常的种子。这需要采取幼胚培养等拯救措施，获得有生活力的杂交种子。杂种夭亡在远缘杂交中普遍存在，在大麦×冰草、大麦×狼尾草、小麦×鸭茅、小麦×看麦娘杂交中，观察到合子分裂、发育至原胚阶段（授粉后 6～10 d）退化。在大麦×簇毛麦和大麦×硬粒小麦-簇毛麦双二倍体杂交中，也观察到类似现象（黄清渊等，1990）。在另一些组合如小麦×大麦（Islam 等，1978）、小麦×巨大冰麦草（王耀南等，1986）和小麦×鹅观草（王耀南等，1986；翁益群等，1989）等杂交中，幼胚可发育至授粉后 12～14 d，甚至更长时间，但由于胚乳发育不良，导致幼胚夭亡。因此，若不采取幼胚培养等拯救措施，则得不到有生活力的杂交种子和植株。即使能够获得杂交种，杂种夭亡还可以出现在幼苗期或生长中期。Sears（1944）观察到一粒小麦×小伞山羊草杂种 F_1 幼苗缺绿、衰弱。Siddiqui 和 Jones（1969）及李锁平等（1993）分别发现普通小麦×硬粒小麦-节节麦双二倍体和节节麦×硬粒小麦-簇毛麦双二倍体 F_1 杂种生长至拔节期前后死亡。

（2）亲本染色体全部或部分消失

亲本染色体全部或部分消失是指远缘杂交雌雄配子结合形成的合子中，一个亲本的染色体部分或全部消失的现象。对栽培大麦×球茎大麦、小麦×球茎大麦、小麦×玉米远缘杂种观察发现，合子经若干次分裂后，球茎大麦和玉米染色体消失，经幼胚拯救即使可以培养再生植株，但常常只包含单亲的染色体，偶然可检测到球茎大麦和玉米遗传物质的导入（Laurie 和 Bennett，1990）。在燕麦×玉米的远缘杂交中发现，玉米染色体可被部分保留（Riera-Lizarazu，1996）。

（3）杂种不育

杂种不育（hybrid sterility）是指远缘杂种 F_1 由于来自双亲的染色体不同源和遗传上不协调，不能正常配对，因而产生遗传不平衡的雌雄配子而导致高度不育。提莫菲维小麦-普通小麦、山羊草-普通小麦、华南野生稻-栽培稻和西非高粱-南非高粱的远缘杂种，由于核-质互作产生雄性不育的现象，已被应用于作物杂种优势。

10.2.2　克服远缘杂交障碍的方法

克服远缘杂交障碍的方法包括克服受精前的障碍和克服受精后的障碍。

10.2.2.1　克服受精前障碍的方法

1）调节双亲花期

在进行远缘杂交时，针对亲本花期不遇的问题，可以根据情况采取以下措施来解决：① 当两亲本花期差距不是很大时，可将早熟亲本延迟播种或分期播种，达到与迟熟亲本花期相遇。② 当两亲本花期差距较大时，若晚熟亲本为长日照作物时，可给予其必要的光照补充；反之，若晚熟亲本为短日照作物时，可限制日长对其进行遮光处理。在有条件的情况下，可在温室里调节花期相遇。③ 在进行冬、春性作物杂交时，可对冬性极强的亲本进行春化处理，使其完成春化阶段后，再与春性亲本同时或先后播种于温室，调节光照，促使两亲本花期相遇。④ 对于生长过快的亲本，可以采取打顶、去蘖和控制水肥等措施，以推迟花期，使两亲本花期相遇。

2）选择适当的亲本并注意亲本的组配

选择合适亲本，可以提高远缘杂种结实率。包括：① 通过广泛测交，选用具有易交配基因的亲本，如普通小麦品种'中国春'（具有易交配基因 $Kr1$ 和 $Kr2$）；② 选择适宜的品种作母本也可大大提高结实率，在有些组合中可减少或避免由细胞质效应产生的雄蕊化和雄性不育性等，在结实率可以保障的情况下，尽量选择农艺性状优良的品种作为亲本。

3）利用桥梁亲本

如果 2 个种直接杂交有困难时，可先利用第三者作为桥梁，以亲本之一与桥梁品种先杂交，然后将其杂种进行染色体加倍后，再和另一亲本进行杂交。如普通小麦和簇毛麦难以直接杂交，于是先用二粒小麦作为桥梁与簇毛麦杂交，将其 F_1 加倍后，再与栽培品种杂交，并经回交，培育出了普通小麦背景下的涉及簇毛麦染色体的异染色体系。比克氏棉与陆地棉直接杂交较困难，李炳林等（1987）用亚洲棉作桥梁亲本与比克氏棉进行杂交，杂种 F_1 经染色体加倍后获得双二倍体。用双二倍体与陆地棉或海岛棉进行杂交较容易获得种间三元杂种。

4）亲本染色体预先加倍

在用染色体数目不同的亲本杂交时，先将染色体数目少的亲本进行人工加倍后再杂交，可提高杂交结实率。如卵穗山羊草（$Aegilops\ ouata$，$2n=28$）与黑麦（$2n=14$）杂交不易成功。如先将黑麦进行染色体人工加倍，再和卵穗山羊草杂交，显著地提高了结实率。为了提高玉米和鸭茅状摩擦禾属间杂交的结实率，也可先将玉米加倍成四倍体，再和摩擦禾杂交。孙济中等（1981）用亚洲棉与陆地棉进行杂交，几乎得不到种子；而用同源四倍体的亚洲棉与陆地棉进行杂交，成铃率在 30% 以上。孟金陵等（1984）观察到同源四倍体亚洲棉与陆地棉杂交时，可形成正常胚乳细胞；而在亚洲棉与陆地棉杂交时，胚乳始终不能形成细胞，游离核胚乳无法为胚提供生长所需的某些生理活性物质。

5）授粉方法优化

① 授粉时混入母本失活花粉，不仅可以解除母本柱头上分泌的、抑制异种花粉萌发的某些物质，创造有利的生理环境，而且由于多种花粉的混合，使雌性器官难以识别不同花粉中的蛋白质而接受原属于不亲和的花粉而受精。因此通过这种途径可以促进外

源物种花粉萌发。

② 采用嫩龄柱头授粉和多次重复授粉（李振声等，1985；陈佩度等，1982）等方法，可以提高远缘杂交结实率。中国科学院西北植物所（1960）在用 302 小麦和长穗偃麦草、天蓝偃麦草杂交时，授粉 1 次的结实率分别为 0.13% 和 30.2%；授粉 2 次的结实率分别提高到 37.4% 和 51.4%。

③ 补施植物激素法。雌、雄性器官中某些生理活性物质（如生长素和维生素等）含量的多少，经常也会影响受精过程。利用赤霉素、萘乙酸、吲哚乙酸和水杨酸等处理母本柱头及授粉后的子房，对花粉在柱头上的萌发、花粉管生长及抑制杂种幼果早落有明显效果。因此，在花器上补施某些植物激素如赤霉素（GA$_3$）等，有可能促进外源花粉的受精过程及杂种胚的分化和发育。李大玮等（1986）用小麦 '中国春' 和 'Fortumato' 与球茎大麦杂交时，从授粉后第二天开始，连续 3 d、每天 3 次对授粉穗喷 75 mg/mL 的 GA$_3$ 溶液，其平均结实率分别比对照提高 20.75% 和 28.28%。

6）组织培养法和体细胞杂交法

组织培养等生物技术手段越来越多地应用于克服远缘杂交受精前的不亲和性，如柱头切割授粉（马莉等，2008）、子房受精、试管受精等。柱头切割授粉就是在母本花柱基部 0.5～1.0 cm 处割断后，授以新鲜的父本花粉；子房受精是将花柱切除后，把父本花粉直接撒在子房顶端的切面上，或将花粉的悬浮液注入子房，这样可使花粉不需要通过柱头和花柱而直接使胚珠受精；试管受精是先将未受精的胚珠从子房中剥出，在试管内进行培养，成熟后授以父本花粉或已萌发伸长的花粉管。

体细胞杂交或称原生质体融合是指不同遗传背景的原生质体之间经融合而产生杂种细胞的细胞工程技术，它能使有性杂交不亲和的亲本之间进行遗传物质（包括核基因和胞质基因）的重组。孙勇如等（1982）将普通烟草和矮牵牛叶肉原生质体，经聚乙二醇（PEG）融合剂处理后，进行人工培养，获得了属间体细胞杂种。

10.2.2.2　克服受精后障碍的方法

（1）杂种幼胚的离体培养

杂种幼胚的离体培养（也称胚拯救）主要是为了克服由于胚乳发育不良、胚与胚乳不协调所造成的幼胚败育。通过胚拯救，先后获得了小麦与大麦、栽培稻与野生稻、中棉与陆地棉、油菜属等属或种间的远缘杂交种。

（2）杂种染色体加倍

远缘杂交时，由于双亲亲缘关系较远，致使杂种 F$_1$ 在减数分裂时染色体不能联会或很少联会，不能形成具有生活力的配子而造成不育时，通过杂种染色体加倍获得双二倍体，便可有效地恢复其育性。用秋水仙碱等处理远缘杂种 F$_1$ 植株使染色体数加倍，或组织培养与染色体数加倍技术结合可获得双二倍体。在小麦与山羊草、黑麦、簇毛麦等远缘杂交中发现，通过 F$_1$ 未减数雌雄配子融合可直接产生双二倍体；双二倍体经二倍体化过程可以成为稳定的新的多倍体，为染色体工程育种提供了重要基础材料。

（3）远缘杂种或远缘杂交后代与栽培种回交

雌配子对遗传不平衡的耐性一般较雄配子强，因此远缘杂种 F$_1$ 通过与栽培品种回交可得到少量回交后代。由于不同回交亲本对提高杂种结实率有很大差异，所以回交所用亲本不应局限于原来亲本相同的变种或品种，最好用同种的其他品种作为回交亲本，以避免远缘杂种迅速恢复轮回亲本的性状。当栽培种与野生种杂交时，一般以栽培种作为回交亲本。

（4）延长远缘杂种的生育期，特别是营养生长期

远缘杂种的育性有时也会受到外界条件的影响，因此适度延长远缘杂种生育期，利用营养繁殖，延长远缘杂种个体寿命，可促使其生理机能逐步趋向协调，生殖机能及育性得到一定程度的恢复。如中国科学院西北植物所（1972）在小麦与长穗偃麦草杂交、黑龙江省农业科学院（1979）在小麦与天蓝偃麦草杂交中均发现杂种结实率随栽培年限的延长而提高，且杂种花粉母细胞减数分裂时的二价体比例也随着种植时间的延长而提高。因此，利用某些作物的多年生习性、采用无性繁殖法，或人工控温、光条件等来延长远缘杂种的生育期，可逐步恢复远缘杂种的育性。

（5）改进和完善田间管理措施

加强远缘杂种苗的田间管理，改善营养条件，以及摘心、针刺等处理，有时也可以提高杂种结实率。可利用嫁接法克服远缘杂种夭亡和不育性。如把不育的马铃薯杂种嫁接在可育的植株上，能提高杂种的育性。有毒物质香豆素（coumarin）含量高的白香草木樨和含量低的细齿草木樨杂交时，F_1 均为白苗，随后死亡，当把 F_1 嫁接到母本或黄香草木樨植株上时，获得成活的 F_1 植株，再与母本回交时，育成了香豆素含量低的新品种。

（6）利用特殊基因

在小麦、玉米、棉花等作物中都发现能调控染色体配对的基因或遗传体系。在小麦 5 BL 染色体上的 *Ph1* 基因可抑制部分同源染色体之间配对。*Ph1* 基因缺失时（如 *Ph1* 缺失纯合突变体 *ph1ph1* 和 5 B 染色体缺体），部分同源染色体的配对频率可以显著提高，可用于诱导部分同源染色体间的重组，提高小麦远缘杂交的成功率。

10.3　远缘杂交育种中后代的分离特点与选择原则

10.3.1　远缘杂交后代性状分离的三个特点

（1）分离强烈、复杂

远缘杂交的后代比种内杂交具有更为复杂的分离现象。种内杂交时，很多质量性状的分离基本上都符合一定的比例，上下代之间一般也有规律可循。但对于远缘杂交来讲，由于来自双亲的染色体缺乏同源性，导致减数分裂过程紊乱，形成具有不同染色体数目的各种配子。因此，其后代具有极复杂的遗传特性，性状分离复杂且无规律，上下代之间的性状关系也难于预测和估算。

（2）分离世代长、稳定慢

远缘杂种的分离很不规律，有的从第一代开始分离，有的到第 3～4 代才开始分离，分

离现象往往延续到 7～8 代甚至更多，稳定慢。

（3）中间类型不易稳定，有向亲本类型分化的趋势

远缘杂交后代，不仅会分离出各种中间类型，而且还出现大量的亲本类型、亲本祖先类型、超亲类型以及某些特殊类型等，变异极其丰富。

10.3.2 远缘杂交育种中杂交后代选择的原则

（1）扩大杂种早代的群体数量

远缘杂种由于亲本的亲缘关系较远，分离更为广泛，会出现大量的不良单株、畸形单株，有的中途夭亡，而且不育单株多。就一般而言，杂种早代群体中具有优良的新性状的组合比例不会很多，而且常伴随一些不利的野生性状。因此，必须尽可能提供较大的群体，以增加更多的选择机会。

（2）增加杂种的繁殖世代，早代选择标准宜宽

远缘杂种往往分离世代长，有些杂种一代虽不出现变异，而在以后的世代中仍然可能出现性状分离，因此，一般不宜过早淘汰。但是对那些经过鉴定，证明不是远缘杂种而是无融合生殖的后代，应及时淘汰。

（3）再杂交或回交后进行选择

对于杂种一代，除了一些比较优良类型可直接利用外，还可以进行杂种单株间的再杂交或回交，并对以后的世代继续进行选择。特别是在利用野生资源做杂交亲本时，野生亲本往往会携带一些不良性状。因此，通常将 F_1 与某一栽培亲本回交，以加强某一特殊性状，并除去野生亲本伴随而来的一些不良性状，以达到品种改良的目的。

（4）灵活应用选择方法

远缘杂交早代群体大、育性低，一般采用混选法。但在性状出现明显分离后，应选单株。此外，应将培育与选择相结合。例如，给以杂种充足的营养和优越的生育条件。特别是与多倍体、单倍体育种等手段结合起来，将有助于杂种优良性状的充分体现，加速杂种性状的稳定，缩短远缘杂交育种的周期。

10.4 利用远缘杂交创制远缘新种质

以小麦为例，远缘新种质包括异附加系、异代换系和异易位系 3 种类型，尽管异附加系和异代换系很少能够直接在育种中利用，但它们是异易位系创制的重要中间材料。

10.4.1 异附加系的培育

异附加系（alien addition line，AAL）是指在栽培物种受体染色体组中导入了 1 条、1 对或几条远缘物种染色体的个体。包括附加 1 条异源染色体的单体异附加系（monosomic addition line，MAL）、附加 1 对异源染色体的二体异附加系（disomic addition line，DAL）、附加 2 条非同源染色体的双单体异附加系（double monosomic addition line，

DMAL）、附加 2 对同源染色体的双二体异附加系（double disomic addition line，DDAL）等等。

异附加系的培育方法主要包括远缘杂种 F_1 回交法、双二倍体回交法、桥梁亲本法和双二倍体间杂交法等。

1）远缘杂种 F_1 回交法和双二倍体回交法

这是培育异附加系最常用的方法，其程序见二维码 10-2。首先获得栽培物种与亲缘物种的杂种 F_1，再将 F_1 与栽培物种回交 1 至数次，或由 F_1 加倍成双二倍体，然后再与栽培物种杂交并回交 1 至数次。在回交后代鉴定中，利用细胞学、分子标记等方法选择在栽培物种完整基因组中附加了 1～2 条外源染色体的异附加系，再经自交，从中鉴定二体异附加系。

二维码 10-2　利用杂种 F_1 回交（a）和双二倍体回交（b）培育异附加系

利用双重单体或多重单体附加系自交，可以提高产生二体异附加系的频率。如小麦 - 大麦单体附加系和双单体附加系自交后代中二体附加系的频率分别为 0.6% 和 2.0%，小麦 - 簇毛麦双单体附加系、三重单体附加系自交后代中，二体附加系的出现频率分别为 5.6% 和 16.2%。此外，在远缘杂交或回交早代选择携带 1～2 条外源染色体的植株，利用双单倍体（花药培养或玉米花粉诱导单倍体，然后加倍）技术，可以加速获得稳定的二体或双二体异附加系的进程。

利用栽培小麦与双二倍体杂交后代进行花药培养也可快速获得异附加系。胡含等（1986）用普通小麦与八倍体小黑麦或小偃麦杂交，对产生的七倍体进行花药培养，获得了由 $n+1$、$n+2$、$n+3$ 单倍体加倍成的附加二体或双（多）重附加二体。

2）桥梁亲本法

一些种属间杂交时亲和性很差，难以直接杂交，可先用桥梁亲本与亲缘种杂交，再用受体物种与所获得的 F_1 或双二倍体回交数次，从回交后代中选单体附加系或多重附加系，再经自交产生二体附加系。如 Sears（1956）在试图将小伞山羊草的抗叶锈基因转移到普通小麦背景中时，发现这两个种不能直接杂交。他首先利用野生二粒小麦作为桥梁亲本，创制野生二粒小麦 - 小伞山羊草双二倍体，再与普通小麦杂交、回交、自交，选出了普通小麦 - 小伞山羊草异附加系。

3）双二倍体间杂交法

这种方法可以提高二体异附加系产生的频率和效率。南京农业大学细胞遗传所用八倍体小麦（AABBDDDD）与人工合成的异源六倍体小麦（AABBDD）杂交，先快速获得七倍体；然后进一步自交，从中选育异附加系和代换系。Lukaszewski（1988）还提出用八倍体与七倍体杂交再自交产生二体附加的方法。

虽然前人在通过培育附加系以转移外源染色体导入有利基因方面进行了大量工作，但至今没有一个附加系可以在生产中直接利用。主要问题是异附加系的细胞学不稳定性和遗传不平衡性，以及在导入携带有利基因的整条染色体时不可避免地会同时导入该染色体上的许多不利基因。虽然这些异附加系的主要性状有所改良，但农艺性状较差。然而，异附加系是培育异代换系和异易位系的重要中间材料。整套附加系也是研究不同染色体组间亲缘关系、物种起源、进化、基因互作、基因表达的有用遗传材料。近年来，利用流式细胞仪检测异附加系中的外源染色体，结合新一代测序技术获得特定染色体基因组序列，也成为外源物种基因组解析和外源基因克隆的重要手段。某些野生小麦（山羊草物种）的染色体（如 2S、4S、2C 等）的附加还能引起受体物种染色体断裂、融合，诱发缺失、重复和易位等结构变异（Endo，1988），可用于诱发新的染色体结构变异。

10.4.2 异代换系的培育

异代换系是指通过染色体工程技术，把携带外源物种目标基因的染色体转进栽培物种受体品种遗传背景，替换其中的 1 条、1 对或多条染色体所形成的品系或种质材料。以 1 条外源染色体代换 1 条受体亲本染色体的个体称单体异代换系（monosomic substitution line，MSL），涉及 1 对外源染色体代换的个体称二体异代换系（disomic substitution line，DSL）。1938 年 Kattermann 首次创制了携带黑麦毛颈性状的小麦 - 黑麦 5A/5R 异代换系。目前异代换系创制的方法主要包括以下几种。

10.4.2.1 自发代换

在自然杂或人工远缘杂交中，如果双亲所含染色体组亲缘关系较近，在减数分裂过程中有可能发生部分同源染色体之间的错配对，从而产生染色体自发代换，因此自发代换一般只发生在具有部分同源关系或亲缘关系较近的染色体之间，因为它们具有相似的遗传功能，具有补偿性，因而可以正常生长；而不同部分同源群间的染色体代换，即使发生，往往也会由于缺乏遗传补偿性而使这类个体不能存活。自发代换所产生的异代换系在生产上具有重要的应用价值，如小麦 1B/1R 代换系。

10.4.2.2 人工培育

在前面所叙述的异附加系培育的所有程序中，除了可产生异附加系，同时也会产生异代换系。此外，人工培育异代换系还有以下 2 种方法：

（1）单体或缺体与异附加系杂交法

选择与外源染色体具有部分同源关系的栽培物种相应的单体或缺体，与异附加系杂交，然后自交，可有目标地产生涉及特定染色体的异代换系。

（2）缺体回交法

利用栽培物种的缺体与野生近缘物种直接杂交，结合幼胚培养和杂种植株自交，直接选育异代换系。这种方法可以利用一套缺体与近缘物种杂交，在后代中有望选育出不同部分同源群染色体的异代换系，效率高，但获得杂种植株较困难。裴新梧等（1995）将小麦缺体与黑麦杂交，利用缺体回交法（二维码 10-3）选育出了部分具有双亲特点、农艺性状优良、性状遗传稳定的小麦 - 黑麦异代换系。利用此方法，还先后选育出了普通小麦 - 中间偃麦草、普通小麦 - 滨麦草、普通小麦 - 华山新麦草、普通小麦 - 簇毛麦等异代换系。李振声等（1990）应用小麦缺体直

二维码 10-3 利用缺体回交法培育异代换系

接与八倍体小偃麦杂交、回交的方法，大大缩短了从远缘杂交至育成异代换系的时间。

10.4.2.3　组织培养法

研究发现，对小麦杂种幼胚、花粉等进行组织培养也是产生小麦异代换系的有效方法。李洪杰等（1998）通过组织培养，从普通小麦与八倍体小黑麦杂种 F_1 幼胚再生植株后代中鉴定出 2 个 1D/1R 代换系；胡含等（1990）对普通小麦×六倍体小黑麦、普通小麦×八倍体小黑麦及普通小麦×八倍体小偃麦的 F_1 代进行花药组织培养，从中鉴定出小麦 - 黑麦、小麦 - 偃麦草异代换系。

异代换系的染色体数目未变，染色体代换通常在部分同源染色体间进行。由于栽培物种与亲缘物种部分同源染色体间有一定的补偿能力，因此异代换系在细胞学和遗传学上都比相应的异附加系稳定。

目前世界上已获得了各种小麦异代换系 220 多个，仅小麦与黑麦的就有 80 余种。小麦 - 黑麦异代换系细胞和遗传均较稳定，曾在育种中发挥重要作用。如 1B（1R）异代换系品种 'Zoba' 'Barawtzitn' 'Orlando' 和 '洛夫林' 等不仅在欧洲各国大面积推广，而且曾作为白粉病与条锈、秆锈和叶锈 3 种锈病的抗原，在我国育成了许多品种。除了小麦 - 黑麦 1B（1R）异代换系，2A（2R）、2B（2R）、2D（2R）和小麦 - 冰麦异代换系 Weique（高抗条锈）也曾在欧洲一些国家大面积推广应用，但绝大多数异代换系因异源染色体补偿能力差或带有不利基因，未能在农业生产中直接应用。因此需要诱导外源染色体与小麦染色体易位，排除不利基因的影响。

10.4.3　异易位系的培育

染色体异易位系是指非同源染色体间染色体片段的互换或近缘物种的异源杂色体间片段互换所形成的品系。这种互换称为相互易位，是染色体结构变异的一种类型，通过相互易位能实现基因在不同染色体间的转移。根据易位染色体包含的外源染色体片段大小的不同，可以分为大片段易位（外源染色体片段大于一个臂）、整臂易位（包含外源染色体一个臂）和小片段易位（外源染色体片段小于一个臂），极端的小片段即外源染色质的渐渗。

异附加系和异代换系中携带整条外源染色体，在导入有利基因的同时不可避免地会伴随带入许多不利基因，还常常导致细胞学上不稳定和遗传学上不平衡。因此，异附加系和异代换系难以在育种中直接利用。通过创制染色体异易位系可以将携带外源有利基因的染色体片段导入栽培物种，最大程度去掉携带不利基因的片段，在育种中有更好的应用前景。此外，系列异易位系的选育也是研究染色体片段遗传效应、克隆外源有利基因的重要材料。

在远缘杂交中，异源易位可以是自发产生，也可以人工诱发。前者频率较低，但由于具有良好的补偿性，遗传平衡性相对较好；通过人工诱发，可以大幅提高发生频率，但很多由于补偿性差，缺少育种利用价值。

10.4.3.1　自发易位

染色体易位可以在远缘杂交、回交等过程中自发产生。大量的染色体易位产生于单价体错分裂，主要表现为整臂易位。在小麦与其亲缘关系较近的物种（如山羊草属、偃麦草属和鹅观草属等）之间也可通过部分同源重组产生易位。但在与其亲缘关系较远的物种如大赖草、簇毛麦之间未见通过部分同源重组产生易位的报道。

10.4.3.2　人工诱导易位

除自发易位外，科学家在小麦中还发展了一整套诱导易位的方法，主要有利用部分同源配对控制体系诱导易位、电离辐射诱导易位、利用杀配子染色体效应诱导易位和组织培养诱导易位等。

1）利用部分同源配对控制体系诱导易位

在小麦、玉米、棉花等作物中都发现能调控染色体配对的基因或遗传体系。在小麦的 5BL 上的 *Ph1* 基因可抑制部分同源染色体之间配对，而在 5BS 上则存在促进部分同源染色体配对的基因。*Ph1* 基因的纯合隐性突变体（*ph1ph1*）和 5B 缺体中部分同源配对频率增高，可促进小麦和亲缘物种部分同源染色体之间的重组和交换。用 *ph1bph1b* 突变体与携有目标性状的异附加系或异代换系杂交，杂种 F$_1$（*Ph1bph1b*）再与 *ph1bph1b* 突变体回交，在含有外源染色体的 *ph1bph1b* 植株中，通过促进外源染色体与其部分同源的小麦染色体之间的重组交换，可产生小麦和亲缘物种部分同源染色体之间的易位。*Ph2* 基因位于 3DS 上，但其抑制部分同源配对能力较 *Ph1* 基因弱，*Ph2* 基因缺失系可用于诱发亲缘关系较近的部分同源染色体间配对（如 S 组与 B 组染色体间的配对）。此外，在拟斯卑尔脱小麦和无芒小麦中还发现了 *Ph* 基因的抑制基因。Riley 等（1968）通过拟斯卑尔脱小麦与小麦 - 顶芒小麦（*T. comosom*）2M 异附加系杂交，创制了携带顶芒山羊草抗锈病基因的 2D/2M 易位系。Chen 和 Gill（1994）将拟斯卑尔脱山羊草中 *Ph* 抑制基因 *Ph^I* 导入了普通小麦中国春，并用来促进小麦与亲缘物种部分同源染色体之间重组交换，诱导染色体易位。*Ph^I* 基因呈上位性，因此无须回交，在与携有目标性状的代换系或附加系的杂种 F$_1$ 即可促进小麦与亲缘物种部分同源染色体之间配对和交换。在棉花、燕麦等作物中也存在类似的染色体配对控制体系。McClintock（1978）曾报道过一种与染色体重排有关的 X 组分，可以一种非随机的方式诱导染色体断裂。

2）电离辐射诱导易位

电离辐射是人工诱发易位最常用的方法（二维码 10-4）。辐射能使染色体随机断裂，小麦和外源物种的染色体断片重接即可产生各种染色体结构变异。电离辐射处理的基础材料可以是双二倍体、异附加系、异代换系等。如果是在已有易位系基础上缩小外源染色体易位片段，也可以是已有的不同类型的易位系。以双二倍体、异附加系和异代换系为材料进行辐射，诱导产生的易位主要是整臂易位或大片段顶端易位。由于导入片段大，且常为非补偿性易位，因而育性和农艺性状较差，难以利用。携带有用基因的小片段中间插入易位，细胞学和遗传学上比较稳定，容易通过基因重组转入栽培品种并遗传给后代，因而最容易在育种中利用。

二维码 10-4　利用辐射（左图）和部分同源染色体重组（右图）诱导染色体易位

电离辐射处理的组织可以是种子、花粉和雌配子。三种材料对电离辐射的敏感性不同，以种子最不敏感，花粉最敏感，据此可以调节处理的剂量和时间。陈升位等（2008）研究发现，辐射成熟雌配子具有以下优点：① 雌配子的半致死剂量较高，可以采用较高的辐射剂量和剂量率，这有助于提高外源染色体断裂频率，特别是二次断裂的频率，因而产生小片段易位尤其是小片段中间插入易位的频率更高；② 在授粉前处理成熟雌配子，产生的结构变异染色体来不及被修复，或者来不及夭折淘汰，随即被授粉受精，参与生殖过程，结构变异可以更多地传递给子代；③ 辐射的雌配子与正常花粉交配，可避免由于授精选择而丢失雄配子中结构变异染色体，因而可以大大提高 M_1 植株中染色体结构变异的频率。陈升位利用 γ 射线处理携有抗白粉病基因 *Pm21* 的普通小麦 - 簇毛麦 T6VS/6AL 整臂易位系的成熟雌配子，获得了携有抗白粉病基因 *Pm21* 的普通小麦 - 簇毛麦小片段中间插入易位系。

第一个异源易位系就是利用辐射创制的。Sears（1956）用 X 射线处理后的小麦 - 小伞山羊草 6U 染色体长臂的等臂单体异附加系作父本，与正常小麦回交，创制了携带小伞山羊草的抗叶锈基因 *Lr9* 的小片段易位系 T6BS·6BL-6UL，并命名为 'Transfer'，在育种中得到了广泛应用。迄今，通过辐射已经成功地将长穗偃麦草（Sharma 和 Knott，1966）、中间偃麦草（Weinhus，1965）、黑麦（Driscoll 和 Jonsen，1964）、冰麦和簇毛麦（Qi 等，1993）等有利基因导入普通小麦。利用携有目标性状的异代换系、异附加系与推广品种杂交，对杂交当代种子进行辐射，可较快地将目标基因易位，并重组到优良的遗传背景中。

电离辐射诱导的易位大都是非补偿性易位，具有遗传的不平衡性，而且由于辐射引起的染色体断裂是随机的，受体染色体本身也会发生畸变，导致其生活力和育性降低，需要经过多代回交来选择育性正常的植株。此外，辐射诱变也可引起某些基因的不利突变，因此辐射诱导的易位在生产上直接利用的很少。但是利用辐射可以在短时间内获得一系列涉及染色体不同区段的易位或缺失类型，为外源染色体目标基因的定位和分子标记的精细作图提供了便利，可为进一步克隆目的基因奠定基础。

3）利用杀配子染色体效应诱导易位

杀配子染色体（gametocidal chromosome，GC）是指携带杀配子基因的染色体。目前已在山羊草属的部分物种以及类麦属的彭梯卡类麦中发现了杀配子染色体，如离果山羊草 3C 染色体和柱穗山羊草 2C 染色体，并已选育出农林 26 - 离果山羊草 3C（Tsujimoto 和 Tsunewaki，1985）、中国春 - 柱穗山羊草 2C（Endo，1988a；1988b）等异附加系，可用于诱导染色体结构变异。杀配子效应（gametocidal effect）是指在杀配子染色体呈杂合状态的植株中，减数分裂可产生含该染色体和不含该染色体两类配子，杀配子染色体能够引起不含有该染色体的配子中的染色体发生畸变，诱发缺失、易位或双着丝粒染色体等结构变异，并降低后代生活力和育性，从而使自身得到优先传递，即为杀配子效应。具有杀配子效应的基因为杀配子基因。在一定的遗传背景中，杀配子染色体的遗传效应会被部分抑制，染色体发生结构变异的配子也能部分传递（Endo，1981），因此可利用杀配子染色体诱导小麦 - 亲缘物种染色体易位。

利用农林 26-离果山羊草 3C 或中国春 - 柱穗山羊草 2C 异附加系与小麦 - 亲缘物种的杂种、双二倍体、异附加系、异代换系等杂交，然后回交，可以诱发小麦或亲缘物种染色体的缺失、小麦染色体间或小麦染色体与亲缘物种染色体间的易位等结构变异（Endo，1979）。由于杀配子方法诱导染色体断裂是随机的，因此利用该方法得到的小麦 - 亲缘物种易位系的遗传补偿性通常较差，遗传稳定性不如通过重组得到的易位系稳定。但是，由于杀配子染色体诱导易位的效率较高，补偿性易位往往可以在一个较大的诱导群体内筛选得到。目前，利用杀配子效应已得到小麦和黑麦、大麦、簇毛麦、大赖草之间的染色体易位（Endo，1994；Shi 和 Endo，2000； Chen 等，2002；Yuan 等，2003）。

4）组织培养诱导易位

种间和属间的远缘杂种经细胞、组织培养后，可增加亲本染色体间的交换（Larkin 和 Scotocrofe，1981；D'Amato，1985），再生植株中出现包括易位在内的各种染色体结构变异。Orton 等（1980）在栽培大麦与野生大麦（*Hordeum jubaticum*）杂种愈伤组织再生植株中观察到多价体和部分同源配对的增加，证实两物种染色体间发生了交换。在普通小麦与小黑麦、小偃麦杂种花药培养产生的愈伤组织再生植株中，Bernad（1977）、胡含等（1983）和 Lapitan（1984）等均观察到广泛的遗传变异，其中包括染色体易位。水稻组织培养长期继代也可诱发染色体结构变异。细胞培养过程中产生体细胞变异的原因尚不清楚，有可能源发于外植体体细胞组织中的固有变异。培养条件也可诱发染色体断裂和重接，如在小麦组织培养后代中经常会出现染色体断裂和重接。组织培养结合理化诱变可大大提高包括易位在内的染色体结构变异产生的频率。用携有目标性状的双二倍体异附加系、异代换系与农艺性状较好的亲本杂交，将 F$_1$ 进行细胞、组织培养并结合诱变和筛选，有可能提高外源有利基因的转移效率。

辐射、组织培养和杀配子基因诱导的易位随机性很大，且互补性差，而染色体配对控制体系诱导的易位发生在部分同源染色体之间，补偿性较好，细胞学稳定，遗传学上较为平衡，结实性较好，育种上利用起来比较方便。Sears（1983）提出了一种利用染色体配对控制体系（*Ph1* 缺失的 5B 缺体 -5D 四体，*ph1b ph1b* 突变体）和端着丝粒染色体（外源端体 3Ag$_1$ 和小麦端体 3DL）的遗传学方法，将携有抗叶锈病基因的 3Ag$_1$ 短片段插入到小麦染色体 3D 中。首先根据部分同源重组位点与抗叶锈病基因 *Lr24* 的相对位置，鉴定出携带 *Lr24* 的远侧重组体和近侧重组体，将二者杂交后，使之在 *Lr24* 两侧发生同源重组而巧妙地除去多余的长穗偃麦草染色质，产生了小片段插入易位系。由于携带有用基因的外源染色体片段插入其同源染色体中且伴随的额外染色体物质很少，因此这种材料在育种上的利用价值高。

携有亲缘物种有用基因的易位系可用作品种改良的亲本。有些具有优良遗传背景的易位系本身就是优良品种，可在生产上直接利用。由于 1RS 上具有 4 个抗病基因（*Pm18*，*Lr19*，*Sr31*，*Yr9*），许多具有 1BS/1RL 易位的小麦品种（如 '无芒一号' '高加索' '阿芙乐尔' 'Veery' 'Alondra's' 及其衍生品种）曾在世界范围内大面积种植。20 世纪 90 年代育成的小麦品种中，50% 以上含有该易位染色体。但由于该易位染色体上携带黑麦碱基因，影响小麦品质，因此不同研究者利用诱导部分同源重组等方法，选育了去除携带黑麦碱基因的染色体区域的 1BS/1RL 易位系。李振声院士等以小麦 - 长穗偃麦草易位系'小偃 96'（抗病、早熟、抗干热风、优质）为亲本育成了'小偃 6 号'等一系列小偃系列品种。'小偃 6 号'自 1981 年推广以来，累计面积达 1.0×10^7 hm²（1.5 亿亩）（张爱民等，2008）。南京农业大学细胞遗传研究室选育的'小麦 - 簇毛麦 6VS/6AL 易位系'，兼抗白粉病、条锈病，已成为我国小麦抗病育种的重要亲本。利用小麦 - 簇毛麦 6VS/6AL 为亲本，迄今已经选育出 30 多个小麦品种，推广面积超过 4.67×10^6 hm²（7 000 万亩）。近年来，我国科学家相继创制了小麦 - 冰草、小麦 - 中间偃麦草、小麦 - 鹅观草、小麦 - 大赖草、小麦 - 黑麦等易位系，已经或正在作为抗病、高产、抗逆等亲本在育种中利用。

10.4.4　远缘新种质中外源染色质的鉴定

10.4.4.1　表型标记鉴定

利用特定表型标记鉴定外源染色体或者染色体片段是一种最经济有效的办法。如果某一受体出现供体物种所特有的表型性状（如穗型、抗病性、颖壳颜色和抗逆性等），即可推测携带有控制该标记性状基因的外源染色体或染色体片段已导入受体。例如黑麦 5R 上的毛颈性状可以作为该染色体的选择标记。簇毛麦控制护颖脊背刚毛性状的基因位于 2V 染色体上；控制眼斑病抗性、全蚀病抗性和梭条花叶病抗性的基因位于 4V 染色体上；控制小麦白粉病抗性基因 *Pm21* 位于 6VS 上（Liu 等，1988；Murray 等，1994；Yildirim 等，1998；Zhang 等，2005；Chen 等，1995；Qi 等，1995）。上述基因在小麦背景中均能高效表达，稳定遗传，均可作为表型标记追踪鉴定簇毛麦染色体或染色体片段。

10.4.4.2　生化标记鉴定

基因表达产物是蛋白质，外源染色体或染色质携带基因常编码特定的同工酶或其他蛋白质。同工酶谱特征在物种中具有遗传稳定性和多态性，特定的同工酶谱带可以用于追踪鉴定其编码基因所处染色体。在小麦族中，各部分同源群的同工酶基因在不同染色体组之间常常有对应关系，因此同工酶不仅可以用来检测外源染色体的染色体组归属，还可以确定它的部分同源群归属。Hart（1983）利用普通小麦与长穗偃麦草部分同源染色体组间的 11 种同功酶标记，鉴定了普通小麦 - 长穗偃麦草 3E、5E 异附加系。谷类作物胚乳贮藏蛋白及其亚基在染色体上的分布具有与同工酶相类似的特征，因此也可以用蛋白质谱带特征作标记来鉴定异附加系。孔芳等（2007）利用种子储藏蛋白聚丙烯酰胺凝胶电泳，明确了加州野大麦 H2 染色体归属第五部分同源群，鉴定了 5H 单体异附加系。

10.4.4.3　细胞学标记鉴定

染色体的数量和结构特征是常见的细胞学标记，可以反映染色体数量上和结构上的遗传多态性。细胞学标记包括传统的染色体核型分析和以染色体分带为基础的染色体带型分析。当背景亲本与外源物种供体的染色体带型特征不同时，根据其带型特征，可以准确地鉴定出导入受体亲本背景中的外源染色体的具体身份。对于异代换系和易位系，还可以确定代换或参与易位的栽培亲本染色体或染色体片段的具体身份。在小麦族等染色体比较大的物种中，染色体分带可以利用根尖细胞有丝分裂中期染色体和花粉母细胞减数分裂中期Ⅰ和后期Ⅰ染色体。前者染色体长度适中，既便于分散又便于显带分析，后者可以借助染色体之间的配对，更准确地判别导入的外源染色体的单体或二体性质，并且还可以根据外源染色体在受体背景中的细胞学行为，判断其稳定性。但是对于水稻、玉米等染色体小的物种，可以利用减数分裂前期Ⅰ的粗线期染色体核型，根据染色粒分布特征，确定染色体的具体身份。

10.4.4.4　分子细胞遗传学鉴定

分子细胞遗传学是细胞遗传学和分子遗传学相结合、在分子水平上进行细胞遗传学研究的一门交叉学科，其核心技术是原位杂交技术（in situ hybridization，ISH）。ISH的基本原理是利用核酸分子单链之间有互补的碱基序列，将有放射性或非放射性的外源核酸（即探针）与组织、细胞或染色体上待测DNA或RNA互补配对，结合成专一的核酸杂交分子，经一定的检测手段将待测核酸在组织、细胞或染色体上的位置显示出来。在染色体工程中，用供体亲本的基因组DNA作探针，用受体亲本的DNA作遮盖，在染色体制片上进行原位杂交，显示被导入的外源染色体或染色体片段，称为基因组原位杂交（GISH）。GISH仅能检测外源染色质是否存在或片段大小，不能确定染色体身份。利用串联或散布重复序列作探针，根据重复序列在不同物种色体上杂交信号的分布特征，区分来源不同的染色体，鉴定导入受体亲本中的外源染色体或染色体片段的具体身份。对一些染色体很小而重复序列较低的物种，可以首先筛选染色体专化的BAC克隆，这些探针可以作为识别特定染色体的标记，根据该染色体组中各染色体间杂交信号位点的特异性，来检测导入受体亲本中的外源染色体的身份。

以基因组DNA、重复序列或单拷贝基因序列等探针为主的FISH技术，通常需要DNA提取、质粒的繁殖与提取或者PCR扩增获得探针DNA；然后再利用缺刻平移等方法标记探针。程序复杂、费时，而且每次标记反应量有限，存在大规模鉴定成本高、准备烦琐等问题，限制了染色体工程育种效率的提高。寡核苷酸（single strand oligonucleotide，SSON）探针是人工合成的一种带有荧光集团的单链DNA或RNA片段，其长度通常为20～60 nt，具有易设计、合成和修饰，成本低、灵敏度高、重复性好等特点。寡核苷酸FISH可以靶向标定RNA和其转录位点侧翼的基因组DNA，是识别染色体、研究染色体组成结构、核架构和染色体基因定位与基因表达之间的关系的有价值的工具（Beliveau等，2013）。Guilherme等（2018）开发了2个oligo-FISH探针，利用这两个探针构建了马铃薯的barcode核型，研究了茄属物种染色体的进化。孙昊杰等（2018）利用5个寡核苷酸探针，构建了簇毛麦的标准核型，为小麦-簇毛麦远缘新种质鉴定奠定了基础。

10.4.4.5 分子标记技术鉴定

分子标记是以个体间核苷酸序列变异为基础的遗传标记，是 DNA 水平遗传多态性的直接反映。按技术特性，包括以分子杂交为基础、以 PCR 为基础和基于 DNA 芯片和测序为基础的 3 大类分子标记技术（详见 13.2 分子标记辅助选择）。

1）利用 RFLP 分子标记鉴定远缘种质

限制性片段长度多态性（RFLP）是以分子杂交为基础的分子标记技术的代表，始于 20 世纪 70 年代，是应用最早的分子标记。其原理见 13.2.2。

小麦族的 RFLP 标记在不同物种间具有广泛多态性，通过 RFLP 分析，不但可以鉴定外源染色体是否存在，而且可以确定外源染色体的部分同源群归属。利用 RFLP 标记，先后鉴定了小麦 - 簇毛麦、鹅观草、大赖草、纤毛鹅观草、百萨偃麦草、长穗偃麦草异染色体系，并确定了其部分同源群归属。RFLP 标记虽具有共显性、标记数量不受限制等优点，但所需 DNA 量大、检测步骤烦琐、周期长，实验过程中由于使用放射性同位素（^{32}P），易造成污染，伴随着新标记技术的不断发展，RFLP 技术目前应用很少。

2）利用基于 PCR 的分子标记鉴定远缘种质

PCR 是 1985 年美国科学家 Kary Banks Mullis 发明的一种 DNA 序列体外快速扩增技术，其原理见 13.2.2。基于 PCR 的分子标记技术包括 RAPD、AFLP、SSR、ISSR 和 EST 标记等。

张增艳等（2002）利用 320 对 RAPD 标记对中间偃麦草、小麦和小麦 - 中间偃麦草 2Ai-2 附加系和代换系等进行分析，从中筛选到了 2 个可以特异识别 2Ai-2 染色体的 RAPD 标记。Shan 等（1999）利用 14 个 AFLP 标记在大麦与普通小麦'中国春'杂交后代中筛选到了 5 份异附加系。

SSR 标记为共显性标记，可鉴定出杂合子和纯合子，重复性高，稳定可靠。尽管其开发成本较高，但一经开发，其他近缘物种之间可以共享利用，且多态性高，因此至今仍在远缘种质鉴定中被广泛利用。研究表明，小麦 SSR 标记可以利用于小麦近缘属物种，根据其多态性，开发了黑麦、大麦和簇毛麦等物种染色体特异的 SSR 标记，成功用于小麦背景中外源染色体或染色体片段的鉴定。

EST 序列来自转录区，其保守性较高，信息量大。根据 EST 开发的 EST-SSR 和 EST-STS 标记稳定性好、重复性高，在种族和种属间的通用性好，因而被广泛应用。Zhao 等（2013）利用 32 对簇毛麦 4VS 染色体特异 EST 标记，基于 35 份 4VS 结构变异材料，构建了 4VS 染色体的物理图谱，并将簇毛麦抗黄花叶病基因（*WYMV*）定位到 4VS FL0.78～1.00 区段之间。Li 等（2017）利用 82 对 STS 标记结合 15 份普通小麦与冰草 2P 易位系和 3 份冰草 2P 不同染色体大小的缺失系对冰草 2P 染色体进行了物理图谱的构建，并将抗白粉病基因定位在了 2PL FL0.66～0.86 染色体区段之间。

3）利用基于 DNA 芯片和测序的分子标记鉴定远缘种质

基于 DNA 芯片和测序为基础的分子标记技术主要包括 SNP 标记、DArT 标记、

PLUG（PCR-based landmark unique gene）、内含子靶向的分子标记（intron targeted marker, IT）等。

SNP 指相同位点的不同等位基因之间单个核苷酸的变异而引起基因组水平上的 DNA 序列多态性，包括单碱基的缺失、插入、转换及颠换等。SNP 多发生在 T 和 C 之间（唐立群等，2012）。基于基因组或转录组测序，与芯片技术相结合，可以开发适于高通量分析的 SNP 芯片。通过 SNP 芯片扫描，可以快速确定远缘杂交后代大群体材料中的染色体组成。目前小麦、水稻、玉米、棉花等主要作物都已经开发了商业化的 SNP 芯片，小麦的 660 k SNP 芯片已被成功用于对小麦 - 冰草远缘种质的鉴定。此外利用远缘种质材料，通过外源染色体的分拣和测序，也可开发 SNP 标记。Tiwari 等（2014）分离了小麦 - 卵穗山羊草 5M^g 短臂的端二体材料中的 5M^{g}S，并开发出其特异的 SNP 标记。

DArT 技术是通过利用芯片杂交的方法来区分不同基因组之间多态性的方法。其基本原理是，先用两种不同切割频率的限制性内切酶酶切以降低基因组 DNA 的复杂性，酶切片段连接其中切割频率低的限制性内切酶能够识别序列的接头，扩增连接产物，得到基因组代表性片段。由于不同来源的基因组 DNA 特定的限制性内切酶酶切位点分布不同，因而每一种不同来源的 DNA 被限制性内切酶酶切后产生的片段都是特异的，从而产生多态性（冯艳丽等，2010）。

禾本科作物同源基因的序列和结构具有很高的共线性关系。对于同源基因，外显子较内含子具有更高的保守性，而内含子之间由于存在碱基插入、替换以及缺失，因而具有更高的多态性。Ishikawa 等（2007）利用该原理创造发明了 PLUG 标记，利用小麦和水稻的共线性关系，开发了 24 对小麦的 PLUG 标记，其中 19 对标记可以定位到至少一条染色体上；Ishikawa 等（2009）再次利用小麦和水稻的共线性关系，开发了 960 对 PLUG 标记，利用普通小麦缺体 - 四体材料将 531 对 PLUG 标记定位到了 1 条或多条染色体上；Li 等（2016）将分子细胞遗传学与 PLUG 标记相结合，鉴定兼抗秆锈病和白粉病的小麦 - 多年生簇毛麦（*Dasypyrum breviaristatum*）异附加系；Li 等（2013）利用 144 个普通小麦 PLUG 标记在黑麦中扩增，将 79 个标记定位到了 1R-7R 上，分析了普通小麦与黑麦染色体之间的共线性关系。Yang 等（2015）、Wang 等（2016）分别将原位杂交技术与 EST-STS 和 PLUG 标记结合，鉴定出了普通小麦 - 滨麦（*Leymus mollis*）二体异代换系 7Ns（D）和普通小麦 - 山羊草（*Aegilops geniculata* Roth）二体异附加系 DA（7M^g）。

王海燕等（2017）将染色体分拣与二代测序技术相结合，开发了簇毛麦 4VS 染色体特异 IT 标记 232 对，多态率达 64.62%。张向东等（2018）利用二代测序技术（HiSeq 2500）对簇毛麦全基因进行了 survey 测序及组装，在此基础上高通量地开发了簇毛麦各染色体特异的 IT 分子标记。

SNP 标记虽然自动化程度比较高，高通量，但开发成本高。DArT 标记则不需要已知序列信息，但对 DNA 纯度和限制性内切酶的质量要求比较高。PLUG 标记在普通小麦中不仅可以用于检测 A、B、D 基因组之间的多态性，而且还可以用于普通小麦背景中外源染色体的鉴定以及与小麦染色体组之间的共线性分析。

思 考 题

1. 名词解释：远缘杂交、异附加系、异代换系、异易位系、杀配子染色体、杀配子效应。

2. 什么是远缘杂交？远缘杂交在作物遗传育种与科学研究中的作用和意义是什么？

3. 远缘杂交障碍具体表现有哪些？如何克服远缘杂交遇到的这些障碍？

4. 远缘杂交后代性状分离的特征是什么？

5. 远缘杂交诱导单倍体的原理是什么？

6. 异附加系和异代换系在作物遗传育种中有哪些利用价值？

7. 如何鉴定外源染色质？

8. 如何创制异易位系？

参 考 文 献

［1］ 鲍文奎，严育瑞，吕知敏，等.八倍体小黑麦株高结实率和种子饱满度的遗传分析.种子，1982(01)：2-12.

［2］ 陈佩度，刘大钧.普通小麦与簇毛麦杂种后代的细胞遗传学研究.南京农业大学学报，1982，4：1-16.

［3］ 陈佩度.作物育种与生物技术.2 版.北京：中国农业出版社，2010.

［4］ 陈全战，亓增军，冯祎高，等.利用离果山羊草 3C 染色体诱导簇毛麦 4V 染色体结构变异.遗传学报，2002，29(4)：355-358.

［5］ 陈升位，陈佩度，王秀娥.利用电离辐射处理整臂易位系成熟雌配子诱导外源染色体小片段易位.中国科学 C 辑：生命科学，2008，38(3)：215-220.

［6］ 冯艳丽，武剑，王晓武.多样性序列芯片技术（DArT）的原理及应用.中国蔬菜，2010，1-6.

［7］ 盖钧镒.作物育种学各论.2 版.北京：中国农业出版社，2006.

［8］ 胡含，王恒立.植物细胞工程与育种.北京：北京工业大学出版社，1990：132-139.

［9］ 胡含.小麦花药培养，植物体细胞遗传与作物改良.北京：北京大学出版社，1986.

［10］ 黄清渊，徐汉卿，陈佩度，等.大麦与簇毛麦杂交有性过程的研究.南京农业大学学报，1990，19-24.

［11］ 孔芳，王海燕，王秀娥，等.加州野大麦染色体 C- 分带、荧光原位杂交及其核型分析.草地学报，2007，15(2)：103-108.

［12］ 李炳林，张伯静，张新润，等.亚洲棉与比克氏棉杂交的研究.遗传学报，1987，2：121-126，165-166.

［13］ 李大玮，胡启德.普通小麦与四倍体球茎大麦的可交配性.植物学报，1986，25(5)：461-471

［14］ 李洪杰，朱至清，张艳敏，等.组织培养诱导的普通小麦 - 黑麦代换系和附加系分子细胞遗传学检测.植物学报，1998，40(1)：37-41.

［15］ 李锁平，刘大钧.节节麦 × 硬粒小麦 - 簇毛麦双二倍体杂种 F_1 可孕配子形成途径的细胞学分析.遗传学报，1993，20(1)：68-73.

［16］ 李振声.小麦远缘杂交.北京：科学出版社，1985.

［17］ 刘大钧，陈佩度.具有簇毛麦优良性状的种质资源.小麦育种通讯，1988，11-12.

［18］ 刘大钧.细胞遗传学.北京：中国农业出版社，1998.

［19］ 马莉，张克中，张启翔，等.授粉方法对克服百合 'cordelia' × 毛百合远缘杂交障碍的影响.核农学报，2008，1：28-31.

［20］ 孟金陵，孙济中．亚洲棉同源四倍体×陆地棉的胚胎发育研究．中国农业科学，1984：51-57，97-98.

［21］ 齐莉莉，陈佩度，刘大钧，等．小麦白粉病新抗源-基因 *Pm21*．作物学报，1995，21(3): 257-262.

［22］ 齐莉莉，刘大钧，陈佩度，等．从普通小麦-簇毛麦易位系中分离与抗病基因连锁的分子标志．高新技术通讯，1993(8): 31-34.

［23］ 孙济中，刘金兰，万年青，等．亚洲棉同源四倍体与陆地棉杂交和回交后代育性遗传的研究．遗传学报，1981，2:149-157，194.

［24］ 孙勇如，黄美娟，李文彬，等．粉蓝烟草与矮牵牛的属间体细胞杂种植株的再生．遗传学报，1982,9(4): 284-288.

［25］ 唐立群，肖层林，王伟平．SNP 分子标记的研究及其应用进展．中国农学通报，2012, 28(12): 154-158.

［26］ 王新望，赖菁茹，刘广田，等．小麦抑制部分同源染色体配对（*Ph1*）基因的研究．华北农学报，1997, 12(1): 34-40.

［27］ 王耀南，陈佩度，刘大钧．巨大冰麦草种质转移给普通小麦的研究 I.（普通小麦 × 巨大冰麦草）F1 的产生．南京农业大学学报，1986,9(1): 10-14.

［28］ 翁益群，刘大钧．鹅观草（*Roegneria* C.Koch）与普通小麦（*Triticum aestivum* L.）属间杂种 F1 的形态、赤霉病抗性和细胞遗传学研究．中国农业科学，1989,22(5): 1-7.

［29］ 袁建华，陈佩度，刘大钧．利用杀配子染色体创造普通小麦-大赖草异易位系．中国科学，2003, 33(2): 110-117.

［30］ 张爱民，童依平，王道文．小麦遗传育种学家李振声．遗传，2008，1239-1240.

［31］ 张天真．作物育种学总论．3 版．北京：中国农业出版社，2011.

［32］ 张学勇，陈淑阳，李振声．普通小麦异代换系的产生和利用．遗传，1990(04): 40-44.

［33］ 张增艳，王丽丽，辛志勇，等．中间偃麦草染色体 2Ai-2 特异 PCR 新标记的建立和 St 基因组特异序列的克隆．遗传学报，2002，627-633.

［34］ 赵仁慧，刘炳亮，寿路路，等．分子标记辅助聚合抗小麦黄花叶病和白粉病育种．麦类作物学报，2017, 37(12): 1541-1549.

［35］ 裴新梧，倪建福，仲乃琴，等．用改良缺体回交法选育小麦-黑麦异代换系．甘肃农业科技，1995，6: 3-4.

［36］ Beliveau B J, Joyce E F, Apostolopoulos N, et al. Versatile design and synthesis platform for visualizing genomes with oligopaint FISH probes. Proceedings of the National Academy of Sciences, 2012, 109: 21301-21306.

［37］ Braz G T, He L, Zhao H, et al. Comparative Oligo-FISH mapping: an efficient and powerful methodology to reveal karyotypic and chromosomal evolution. Genetics, 2018, 208: 513-523.

［38］ Chen P D, Qi L L, Zhou B, et al. Development and molecular cytogenetic analysis of wheat-*Haynaldia villosa* 6VS/6AL translocation lines specifying resistance to powdery mildew. Theoretical and Applied Genetics, 1995, 91: 1125-1128.

［39］ Chen P D, Tsujimoto H, Gill B S. Transfer of Ph (I) genes promoting homoeologous pairing from *Triticum speltoides* to common wheat. Theoretical and Applied Genetics, 1994, 88: 97-101.

［40］ Cheng Z K, Buell C R, Wing R A, et al. Resolution of fluorescence in-situ hybridization mapping on rice mitotic prometaphase chromosomes, meiotic pachytene chromosomes and extended DNA fibers. Chromosome Research, 2002, 10: 379-387.

［41］ Endo T R, Yamamto M, Mukai Y. Structural changes of rye chromosome 1R induced by a gametocidal chromosome. The Japanese Journal of Genetics, 1994, 69: 13-19.

［42］ Endo T R. Introduction of chromosomal structural changes by a chromosome of *Aegilops cylindrical* L. in common wheat. Journal of Heredity, 1988, 79: 366-370.

［43］ Gupta P K, Priyadarshan P M. Triticale: present status and future prospects. Advances in Genetics, 1982, 21: 255-345.

［44］ Gupta S B, Gupta P. Selective somatic elimination of nicotiana glutinosa chromosomes in the F_1 hybrids of *N. suaveolens* and *N. glutinosa*. Genetics, 1973, 73: 605-612.

［45］ Han Y, Zhang T, Thammapichai P, et al. Chromosome-specific painting in Cucumis species using bulked oligonucleotides. Genetics, 2015, 200: 771-779.

［46］ Hart G E. Hexaploid wheat. In: Tanksley S L & Orton T G (Eds). Isoenzymes in plant genetics and breeding. part B, 1983, 35-36. Elsevier, Amsterdam.

［47］ Ishikawa G, Nakamura T, Ashida T, et al. Localization of anchor loci representing five hundred annotated rice genes to wheat chromosomes using PLUG markers. Theoretical and Applied Genetics, 2009, 118: 499-514.

［48］ Ishikawa G, Yonemaru J, Saito M, et al. PCR based landmark unique gene (PLUG) markers effectively assign homoeologous wheat genes to A, B and D genomes. BMC Genomics, 2007, 8: 135.

［49］ Islam A K M R, Shepherd K W, Sparrow D H B. Production and characterization of wheat-barley addition lines. Proc 5th Int Wheat Genetics Symp, New Delhi, 1978, 365-371.

［50］ Lapitan N L V, Sears R G, Gill B S. Translocations and other karyotypic structural changes in wheat × rye hybrids regenerated from tissue culture. Theoretical and Applied Genetics, 1984, 68: 547-554.

［51］ Larkin P J, Scowcroft W R. Somaclonal variation-a novel source of variability from cell cultures for plant improvement. Theoretical and Applied Genetics, 1981, 60: 197-214.

［52］ Laurie D A, Bennett M D, 傅杰. 小麦 × 玉米杂交与单倍体小麦植株的产生. 麦类作物学报，1990, 4: 19-21.

［53］ Li H H, Jiang B, Wang J C, et al. Mapping of novel powdery mildew resistance gene(s) from *Agropyron cristatum chromosome* 2P. Theoretical and Applied Genetics, 2017, 130: 109-121.

［54］ Li J J, Endo T R, Saito M, et al. Homoeologous relationship of rye chromosomes arms as detected with wheat PLUG markers. Chromosoma, 2013, 122: 555-564.

［55］ Li K P, Wu Y X, Zhao H, et al. Cytogenetic relationships among Citrullus species in comparison with some genera of the tribe Benincaseae (Cucurbitaceae) as inferred from rDNA distribution patterns. BMC Evolutionary Biology, 2016, 16: 85.

［56］ Lukaszewski A J. A comparison of several approaches in development of disomic alien addition lines of wheat. Proc. 7th Int. Wheat Genet. Symp, Cambridge, England, 1988, 363-367.

［57］ Mcclintock B. Mechanisms that rapidly reorganize the genome. Stadler Genetics Symposia, 1978.

［58］ Murray T D, Pena R C, Yildirim A, et al. A new source of resistance to *Pseudocercosporella herpotrichoides*, cause of eyespot disease of wheat, located on chromosome 4V of *Dasypyrum villosum*. Plant Breeding, 1994, 113: 281-286.

［59］ Orton T J. Chromosomal variability in tissue cultures and regenerated plants of Hordeum. Tag. theoretical & Applied Genetics. theoretische Und Angewandte Genetik, 1980, 56(3): 101-12.

［60］ Riera-Lizarazu O, Rines H W, Phillips R L. Cytological and molecular characterization of oat × maize partial hybrids. Theoretical and Applied Genetics, 1996 93: 123-135.

［61］ Riley R. Introduction of yellow-rust resistance of *Aegilops comosa* into wheat by genetically induced homoeologous recombination. Nature, 1986, 217: 383-384.

［62］ Rines H W, Phillips R L, Kynast R G, et al. Addition of individual chromosomes of maize inbreds B73 and Mo17 to oat cultivars Starter and Sun Ⅱ: Maize chromosome retention, transmission, and plant phenotype. Theoretical and Applied Genetics, 2009, 119: 1255-1264.

［63］ Sears E R. The transfer of leaf-rust resistance from *Aegilops umbellulata* to wheat. In: Sakamoto S (eds). Genetics in plant breeding. Brook-haven Symp, 1956, 1-22.

［64］ Shan X, Blake T K, Talbert L E. Conversion of AFLP markers to sequence-specific PCR markers in barley and wheat. Theoretical and Applied Genetics, 1999, 98: 1072-1078.

［65］ Sharma D, Knott D R. The transfer of leaf rust resistance from *Agropyron* to *Triticum* by irradiation. Can J Canadian Journal of Genetics and Cytology 1966, 8: 137-143.

［66］ Shi F, Endo T R. Genetic induction of chromosomal rearrangements in barley chromosome 7H added to common wheat. Chromosoma, 2000, 109: 358-363.

［67］ Siddiqui K A, Jones J K. Genetic necrosis in *Triticum × aegilops* pentaploid hybrids. Euphytica, 1969, 18: 71-78.

［68］ Sun H J, Song J J, Lei J, et al. Construction and application of oligo-based FISH karyotype of *Haynaldia villosa*. Journal of Genetics and Genomics, 2018, 45: 463-466.

［69］ Tiwari V K, Wang S C, Sehgal S, et al. SNP Discovery for mapping alien introgressions in wheat. BMC Genomics, 2014, 15: 273.

［70］ Tsujimoto H, Tsunewaki K. Hybrid clysgenesis in common wheat caused by gametocide gene. The Japanese Journal of Genetics, 1985, 60: 565-578.

［71］ Wang H Y, Dai K L, Xiao J, et al. Development of intron targeting (It) markers specific for chromosome arm 4vs of *Haynaldia villosa* by Chromosome Sorting and Next-Generation Sequencing. BMC Genomics, 2017, 18: 167.

［72］ Wang Y J, Quan W, Peng N N. Molecular cytogenetic identification of a wheat-*Aegilops geniculata* Roth 7M^g disomic addition line with powdery mildew resistance. Molecular breeding, 2016, 36: 40

［73］ Yang X, Wang C, Li X, et al. Development and molecular cytogenetic identification of a novel wheat-*Leymus mollis* Lm#7Ns (7D) disomic substitution line with stripe rust resistance. PLOS One, 2015, 10(10): e0140227.

［74］ Yildirim A, Jones S S, Murray T D. Mapping a gene conferring resistance to *Pseudocercosporella herpotrichoides* on chromosome 4V of *Dasypyrum villosum* in a wheat background. Genome, 1998, 41: 1-6.

［75］ Zhang Q P, Li Q, Wang X E, et al. Development and characterization of a *Triticum aestivum-Haynaldia villosa* translocation line T4VS·4DL conferring resistance to wheat spindle streak mosaic virus. Euphytica, 2005, 145: 317-320.

［76］ Zhang X D, Wei X, Xiao J, et al. Whole genome development of intron targeting (IT) markers specific for *Dasypyrum villosum* chromosomes based on next-generation sequencing technology. Molecular Breeding, 2017, 37: 115.

［77］ Zhao R H, Wang H Y, Xiao J, et al. Induction of 4VS chromosome recombinants using the CS ph1b mutant and mapping of the wheat yellow mosaic virus resistance gene from *Haynaldia villosa*. Theoretical and Applied Genetics, 2013, 126: 2921-2930.

第11章 倍性育种

染色体是遗传物质的载体，染色体数目的变化常导致作物形态、解剖、生理生化等诸多遗传特性的变异。各种作物的染色体数是相对稳定的，但在人工诱导或自然条件下也会发生改变。倍性育种就是研究作物染色体倍性变异的规律，并利用倍性变异选育新品种的方法。倍性育种是以人工诱发作物染色体数目发生变异后所产生的遗传效应为根据的育种技术，目前最常用的是整倍体，其中有 2 种形式，一是利用染色体数加倍的多倍体育种，二是利用染色体数减半的单倍体育种。

11.1 多倍体育种

11.1.1 植物多倍体与植物进化

在人类赖以生存的栽培作物中，就其染色体组的类型而言，既有二倍体如水稻、玉米、高粱、谷子、大麦、亚洲棉、草棉、白菜型油菜、芝麻、向日葵、黄麻和甜菜等，也有多倍体如普通小麦、甘薯、马铃薯、陆地棉、海岛棉、花生、甘蓝型油菜和芥菜型油菜等。丹麦的 Winge 早在 1917 年便提出了多倍体植物形成学说。20 世纪 20 年代后证实了植物界的多倍体物种是由两个或两个以上的二倍体物种经自然杂交和染色体加倍演化而成的。既然植物本身能自发产生如此丰富多彩的多倍体物种，只要人们发现和掌握了多倍体形成的规律，便可在较短的时间里创造出更多、更好的多倍体物种或类型，为人类造福。

11.1.1.1 多倍体的概念

任何物种的体细胞染色体数目（$2n$）都是相当稳定的。一个属内各个种所特有的、维持其生活机能的最低限度数目的一组染色体，叫染色体组（genome）。各个染色体组所含有的染色体数目称染色体基数 X（the basic number of chromosome in single genome）。多数植物属内的物种染色体含有共同的基数，如小麦属为 7，玉米属为 10，稻属为 12，棉属为 13，甘薯属为 15。但有的植物属内存在几个染色体基数不同的种，如芸薹属有 3 个二倍体基本种，即 8 对染色体的黑芥（*Brrassia nigra*）、9 对染色体的结球甘蓝（*B. oleracea*）和 10 对染色体的普通油菜（*B. campestris*），它们染色体组的基数分别为 8、9 和 10。此外，同一科或同一属的植物种或变种在染色体数目上还表现出倍性的变异，如茄属的马铃薯有二倍体（$2X=24$）、三倍体（$3X=36$）、四倍体

（4X=48）和五倍体（5X=60）等。

多倍体（polyploid）是指体细胞中有 3 个或 3 个以上染色体组的植物个体。在具有单一染色体组的物种中，以基数为单位增加其同源染色体的多倍体称为同源多倍体；包含 2 个及 2 个以上染色体组的称为异源多倍体。多倍体广泛存在于植物中。据估计，被子植物中约 50% 以上是多倍体，禾本科中 75% 为多倍体，豆类中 18% 为多倍体，草类中有的物种 80% 为多倍体。蓼科、景天科、蔷薇科、锦葵科、禾本科和鸢尾科中多倍体最多。许多农作物及果树、蔬菜为多倍体，如小麦、燕麦、棉花、花生、烟草、甘薯、马铃薯、甘蔗、苜蓿、山药、韭菜和香蕉等均为天然的多倍体作物。

11.1.1.2　多倍体的种类

根据染色体组的来源，自然界存在的多倍体可分为同源多倍体和异源多倍体 2 大类。

1）同源多倍体

同源多倍体（autopolyploid）是指体细胞中染色体组相同的多倍体。大多是由二倍体直接加倍而来，是原个体染色体组本身的倍增。如四倍体水稻（2n=4X=48，AAAA）、四倍体黑麦（2n=4X=28，RRRR）。在栽培作物中，香蕉是同源三倍体，马铃薯和苜蓿是同源四倍体，甘薯是同源六倍体。同源多倍体中最常见的是同源三倍体（autotriploid）和同源四倍体（autotetraploid）。

与二倍体相比，同源多倍体常具有下列特征：

（1）同源多倍体生物学性状巨型化

同源多倍体最显著的效应是细胞增大。由于细胞体积增大，有时会产生某些植株、器官和细胞巨型化及生理代谢产物（如维生素、生物碱、蛋白质、糖和脂肪等）明显增加，但这种"巨型"性以 2X 到 5X 递增最强，超过 5X 后，又呈递减趋势。并不是倍性越高越有利。因为，植株的体积不仅取决于细胞体积，而且也取决于细胞的数目。通常同源多倍体的细胞生长速率相对较慢。大多数植物诱导成多倍体后，表现叶片变宽变厚、叶色变深，气孔、花粉粒变大，花瓣、果实和种子等器官增大，但有结实率低、种子不饱满等缺点。不同的植物表现的性状特点也不完全一致。以花粉培养获得粳稻 02428 的单倍体、二倍体和四倍体植株为材料，测定了染色体的倍性与若干性状的关系。结果表明，气孔大小、比叶重（鲜重 / 单位面积）随染色体倍性的增加而递增；而单位面积的气孔数量有递减的趋势；叶绿素含量与染色体倍性无明显的相关性；剑叶净光合作用速率随染色体倍性的增加而增加。莴苣四倍体的维生素 C 含量比二倍体高 50%；四倍体莳萝氨基酸含量比二倍体高 9.35%，叶绿素含量高 1.2～2.0 倍。四倍体桑树与二倍体相比，叶片增大、叶肉增厚、叶色变深、单位面积叶重高、充实度高、饲料利用率高，但发条数少、枝条矮壮、桑叶产量低、花粉粒萌发率低、种子结实性和质量差。

（2）同源多倍体的育性差，结实率低

由于染色体数量增多，细胞核与细胞质比例关系的变化、减数分裂过程中染色体联会和分离的不规则性、基因的剂量效应和基因互作等原因，破坏了原有的遗传和生理代谢平衡，同源多倍体常表现出育性差、结实率低。但育性和结实性降低的程度因基因型的不同有较大差异，如同源多倍体玉米的育性较二倍体下降 85%～95%，同源四倍体非洲棉则几乎不育。奇倍数的同源多倍体育性更低，如同源三倍体一般是高度不育的。

（3）大多数同源多倍体是无性繁殖的多年生植物

如三倍体的香蕉、苹果、梨和柑橘等，四倍体的树莓和欧洲李等，六倍体的葡萄，八倍体的草莓和凤梨等都是同源多倍体。

（4）同源多倍体的基因型种类比二倍体多

以一对等位基因 Aa 为例，二倍体基因型只有 AA、Aa 和 aa 3 种；而同源四倍体的等位基因有 4 个，其基因型便有纯显性（quadruplex AAAA）、三显性（triplex AAAa）、双显性（duplex AAaa）、单显性（simplex Aaaa）和无显性（nulliplex aaaa）5 种。

（5）同源多倍体达到遗传平衡的时间长

二倍体在一定条件下只需经过一代随机交配，后代便可达到遗传平衡；而多倍体则需经若干代才能达到遗传平衡。杂合体自交时，多倍体后代中纯合体的概率也少于二倍体。

2）异源多倍体

异源多倍体（allopolyploid）是指由 2 个或 2 个以上不同染色体组所形成的多倍体。大多数是由不同种、属间个体远缘杂交所获得的 F_1 杂种经染色体加倍后形成的可育杂种后代，又称双二倍体（amphidiploid）。这种多倍体广泛存在于自然界，如异源四倍体的陆地棉和海岛棉，双二倍体的油菜，异源六倍体的普通小麦等。它们在细胞遗传学上的特点是：在减数分裂时不会出现多价体，染色体配对正常，自交亲和性强，结实率较高。

异源多倍体大多数是异源四倍体或异源六倍体，少数为更高倍性的多倍体。作物中的异源多倍体有陆地棉、烟草、普通小麦和普通燕麦等。

由于异源多倍体细胞中染色体能够配对，故形成的配子是可育的，大多数异源多倍体的育性正常。但有的异源多倍体如异源四倍体水稻（AACC）和异源六倍体水稻（AACCDD）存在不育的现象，这可能和基因型的差异有关。

多倍体除上述 2 种主要类型外，由于染色体组的分化，还有区段异源多倍体、同源异源多倍体和倍半二倍体。

3）区段异源多倍体

区段异源多倍体（segmental allopolyploid）是指具有相当数目的同源染色体区段甚至整个染色体，但相互间又有大量不同的基因或染色体区段，如 BBB_1B_1 是由 2 个物种的种间杂交而来的多倍体，这 2 个物种的染色体相似程度足以使之配对，但又不足以使它们彼此自由地交换遗传物质。

4）同源异源多倍体

同源异源多倍体（autoallopolyploid）是指同时具有同源和异源多个染色体组的细胞或个体，是一种存在于六倍体或更高水平的多倍体类型，它结合了同源多倍体和异源多倍体两种类型的特征。如梯牧草（*Phleum pretense*, $6X=42$）的染色体组型是 AAAABB，其 A 组染色体像节节梯牧草（*P. nodosum*），B 组染色体像高山梯牧草（*P. slponum*），称为同源异源六倍体。

5）倍半二倍体

倍半二倍体（sesquidiploid）是一种过渡类型的多倍体。它是由二倍体物种和一个包含这个二倍体染色体组的异源四倍体物种杂交形成的新物种（图 11-1）。

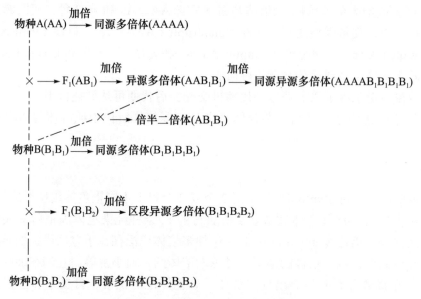

图 11-1　各种多倍体的关系示意图

11.1.1.3　植物多倍体与植物进化

在自然界，多倍体植物很普遍，最常见的是四倍体和六倍体。在禾本科里约有 3/4 的物种是多倍体。据 FAO（1962）对 268 个植物属的统计，大约有 70% 的属都带有某种程度的天然多倍性特征，其中异源多倍体比同源多倍体更为普遍。

在植物的进化过程中，染色体多倍化现象发挥了重要作用，它不仅与许多物种的形成有关，而且对各个科和属内的进一步分化也很重要。多倍体的发展经历了不同的阶段。生物的体细胞通常有 2 组染色体（$2n$），是二倍性细胞。生殖细胞有 1 组染色体（n），是单倍性细胞。在单细胞生物中，如细菌、蓝绿藻等是通过细胞分裂进行无性繁殖的。大多数藻类植物的营养体仍是单倍体，它们的细胞也是单倍性的，但有一部分细胞能够两个两个地结合，成为二倍体细胞或结合子，在细胞内含有两组来源不同的染色体。但这种结合是暂时的，它们很快就进行减数分裂，恢复到单倍性细胞。在高等植物里，情况则有改变。二倍性结合子发育成二倍性的孢子体，并维持一个相当长的孢子体世代。孢子体世代的细胞要进行很多次均等分裂，直到产生大、小孢子之前，才发生减数分裂，恢复到单倍性细胞，进入配子体世代。由于两个性细胞的结合和减数分裂，生物界就出现了单倍的配子体世代和二倍的孢子体世代的交替现象。因此，生物的二倍性细胞是和有性过程一道出现的。而两性细胞的受精结合则可看作是多倍体发展过程中的第一个阶段。

多倍体发展的第二阶段，是由于细胞分裂时，染色体不分离而引起的。由于染色体的不分离，就出现了比二倍体倍数更高的多倍体。这大体上有 2 种情况：一种是减数分裂时，全组或部分染色体没有减数，仍停留在一个细胞核里，从而组成二倍性的生殖细胞，这种生殖细胞受精结合后就发育成多倍体；另一种是有丝分裂时，染色体虽然复制了一份，但细胞本身没有相应地发生分裂，从而在细胞核里包含了比原来多一倍的染色体，成为多倍性细胞。由多倍性细胞发育成的有机体就是多倍体。

上述发展过程表明，多倍体是由二倍体进化来的。采用染色体组分析的方法，结合普通小麦、烟草与棉花等的人工合成，证明了多倍体物种是由不同的二倍体物种远缘杂交而成的。二维码 11-1 是小麦属物种由二倍体进化到四倍体再进化到六倍体的可能过程。这里要指出，染色体自然加倍的外部原因可能与细胞分裂时受到环境条件变化的影响有关。如激烈的温度变化（酷热和严寒）可能阻止小麦、水稻和黑麦等作物的正常细胞分裂，促使染色体数未减半或使染色体数增加，从而形成多倍体。

二维码 11-1　普通小麦进化过程示意图（引自 Marcussen, Science, 2014）

BapaHOB 等的试验表明，马铃薯（*S. uallis-mexici*）移到帕米尔高原后，由于当地特殊气候条件的影响，产生了六倍体马铃薯类型。据 Tichler 等的调查结果表明，接近植物分布边缘地区（如北极、沙漠和高山等）的多倍体比例较高，这既表明自然界产生多倍体的某些外部原因，也表明有些多倍体植物有适应不利自然条件的能力而被自然选择保留，并进而发展成新的变种或物种。

11.1.2　多倍体的诱导与育种

在园艺作物中，人们对多倍体的利用由来已久，如三倍体的香蕉、苹果、柑橘和梨等，四倍体的树莓、马铃薯和欧洲李等，八倍体的草莓、凤梨和大量的花卉等。但有意识地创造多倍体在 20 世纪才有了较大发展。目前世界上有 1 000 多种植物获得了人工多倍体，如葡萄、黄瓜、甜瓜、番茄、芹菜、萝卜、莴苣、菊花、百合和一串红等。多倍体频率最高的是多年生草本，其次是一年生草本。如香蕉、草莓、菊花和马铃薯等都是多倍体。苹果、梨、葡萄、柑橘、大丽菊、郁金香、山茶、百合、报春花和鸢尾等植物类型中都存在相当多的多倍体种。

在进行多倍体育种时，首先须创造多倍体的原始材料。同源多倍体是把二倍体物种的染色体人工加倍后创制出来的。异源多倍体是先进行种间或属间杂交，然后将不育的杂种加倍后得到的。如果远缘杂交的亲本是二倍体，也可先把亲本的染色体人工加倍，创制出同源四倍体，然后再在四倍体水平上进行种间或属间杂交，所得杂种第一代就为可育的异源四倍。这种先加倍后杂交的方法，对四倍体的杂交亲本尚可应用，但当倍数更高时，因加倍困难，加倍后生长发育不正常，难以杂交，所以就不适用了。

人工诱导多倍体是现代作物品种改良的重要途径之一。基本原理是在细胞分裂时利用物理、化学或生物学的方法增加细胞中的染色体数。最初人工诱导多倍体的方法主要是物理方法。1937 年，秋水仙碱在染色体加倍中的作用被发现后便逐渐成为诱发作物多倍体的主要手段。

11.1.2.1　人工诱导多倍体的途径

1）物理因素

物理因素有温度激变，机械创伤，电离射线、非电离射线和离心力作用等。早期多倍体育种主要采用这种物理因素诱导技术。Marehal 等（1909）在藓类中采用切段法，利用愈伤组织的再生作用获得多倍体。植物组织在创伤后，往往在愈合处发生不定芽，其中有些不定芽染色体数加倍了，由此发育成多倍体。Winklei 等（1916）曾用这种方法在茄科植物中获得多倍体。用反复摘心的方法也可促使多倍体产生。Greenle 等切除烟草的顶端生长点，用生长素处理切口表面，刺激愈伤组织形成，愈伤组织再生新芽中发现多倍体。类似的方法在油菜、甘蔗、马铃薯和白菜等多种作物中取得了成功。

温度的变化能够诱发多倍体的产生。利用温度激变诱导多倍体方面，如 Randolph 用 43～45℃ 高温处理新形成的玉米结合子，获得四倍体植株。从授粉到结合子第一次分裂期间，利用高温和变温的方法也曾使硬粒小麦、普通小麦及黑麦等产生出多倍体植株。据报道，由于莫斯科昼夜温差大，尤其是夜间的低温，曾使烟草种间杂种的后代产生双二倍体。

利用机械创伤与温度激变等虽可使植物染色体数加倍，但是频率较低。至于用 X 射线、γ 射线在促使染色体数目加倍的同时，也引起了基因的突变，所以对创造多倍体原始材料是不理想的。

2）化学因素

化学因素包括用秋水仙碱、富民隆、萘嵌戊烷、氧化亚氮（N_2O）和吲哚乙酸等诱导处理正在分裂的细胞产生多倍体，是目前最常用的技术。

（1）秋水仙碱

在植物的诱变剂中，以秋水仙碱效果最好，应用得也最多。秋水仙碱是百合科植物秋水仙（*Colchicum autumnale*）的根、茎和种子等器官中提取出来的一种成分。秋水仙碱是淡黄色粉末，纯品为针状结晶体，性极毒，易溶于水、酒精、氯仿和甲醛中，不易溶解于乙醚、苯中。秋水仙碱的作用机理是：它能特异性地与微管蛋白分子结合抑制纺锤丝的形成，但不影响染色体的复制。因此复制的染色体不能移向细胞的两极，使细胞中染色体数目加倍而形成多倍体。秋水仙碱在适当的浓度内对植物细胞基本无毒害作用，遗传上一般不发生其他变异。当处理后，用清水洗净秋水仙碱的残液，细胞分裂通常可恢复正常。秋水仙碱一般用水溶液，配制时，可将秋水仙碱直接溶于冷水中，或以少量酒精为溶媒，然后再加冷水。一般是先配成浓度高的母液，到临用时再加蒸馏水稀释到需要的浓度。母液或稀释液宜盛在有色玻璃瓶内，不要受阳光直射，最好置于暗处，盖子盖紧，减少与空气接触，这样可以较长时期保存，不致减少药效。用过的溶液经过滤后仍可应用，但其浓度已有改变。秋水仙碱除了配成水溶液外，也可稀释于低浓度酒精、10% 的甘油或水溶液中，制成羊毛脂膏、琼脂或凡士林。

通常以植物茎端分生组织和发育初期幼胚为主要对象，花分生组织也可作为处理对象。不同的材料处理时间也不同，一般处理 24 h 以上，浓度低处理时间长，浓度高则处理时间短。

秋水仙碱仅对分裂中期的细胞起作用。试验时需了解被处理细胞的分裂周期，处理时间过长，经过不止一个分裂周期，细胞内的染色体加倍次数就在 1 次以上。据 Levan（1938）观察，洋葱根尖处理 7~30 min，即有少数细胞由 $2X$ 变为 $4X$；处理时间延长到 1~2 h，$4X$ 细胞增多；处理 72 h，最高可出现 $32X$ 的细胞。处理时间过短，只有少数细胞变为四倍体，由于二倍体细胞生长较快，四倍体细胞不易增殖，导致诱导无效。处理种子时间为 24~48 h，处理已发芽的种子或幼苗应恰当缩短时间。对根可采用间歇的处理方法，将根浸入秋水仙碱溶液中 12 h，而后在水中 12 h，交替进行，总处理时间 3~5 d。幼嫩的生长点可用点滴、涂布或用含有溶液的脱脂棉包围等方法。单子叶植物的生长点被幼叶包围，可用注射及切除幼叶等方法。

在应用秋水仙碱诱发植物多倍体时，成功与否和下列因素有关：

① 诱导浓度：不同浓度的秋水仙碱多倍体诱导效果不同。通常处理的秋水仙碱水溶液浓度为 0.01%~0.50%，以 0.20% 左右浓度应用最多。处理幼嫩的组织、器官、种苗和萌动的种子的秋水仙碱水溶液比处理干种子的浓度小。浓度过大，易导致细胞死亡。

② 处理温度：适宜的温度对于秋水仙碱的诱导效果极为关键。一般的处理温度为 18~25℃ 之间，低温阻碍细胞分裂；温度过高则对细胞有损害，可使细胞核分裂成碎片，有丝分裂不能进行。例如，山蒜（*Allium japonic*）球根在秋水仙碱浓度为 0.04%~0.20%、处理时间为 48 h 的情况下，温度低于 20℃，多倍体发生缓慢；低于 10℃ 则难以发生。

③ 处理方式：在使用秋水仙碱时，可视不同的需求配制成不同浓度剂型。常用的剂型有水溶液、羊毛脂膏、琼脂或凡士林等。

水溶液：这是最常用的剂型。配制时，可将秋水仙碱直接溶于冷水中，或以少量酒精为溶剂，而后再加冷水。一般是先配成浓度高的母液，使用时再稀释到所需要的浓度。

羊毛脂膏、琼脂或凡士林：这种剂型适宜处理生长点或幼芽。以精制羊毛脂（淡黄色软膏，熔点 40℃，不溶于水）作基质，将秋水仙碱粉末直接加进羊毛脂中搅拌均匀。或者用小研钵将一定量的羊毛脂放入，而后将秋水仙碱溶液缓慢加入，充分混合，也可将 0.8% 的琼脂溶液加入秋水仙碱溶液中，混合后凝固。

除上述 2 种方法外，还可将秋水仙碱溶解于低浓度酒精、10% 的甘油与水中。

④ 处理方法：处理方法包括浸渍法、棉花球滴浸法、涂抹法、注射法和药剂 - 培养法等，可依据情况不同选用不同的方法。

浸渍法：此法适用于处理种子、枝条和幼苗。处理种子时，可将浸泡过的种子或干种子放在铺有滤纸的培养皿或平底盘中，然后注入一定浓度（0.01%~1.00%）的秋水仙碱溶液，加盖避免蒸发，置于培养箱中保持适宜的发芽温度。发芽的种子处理数小时至数天（视种子种类而定）。秋水仙碱能阻碍根的发育，最好在发根前处理完毕，处理后用清水冲洗干净再播种或砂培。

诱导用幼根或枝条繁殖的植物时，可将幼根分生组织或幼嫩枝条浸入秋水仙碱溶液中，一般处理 1～2 d，处理后用清水彻底冲洗。为防止芽的干枯，也可先浸入秋水仙碱溶液中处理，然后移入 3% 的甘氨抗坏血酸溶液中处理一定时间，以降低秋水仙碱的毒害作用。

处理幼苗时，为避免根系受到损害，可将苗倒置，仅使茎端生长点浸入秋水仙碱溶液中。

点滴法：此法常用来处理长大的植株或木本植物的顶芽。常用的水溶液浓度为 0.1%～0.4%，每日滴一至数次，反复处理数日。也可用脱脂棉包裹幼芽，再将秋水仙碱溶液滴上。此方法可使植株未处理部位不受秋水仙碱影响。

处理禾谷类幼苗时，可将幼苗（3～4 cm）纵切至根颈部（生长点上方），使其夹住一小片滤纸，再将 0.02%～0.05% 的溶液滴到滤纸上。双子叶植物的顶芽、腋芽用脱脂棉、纱布包裹后，再将纱布的一端浸入溶液中，借毛细管作用将芽浸在溶液中。

注射法：诱导禾谷类作物宜用此法。用注射器将秋水仙碱溶液注射到分蘖部位，使再生的分蘖成为多倍体。

涂布法：将配制好的羊毛脂秋水仙碱软膏均匀涂在生长点上。

药剂-培养基法：将秋水仙碱溶液加入琼脂培养基中，将幼胚在培养基上培养一段时间，而后再移到不含秋水仙碱的培养基中。此法特别适合于远缘杂交的幼胚培养。

在实际应用秋水仙碱时，可依作物的种类、处理部位等，选用合适的方法，也可将不同的方法联合使用。总而言之，使秋水仙碱扩散到需要诱导的分化细胞部位，从而诱导出多倍体。

二甲基亚砜（dimethyl sulphoxide，DMSO）是一种有效的载体剂，能促进秋水仙碱对作物组织的渗透。一般采取 1%、2% 或 4% 的二甲基亚砜与一定浓度的秋水仙碱制成水溶液来应用，可提高染色体加倍效果。

（2）富民隆

鲍文奎等曾发现有机汞杀菌剂富民隆（或称富民农）也有较好的加倍效果，并且价格低廉。富民隆是对甲苯磺酰苯胺基苯汞（phenylmercury-p-toluene sulfon anilide），为灰白色粉末，基本上不溶于水。北京市农业科学研究所作物室曾用富民隆处理水稻、黑麦及小黑麦杂种 F_1 等的种芽，染色体加倍成功。

（3）萘嵌戊烷

萘嵌戊烷（苊，acenaphthene）是一种化学诱变剂，无色结晶，不溶于水，能溶于乙醚、乙醇和氯仿等溶剂中。它有升华的性质，所以常用其饱和蒸气对植物生长部分进行处理。据 TepHOBCKHH 报道，在诱导烟草种间杂种的多倍体时，如处理恰当，效果不次于秋水仙碱。

除了上述化学药剂外，其他如吲哚乙酸（IAA）、氧化亚氮（N_2O）等也可使植物染色体数目加倍。

3）生物学因素

生物诱导主要包括有性杂交、胚乳培养、细胞融合和体细胞无性系变异等产生多倍体技术。

（1）有性杂交

有性多倍化比体细胞多倍化有更多的生物学优点，如更高的杂合性和更高的育性，且与多倍体自然形成的过程有相似之处：一是利用 $2n$ 配子，二是利用多倍体亲本。利用 $2n$ 配子，可由二倍体亲本育成多倍体。以结球白菜四倍体为母本与二倍体的父本杂交，从后代中获得的四倍体与四倍体的母本相比，其经济性状得到显著改善。如何诱导 $2n$ 配子的形成，一度成为育种家研究的重要内容，如用高压电场处理花粉、用 γ 射线照射花粉、在第一次减数分裂阶段把秋水仙碱引入芽内等方法来诱导 $2n$ 配子的形成。目前尚缺乏诱导 $2n$ 配子的成熟方法。由于 $2n$ 配子的产生，任何杂交组合均可能得到多倍体。不同倍性的亲本间杂交成功的可能性，与亲本的选择、正交或反交等因素有关，故选择适宜的杂交组合是很重要的。如在三倍体西瓜育种中，一般应选杂交受精率高、果皮薄的小籽的四倍体为母本和二倍体父本杂交。

（2）胚乳培养

在被子植物中，胚乳是双受精的产物。当雄配子进入胚囊时，由两个极核和一个雄配子融合而形成的胚乳核发育成胚乳，所以在倍性上大多属于三倍体。在获得的胚乳再生植株中，已有猕猴桃、枸杞的试管苗大量移栽成活并开花结果的实例。

（3）细胞融合

细胞融合程序大致为：制备亲本的原生质体；原生质体融合、培养、再生植株；杂种鉴定。融合中最关键的是核融合。根据核融合的情况不同，将细胞融合形成的再生植株分为 4 类：① 亲和的细胞杂种。具有双亲全套染色体。② 部分亲和的细胞杂种。2 个亲本的染色体中有一个亲本的染色体有少量重建或重组于另一亲本的染色体中，进入同步分裂。③ 胞质杂种。一个亲本的染色体被全部排斥，但胞质是双亲的。尽管以上 3 种细胞杂种核的情况不同，但细胞质是双亲的。④ 异核质杂种。具有一个亲本的细胞核和另一亲本的细胞质。

（4）体细胞无性系变异

体细胞无性系变异是来源于体细胞中自然发生的遗传物质的变异。这种体细胞突变有时也会出现染色体数目的变异，形成多倍性芽变。如四倍体大鸭梨就是二倍体鸭梨的芽变；四倍体大粒玫瑰香是二倍体玫瑰香的芽变。除了在田间利用体细胞无性系变异，在组织培养中也可利用。原生质体及胚乳培养再生植株中也会出现染色体数目的变异，通过分析再生植株的染色体数目，可分离出多倍性变异。

另外，某些水稻双胚苗中发现了多倍体，主要是同源三倍体和同源四倍体，能够稳定遗传。刘太清（1995）发现多胚苗材料 CYAR02，能自发产生单倍体和三倍体，三倍体产生频率为 0.5%～3.0%。幼胚来源有不定胚（adventitious embryo）、助细胞胚和卵细胞孤雌生殖等途径。马铃薯育种方面，荷兰瓦赫宁根农业大学育种系培育出了目前世界上著名的 5 个产生高频率 $2n$ 配子的基因型种质材料，中国农业科学院蔬菜花卉研究所将其引入后加以改良，使其自然条件下产生 $2n$ 配子的频率提升至 8.06%。

11.1.2.2　多倍体的倍性鉴定

植株经处理后，是否已变成多倍体，还需进行鉴定。鉴定的方法有直接鉴定法和间接鉴定法。直接鉴定法是对加倍后的花粉母细胞或根尖细胞进行染色体数目的鉴定，凡染色体数目比原始数目倍增了的即为多倍体。间接鉴定法是根据处理材料的育性、形态特征及生理特性等进行比较鉴定。

异源多倍体与同源多倍体的鉴定方法略有不同。异源多倍体一般较易鉴定，因为由染色体数加倍成功的细胞所产生的花粉有一定程度的可育性；育性是一个易于识别而又可靠的标志。如处理成功的小黑麦杂种第一代，其一部分小穗在开花时就会出现正常的花药并散出花粉，结成种子。由这些种子长成的植株几乎都是染色体加倍了的异源六倍体或八倍体小黑麦。这与检查花粉母细胞的结果是一致的。

同源多倍体可根据形态上的变化来鉴定，如叶片颜色是否较深，叶形有无变化，叶绿体数目是否增加，气孔及花粉粒是否变大等。最明显的变化是花器和种子显著增大，但结实率往往下降。如果出现这些植株，一般认为处理已成功，但是否就此得到同源多倍体，还需在下一代进一步鉴定。因为由大花结出的这些大粒种子，其胚细胞可能只含有原来的染色体数。只有到下一代，当这些种子所长成的植株在形态上已与原来的大不相同，而且所结种子都是大粒型的，才算得到了同源多倍体。这些形态上的变化与染色体数目的倍增情况相符，所以对一个物种来说，当形态鉴定取得经验后，即可省去大量的细胞学镜检工作。

11.1.2.3　多倍体育种要点

人工诱变多倍体只是多倍体育种工作的开始。因为任何一个新诱变成功的多倍体都是未经筛选的育种原始材料，必须进行选择、加工才能在生产上应用。开展多倍体育种时，诱变的多倍体群体要大，并应包括丰富的基因型，在这样的群体内才能进行有效的选择。人工诱导的多倍体材料，往往各具有不同的优缺点。如人工合成的异源多倍体小黑麦，虽有穗子大、长势旺、抗病力强等优点，但也有结实率低、种子不饱满、某些农艺性状不理想等缺点。同源四倍体水稻虽具有茎秆粗壮、籽粒大、蛋白质含量高等优点，但分蘖力差，穗数和穗粒数少，丰产性也不如原来的二倍体，难以直接用于生产。所以，获得的多倍体类型不一定就是优良的新品种，还需要选择，淘汰无育种价值的劣变，选择农艺性状优良的类型，最终培育成新品种。当然，也可以进行不同多倍体品系间的杂交，在众多后代群体中严格筛选出综合性状优良的植株，逐步克服多倍体所存在的缺点，培育出具有生产效益的新品种、新作物。

在进行多倍体育种时，应考虑物种染色体最适宜数目的问题，并不是倍性越高越好，而是有其最适的倍性范围。一般认为，染色体数少的作物比染色体数多的作物可能对染色体加倍的反应好，特别是二倍体作物较易诱变成多倍体。已经是异源多倍体的作物再加倍染色体数意义不大，因为它们对加倍不大可能再有明显的有利反应。

11.1.2.4 人工诱导多倍体的成功实例

1）异源多倍体

从 1875 年国外开始小黑麦育种工作以来，国内外先后用小麦属中的四倍体硬粒小麦、波兰小麦（*T. polonicum* L.）和六倍体的普通小麦等与二倍体的黑麦杂交，经染色体加倍和反复选育而育成的异源多倍体小黑麦，是多倍体育种的突出成果。异源多倍体小黑麦具有黑麦的抗寒、抗旱、抗病、耐瘠薄和耐盐碱等优点，又具有小麦丰产、优质的特点，已在 50 多个国家推广了 100 多个品种，种植面积约 330 万 hm²（第五届国际小黑麦会议，2002）。在我国，小黑麦目前多用于青贮饲料，主要分布在新疆、内蒙古、宁夏、贵州和黑龙江等地，种植面积近 30 万 hm²。

小黑麦有 3 种基本类型：① 初级小黑麦（primary triticales），它是直接由小麦和黑麦杂交得到的；② 次级小黑麦（secondary triticales），它是由相同或不同倍性的初级小黑麦相互杂交获得的；③ 代换型小黑麦（substitutional triticales），它是由某一染色体组的一些染色体代替了正常六倍体小黑麦中的某些染色体而获得的。如 CIMMYT 早期育成的六倍体小黑麦 Armadillo，其黑麦染色体组的 2R 染色体被小麦的 2D 染色体取代后（Gustafson，1973），产量和品质得到很大改善，对光周期不敏感，并含有 1 个从小麦亲本导入的矮秆基因（Zillinsky，1974）。

根据染色体组数不同，小黑麦又可分为四倍体小黑麦、六倍体小黑麦、八倍体小黑麦和十倍体小黑麦，目前在生产上应用的主要有 2 种类型：一种是国外栽培最多的六倍体小黑麦（AABBRR），它是由四倍体小麦与二倍体黑麦杂交，F₁ 染色体加倍后育成的；另一种是中国农业科学研究院鲍文奎等选育的八倍体小黑麦（AABBDDRR），它是由六倍体普通小麦和二倍体黑麦杂交，F₁ 染色体加倍后育成的，目前主要在云贵高原、黑龙江和内蒙古交界等地区推广。因为四倍体硬粒小麦的面粉发酵性能不好，不适于制作面包和馒头，所以，由它合成的六倍体小黑麦也有这一缺点，其面粉品质不如八倍体小黑麦。

小黑麦的优点是抗逆性强，能适应寒冷和干旱的气候条件。除此之外，小黑麦还耐瘠薄、抗白粉病。在品质性状上，小黑麦结合了小麦蛋白质含量高和黑麦赖氨酸含量高的特性。六倍体小黑麦与八倍体小黑麦的共同缺点是原始品系结实率低、饱满度差，综合农艺性状不理想。六倍体小黑麦缺少 D 染色体组，烘烤品质不够理想，需要通过育种技术进行改良，将小黑麦与普通小麦杂交或进行不同的小黑麦品种间杂交，在杂种后代中进行选育，以获得优良品种。

2）同源三倍体

如三倍体甜菜是由二倍体甜菜加倍成四倍体后与二倍体甜菜杂交育成的。因在减数分裂时产生的染色体不平衡，所以三倍体甜菜完全不育或育性很低；但它生长快、营养体生长繁茂、体积大、块根糖分含量高、产量高，抗褐斑病性强。许多欧洲国家生产上使用的甜菜品种都是三倍体。在法国，由于三倍体杂交种的推广，使甜菜块根产量由原来使用二倍体时的 27.04 t/hm² 增长到 59.25 t/hm²（1991—1995 年），增长了 1.19 倍，块根含糖量由 16.87% 增长到 17.86%，产量由原来的 4.57 t/hm² 增长到 10.58 t/hm²，增长了 1.32 倍（Lespreg，1995）。日本木下俊郎等（1969）试验结果表明，三倍体甜菜与其亲本相比，单位面积的块根产量高出 26.5%，粗糖产量高出 33.7%。我国于 20 世纪 60 年代开始选育四倍体甜菜，通过二倍体材料诱导和四倍体重组育成'双丰 1 号''范育 1 号''内蒙古 5 号''TB02'和'石甜 4-2'等一批优良四倍体品系，在此基础上开展了三倍体甜菜品种的选育。20 世纪 70 年代培育的三倍体甜菜'双丰 303'和'双丰 304'，产糖量较二倍体高 10%～20%。此后，陆续培育出一批三倍体品种。其中'双丰 305'推广面积最大，到 1994 年，累计推广面积达 110 万 hm² （李永峰，1995）。我国还育成雄性不育系与四倍体品系杂交配制的三倍体杂交种'工农 302''工农 303'及'新甜 4 号'等品种。目前，三倍体甜菜的面积已超过 50% 以上。为保证制种质量，二倍体、四倍体甜菜要在严格的隔离条件下分别繁殖制种。制种时，四倍体和二倍体亲本按 3∶1 比例相间种植。由于 n 花粉生长速度快于 $2n$ 花粉，有大量的 n 花粉参与授粉。四倍体上收获的种子，大约有 75% 是三倍体。配合标志性状的应用，就可以在生产上利用三倍体甜菜。利用甜菜的四倍体雄性不育系与二倍体杂交，产生的三倍体占 96% 左右。

三倍体西瓜是 20 世纪 40 年代培育成功的。日本的遗传学家木原均采用秋水仙碱诱导出同源四倍体西瓜，然后再与二倍体品种杂交，育出三倍体无籽西瓜。三倍体西瓜的含糖量、抗病性均有提高。目前生产上存在的主要问题是，人工诱导的四倍体结实率及结籽率迅速下降，四倍体与二倍体杂交的制种瓜中结籽率较低，仅有二倍体的 20%，三倍体种子发芽率、成苗率较低。目前，主要通过组织培养扩大种苗繁殖来解决。除西瓜外，通过秋水仙碱人工诱导，已培育出的同源三倍体或四倍体的作物还有黄瓜、南瓜、番茄、辣椒、豌豆、菠菜、芹菜、萝卜和大白菜等多种蔬菜，有些已在生产上应用。

3）同源四倍体

谷类作物同源四倍体有结实率低、籽粒不饱满和分蘖差等缺点，难以在生产上应用。同源四倍体高粱已在四倍体水平完成三系配套。用秋水仙碱已诱导出水稻的同源四倍体，从中选出不育株，正在开展三系配套研究。

最早成功投入应用的同源四倍体是四倍体黑麦。最初育成的四倍体黑麦品种'彼德库斯（Petkus）'于 1952 年起在德国大面积推广。其特点是耐高氮肥、茎秆坚硬、适于机械收割、籽粒蛋白质含量高、面包烘烤品质好。随后，在荷兰、芬兰、瑞典和苏联等国相继育成四倍体黑麦品种并在生产上大面积推广。这些品种的优点是籽粒较大、发芽力强、蛋白质含量高、烘烤品质好，缺点是分蘖少、每穗籽粒数少、籽粒不饱满。据鲍文奎等研究，四倍体黑麦在穗长、有效分蘖率、千粒重及抗旱性等方面都明显比其原始二倍体品种优越。其缺点是分蘖力较弱、秆太高、每穗结实率低、种子饱满度差、越冬性较差。四倍体黑麦必须与二倍体黑麦隔离种植，否则，由于它们之间的异花授粉，会产生不育的三倍体籽粒。

人工诱发产生的四倍体荞麦和四倍体芝麻是高度可育的。四倍体荞麦生长慢，但粒大、种子蛋白质含量高、抗倒伏、产量高。四倍体芝麻的器官及花粉粒较二倍体大，二者结实率并无差别。陕西榆林农业学校育成的同源四倍体荞麦'混选 4 号'，经多年试验，较对照增产 10%～24%，最高产量达 3 450 kg/hm²，1989 年起在陕北大面积推广。同源四倍体的黑麦草（*Lolium* spp.）秆壮、抗倒、抗病，鲜草产量比二倍体高 8%～18%，且籽粒的蛋白质含量高，适口性好。在 20 世纪 70 年代，有 40 多个品种在欧美各国推广（VanBogaert，1975）。此外，中国还育成了四倍体的饲料玉米（黑龙江畜牧所，1975）、同源四倍体的亚洲棉（刘金兰等，1984）和同源四倍体高粱（罗耀武，1985）等。

在瑞典，同源四倍体的红三叶草 Uiva 比二倍体的标准品种产量高（Muntzing，1961）。四倍体橡胶草的单株含胶量比二倍体高 25%，橡胶产量有明显提高，橡胶的聚合性也有所改进。我国薛启汉以甘薯六倍体栽培种和四倍体野生种杂交，获得了八倍体杂种植株。该八倍体植株育性正常，且在叶长、颈粗、地下块根产量性状方面明显优于双亲。甘肃农业大学（2013）利用能产生大量 2n 配子且具有良好抗低温糖化遗传背景的马铃薯原始栽培种 *S. phureja* 和野生种 *S. chacoense* 品系为父本，与国内抗旱、抗病、高产但抗低温糖化特性差的主栽品种（四倍体）杂交、回交获得抗低温糖化、适宜制作炸片的马铃薯品系。

多倍体（尤其是异源多倍体）的育种工作，是一个有待深入研究开发利用的育种领域，其任务不仅是像常规育种一样培育出可直接用于生产的新品种，而且要培育出自然界没有的新作物、新物种，其难度是可想而知的。但如果人们能将自然界形成多倍体的"经验"宝库开发出来，并借此进一步探明新物种形成和物种演化的规律，将会为人类作出更大的贡献。

11.2　单倍体育种

11.2.1　单倍体的起源及其类型

单倍体（haploid）是指具有配子染色体组的个体。

11.2.1.1　单倍体的起源

单倍体一般是由不正常的受精过程和孤雌生殖、孤雄生殖、无配子生殖等产生的。其产生的途径有自然发生和人工诱发 2 个。自然界单倍体的产生是在不正常受精过程中产生的，一般通过孤雌生殖、孤雄生殖或无配子生殖等方式产生。1921 年以来，已先后发现和报道了在玉米、小麦、水稻、烟草、棉花、黑麦、亚麻和油菜等作物中都曾发现过单倍体。据岳绍先等（1986）报道：已在 70 个属 206 种植物中获得了单倍体植株。单倍体的自然发生频率是很低的，如孤雌生殖发生的单倍体约为 0.1%，孤雄生殖的单倍体仅为 0.01%。不同物种自然发生单倍体的频率也有很大差别，如棉花一般为 0.000 33%～0.002 5%，小麦为 0.48%，甘蓝型油菜为 0～0.364%，玉米为 0.05%～1%，而一粒小麦可达到 23%～38.9%（Smith，1946），海岛棉的一些品系可达 61.8%（Turcotte 等，1963，1964）。

孤雌生殖（female parthenogenesis）是指卵细胞未经受精而发育成个体的生殖方式。孤雄生殖（male parthenogenesis）是指精子进入卵子后未与卵核融合，而卵核发生退化、解体，精核在卵细胞内发育成胚。无配子生殖（apogamy）是指助细胞或反足细胞未经受精而发育成单倍体的胚。

人工诱发单倍体的途径有远缘杂交、物理处理、化学处理、延迟授粉和双生苗的选择等。20世纪60年代以来，在很多作物上利用花药或花粉培养及染色体有选择地消失也产生了单倍体。现在产生单倍体的主要途径有孤雌生殖、染色体有选择地消失及花药、花粉培养等。

11.2.1.2　单倍体的类型

Kimber和Riley（1963）根据染色体的平衡与否，把单倍体分为整倍单倍体和非整倍单倍体2大类型。

（1）整倍单倍体

整倍单倍体（euhaploid）的染色体是平衡的。根据其物种的倍性水平又可分为单元单倍体和多元单倍体。单元单倍体（monohaploid）又称一倍体（monoploid），是由二倍体物种产生的单倍体。如玉米、水稻等的单倍体。多元单倍体（polyhaploid）又称多倍单倍体（polyhaploid），是由多倍体物种产生的单倍体。如普通小麦、陆地棉、甘蓝型油菜和芥菜型油菜等的单倍体。由同源多倍体和异源多倍体产生的多倍单倍体，分别称为同源多倍单倍体（autopolyhaploid）和异源多倍单倍体（allopolyhaploid）。

（2）非整倍单倍体

非整倍单倍体（aneuhaploid）与整倍单倍体不同，其染色体数目可额外增加或减少，而并非染色体数目的精确减半，所以是不平衡的。如果额外染色体是该物种配子体的成员，便称为二体单倍体（$n+1$，disomic haploid）；如果额外染色体来源于不同物种或属，便称为附加单倍体（$n+1$，addition haploid）；如果单倍体染色体比该物种的正常配子体的染色体组少一个染色体，便称为缺体单倍体（$n-1$，nullisomic haploid）；如果单倍体中有用外来的一条或数条染色体代替单倍体染色体组的一条或数条染色体，便称为置换单倍体（$n-1+1'$，substitution haploid）；如果单倍体中含有一些具有端粒着丝点的染色体或错分裂的产物如等臂染色体，便称为错分裂单倍体（misdiversion haploid）。

11.2.2　单倍体产生的途径和方法

作物自然产生单倍体的频率很低，更难以获得育种所需要的各种遗传组成的单倍体。因此，开展单倍体育种还应进行人工诱导，其主要途径和方法有组织和细胞的离体培养、单性生殖和体细胞染色体有选择地消失等。

11.2.2.1　组织和细胞的离体培养

（1）花药（花粉）离体培养

花粉和花药培养的实质都是通过组织培养使单倍体花粉细胞发育成单倍体愈伤组织

或胚状体，进而发育成单倍体植株。原理是植物细胞的"全能性"。其过程是把发展到一定阶段的花药（或花粉），通过无菌操作，接种到人工合成的培养基上进行培养，由于培养基中各种成分（例如各类植物激素及其配比）的作用，改变了花粉的发育途径，诱导其分化成愈伤组织或胚状体。随后，在分化培养基上使愈伤组织或胚状体再分化成完整的花粉植株。

我国在小麦、水稻、玉米、烟草、甘蔗、甜菜和油菜等 40 多种植物中获得花粉单倍体植株。其中小麦和玉米等 19 种作物的单倍体由我国率先培育成功。然而，花药培养的诱导率低，且受基因型的影响大，多数材料很难成功。目前，花药培养技术已有很大的发展，愈伤组织发生率和绿苗率都有提高，但是单倍体植株的生成率和加倍成功率仍然偏低。另外，花药培养获得的 DH 系属于随机的基因型样本，最终选育出配合力高、性状优良的自交系的概率低，这也是花药培养利用需要解决的主要问题。

（2）未受精子房（胚珠）培养

首例未受精子房培养出单倍体的作物是大麦（Sandoelml，1976，1979），而后在小麦、烟草及黄化烟草、水稻等作物中也取得成功。由未授粉胚珠培养的单倍体作物在烟草、向日葵和玉米上也获得成功。

11.2.2.2　单性生殖

1）远缘花粉刺激

通过异种、属花粉授粉诱发孤雌生殖是获得单倍体的主要途径之一。某物种的远缘花粉虽不能与其卵细胞受精，但能刺激卵细胞，使之开始分裂并发育成胚。由未受精的卵发育成的胚有可能是单倍性的。远源花粉刺激在烟草属、茄属和小麦属获得的单倍体最多。如用二倍体栽培种马铃薯富利亚（*S. phureja*，$2n=2X=24$）作为授粉者对其他任何四倍体种的马铃薯（$2n=4X=48$）授粉，可获得 40.4% 的单倍体。杜尔宾（1968）用普通小麦和硬粒小麦互为授粉者，单性生殖的诱导率可达 0.46%～2.33%。罗鹏等（1983）用白菜型油菜的朱砂油菜、鄱阳油菜等品种的花粉授在甘蓝型油菜的胜利油菜等品种上，获得了 0.83%～1.25% 的单性生殖的单倍体。

2）利用延迟授粉

去雄后延迟授粉能提高作物单倍体发生频率。由于延迟授粉，花粉管即使到达胚囊，也只有极核可能受精，形成三倍体的胚乳和单倍体的胚。日本的木原均等（1940，1942）将一粒小麦去雄后，延迟 7～9 d 授粉，虽花粉管到达胚囊，但只有极核能受精，因而形成三倍体的胚乳和单倍体的胚。从这些种子的后代中，获得了 9.1%～37.5% 的单倍体。Gerrish（1956）在 Oh43×A240 的玉米单交种中，发现果穗吐丝后第 5 天、第 9 天和第 13 天授粉的后代中，单倍体出现的频率依次为 0.074%、0.143% 和 0.533%。

3）从双生苗中选择

1 粒种子长出 2 株苗或多株苗称为双生苗（也称孪生苗或双胚苗）或多胚苗。从双胚种子中长出来的双生苗（twin seedling），可出现 n/n、$n/2n$、$n/3n$、$2n/2n$ 的各种倍性类型，其中的单倍体（n）可能来自孤雌生殖；二倍体（$2n$）可能来自助细胞受精；三倍体（$3n$）的胚可能是无配子生殖时，$2n$ 的卵细胞受精的结果，也可能是 2 个精子和 1 个正常卵细胞结合所致，或者是由胚乳产生。据川上（1967）报道，小麦属的双生苗率为 0.034%，其中能产生 $n/2n$ 的双生苗占 4.3%。Sarkar 等（1966）指出：玉米的双生苗率为 0.1%，其中 n/n 株占 30%，$n/2n$ 株占 4.1%。Harland（1938）、Endrizzi（1959）、Meyer（1970）和 А. Г. Махчудов（1978）等在海岛棉和陆地棉的双生苗中，分别获得了 87.5%、75%、30% 和 38% 的单倍体植株。也有在水稻、大麦、小麦、燕麦和黑麦双生苗中依次出现 0.019%、0.032%、0.034%、0.059% 和 0.227% 单倍体植株的报道。

4）利用半配合生殖

20 世纪 60 年代，Turcotte 等在海岛棉上发现棉花半配合（semigamy）生殖。它是一种特殊类型的有性生殖方式，也是一种不正常的受精类型。当精核进入卵细胞后，不与雌核结合，雌、雄核各自独立分裂，所形成的胚是由雌、雄核同时各自分裂发育而成，由这种杂合胚形成的种子长成的植株，多为嵌合体的单倍体。如美国 Turcotte 等（1967，1969，1974）在海岛棉品种'Pimas-1'中发现了单倍体植株，经人工加倍后获得加倍单倍体'D.H.57-4'，其自交后代可获得 31%～60% 的单倍体；以它为母本与'爱字棉44'等杂交时，F_1 出现 5.2% 的嵌合体植株，其中 81% 为单倍体；如双亲均具有半配合特性时，正、反交 F_1 有 62.3%～96.1% 为嵌合体，其中单倍体植株达 78.6%～89.3%，而在非嵌合体植株中，也出现了 11.9% 的单倍体。他们认为这一特性是由一个显性突变基因 Se 所致。

5）利用诱发（单倍体）基因及核质互作

近年来，在某些作物中发现有个别的突变基因能诱发单倍体，如 Hagberg（1980）在大麦中，发现单基因 hap 有促进单倍体形成和生存的效应。凡具有 hap 启动基因的，在原突变系中，其后代有 11%～14% 的单倍体。用纯合的 hap 为母本，与其他品种杂交时，其 F_1 可产生 8% 的母性单倍体；反交时，不产生单倍体。可见，hap 位点是通过母本起作用的。它或是防止卵细胞受精，或是刺激卵核在成熟前开始分裂。另外，它还可能促进单倍体或不平衡胚的正常发育。其 F_2 出现 2%～3% 的单倍体，在其 F_3 纯合植株有生活力的种子中有 30%～40% 是单倍体。

孤雌生殖诱导系（具有通过有性杂交诱导母本产生较高频率的单倍体种子的遗传材料）目前主要用于玉米自交系的选育，有母本单倍体诱导系和父本单倍体诱导系 2 种。

在玉米中，Kermicle（1969）发现不定配子体（indeterminate gametophyte）的 ig 基因也可产生高频率的单倍体。当用具有 igig 基因和显性遗传标记性状的品种作母本与具有 IgIg 基因和隐性标记性状的品种作父本杂交时，其后代获得了 2% 的孤雌生殖单倍体（F_1 种子没有显性性状者）。

玉米孤雌生殖诱导系为玉米单倍体育种提供了重要途径。国内常用的孤雌生殖诱导系均来源于带紫色 R-nj 基因标记的 Stock6，及其衍生系 RWS、MHI、HU400、农大高诱 1 号和吉高诱系 3 号等。这些孤雌生殖诱导系的平均诱导率在 2.52%～10.4%，诱导率在 5% 以上的诱导系已可以满足单倍体大规模诱导的需要。

Stock6 及其衍生诱导系诱导孤雌生殖的原理是：在双受精过程中，诱导系的一个精子与母本的极核结合，而另一个精子没有或不能与卵细胞结合形成受精卵，最终由卵细胞发育成单倍体植株。*R-nj* 基因控制籽粒糊粉层和胚芽色素的形成，可以使胚芽和胚乳的顶端呈紫色，如果用含有该基因的 Stock6 作父本与黄色籽粒的母本系杂交，诱导发生的单倍体胚芽呈白色，胚乳顶端呈紫色。*ABPI* 基因控制植株不定根、茎秆色素和叶鞘色素的形成，含有该基因的植株相应部位呈紫色。如果用含有 *ABPI* 基因的 Stock6 做父本与正常母本杂交，后代二倍体皆为紫色叶鞘，单倍体为绿色叶鞘。将 *R-nj* 和 *ABPI* 基因都导入 Stock6 类型诱导系，可以从籽粒和植株双显性表型上选择单倍体。用孤雌生殖诱导系诱导单倍体，能加快自交系的选育进程，缩短育种年限。近年来，在玉米自交系选育上，Stock6 及其衍生诱导系的利用备受关注，且已经开始商业化应用。

在玉米中还发现有些材料作母本与其他自交系杂交时，可诱导父本发生孤雄生殖。如自交系 W23ig（含有不定配子体突变基因 *ig*）作为母本与其他父本系杂交可以产生雄核发育单倍体，诱导率为 0～2.6%。*ig* 基因的纯合体是雄性不育的，必须在杂合状态下才能保存，这限制了它的应用。Kinder（1993）将 W23ig 与 TB-3Ld B-A 异位系杂交育成了三级三体（tertiary trisomic stock）3(ig)3(ig)B-3LD(Ig)，该三体 TB-3LD 通过花粉传递的概率只有 2%，用它对纯合的 *ig* 雄性不育系授粉产生的后代有 98% 是纯合体，所以可以作为 *ig* 雄性不育系的保持系。另外，*ig* 材料目前也已经导入了 *R-nj* 基因用于单倍体的辅助选择。

利用异种、属细胞质和核的异质作用，也可获得单倍体。据木原均和常胁恒一郎（1962）报道：一个被尾状山羊草（*Ae. caudata*）的细胞质替换的小麦品种 'Salmon'，产生了 30% 的单倍体。'Salmon' 品种是 1B/1R 易位系，当它的合子带有 1B/1R 时，约能产生 85% 的单倍体或是 $n/2n$ 的双生苗。又如具有尾状山羊草细胞质的小麦核替换系去雄后不授粉，经 6～9 d 后所固定的胚珠中发现有 29.8% 的单性生殖胚（胚乳未发育）；去雄后延迟 5～9 d 授粉的后代植株中，也获得了 29.4% 的单倍体。用尾状山羊草细胞质组成的小麦代换系，可产生高频率的单倍体。

6）利用理化因素诱变

将辐射处理过的花粉授在正常的雌蕊上，虽受精过程受到影响，但能刺激卵细胞分裂发育，从而诱发单性生殖的单倍体。木原均和片山义勇（1932）用 X 射线辐照一粒小麦的花粉，授在正常的雌蕊上，其后代出现单倍体的频率最高达 30%。Todua（1973）用这一方法在烟草中获得了 66% 的单倍体。中国科学院遗传研究所（1977）用 0.5% 的 DMSO 诱导小麦，单性生殖率为 2.5%～2.9%。田中和栗以 5 000 red X 射线照射普通烟草花器官，再用 *N. alata* 花粉授粉，获得了 37 株单倍体植株。周世琦（1980）用 0.2% 的 DMSO＋0.2% 的秋水仙碱 +0.04% 的石油助长剂诱导棉花，单性生殖率为 4.16%～13.13%。目前，国内外已筛选出不少有效的药剂和浓度，并认为应用混合药剂诱导，可获得更好的效果。

某些化学药物能刺激未受精的卵细胞发育形成单倍体植株。常用的化学药剂有硫酸二乙酯、2，4-D、NAA、6BA、三甲基亚砜和乙烯亚胺（EI）等。一般用化学药剂直接处理未授粉果穗。例如用 50 μg/L 的马来酰肼溶液处理玉米花丝，24 h 后授粉，后代中出现单倍体的频率为 0.7%，对照为 0.27%，单倍体诱导频率提高 2.6 倍。

11.2.2.3　体细胞染色体有选择地消失

Von Tschermok（1939）首次报道了由普通冬小麦与球茎大麦（*H. bulbosum*）杂交，获得了类似单性生殖的种子。Davien（1958）从 4*X* 的球茎大麦（2*n*=4*X*=28）和 4*X* 的栽培大麦杂交后代中，获得了形态似栽培大麦的双单倍体（2*n*=14）。Kasha 等（1971）用'中国春'小麦和 4*X* 球茎大麦杂交，单倍体诱导率高达 31.3%。研究表明：普通大麦或小麦与球茎大麦杂交时，在受精卵（合子）有丝分裂发育成胚和极核受精后的胚乳发育过程中，由于来自球茎大麦的染色体在有丝分裂过程中不正常，如中期出现不集合染色体，后期变成落后染色体，到间期变成微核等原因而逐渐消失，最后形成的幼胚只含有普通大麦或小麦的染色体而成为单倍体。由于这种幼胚的胚乳发育不正常，所以在授粉 10 多天后，应将幼胚取下进行离体培养才能获得单倍体植株。这种染色体有选择地消失（chromosome selective elimination），主要受位于球茎大麦第 2 染色体的两臂和第 3 染色体短臂上的核基因控制。目前，已有 10 多个国家应用球茎大麦技术（bulbosam method）开展单倍体育种研究。

Zenkteler（1984）报道了六倍体普通小麦与玉米之间的远缘杂交，随后 Laurie 等证明了小麦与玉米杂交后，在最初的三次细胞分裂中来自玉米花粉的染色体被逐渐完全排除掉，仅剩下 21 条小麦染色体的单倍体。孙敬三等（1999）用导入含有 *Ta1* 太谷核不育基因的小麦作母本，以超甜玉米'SS7700'与之杂交，经幼胚培养和染色体加倍，成功地创造了自然界不存在的纯合显性太谷核不育小麦新种质。此外，烟草属种间杂交时，也有染色体消失的报道（Gupta 等，1973）。

11.2.3　单倍体的鉴定与二倍化

1）单倍体的鉴定

通过各种途径诱导的单倍体后代，常是一个混倍体。如在光叶曼陀罗的花培后代中，获得 70% 的二倍体，23% 的三倍体，7% 的单倍体（Narayanaswamy 等，1971）。有的植物在试管培养的过程中，花药（粉）再生植株染色体数目也可能发生变异。所以，必须对诱导单倍体的后代材料进行倍性鉴定。

鉴定单倍体的经典方法主要有 2 种：一种是进行细胞学鉴定，即检查体细胞中的染色体数及花粉母细胞中的染色体数目及配对情况，这是较为可靠的方法；另一种是根据形态特征进行鉴定，因为单倍体与相应的正常植株相比，有明显的"小型化"特征，细胞及器官变小，植株矮小。此外，单倍体是高度不育的，例如密穗小麦与普通小麦单倍体的花粉有 95%～99% 是败育的，而二倍体或正常植株仅有 3%～7% 是败育的。鉴定花粉的育性也是鉴定单倍体植株的重要方法。另一种是遗传标记和光谱分析法来鉴定单倍体。目前应用较成功的遗传标记法是玉米籽粒的 R-nj 遗传标记。因大多数单倍体来自母本的单性生殖，故其后代一般像母本。如用一个带有显性遗传标志性状的父本品种给母本授粉后，凡后代中出现不带标志性状的植株，便可能是由于母本单性生殖产生的单倍体。如用无色胚乳、胚尖的玉米品种作母本，开花前套袋；用有色胚乳、胚尖的纯合品种授粉。因胚尖是胚的组成部分，有花粉直感，胚乳也有花粉直感。所以在当代种子中，凡胚尖、胚乳均有色者为杂交种子；胚尖、胚乳均无色者为母本自交种子；胚尖无色、胚乳有色者很可能是由母本单性生殖的单倍体。此外，常用紫芽鞘、红芽鞘、紫叶耳、紫秆和黑颖等作为标志性状来鉴别单性生殖的小麦单倍体。光谱分析法是借助便携式紫外 - 可见光光纤光谱仪采集单个玉米籽粒的可见光漫透射光谱，利用支持向量机方法建立的单倍体和杂交籽粒判别模型甄别单倍体。该方法的平均正确判别率可达90%。应注意的是，由于用于诱导单倍体的育种材料不尽相同，每次鉴别单倍体前需建立该季该材料背景的单倍体判别模型。

2）单倍体的二倍化

单倍体植株只有一套染色体，在减数分裂后期 I 染色体将无规则地分配到子细胞中去。因此，很少产生有效配子，育性很低。所以，单倍体本身没有直接利用价值，必须在其转入有性世代之前，将其染色体二倍化，恢复育性，产生纯合的二倍体种子。

单倍体加倍的方法有 2 种：一种是自然加倍，在愈伤组织期间，一些细胞常常发生核内有丝分裂而使染色体数目加倍，如玉米中约有10%的单倍体通过自然加倍产生自交种子（Chase，1949）。在水稻中，自然加倍率有时可达40%～60%。但总的来说，自然加倍的频率是较低的。另一种是人工加倍，加倍技术必须娴熟，才能保证成功率高。用秋水仙碱加倍，处理时间短，对植株危害小，大规模应用时易掌握，有效而且方便。一般来说，禾本科中具有须根系的大麦、小麦和玉米等宜用药剂浸泡分蘖节；具有直根系的双子叶作物棉花，宜处理顶部生长点；木本植物宜处理茎尖或侧芽生长点。

11.2.4　单倍体在育种上的应用

11.2.4.1　育种上利用单倍体的主要优点

（1）克服杂种分离，缩短育种年限，节省人力、物力

将杂种 F_1 代或 F_2 代的花药进行离体培养，诱导其花粉发育成单倍体植株，再经染色体数加倍后，就可得到纯合的二倍体。这种纯合二倍体在遗传上是稳定的，不会发生性状分离，相当于同质结合的纯系。这样，从杂交到获得不分离的品系只需 2 个世代。而利用常规杂交育种程序，杂种后代需经过 4～6 代以上的基因分离与人工选择，才能获得基因型基本纯合的品系。因此，利用单倍体育种方法，一般可缩短育种年限 3～4 个世代。玉米等异花授粉作物的单倍体育种可以省去多年的连续自交选择过程，节省了人力、物力。

（2）提高获得纯合材料的效率

假定只有两对基因差别的父母本进行杂交，其 F_1 代出现纯显性个体的概率是 1/16，而

把杂种 F_1 代的花药离体培养，加倍成纯合二倍体后，其纯合显性个体出现的概率为 1/4，后者比前者获得纯合显性个体的效率可提高 4 倍。所以，对纯合材料而言，利用单倍体可提高选择效率。

（3）提高诱变育种的效率

单倍体是进行诱变育种的优良材料，单倍体较易发生变异，一旦发生变异，当代就可表现出来，便于早期识别和选择，在诱变育种中占有重要地位。

（4）有利于突变体的选择及利用

单倍体的基因没有显隐性关系，可有效地发现、选择突变体。由花药、花粉培养得到的单倍体植株可用组织培养技术快繁和保存材料，便于诱导和选择突变体。

另外，单倍体与远缘杂交相结合，可迅速转移不同种、属的新基因，以获得新类型和新品种，产生非整倍体，创造附加系、代换系等；还可利用单倍体产生纯合二倍体以代替自交系，创造雄性不育系等。

11.2.4.2　单倍体育种成就

在 20 世纪 80 年代，法国、美国、日本等国已培育出一批小麦、水稻和烟草等花粉品系、品种，进行了试验和试种。我国育种工作者将花培育种与常规育种有机结合，育成一大批小麦、水稻、烟草、玉米和油菜等作物新品种。继 1984 年第一个花培新品种京花 1 号育成之后，用花药培养法已育成小麦新品种（系）'花培 1 号' '花培 5 号' '云花1 号' '豫花 1 号' 等 20 多个，水稻新品种 '牡花 1 号' '中花 8 号' '中花 9 号' '中花 10 号' '花育 1 号' '新秀' '浙粳 66' 等 22 个，还有玉米、油菜、辣椒、烟草和果树等作物新品种，累计推广面积达 200 万 hm^2。随着公司工程化育种的开始和分子设计育种的开展，国内外加倍单倍体（DH）育种的比例逐年在增加，且优良 DH 系的产出是传统技术的许多倍，因此工程化成为了单倍体育种的必由之路。

11.2.4.3　加倍单倍体的选择和改良

加倍单倍体可一次性纯合基因型，但并不是每个加倍单倍体都是优良个体，因此选择和改良对于加倍单倍体育种同样重要。遗传变异分析和育种实践表明，100 个 H_2 群体即被认为是一个足够大的育种群体。然而，加倍单倍体育种不可能完全打破不良性状的连锁，因此除常规选择育种外，需与轮回选择和优良性状集合选择相配合。

11.2.4.4　单倍体育种的问题与展望

单倍体育种使得隐性基因缺点马上暴露，以及所有个体植株遗传变异及缺点立即显现，由此可以提高优异表性的选择效率。在国外，花药离体培养技术除了用来培育烟草、水稻品种外，大多集中用于研究有关单倍体的基础理论与诱导技术上。我国育种工作者在研究出效果较好的 N_6 培养基、马铃薯简化培养基、烟草简化培养基等的基础上，还培育出一大批水稻、烟草、小麦 3 种作物品种（系）。诱导单倍体植株并不是育种的最终目的，而是用来培育优良新品种的一个环节。理论上，单倍体育种方法是成熟的，目前在技术上需要解决的主要问题有：

（1）不同杂交组合之间诱导频率有差异

杂交组合不同时，愈伤组织和绿苗诱导频率有差异，有时还很显著。如在小麦用 MS 培养基的一次试验中，新曙光 1 号×8189 F_2 形成愈伤组织的频率为 3.2%，而新曙光 1 号×毛阿夫 F_2 的诱导频率却等于零。用 N_6 培养基的试验也有类似结果。因此，在花药离体培养时，较好的组合不一定都能获得足够数量的愈伤组织及绿苗，这影响了新品种的选育。

（2）愈伤组织及绿苗的诱导频率偏低

水稻、小麦花粉愈伤组织的诱导频率比较低。在诱导水稻 F_1 的单倍体时，愈伤组织诱导频率平均为 16.29%，而且并不是全部愈伤组织均能成苗。在获得的幼苗中出现大量白化苗，缺少有效的控制方法，实际获得的绿苗频率还要低。以花药数为基数，诱导绿苗的频率分别是：小麦为 1%～2%，粳稻为 5%，籼稻为 0.4%。很低的诱导率成了单倍体育种技术的瓶颈。因此，提高愈伤组织和绿苗的诱导频率是提高单倍体育种效果的关键。

除上述问题外，其他如减少白化苗、诱导胚状体和提高加倍技术等都需要进一步深入研究。随着诱导单倍体技术的完善，单倍体技术已纳入作物的育种程序中，提供了大量有价值的试验材料。只有把单倍体技术与常规育种技术有效地结合，才可能在实际工作中最大限度地发挥出单倍体技术的作用。

思 考 题

1. 名词解释：染色体组、单倍体、单元单倍体、多元单倍体、多倍体、同源多倍体、异源多倍体、同源异源多倍体。
2. 人工诱导单倍体、多倍体的主要途径各是什么？
3. 倍性育种如何与其他育种方法相结合？
4. 多倍体与植物进化有何关系？
5. 秋水仙碱诱导多倍体的机理是什么？作物获得多倍体的基本途径有哪些？
6. 六倍体小黑麦缺乏 D 染色体组，籽粒品质不好，你认为如何改良？

参 考 文 献

［1］ 蔡旭 . 植物遗传育种学 . 北京：科学出版社，1988.
［2］ 李树贤 . 植物染色体与遗传育种 . 北京：科学出版社，2008.
［3］ 李永峰 . 双丰系列甜菜多倍体品种培育的过去、现状与未来 . 中国甜菜糖业，1995(04): 22-28.
［4］ 李振声 . 小麦远缘杂交 . 北京：科学出版社，1985.
［5］ 梁正兰 . 棉花远缘杂交的遗传与育种 . 北京：科学出版社，1999.
［6］ 刘太清，沈茂松，潘生发，等 . 水稻无融合生殖新材料 CYAR_（02）研究简报 . 杂交水稻，1995(02): 37.
［7］ 潘家驹 . 作物育种学总论 . 北京：农业出版社，1994.
［8］ 屈冬玉 . 马铃薯 $2n$ 配子发生的遗传分析 . 园艺学报，1995，22(l): 61-66.
［9］ 西北农学院 . 作物育种学 . 北京：农业出版社，1981.
［10］ 岳绍先，辛志勇 . 植物细胞工程技术育种的研究现状与发展趋势 . 生物技术通报，1986(04): 6-8.
［11］ 赵青霞 . 马铃薯抗低温糖化渐渗系培育和炸片品系筛选 . 中国农业科学，2013，46(20): 4210-4221.

［12］ Jensen N F. Plant Breeding Methodology. New York: John Wiley & sons, 1988, 297-301.

［13］ Kasha K J. Haploids in higher plants: Advances and potential. Univ of Guelph, Guelph, 1974.

［14］ Kimber G, Riley R. Haploid Angiosperms. Botanical Review, 1963, 29(4): 480-531.

［15］ Leitch A R, Leitch I J. Genomic plasticity and the diversity of polyploid plants. Science, 2008, 481-83.

［16］ Liu J, Guo T T, Li H C, et al. Discrimination of maize haploid seeds from hybrid seeds using visspectroscopy and support vector machine method. Spetroscopy and Spectral Analysis, 2015, 3268-3274.

［17］ Tsen C C. Triticale: First Man Made Cereal. American Association Cereal Chemists, Inc, Minnesota, 1974.

［18］ Udall J A, Wendel J F. Polyploidy and crop improvement. The Plant Genome, 2006, S1-14.

［19］ Vose P B. Crop Breeding: A Contemporary Basis. Oxford: Pergamon Press, 1984: 347-381.

［20］ Zenkteler M, Nitzsche W. Wide hybridization experiments in cereals. Theoretical and Applied Genetics, 1984, 68(4): 311-315.

第 12 章　杂种优势利用

杂种优势（hybrid vigor，heterosis）是生物界普遍存在的一种现象，通常是指 2 个或 2 个以上遗传组成不同的亲本杂交产生的杂种一代在生长势、生活力、繁殖力、抗逆性、适应性以及产量和品质等方面优于其双亲的现象。杂种优势现象的记载拥有近 1 500 年的历史，杂种优势的概念于 150 多年前提出，而杂种优势理论的研究虽经历了 110 多年却仍未明确定论。但是，目前杂种优势已广泛应用于农业生产，并在农业发展中做出了重要贡献。

12.1　杂种优势利用简史与现状

人类很早就观察到了杂种优势现象。1 470 年前北魏贾思勰在《齐民要术》中著述"马复驴所生骡者，形容壮大，弥复胜马"，是最早描述杂种优势现象的文字记载之一。

植物杂种优势利用研究最早始于欧洲。德国学者 Kolreuter 在 1761—1766 年观察到种间杂交烟草具有强杂种优势，并建议在生产上利用杂种一代。Mendel 在 1865 年的豌豆杂交试验中也观察到杂种优势现象，并首次提出杂种活力（hybrid vigor）这个术语。Darwin（1877）是杂种优势理论的奠基人，他通过 10 年研究提出了"异花授精对后代有利和自花受精有害"的结论，并第一个指出玉米杂种优势现象。

在 Darwin 研究工作的影响下，许多学者对玉米杂种优势进行了一系列研究，尤其是美国的一些育种家做了很多理论和应用研究，使玉米成为第一个在生产上大规模利用杂种优势的代表性作物。Beal 从 19 世纪 70 年代就开始进行玉米杂交研究，发现最好的杂交组合比亲本的平均值增产 50%。Shull（1908）和 East（1908）等先后从遗传理论上和育种模式上证明了玉米自交系间杂种优势利用的巨大潜力。然而，由于当时玉米自交系产量很低，生产商用杂交种子的成本较高，致使玉米单交种未能投入生产。直到 1918 年，Jones 提出了利用玉米双交种的建议，才使玉米自交系间的杂种优势利用得以实现，并在随后的 30 年里得到长足发展。到 20 世纪 50 年代末期，自交系产量得到显著提高，从 1963 年以后开始推广玉米单交种，使 Shull 在 1909 年提出的在生产上利用单交种杂种优势的建议得以实现。

我国最早对杂种优势的利用也是从玉米开始的，从最先推广单交种，到双交种，最后又回归到单交种利用模式上。到目前为止，我国玉米杂交种的种植面积已经占到整个玉米种植面积的 95%。

水稻是第 2 个较早利用杂种优势的作物。水稻杂种优势现象由 Jones 于 1926 年首先发现；1968 年，日本的新城长友等实现了粳稻三系配套，但因没有找到强优势杂交组合，没有得到推广应用。

我国水稻杂种优势利用的研究始于 20 世纪 50 年代末。1959 年，我国水稻科学家杨守仁发现了水稻杂种优势，并且提出水稻籼粳亚种间杂种优势强于亚种内杂种优势。袁隆平在 1966 年发表的《水稻的雄性不育性》一文中报道了水稻雄性不育株。李必湖 1970 年在海南三亚找到了野败不育株。此后，经历近 10 年的大量研究，于 20 世纪 70 年代前、中期相继实现了籼型和粳型水稻的"三系"配套，随之水稻杂交种在我国迅速推广开来。1986 年以来，我国水稻杂种优势利用研究从"三系"法转向"两系"法。

在主要作物中，除玉米和水稻外，棉花、高粱、小麦和油菜等作物的杂种优势利用研究也开展得较早，并在 20 世纪中后期得到了比较大的突破。其中，高粱杂种优势现象差不多与玉米同时发现，但是，由于高粱是雌雄同花的常异交作物，在生产杂交种种子时不能像玉米那样采取手工抽雄的办法，导致高粱的杂种优势利用比玉米晚了 25 年。直到 20 世纪 50 年代中后期，发现高粱雄性不育株系，并育成 3197A 不育系，最终实现了三系配套。之后，高粱杂交种在美国逐渐普及开来，产量提高了 20%～50%。棉花杂种优势的研究早在 1894 年就已开始，并在 20 世纪中后期基本成熟。Freeman 在 1919 年首次报道了小麦杂种优势现象，而小麦杂种优势利用的研究开始于 20 世纪 50 年代初。1962 年，通过杂交回交获得（T 型）细胞质雄性不育系（CMS）和 Marquis 恢复系，实现了三系配套。随后，T 型三系广泛用于杂交小麦的研究和育种。原北京农业大学蔡旭教授 1965 年从匈牙利引进了小麦 T 型材料，从此我国开始开展小麦杂种优势的利用研究。1972 年列入国家重点农业科研项目并组织全国协作。通过此后的 3 个五年计划的实践，形成了多种胞质和多种途径利用小麦杂种优势的局面。油菜杂种优势的研究始于 20 世纪 40 年代，我国的孙逢吉在 1943 年首次测定了油菜杂交种的产量优势。Olsson 在 1960 年报道了甘蓝型油菜自交不亲和系的研究。华中农业大学的傅廷栋等于 1972 年发现了第一个有实用价值的油菜波里马细胞质雄性不育（Polima 或 Pol cms）（傅廷栋，2000）。

目前，全球已在大多数的粮食作物、经济作物、蔬菜以及林果等作物上大规模利用杂交种。而作物杂种优势利用包括了手工或机械去雄、化学杀雄、利用标记性状、利用自交不亲和性和利用不育系等多种手段。在主要作物中，玉米杂交种的生产主要采用人工或机械去雄的方法；其播种面积最大，占该作物播种面积比例最高。我国目前玉米杂交种的普及率在 95% 左右。高粱杂种优势利用以 CMS 配制杂交种为主。现在高粱杂交种已基本普及，约占高粱种植面积的 80%。杂交水稻首先在我国实现大面积推广，目前在中国以外的很多东南亚国家也开始大面积种植。根据不同来源的报道，杂交稻约占我国水稻种植面积的 50%～60%，三系和两系杂交稻分别占杂交稻总面积的 20% 和 80% 左右（Cao, 2014; FAORAP, 2014）。自 1996 年起，中国开始实施超级杂交稻项目；2017 年，超级杂交稻品种'湘两优 900（超优千号）'在河北省邯郸市的百亩示范田中创造新的水稻单产世界纪录，平均单产达到 1.72×10^4 kg/hm²（1 149.02 kg/ 亩）；截至

2018 年，我国认定的 131 个超级稻品种中有 97 个为杂交稻品种，其中籼型三系、籼型两系、粳型三系和籼粳杂交超级稻分别有 52 个、36 个、1 个和 8 个。目前，我国杂交水稻育种主要表现为：多种不育胞质应用，优质高产初步协调，两系组合稳步发展，粳型杂交组合有所突破。小麦虽然早就形成了多种胞质和多种途径利用小麦杂种优势的局面。但是，由于其存在的杂种优势不强以及没有高效的繁种和制种体系等因素的限制，杂交小麦的播种面积在小麦生产中占有的比重一直小于 1%。在现有杂交小麦利用的主要体系中，欧洲以化学杀雄为主，中国主要利用光敏型和胞质不育系，而印度则主要利用胞质不育系。目前，油菜杂种优势利用仍然以 CMS 为主。总体上讲，我国油菜杂种优势利用研究在国际上处于领先地位。棉花杂种优势利用研究目前主要集中在利用细胞核雄性不育系（GMS）和利用人工去雄配制杂交种方面。目前，我国年推广面积占全国植棉面积的 10% 左右。湖南省基本普及棉花杂交种，杂交种已占该省植棉面积 95% 以上。

12.2　杂种优势表现特性与度量

12.2.1　杂种优势表现特性

根据对动植物以及从低等生物真菌到高等生物人类杂种优势现象的观察，杂种优势的表现概括起来主要有如下几个特点。

12.2.1.1　杂种优势的普遍性

杂种优势是生物界的普遍现象。只要能进行有性生殖，在包括物种内的个体间和某些物种间的杂交组合中基本都能观察到杂种优势现象。作物各性状杂种优势主要表现在以下几个方面：

（1）生长势和营养体大小的杂种优势

杂交种在营养生长方面表现出苗势旺、成株生长势强、枝叶繁盛、营养体增大、持绿期延长等。

（2）发育进程的杂种优势

在某些物种的杂交种中有时会观察到生育期延长的现象。

（3）产量和产量构成因素的杂种优势

有些作物杂交种常表现出结实器官增大、结实性增强、果实与籽粒产量提高等。

（4）品质方面的杂种优势

有些作物杂交种在品质方面表现出某些有效成分含量提高、产品外观品质提高等。

（5）抗逆和适应性的杂种优势

有些作物杂交种的抗病虫性、对不良环境条件的抵御能力都有所增强。

（6）生理和生化方面的杂种优势

有些作物杂交种的有效光合期延长、光合面积和光合势增加、呼吸强度降低、同化物分配优化与灌浆过程延长。

　　杂种优势现象的普遍性一方面是自然界的本质规律（比如，谷物类的产量是由产量三要素构成的综合性状，当三要素上互斥的两个亲本杂交时，即便任何单个要素都不具有杂种优势，产量本身也可能会表现出杂种优势），另一方面也是生物本身为繁衍和生存从而适应大自然的长期选择进化的结果。但是，某些利于生物本身的杂种优势并不一定都是人类所期望的（比如，生育期延迟的优势、株高优势等）。因此，有些性状的杂种优势也为杂种优势的利用带来了问题，在杂交种的选育时需要避免和克服。

12.2.1.2　杂种优势表现的复杂多样性

　　虽然目前尚无公认和一致的机制来解释杂种优势的形成，但是，杂种优势本质上必然是多基因调控和相互作用以及基因响应环境的结果，从而导致杂种优势因不同作物、组合类型、性状和环境等方面而表现出复杂多样性。

　　作物种类上，二倍体作物品种间的杂种优势一般大于多倍体作物品种间杂种。例如，六倍体普通小麦品种间的杂种优势往往小于其他二倍体禾谷类作物品种间的杂种优势。组合类型上，杂交组合双亲间的遗传关系越远，其杂种优势倾向于越强。例如，水稻分属不同亚种的品种间组合的杂种优势要强于同一亚种内的品种间组合的杂种优势。因此，研究不同作物的杂种优势群及其强优势组合模式有利于提高杂种优势利用的效率。

　　就不同性状来看，诸如产量等综合性状往往比简单性状具有较强的杂种优势。但是，不同性状的杂种优势差异巨大。例如，禾谷类产量三要素中，穗数和单穗粒数一般比籽粒重的杂种优势强。

　　在育种中，需要注意如下 3 个方面带来的复杂性：首先，不同性状会因不同作物和遗传背景的组合以及环境的不同而表现出较大差异。例如，受光温影响，水稻有些组合的穗粒数杂种优势由温带向热带会逐渐减弱，但是穗数则受其影响比较小。其次，杂种优势不只是强度不同，也存在正向或负向优势，而且同样受到环境的影响。例如，某些水稻杂交组合的穗粒数在长沙表现为正向优势，但是到三亚后变为负向优势。最后，生物的发育是一个连续和系统的过程，不同性状的杂种优势会表现出一定的相关性，造成不同性状杂种优势利用时的矛盾。比如，育种家希望克服的杂交种生育期延长与期望的产量提高间的矛盾，部分组合存在的杂种产量提高和品质下降间的矛盾。

12.2.1.3　杂交种自交后代的性状分离与杂种优势的自交衰退

　　F_1 群体基因型的高度杂合性和表现型的整齐一致性是杂种优势利用的基本条件之一。F_1 自交以后，性状会发生分离，从而影响群体表现型的整齐性和一致性。而且，随着自交世代的增加，杂合基因型比例迅速降低，会造成杂种优势的衰退（depression of heterosis）。杂种优势的衰退速度与 F_1 杂种优势的强度、杂种优势产生的机制以及作物授粉方式有密切关系。一般来说，杂种优势越强，杂种优势的衰退越迅速。超显性比显性互补形成的杂种优势在自交后代的衰退更迅速，而且通常幅度更大。通常情况下，异花授粉作物比自花授粉作物自交衰退更明显。

　　总之，生产上一般只利用 F_1 的杂种优势，个别作物（如棉花）因缺乏简单高效的杂交种制种体系，有时也会利用某些强优势组合 F_2 代剩余的杂种优势。

12.2.2　杂种优势度量

在杂种优势的研究和利用中，可用不同类型的杂种优势值和杂种优势度来衡量杂种优势。其中，杂种优势值通常可以有相应的遗传模型解释，便于开展杂种优势的遗传研究，但是会因不同性状间单位和尺度的差异，缺乏性状间的可比性。而杂种优势度是一个相对比值，可以用于性状间杂种优势强度的比较，但是很难有适宜的遗传模型加以解释。度量杂种优势的主要指标有以下几种：

（1）中亲优势

中亲优势（mid-parent heterosis）是指杂交种（F_1）的表现与双亲（P_1 与 P_2）同一性状平均值的差值。该差值占双亲平均值的百分比为中亲优势度。即：

$$中亲优势 = F_1 - (P_1 + P_2)/2$$

$$中亲优势度 = \frac{F_1 - (P_1 + P_2)/2}{(P_1 + P_2)/2} \times 100\%$$

（2）超亲优势

超亲优势（over-parent heterosis, or better-parent heterosis）是指杂交种（F_1）的表现与高值亲本（HP）同一性状的差值。该差值占高值亲本的百分比为超亲优势度。即：

$$正向超亲优势 = F_1 - HP$$

$$正向超亲优势度 = \frac{F_1 - HP}{HP} \times 100\%$$

有些性状在杂种一代中可能也会表现出低于低值亲本（LP）的现象，可称为负向超亲优势。计算公式为：

$$负向超亲优势度 = \frac{F_1 - LP}{LP} \times 100\%$$

（3）超标优势或竞争优势

超标优势或竞争优势（over-standard heterosis or competition heterosis）是指杂交种（F_1）与对照品种（CK）同一性状的差值。该差值占对照品种的百分比称为超标优势度或竞争优势度。即：

$$超标优势度 = \frac{F_1 - CK}{CK} \times 100\%$$

（4）杂种优势指数

杂种优势指数（index of heterosis）是指杂交种（F_1）占双亲同一性状平均值的百分比。即：

$$杂种优势指数 = \frac{F_1}{(P_1 + P_1)/2} \times 100\%$$

在作物杂种优势利用的育种实践中，为了比较所选育的杂交种所具有的应用潜力，往往以超标优势度为考察指标，而杂种优势理论研究则常用中亲优势或超亲优势。

12.2.3　杂种优势利用的基本条件

杂种优势现象虽然具有普遍性，但是，由于杂交种的自交后代表现出明显的性状分离和衰退，无法通过有性繁殖自行留种再用，每年都需要繁殖高度纯合一致的亲本，并用它们生产杂交种，导致杂交种的种子成本一般明显高于常规品种。因此，要想在作物生产中利用杂种优势，至少需满足如下基本条件。

12.2.3.1　要有强优势的杂交组合

杂交种必须比常规品种具有明显的优势，才能弥补其较高的用种成本。这里所说的优势是广义的，包括诸如更高的产量和更好的品质等经济价值优势，更为广泛的逆境、生态和地区适应性优势，有利于降低农药和化肥等使用的生产成本优势，对有些作物来说还要有适宜于该作物机械化种植、管理和收获的特性等。

在利用不育系的杂交种体系中，还需要杂交种具有高度的育性恢复率。比如，三系杂交体系中恢复系的选育，两系杂交体系中适宜光温响应组合的选育。总之，强优势组合的筛选和配制是杂种优势利用中最关键也是最复杂的环节。

12.2.3.2　要有高度纯合一致和高产的亲本

一般情况下，单交种比双交种具有更高的杂种优势。因此，亲本的高度纯合一致不仅是普通品种的基本要求，而且也是配制强优势杂交种的重要前提。

另外，具有足够高的双亲单位面积产量是降低杂交种用种成本的重要前提。例如，对于诸如玉米等异花授粉的作物而言，其高度纯合的自交系往往表现出极其显著的衰退现象，导致自交系的产量急剧降低。因此，自交系产量低曾经是限制杂交玉米大规模利用的主要因素之一。

12.2.3.3　要有简单、高效的杂交种种子生产技术和体系

建立高效可靠的异交体系，降低杂交种生产成本，是杂种优势利用的关键，也是杂种优势利用工作的关键环节。主要解决 3 个方面的问题：

（1）要避免母本自交，保障杂交种的纯度

要避免母本自交，需要对母本进行去雄。去雄的主要技术手段包括手工或机械去雄、利用自交不亲和性、化学杀雄和利用不育系等。因此，多数作物杂种优势利用的育种工作中不育系的选育是重要环节之一。

（2）母本的异交率要足够高，保证杂交种制种产量

就亲本本身来说，母本雌蕊要在适宜授粉的阶段处于开放状态，父本的花粉要处于能够大量对外释放的状态。从栽培管理的角度来说，父母本要有合理的田间比例和空间配制，保障最大的父本供粉量和母本产量，有时需要调整母本和父本花期或分期播种等。在存在自行异交授粉率低的情况下，必要时需要借助某些辅助授粉的手段。

（3）在保障授粉的前提下，要有足够高的结实率

作为杂交制种中的母本，需要有足够高的结实率，才能最终保障较高的杂交种种子产量。比如，采用化学杀雄手段时，要解决"卡脖"和杀雄剂对雌蕊的伤害等问题。

12.3 杂种优势形成的机理

杂种优势现象的发现和应用已经具有近 1 500 年的历史，而有关其遗传学机制的研究最早可追溯到 20 世纪初。目前，有 3 个广为接受、并存甚至从某些方面可以相互补充和解释的遗传学假说，包括显性假说、超显性假说和上位性假说。

12.3.1 显性假说

显性假说（dominance hypothesis）最早由 Bruce（1910）提出用以解释中亲优势的形成，后由 Jones（1917）发展并解释超亲优势的产生。该假说认为，如果控制某性状的两个等位基因具有部分或完全显隐性关系，当该位点两个等位基因分别纯合的亲本杂交时，杂种 F_1 因含有显性等位基因而表现出超过双亲平均的表型，即表现为中亲优势；如果两个位点均对同一性状具有部分或完全显隐性效应，当在两个位点上互斥的两个纯合亲本杂交时，杂种 F_1 同时含有两个位点的显性等位基因，两个显性等位基因的互补或累加可以产生中亲或超亲杂种优势。Keeble 和 Pellew（1910）对两个豌豆品种杂交后代茎秆高度的观察提供了显性假说最早的实验证据。该实验中，两个株高均为 5～6 英尺的豌豆品种，一个茎秆节多而节间短，另一个茎秆节少而节间长，其杂种 F_1 同时具有节多和节间长的特性，株高达 7～8 英尺，表现出明显的超亲优势。

显性假说提出早期，曾因存在两个用当时的遗传规律难以解释的问题而受到质疑：一是按照独立分配规律，如所涉及的显隐性基因只是少数几对时，其 F_2 中显性（包括纯合和杂合）基因型与隐性纯合基因型的理论分布应符合 $(3/4+1/4)^n$ 的展开式，从而表现为偏态分布，但事实上 F_2 经常表现为正态分布；二是在理论上，应该能够从其后代中选出聚合所有纯合显性基因并与 F_1 具有同样优势的超级自交系，从而随着某个物种自交系的改良其杂种优势应该逐渐降低甚至消失。然而，事实上并未选出这种自交系，而且多数作物的杂种优势并未明显降低。当然，现代遗传学表明，复杂性状一般由多个微效基因调控，且位点间经常存在一定的连锁。因此，当前从统计学以及抽样理论角度已经很容易解释上述 2 个问题。

12.3.2 超显性假说

超显性假说（over-dominance hypothesis）也称等位基因异质结合假说，由 Shull 和 East 于 1908 年首先提出（East 1908；Shull 1908）。该假说的基本观点是：超显性位点的等位基因间没有显隐性关系。在 F_1 中，双亲基因型的异质结合所产生的杂合等位基因间的相互作用大于任何一个亲本纯合等位基因间的相互作用，从而产生杂种优势。按照这一假说，$a1a2>a1a1$ 或 $a2a2$。早期人们试图从酶学和生化角度解释超显性假说，主要观点包括杂合子提供更适宜的产物量（Emerson，1948）或更优势的新型体（neomorphs）（Crow，1952）等。比如，杂合状态下，玉米的酒精脱氢酶 Adh 功能明显优于两种纯合状态（Schwartz，1973）；一些同工酶谱的分析发现，杂种 F_1 除了具有双亲的谱带之外，还具有新的酶带。Krieger 等（2010）报道西红柿开花基因 *SFT* 的杂合基因型具有 60% 的产量优势，提供了第一个单个超显性基因调控产量优势的例证。另外，Flor（1947）指出亚麻杂交种可同时对不同小种的锈病具有抗性，从而提出不同等位基因效应的累加可能解释超显性效应。Crow（1952）进一步提出，超显性可能是由紧密连锁的两个基因形成的假等位基因（pseudoalleles）产生；分子标记分析（Stuber 等，1992）以及现代基因组学的分析（Li 等，2015）证明了两个紧密连锁的显性基因累加或互补可能造成假的超显性效应（pseudo-overdominance）。

12.3.3 上位性假说

Jinks 和 Jones（1958）提出 2 个纯系杂交后代 F_1 的优势是包括两个基因互作在内的多种遗传效应累加的结果，首次利用包含上位性效应（epistasis effect）的线性模型对杂种优势进行数量遗传解析。大量分子标记和 QTL 分析证明，上位性效应在杂种优势的形成中起到重要作用（Stuber 等，1992；Melchinger 等，2007）。现代分子遗传学和分子生物学的研究表明，基因间的互作是生物的生长发育中的普遍现象。不过，尚无确定的证据认为两个杂合基因型间的互作强于纯合基因型间的互作。

需要指出的是，上位性假说与显性假说和超显性假说并不矛盾，显性假说中显性互补的情况就是一种显性基因间的互作，也不排除紧密连锁基因间的互作造成假的超显性现象。

12.3.4 基因表达差异与杂种优势

基因是遗传信息的携带者。基因表达的差异（包括表达量或转录本的不同）是造成生物生长和发育差异的遗传基础。随着基因组和转录组技术的发展，人们试图揭示杂交种的基因表达差异及其在杂交种生长发育以及杂种优势形成中的作用。

双亲及其杂交种的转录组分析显示，双亲及其杂交种间具有丰富的表达质和量的差异模式（Xiong 等，1998；Sun 等，1999；Swanson-Wagner 等，2006；Zhang 等，2008；Li 等，2016）。在不区分双亲转录本的情况下，根据双亲及其 F_1 在表达上质的不同，能观察到双亲和杂交种中都表达（双亲表达型）、双亲中表达但 F_1 中不表达（双亲沉默型）、杂种和双亲之一中表达（单亲表达型）、双亲之一中表达但杂交种中不表达（单亲沉默型）和双亲中均不表达但在杂种中表达（杂种特异型或杂种激活型）5 种质的表达模式。对于双亲和杂交种中都表达的基因，根据表达量的不同又包括无差异型、中亲表达、偏低亲表达、偏高亲表达、超高亲表达和超低亲表达 6 种量的表达模式。很显然，5 种质的表达模式中后 4 种为非加性表达；而 6 种量的表达模式中，第 2 种为加性表达（additive），后 4 种为非加性表达（non-additive）。研究认为，杂交种相对于亲本表达模式的变化，可能来源于杂合子中基因本身顺式作用元件的差异，也可能是基因的反式作用因子的差异造成的，或者来源于二者的相互作用，甚至来源于其所在调控路径或调控网络的上游基因的表达差异（Landry 等，2005；Zhang 等，2008）。

目前，还没有确切、一致和可靠的证据证明非加性表达与杂种优势形成的关系。比如，有研究认为，苜蓿（Li 等，2009）和美洲红点鲑（Bougas 等，2010）中优势组合比无优势组合更易表现出非加性表达。而 Guo 等（2006）对玉米的研究发现，加性表达基因的比例与产量杂种优势呈正相关。显然，如下问题无疑会干扰我们试图将基因表达与杂种表型之间联系起来的努力。首先，基因表达具有起始与终止、量与质的时空性；其次，基因表达本身还会受到表观修饰和环境的影响；再次，从基因表达到表型还需经历比转录更为复杂的蛋白和代谢调控。而现有研究均来自少数特定时间和组织的基因表达，只是其复杂调控网络的冰山一角，要想从中分辨出某个或少数几个基因的功能及其贡献并非易事。

最后，关于杂种优势的解释还有遗传平衡假说、质核互补假说、有机体生活力理论、生长发育与抗逆调控转换（Miller 等，2015；Yang 等，2017）等；在生理生化水平上，发现线粒体互补和叶绿体互补以及杂种酶与杂种优势有关。

12.4　杂交种选育

杂交种的选育包括优良亲本的选育和杂交种组配 2 个方面。为了有效发挥作物的杂种优势，杂交种群体内个体的基因型应高度杂合。这就要求杂交种双亲的基因型纯合、配合力高且亲缘关系足够远。为了满足生产及制种需求，杂交种双亲还应具有农艺性状优良、两亲本间花期相遇、制种方便并且制种产量（特别是母本产量）高等特点。总之，获得高配合力的优良自交系（亲本系）是杂种优势利用的前提。

12.4.1　自交系（或亲本系）的选育

12.4.1.1　对自交系（或亲本系）的基本要求

自交系（inbred line）是指经过多代、连续的人工强制自交和单株选择所得到的基因型高度纯合、性状整齐一致的后代。异花授粉作物杂交种的亲本一般为纯系或自交系。自交系只作为商用杂交种种子生产的亲本使用，一般不直接应用于生产。

异花授粉作物的自由授粉品种群体内个体间基因型有差异，个体基因型杂合度高。要想获得基因型纯合的优良自交系，就必须经过多代自交和人工选择。常异花授粉作物以自花授粉方式为主，个体基因型杂合程度较异花授粉作物低，进行较少世代的自交纯化就可以高度纯合。自花授粉作物的品种群体内个体间基因型相同，个体基因型高度纯合，可以直接作为杂交种亲本。自花授粉作物和常异花授粉作物的纯系品种即可作为杂交种亲本使用，此时杂交种亲本以品种形式出现，称为亲本系（parents）。

优良的自交系（或亲本系）应具备以下基本条件：

（1）纯度高

纯度高能保持亲本自交系（或亲本系）自身的遗传稳定性和杂交种群体表型的一致性。只有基因型纯合，自交后代才不会发生分离，表型性状才能稳定遗传，系内单株间的农艺性状（如株型、生育期、籽粒性状、抗病性和抗逆性等）才能保持一致。亲本的纯度高，杂种 F_1 代群体内个体间的基因型高度一致，群体表型整齐，个体基因型高度杂合，杂种优势强。

自交很难使基因达到绝对纯合，所以育种上的纯系要求系内个体在主要农艺性状上表现整齐一致，能够表现出本系的特征特性。在遗传上，可以通过自交、系内姊妹交或混合授粉传递本系的特点。

（2）一般配合力高

一般配合力受加性效应控制，具有可遗传的特点。自交系（或亲本系）的一般配合力高，表明含有的有利基因位点较多，更容易组配出强优势的杂交种。

（3）农艺性状优良

自交系（或亲本系）农艺性状表现的优劣直接决定杂交种性状的表现。优良农艺性状是指育种目标所要求的各种性状，包括产量性状（如穗的大小、穗粒数和千粒重等）、品质性状（包括营养品质、加工品质、安全卫生品质以及商业品质等）、抗（耐）逆性状（如抗病性、抗虫性、抗倒伏性、耐旱性和耐涝性等）及植株性状（如株高、株型、生育期和适应机械化操作等）。

（4）产量高，制种性状优良

异花授粉作物的自交系，一般生活力弱，产量低。目前应用的杂交种以单交种为主，无论从自交系繁殖，还是从制种的角度考虑，都要求杂交种亲本自身的产量要高。这就要求母本结实性好、产量高；父本花粉量大、活力强、散粉顺畅、植株最好略高于母本、便于传粉等。选用产量高、制种性状优良的自交系（或亲本系）作为杂交种亲本，可以降低商品杂交种的制种成本。

12.4.1.2　自交系的选育

为了保持杂交种的杂种优势及整齐度，杂交种双亲在遗传上必须高度纯合。自花授粉作物的品种或品系本身是高度纯合的，可以直接从中筛选亲本系。常异花授粉作物以自交为主，纯合度较高，经过少数几代的强制自交即可获得高纯度的纯系。异花授粉作物的品种内个体间基因型有差异，个体基因型高度杂合，某些情况下显性基因会掩盖隐性基因所控制的性状，直接以其做亲本产生的杂交种表型参差不齐，杂种优势不强，必须通过多代人工强制自交和单株选择，才能获得高纯度的自交系。杂交种亲本的选育因作物授粉方式不同而异。

1）选育自交系的基本材料

从理论上讲，任何杂交种群体都可以作为自交系选育的基础材料，但是绝大多数未经改造过的群体有利基因比例少，控制不良性状的基因比例相对较大，缺少符合育种目标的经济性状，很难筛选出优良自交系。选育自交系的常用基础材料有 3 类：地方品种和推广品种、各种类型的杂交种、综合品种和人工合成群体。

（1）地方品种和推广品种

地方品种的地区适应性强，对当地的主要病虫害有较好的抗性，拥有较好或特殊的品质性状等优点，从中可以选育出具有很强的地区适应性和优良或特殊品质性状的自交系。但是这类品种往往产量低，有严重的自交衰退现象，很难选育出综合性状优良的自交系。

推广品种（这里指异花授粉作物的自由授粉品种类型）是经过育种改良的优良品种，具有较高的生产力和优良的农艺性状，是选育自交系的良好材料。

从地方品种、推广品种和品种间杂交种中选育出的自交系，称为一环系（first cycle line）。许多优良自交系就是从品种群体中选育出来的一环系，如'金1''金02'和'沙1'等选自金黄后，'旅9'和'旅28'选自旅大红骨。

（2）各种类型的杂交种

以优良自交系为亲本，通过杂交组配出的各类杂交种有利基因位点多，从它们自交后代中分离出优良自交系的概率较高。单交种的遗传背景最简单，后代性状分离类型少，变异小，从中选育出综合性状好的优良自交系的概率比较高。随着杂交种亲本数目的增加（如三交种、双交种），杂交种的遗传背景复杂度增加，后代性状分离类型增多，变异增大，仍可从中选育出综合性状好的优良自交系，但是概率会有所降低。

从自交系间杂交种中选育出的自交系，称为二环系（second cycle line）。选育二环系的亲本材料虽然是杂交种，但是其亲本的遗传基础相对简单，杂交种又结合了亲本自交系的优点，弥补了双亲的缺点，比一环系更容易选育出综合性状优良的自交系。选育二环系是目前我国育种家选育自交系的主要方法。自交系'C8605''铁7922'和'辽2345'等都是从杂交种中选育出的二环系。

（3）综合品种和人工合成群体

综合品种和人工合成群体是为不同的育种目的而专门组配的，其遗传基础复杂，遗传变异广泛，能在较长时期内满足育种需求。例如，Sprague（1917）用14个玉米自交系组配的'爱荷华坚秆综合种（BSSS）'，河南农业大学用16个来源于美国种质的玉米自交系与代表国内种质的自交系和群体组配的'豫综5号'等都具有遗传基础广、遗传变异丰富的特点，是选育自交系的良好群体。从这两个群体选育出的优良自交系分别有'B14''B37''B73''B84'和'B85'等与'新自534''新自588''豫537'和'豫82'等。在利用这类群体时，首先要求在群体内进行多代自由传粉，以打破有利基因和不利基因连锁，使基因充分重组并达到遗传平衡；其次要求在群体内进行大量的单株选择。因此，从综合品种和人工合成群体中选育自交系，时间长，工作量大。但是，由于在选育过程中基因重组充分，出现符合育种目标的优良自交系的概率较大。

2）自交系的选育方法

自交系的选育方法主要有常规选育法和单倍体选育法。

（1）常规选育法

常规选育法又称系谱法，是指从各种基础材料中选单株连续多代自交，并结合农艺性状选择和配合力测定，即采用系谱法和配合力测定相结合的方法，是目前自交系选育的主要方法。无论何种授粉方式的作物，在自交系选育的过程中都要进行套袋隔离和自交，其目的是防止所选单株接受外来花粉造成异交，对于雌雄异花作物还需要人工授粉完成自交。

在自交系选育的自交早代和中代（$S_1 \sim S_4$）（相当于杂交的 $F_2 \sim F_5$ 代），性状分离强烈，要注意对单株农艺性状的选择。自交后代种植在选种圃中，把从不同单株收获的自交种子装在不同的小纸袋中并编号，按照自交代数、亲缘关系和自交株序号分类排列。下一季将从每一个单株收获的种子种成一个株系，对它们进行全生育期的农艺性状和收获后的经济性状鉴定与选择，淘汰不良的株系和单株。在优良株系中选择符合育种需求的优良单株继续自交，下个世代重复这一过程，直至选育出性状优良、表型一致、基因型高度纯合的自交系为止。一般来说，异花授粉作物需要连续自交 6～7 代，常异花授粉作物需要连续自交 2～3 代才能得到遗传稳定的自交系。

在选择优良农艺性状的基础上，还需测定自交系的配合力。根据配合力测定结果，做进一步筛选。配合力测定可以在自交系选育的早代（$S_1 \sim S_2$）、中代（$S_3 \sim S_4$）或者晚代（$S_5 \sim S_6$）进行。

（2）单倍体选育法

单倍体是指生殖细胞不经受精过程直接发育而来的、只含有配子体染色体组的植株。单倍体可以自然发生，也可以人工诱导产生。单倍体植株经染色体加倍即可获得纯合的二倍体。将单倍体应用于自交系选育，可加速自交系选育进程，缩短育种年限。目前，诱导产生单倍体选育自交系的方法主要有花粉（或花药）培养法、孤雌（雄）生殖诱导法、远缘杂交诱导法和细胞核有选择地消失等。详见 11.2 中的单倍体在育种上的应用。

自交系的选育方法还有回交法、聚合改良法、配子选择法、诱变育种法等。

12.4.2　自交系（或亲本系）的改良

再优良的自交系（或亲本系）也难免存在个别缺点，例如生育期长、植株高、易感染某些病害、结实性差及光周期敏感等。这些缺点严重影响了它们的利用价值。遗传改良可以在保持优良自交系（或亲本系）全部或绝大部分优良性状和高配合力的基础上克服或改良它们的个别缺点，提高其利用价值。目前常用的自交系（或亲本系）改良方法有回交改良法和遗传工程改良法。

12.4.2.1　回交改良法

回交改良法是自交系（或亲本系）改良的基本方法。其基本原理是以待改良的优良自交系为轮回亲本与非轮回亲本杂交并回交。通过对回交后代进行严格的鉴定和选择，使优系在保留全部或绝大部分轮回亲本优良性状的基础上，拥有非轮回亲本的某一优良性状（优系需要改良的性状），再通过自交使基因型纯合，最终选育出原优系的改良系。

非轮回亲本的选择是优系改良成功与否的关键。非轮回亲本应具备 2 个基本条件：① 有可以弥补被改良自交系（亲本系）缺陷的目标性状，且目标性状最好是由显性单基因或寡基因控制的质量性状；② 具有较高的配合力、较多的优良性状，无难以克服的、影响被改良优系利用价值的严重缺点。否则，在性状改良的同时，由于基因连锁，会将非轮回亲本的不良基因引入被改良的优系，降低后者的配合力和农艺性状的优良性。

用回交改良法改良自交系，回交次数应根据被改良目标性状的遗传特点、轮回亲本和非轮回亲本的遗传背景差异程度等灵活选择。如果被改良的性状是由单基因或主效基因控制的质量性状，应采取饱和回交的方法，至少回交 5 次，使轮回亲本的背景回复度达到 98% 以上，以便使轮回亲本的优良性状充分表现。如果被改良的性状是数量性状，则应该采取不饱和回交的方法，回交次数最好不超过 3 次或 4 次，这样可以在保留轮回亲本大多数遗传成分的基础上（75%～95%），尽可能少地削弱非轮回亲本所转移的目标性状的强度。另外，如果非轮回亲本与被改良的优系之间亲缘关系相近，可以适当减少回交次数。

12.4.2.2　遗传工程改良法

广义的遗传工程包括细胞工程、染色体工程、细胞器工程、基因工程、酶工程和发酵工程等。狭义的遗传工程指基因工程。遗传工程在改良自交系（亲本系）上的应用主要有基因工程改良法和分子标记辅助选择法。

1）基因工程改良法

基因工程改良自交系是根据需要改良的目标性状，将各种来源的 DNA 经过体外重组后，通过载体系统或直接转化受体材料，经过筛选获得目的基因表达的工程植株。基因工程打破了物种间的生殖隔离，拓宽了可利用基因的来源，并可以根据育种目标对植株进行单基因甚至多基因定向改造。基因工程在玉米自交系改良上的应用为扩大玉米种质资源开辟了一条崭新的途径。用基因工程手段将目的基因导入优良玉米自交系，从而获得所需要的理想性状，可以使自交系的改良操作性更强，方向性更加明确，大大提高了选择效率，加快了育种进程。基因工程虽然发展于 20 世纪 70 年代，但是由于禾本科作物植株再生困难和转化效率低，故发展缓慢。随着转化受体依赖性的降低、转化效率的提高和新的转化方法的出现，到 20 世纪 90 年代，玉米基因工程研究取得了飞速的发展。1995 年以后，转基因玉米的研究进入了商品化阶段。目前被批准商品化的转基因玉米主要是转抗虫基因和转抗除草剂基因的品种。

2）分子标记辅助选择法

常规方法选育自交系（或亲本系）存在目标性状选择效率低、不能直接选择目的基因和选育周期长等缺点，很难满足当前生产对优良自交系（或亲本系）的需求。分子标记辅助选择（MAS）是通过对与目的基因紧密连锁的分子标记的选择，间接选择目的基因。作为常规育种的辅助手段，可以直接对一个或多个目的基因进行选择，选择过程不受基因表达时期的限制。对于隐性基因控制的性状，共显性分子标记还可以区分杂合体和纯合体。当目的基因与不良基因连锁（存在连锁累赘）时，利用与目的基因紧密连锁的分子标记可以直接选择目的基因与不良连锁基因发生分离的重组体。另外，MAS可以同时对自交系进行前景选择和背景选择，在选择目的基因的同时加速遗传背景的回复，对由寡基因控制的性状或基因聚合育种效果显著，大大提高了选择效率，弥补了常规育种存在的不足。MAS 在自交系改良的运用上主要有 MAS 回交改良法和 MAS 聚合改良法 2 种。

（1）MAS 回交改良法

在将非轮回亲本的优良目标性状转入到在该性状欠缺的优系时，在与优系回交的过程中，利用与目标基因紧密相连的分子标记对目标性状进行前景选择。如果所用分子标记为共显性标记，则可以区分回交后代中的杂合体和纯合体。对于由隐性基因控制的目标性状，可以选择杂合的后代与优系进行回交，减少了每回交 2 次都要使回交后代自交以便目标性状表达才能选择的过程。在选择目的基因的同时，还可以利用分子标记对轮回亲本进行背景选择，提高了选择效率，减少了回交次数。周洪昌（2011）和李少博（2012）分别以玉米自交系'吉 1037（抗丝黑穗病）'和'1145（抗茎腐病）'为非轮回亲本，以'京 24'为轮回亲本，通过 3 代回交和 2 代自交，结合分子标记辅助选择（抗性主效 SSR 标记）进行目标性状和轮回亲本的背景选择，实现了'京 24'在这两种病害上快速、精确、定向的改良，分别获得了单抗丝黑穗病和单抗茎腐病的'京 24'自交系。

（2）MAS 聚合改良法

MAS 借助分子标记，将控制目标性状的基因在不同亲本中定位，然后通过杂交和回交将不同的基因转移到同一个自交系中，通过对与目标基因连锁的分子标记的检测来确定杂交后代或回交后代是否含有相应基因，达到基因聚合的目的。目前，该法主要用于影响作物重要性状的少数主效基因的聚合。如在抗病虫性育种中，聚合多个抗性基因能提高作物抗性的持久性。许多基因的表型相同或相似，或表型不易鉴定；新导入的基因产生的表型容易被原有基因的表型所掩盖；传统育种方法很难区分不同基因的效应等，而 MAS 可以克服这些缺点。目前，MAS 聚合改良法已应用于如小麦抗白粉病、大麦抗黄花叶病、条锈病以及水稻抗白叶枯病、纹枯病、稻瘟病和褐飞虱等品种改良或育种中。

12.4.3　配合力的测定

12.4.3.1　配合力的概念

配合力（combining ability）是指一个自交系（或亲本系）与其他亲本杂交所产生的 F_1 的产量或其他数量性状的表现。配合力是自交系（或亲本系）的一种内在属性，受多种基因效应支配。但是配合力的高低与自交系（或亲本系）本身的农艺性状没有直接关系，农艺性状好的自交系（或亲本系），配合力不一定高。所以，一个自交系或亲本系的配合力并不能由自身的性状表现出来，而是由它作为亲本之一与其他亲本组配所产生的 F_1 的性状表现所体现。配合力高的自交系（或亲本系）所产生的 F_1 性状表现好，杂种优势强。所以，也可以把配合力理解为自交系（或亲本系）组配优势杂交种的能力。

12.4.3.2　配合力的种类

（1）一般配合力

一般配合力（general combining ability，GCA）是指一个自交系（或亲本系）与其他若干自交系（或亲本系）（或与遗传基础广泛的群体）杂交所产生的 F_1 在某个数量性状上的平均表现。一般配合力由基因的加性效应支配，可以遗传，其高低取决于自交系（或亲本系）所含的有利基因数量。有利基因数量越多，一般配合力越高，反之则越低。

（2）特殊配合力

特殊配合力（special combining ability，SCA）是指两个特定自交系（或亲本系）所组配的杂交种的产量水平（或其他数量性状的表现）。特殊配合力由基因间的显性、超显性和上位性等非加性效应决定，只能在特定组合中由双亲的等位基因间或非等位基因间的相互作用中反映出来，是不可遗传的部分。

一般来说，优良的杂交组合其双亲都具有较高的一般配合力和特殊配合力。

12.4.3.3 配合力的测定

自交系（或亲本系）的一般配合力和特殊配合力分别由基因的加性效应和非加性效应所支配，对它们的测定方法应分别建立在能反应相应基因效应的基础上。在配合力测定的过程中，测定自交系（或亲本系）配合力所进行的杂交称为测交（test crossing），被测定的自交系（或亲本系）称作被测系，测交所用的亲本称为测验种（tester），测交所得的后代称为测交种（test crossing variety）。

1）配合力测定的时期

配合力测定是自交系（或亲本系）选育过程中不可或缺的环节。异花授粉作物的自交系的选育要经过连续多代（至少5~6代）自交分离和选择，主要性状才能基本稳定。配合力的测定可以在不同世代进行。根据测定时期的不同，配合力测定可分为早代测定、中代测定和晚代测定。

（1）早代测定

早代测定是指在自交系（或亲本系）选育的早期世代（$S_1 \sim S_2$）进行的配合力测定。早代测定的理论依据是：一般配合力受基因的加性效应控制，具有可遗传的特点。早代植株与晚代植株的一般配合力呈正相关。通过早代测定，可以及时淘汰配合力低的株系，集中精力对少数配合力高的优系进行继续选育。但是对于遗传基础比较丰富的材料来说，早代处于分离状态，性状尚不稳定，测定结果只能反映该材料配合力的一般趋势，不能替代晚代测定。

（2）中代测定

中代测定是指在自交系（或亲本系）选育的中期世代（$S_3 \sim S_4$）进行的配合力测定。该时期处于植株性状从分离到趋于稳定的过渡阶段，系间性状差异明显，系内个体间差异小，系内特征基本形成。相比早代测定，此时测定的配合力更加可靠。中代配合力的测定过程与自交系（或亲本系）的稳定过程同步。当测定完成时，自交系（或亲本系）也已经稳定，可用于繁殖、制种。自交系（或亲本系）配合力测定与自交系（或亲本系）的选育相结合，可缩短育种年限。

（3）晚代测定

晚代测定是指在自交系（或亲本系）选育的晚期世代（$S_5 \sim S_6$）进行的配合力测定。其理论依据是：自交系（或亲本系）在选育过程中会由于基因的分离和重组而发生变化。

到后期其基因型已高度纯合，性状也已基本稳定，此时所测的配合力最可靠。晚代测定的缺点是不能及时淘汰低配合力的植株，工作量大，而且延长了优系的选育利用时间。

选育自交系的基本材料的遗传背景不相同，其后代达到遗传稳定状态的世代数也不尽相同，配合力的变化程度和速度也有差异。可先进行早代配合力测定，根据测定结果，及时淘汰低配合力的株系，以便减少后期工作量。当入选株系进入性状基本稳定的晚代（高代），再进行一次配合力测定。根据 2 次的配合力测定结果进行决选。

2）测验种的选择

配合力的差异以被测系与测验种杂交所产生的测交种在产量和其他数量性状上表现出的数值差异来表示。测验种的选择是否得当直接关系到配合力测定的准确性。

测验种的选择应该以测定的配合力类型而定。如果要测定被测系的一般配合力，最好选择遗传成分复杂的自由授粉品种、品种间杂交种以及综合种等作为测验种。这类测验种可以产生多种遗传成分不同的配子，它们与被测系产生的配子组合产生的 F_1 相当于被测系与多个遗传成分不同的自交系分别杂交所产生的杂交种，这些杂交种所表现出的差异性主要体现了基因的加性效应，即体现了被测系的一般配合力。如果要测定被测系的特殊配合力，最好选择遗传背景简单的自交系（或亲本系）作测验种。自交系（或亲本系）基因型的纯合度高，与被测系测交后可以反映出被测系的非加性效应（包括上位性、显性和超显性效应等），体现被测系与测验种的特殊配合力。同一被测系与不同的测验种杂交，其杂种后代的表现有差异。因此，测验种自身的配合力和测验种与被测系之间的亲缘关系也影响配合力测定结果的准确性。若测验种的配合力偏低或它与被测系的亲缘关系相近，所测得的结果往往偏低；反之，所测结果容易偏高。所以，在测定不同自交系（或亲本系）的配合力时，最好选用配合力中等或中间类型的测验种。另外，在选育具有某种目标性状的自交系（或亲本系）时，要求测验种具有相应的缺点性状。如要选育抗某一病害的自交系，则所选用的测验种最好不抗该病害，以便在杂交后代的抗性差异中提供在该病害上具有抗性的自交系的表现机会。

如果配合力测定的目的是为了组配生产用杂交种，则测验种的选择既要考虑它与被测系的亲缘关系，又要考虑性状互补，最好选用目前生产上已应用的自交系（或亲本系）做测验种，从而达到测用结合，缩短育种年限的目的。

3）配合力测定的方法

配合力测定的方法主要有顶交法、双列杂交法和多系测交法等。

（1）顶交法

顶交法（top-cross method）是指用一个遗传基础广泛的品种群体作为测验种测定被测系配合力的方法。该方法最初多用地方品种作为测验种。现在一般用由多个自交系组配的、遗传平衡的综合种做测验种。这些测验种群体遗传基础广泛，可产生多种类型的配子，可以看成是由多个纯系组成的混合群体，其测交种相当于被测系与多个纯系杂交产生的测交种的混合群体，所以只能测定一般配合力。

具体操作方法为：以测验种 A 与 1、2、3…n 个被测系分别进行测交，得到测交种 $1×A$、$2×A$、$3×A…n×A$（或相应的反交组合测交种）。下一季种植各测交种并进行产量（或其他数量性状）比较试验，根据试验结果计算被测系的一般配合力。

顶交法在配合力测定的过程中采用了一个共同的测验种，所以测交种所表现出的某一数量性状的差异可以认为是由自交系间的配合力差异引起的。若某个被测系在某一数量性状上的表现值高，就说明被测系在该数量性状上的一般配合力高。

（2）双列杂交法

双列杂交法（diallel cross method）（也称互交法、轮交法）是指一组自交系既做被测系又做测验种，两两相互成对杂交，配成所有可能的组合，获得测交种并计算配合力的方法。根据组合的方式不同，可分为完全双列杂交和不完全双列杂交。例如，有 n 个被测系，按完全双列杂交（包含正反交）方式可以组配出 $n(n-1)$ 个测交种；按不完全双列杂交（只包含正交或反交）方式可以组配出 $n(n-1)/2$ 个测交种。下一季按照随机区组设计种植测交种并测定产量（或某一数量性状值），然后可按照 Griffing 设计的方法和数学模型估算被测系的一般配合力和特殊配合力。

双列杂交法的优点是可以同时测定自交系的一般配合力和特殊配合力。如果配合力测定的目的是为了选育优良杂交种，则表现好的组合可以直接作为品种选育的候选组合，做到测用结合。缺点是当有较多的被测系时，杂交组合的数目过多，田间试验不容易安排，工作量大。因此，该法一般应用于育种的后期阶段，在精选出少数自交系（或亲本系）或骨干系时采用。

（3）多系测交法

多系测交法（multiple cross method）（也称骨干系测交法）是指用几个优良自交系（或亲本系）或骨干系作测验种与被测系杂交获得测交种，并用测交种的产量（或其他数量性状值）计算被测系的一般配合力和特殊配合力的方法。例如，用 a、b、c…m 个自交系作测验种测定 1、2、3…n 个自交系的配合力，可以组配出 $m \times n$ 个测交种。下一季按照顺序排列，间比法设计种植测交种，测量测交种的产量（或其他数量性状值），并计算被测系的一般配合力和特殊配合力。

多系测交法所用的测验种多为生产上利用的优良纯系或骨干系。对于像玉米等以利用单交种为主的作物，通过测交和产量比较试验筛选出的测交种在用于配合力测定的同时，可以从中挑选出强优势的杂交种，通过产量比较试验和品种审定后应用于生产。所以，与双列杂交法类似，多系测交法也可以同时进行配合力测定与优良杂交种的选育。

4）杂种优势群和杂种优势模式

杂种优势群（heterosis group）也称杂种优势类群，是指在自然选择和人工选择的作用下，经过遗传物质的反复重组和种质互渗而形成的具有广泛的遗传基础、丰富的遗传变异、较高的有利基因频率和较高的一般配合力、种性优良的育种群体，从中可以不断分离出高配合力的优良自交系。杂种优势模式（heterosis pattern）是指两个不同的杂种优势群之间具有较强的基因互作效应、较高的特殊配合力。来源于 2 个不同杂种优势群的植株间组配容易产生强杂种优势的配对模式。从配对的两个杂种优势群之间选株组配出优良杂交种的概率较高。因此，杂种优势群和杂种优势模式的出现，减少了杂交种组配的盲目性。但并不是所有的杂种优势群之间都能组配成杂种优势模式。

美国于 1947 年就提出了杂种优势群和杂种优势模式的概念，是研究和划分杂种优势类群和构建杂种优势模式最成功的国家。根据亲缘关系，美国将玉米划分为 'Reid Yellow Dent' 和 'Lancaster' 2 个类群，并构建了 Reid×Lancaster（或称 Reid×Non-Reid）杂种优势模式。该模式是最经典、利用时间最长的杂种优势模式，被玉米育种界公认为温带地区的基础杂种优势群和杂种优势模式。很多有名的群体和自交系都选自或衍生于这 2 个类群，如 'BSSS' 群体衍生自 'Reid Yellow Dent'，'C103''Mo17''Oh408' 和 'L318' 等自交系都衍生于 'Lancaster' 类群。

欧洲也将玉米种质划分为马齿杂种优势类群和硬粒杂种优势类群 2 大类群，并组配了美国马齿型×欧洲硬粒杂种优势模式。中南美地区以 CIMMYT 为中心研发了 'Tuxpeno' 和 'ETO' 2 大热带、亚热带基本杂种优势类群，并以此构建了杂种优势模式。另外，该地区常用的杂种优势模式还有 Tuson×Tuxpeno 和古巴硬粒×Tuxpeno。Vasal 等于 1992 年提出了 7 个热带、亚热带的杂种优势群，并构建了杂种优势模式，以来自 CIMMYT 的 92 个热带自交系和数十个温带自交系分别合成了热带杂种优势群 THG "A" 和 THG "B"，以及亚热带杂种优势群 STHG "A" 和 STHG "B"，还分别用它们组配了杂种优势模式。上述杂种优势群为玉米育种提供了丰富的种质资源，同时也拓宽了温带玉米的种质基础。

我国对玉米杂交种的种质基础进行研究始于 20 世纪 80 年代。1983 年，吴景峰依据血缘关系和遗传基础将我国玉米种质资源划分为不同的杂种优势类群。1990 年，曾三省根据育种经验将我国的玉米杂种优势模式划分为马齿型×硬粒型和国内种质×外引材料 2 种。20 世纪 90 年代以后，我国越来越重视玉米杂种优势类群的划分和杂种优势模式的构建，积极进行玉米种质资源的创新工作。王懿波（1997，1999）等通过遗传分析结合育种实践，将我国的玉米种质划分为 5 大杂种优势类群，并认为我国在 1980—1994 年间的主要种质为唐四平头、旅大红骨、改良 Reid 和改良 Lancaster。李新海等（2003）利用多种分子标记结合双列杂交和 NC-Ⅱ 杂交实验结果，将我国玉米种质划分为唐四平头、旅大红骨、Lancaster、Reid、PA 和 PB 六大优势类群。总体来说，我国长期以来将主要玉米种质划分为唐四平头、旅大红骨、Lancaster 和 Reid 四大优势类群。后来随着种质资源工作的深入，又从美国商业杂交种选育出了许多二环系，逐渐形成了现在的 PA 类群和 PB 类群。其中唐四平头和旅大红骨属于国内种质类群；Lancaster 和 Reid 来源于国外；PA 类群偏向于 Reid 种质类群；PB 类群含有来源于热带玉米的种质，偏向于 Lancaster 种质类群。为了简化杂种优势类群，有学者将遗传基础相对较近的唐四平头和旅大红骨划分为 Dom（国内）种质，将偏向于 Reid 种质的 BSSS 和 PA 群划分为 Reid（A 群）种质，将 Lancaster 类种质和偏向 Lancaster 的 PB 群统称为 Non-Reid（B 群）种质。在此基础上建立了适应我国玉米育种实际的杂种优势模式 A 群×国内群或 B 群×国内群。

杂种优势群是为育种需求而人为划分的群体，是种质互渗与自然选择和人工选择的结果，具有相对稳定性和动态发展变异性。加强杂种优势群和杂种优势模式的开发，可为杂种优势利用研究提供源源不断的种质资源，为杂交种的选育提供理论指导和不断更新的亲本材料来源。

12.4.4 杂交种亲本的选配原则

杂种优势利用的核心是组配强优势的杂交组合。优良的自交系是选育杂交种的基础，但并不是所有的优良自交系之间组配都会产生强杂种优势，所以亲本的选配是获得强优势组合的关键。在长期的育种实践过程中，人们积累和总结了有关杂交种亲本选配的经验和规律，减少了盲目性，提高了育种效率。杂交种亲本的选配原则可以总结为：配合力高；农艺性状优良，且优缺点互补；产量高，双亲花期可遇，制种技术简单；亲缘关系相对较远等。

12.4.4.1 配合力高

亲本配合力高是选育强优势杂交种的前提。在杂交种亲本组配的过程中，应尽可能选择一般配合力都高的双亲。如果受到其他性状的制约，至少也应该保证亲本之一配合力高，另一亲本的配合力也不应过低，尽量避免双亲的一般配合力都低。如果采用多亲本复合杂交配制杂交种（如双交种、三交种等），应将配合力最高的亲本置于最后一次杂交。

应该注意的是，并非一般配合力高的材料间杂交杂种优势都强，在杂交种的选育实践过程中应该在一般配合力高的材料中选择特殊配合力也高的材料作亲本，这样才能最大限度地发挥杂种优势。另外，一般配合力低的材料之间由于特殊配合力强，也可能组配出强优势的杂交种，但是概率很低。

12.4.4.2 农艺性状优良，且优缺点互补

杂交种双亲应具有优良的育种目标性状，通过杂交使优良性状在 F_1 中得到积累和加强。很多重要农艺性状（如熟期、一些抗病性和产量因素等）的杂种优势不明显，表现为中亲优势，这就要求双亲相应性状的表型值要高，才能组配出符合育种目标的优良杂交种。

任何自交系（或亲本系）都有这样或那样的缺点，所以要选择优缺点互补的自交系（或亲本系）做亲本。这就要求育种者在了解亲本表型性状的同时，还要掌握这些性状的遗传规律。优良性状的遗传力要强，最好为显性基因控制，若为隐性基因控制，则要求双亲都具有该性状。

总之，在杂交种亲本性状的选择上，应该优点尽可能多、主要目标性状突出、优良性状遗传力高、缺点少且容易克服、优缺点互补。

12.4.4.3 产量高，双亲花期可遇，制种技术简单

生产足量的大田用种是杂交种得以大面积推广的前提。20 世纪初期，玉米杂交种没有能够大面积推广的一个重要原因就是因为自交系产量低，不能够提供足够的大田用种。所以在制种上对杂交种亲本有以下 3 个基本要求：① 产量高。亲本特别是母本的产量高，可以有效节约自交系本身的繁殖成本和杂交种的制种成本，增强杂交种的供应能力，促进其推广应用。② 双亲花期相同或相近，避免调节播种期的麻烦。在制种时，应以花期较早的亲本作为母本，父本植株最好略高于母本，且花粉量要大。

③ 制种技术简单。杂交种能够大面积推广的一个重要前提是制种简单、方便和低成本。特别是自花授粉作物，能否容易、经济地大量制种直接影响其能否大面积推广应用。对于异花授粉作物来说，例如玉米，可以通过人工去雄的方式配制杂交种。对于像小麦、水稻等自花授粉、花器又小的作物来说，人工去雄和授粉工作量大，制种产量低，难以满足大田用种需求，可以利用雄性不育性或化学杀雄等方法生产杂交种，但对不育系的不育度、恢复系的恢复度和化学杀雄剂的杀雄效率及对雌蕊的伤害度等要求较高。

12.4.4.4　亲缘关系相对较远

亲缘关系远、遗传背景差异大的双亲杂交产生的杂交种较亲缘关系近的亲本杂交产生的杂交种遗传基础更加丰富，杂合程度更高，杂种优势也更强。亲缘关系一般从地理起源、血缘关系、类型和性状差异 3 个角度来衡量。

（1）地理起源

国内材料和国外材料之间，本地材料和外地材料之间，由于起源不同，存在地理上的生殖隔离，遗传物质交流少，它们之间杂交可增大杂交种的基因异质性，增强杂种优势。例如，玉米杂交种‘掖单13’的母本（掖478）和父本（丹340）分别来源于国外的‘Reid’优势类群和国内的‘旅大红骨’优势类群。

（2）血缘关系

相比近缘亲本，远缘亲本同质基因少，遗传差异大，后代更容易表现出较强的杂种优势。例如‘中棉所7号’（父本）和‘岱字棉16’（母本）是分别来自美国的和非洲的陆地棉品种，据中国农业科学院棉花研究所的测定结果（1976），它们的 F_1 比父、母本分别增产 54.0% 和 83.7%。但是，如果遗传差异过大，可能存在生殖隔离，引起杂种后代发育不良、结实性差等现象。

（3）类型和性状差异

类型和性状差异大的亲本间也容易组配出强优势的杂交种。例如，玉米的马齿型和硬粒型之间、高粱的南非类型和中国类型之间的杂交种都具有很强的杂种优势。

12.4.5　杂交种的类别及特点

杂交种因杂交亲本的数量、类型和杂交方式不同可分为品种间杂交种、顶交种、自交系间杂交种、雄性不育杂交种、自交不亲和系杂交种、种间杂交种和亚种间杂交种等类型。

12.4.5.1　品种间杂交种

品种间杂交种（inter-varietal hybrid）是指由两个品种作为亲本杂交得到的杂交种。品种间杂交种的性质因作物授粉方式的不同而不同。异花授粉作物的品种遗传基础复杂，品种间杂交种具有群体品种的特点，性状不整齐，比一般开放授粉品种增产 5%～10%，增产潜力小，目前已很少利用。自花授粉作物的一个品种群体实际上是一个纯系，其品种间杂交种相当于单交种，是目前自花授粉作物杂种优势利用的主要途径。

12.4.5.2 顶交种

顶交种（top-cross variety）是指自由授粉品种与自交系间的杂交种，又称品种 - 自交系间杂交种（variety-line hybrid）。顶交种多适用于异花授粉作物，它具有群体品种的特点，性状不整齐，与自由授粉品种相比，增产幅度在 10% 左右。顶交种一般以自由授粉品种作为母本，所以制种产量比自交系间杂交种高，在杂种优势利用的初期应用较多，目前在我国西南部高寒山区仍有少量种植。

12.4.5.3 自交系间杂交种

自交系间杂交种（inter-lineal hybrid）是以自交系为亲本组配的杂交种。根据亲本自交系的数量和组配方式不同，又分为单交种、三交种、双交种和综合杂交种 4 种类型。

（1）单交种

单交种（single-cross hybrid）是指用 2 个自交系组配的杂交种，组配方式为 A×B。单交种杂种优势强，增产幅度大，群体性状整齐，制种手续简单，是当前玉米杂种优势利用的主要类型。但是受自交系产量低的制约，单交种的制种产量低，因此选择高配合力和高产自交系（特别是母本自交系）是组配单交种的主要任务。

（2）三交种

三交种（three way cross hybrid）是指用 3 个自交系组配的杂交种，组配方式为（A×B）×C。三交种的实质为一个单交种和一个自交系组配的杂交种，在制种上常以单交种作为母本，克服了单交种制种产量低的缺点，而产量接近或只稍低于单交种。由于三交种制种程序比单交种多了一次杂交过程，除了亲本隔离繁殖区外，至少需要两个制种隔离区。

（3）双交种

双交种（double-cross hybrid）是指由 4 个或 3 个自交系先两两组配成单交种，再由 2 个单交种组配而成的杂交种，组配方式为（A×B）×（C×D）或（A×B）×（A×C）。双交种增产幅度大，但是产量和群体整齐度都不及单交种。制种产量高于单交种，但是制种程序复杂，需要先配制双亲单交种。除了亲本隔离繁殖区外，至少需要 3 个制种隔离区。在玉米杂种优势利用上，我国在 20 世纪 60 年代主要利用双交种，后来随着玉米自交系产量的提高，逐渐被单交种替代。

（4）综合杂交种

综合杂交种（synthetic hybrid）是指由多个自交系（一般不少于 8 个）组配而成的遗传平衡的杂种群体。组配方式有 2 种：① 直接组配。取各亲本自交系的等量种子混匀，种植于隔离区内使其自由授粉，后代继续在隔离区内自由授粉 3～5 代以达到遗传平衡状态。② 不完全双列杂交法。将各亲本自交系按不完全双列杂交法组配成 $n(n-1)/2$ 个单交种，从所有单交种中取等量种子混匀，种植于隔离区内任其自由授粉，连续 3～5 代使之达到遗传平衡状态。

综合杂交种遗传基础广泛，适应性强，F_2 及其后代的杂种优势衰退不明显，一次制种后可供多代连续使用，有一定的应用价值。目前，在我国的西南山区和一些发展中国家仍然种植大面积的玉米综合杂交种。

12.4.5.4 雄性不育杂交种

雄性不育杂交种（hybrid with male sterility）是指用各种类型的雄性不育系作母本与相应父本组配而成的杂交种。因雄性不育类型的差异又可分为：

（1）细胞质雄性不育杂交种

细胞质雄性不育杂交种（hybrid with cytoplasmic male sterility）是指以各种类型的细胞质雄性不育系（cytoplasmic male sterility，CMS）作为母本，以相应的恢复系作为父本组配而成的杂交种。这种类型的杂交种除了需要细胞质雄性不育系和恢复系外，还需要细胞质雄性不育保持系来保证不育系的繁殖（即生产上所利用的"三系制种法"）。水稻、棉花、高粱和玉米的"三系"杂交种都属于这种类型。

（2）细胞核雄性不育杂交种

细胞核雄性不育杂交种（hybrid with nuclear male sterility）是指以细胞核基因控制的雄性不育系作为母本与具有恢复能力的父本品种（系）组配的杂交种。核基因控制的不育性依控制不育性的基因显隐性和基因对数可分为多种类型。目前生产上利用最多的是由单隐性基因控制的不育类型，如棉花上利用两系法结合标记性状生产的隐性核不育杂交种。

（3）光（温）敏雄性不育杂交种

光（温）敏雄性不育杂交种（hybrid with photo-thermo-sensitive male sterility）是指在不育的光（温）条件下以光、温敏雄性不育系作为母本与正常品种（系）杂交所产生的杂交种。这种不育系可以在可育的光（温）条件下自交繁殖亲本不育系；在不育的光（温）条件下生产杂交种。如水稻、小麦、谷子和油菜的光（温）敏不育杂交种。

12.4.5.5 自交不亲和系杂交种

自交不亲和系杂交种（hybrid with self-incompatibility）是指用自交不亲和系做母本与普通品种（品系）组配而成的杂交种。如十字花科蔬菜甘蓝、大白菜、萝卜以及甘蓝型油菜的自交不亲和系杂交种。

另外，按照杂交种亲本的亲缘关系，还可以组配种间杂交种（inter-specific hybrid）和亚种间杂交种（inter-sub specific hybrid）。如棉花中的陆地棉和海岛棉组配的种间杂交种在产量、纤维品质、生长势、抗逆性和早熟性等方面均有较强的杂种优势。水稻粳、籼亚种间的杂交种后代变异丰富，杂种优势明显，但组合间差异大。种间杂交种和亚种间杂交种常表现出植株高大、生育期延迟、茎粗、穗大、有芒、抗倒伏、根系发达、生长速度快、叶片长且宽、分蘖能力强、再生能力强和抗逆性好等特点。

来源于不同种、属作物的细胞质、细胞核存在一定程度的分化，异质核-质间存在互作效应，可产生一定的杂种优势，称为核-质杂种优势。近代遗传学研究表明，绿色植物的3个遗传系统（核基因组、线粒体基因组和叶绿体基因组）在杂种优势的产生过程中都可能发挥重要作用。如玉米 T 型胞质线粒体膜上的 *T-URF13* 基因是导致玉米雄性不育和对小斑病 T 小种敏感性的关键因素。T 型细胞质雄性不育系的育性恢复核基因

Rf₁ 抑制 *T-URF13* 的表达，而隐性等位基因 *rf₁* 则对 *T-URF13* 的表达无影响。通过远缘杂交和回交核置换获得的杂交种称为核质杂交种。如木原均用美国冬小麦品种 Gaines 的细胞核与节节麦细胞质相结合得到的核质杂交种，与对照相比，具有早熟、抗病和蛋白含量高等优点，产量比亲本 Gaines 高 20%～30%。

12.5 作物杂种优势利用方法

要充分有效地利用作物杂种优势，必须具备以下 3 个条件：① 有纯度高的优良亲本品种或自交系；② 杂交组合在产量等各方面具有明显的杂种优势；③ 配制和生产杂交种的工序简单易行，且生产成本低。因此，有效利用作物杂种优势，必须建立有效的亲本品种或自交系及杂交种生产方法和体系，保证每年有足够的亲本种子来制种，有足够的商品杂交种种子供生产使用。在杂种优势利用方法中，必须要考虑以下几个方面：

① 为了保持亲本品种（或自交系）的纯度，必须有简单易行的亲本品种（或自交系）自交授粉繁殖方法，并保证亲本种子的产量和质量。

② 为了保证足够的杂交种种子产量，降低制种成本，必须有简单易行的配制大量杂交种的方法，以提高制种产量。

③ 需要有健全的配套体系、管理制度和杂交种子推广销售网络等。

亲本品种（或自交系）的繁殖详见 19.3.2 种子生产的程序。

根据作物繁殖方式和花器构造特点，作物杂种优势利用方法（杂交种的生产方法）主要有人工去雄、化学杀雄、利用标志性状、利用雄性不育性、利用自交不亲和、利用雌性系和广亲和基因等。

12.5.1 人工去雄

人工去雄是杂种优势利用的常用方法之一。用手工直接去除母本的雄花序或两性花中的雄蕊。这种方法适用于雌雄同株异花作物（如玉米）、雌雄同花但繁殖系数较高的作物（如烟草）、雄性花器较大的作物（如棉花）、容易人工去雄的作物（如玉米、黄瓜）以及种植杂交种时用种量较小的作物（玉米、水稻等）。

玉米雌雄同株异花、雄穗较大、繁殖系数高，可以采用拔掉雄穗的方法进行人工去雄。生产杂交种时，一般可采用隔离区内按一定比例种植父本行和母本行。在母本的雄穗刚刚露出的时候，人工拔掉雄穗，父本的花粉可以与其自由授粉杂交。对于父本雄穗非常发达的自交系，也可以采用"满天星"制种方法，例如'郑单 958'的制种就可采用此法。由于父本'昌 7-2'具有发达的雄穗，父本分期播种于母本行的中间，每隔 120 cm 点播 2 粒，父本的播种量只有母本的 1/4 左右，人工拔掉母本雄穗后，母本雌花自然接受父本的花粉，收获大量杂交种种子。

烟草花虽是两性完全花，每朵花雄蕊 5 枚、雌蕊 1 枚，但繁殖系数非常高，可以人工去除雄蕊。如果每株去雄杂交 20 朵花，即可收获上万粒杂交种种子供大田栽培用种。

棉花虽雌雄同花，但花器较大、花器构造简单，便于人工去雄。人工去掉母本的未成熟的雄蕊，然后配合人工授粉，获得大量杂交种种子。

人工去雄是一项比较繁重的工作，特别是在大面积制种时工作量相当大，而且要求去雄及时、严格、彻底。某一个环节控制不好，就会前功尽弃。但人工去雄方法能把优势最高的杂交组合随时用于生产，不会由于增加更多的育种措施而使育种年限延长。

12.5.2 化学杀雄

化学杀雄是克服人工去雄困难的一种有效途径。在花粉发育的关键时期，通过对母本喷洒一定浓度的内吸性化学药剂，直接杀死或抑制雄性器官，造成花粉生理不育，以达到杀雄目的。

化学杀雄的原理是：雌配子和雄配子对各种化学试剂处理的敏感程度不同，雄配子更敏感，而雌配子表现更强的抗药性。利用适当的化学试剂浓度、药量和处理时期可以杀伤雄性配子而对雌性配子无伤害。因此，喷施了化学杀雄剂导致雄性不育的雄蕊表现为：雄蕊畸形、小孢子发生异常、形成无活力的花粉或不能形成花粉。

1950 年 Moore 和 Naylor 首次在玉米中用生长调节剂马来酰肼 MH 成功地诱导出玉米雄性不育。随后的 50 年间，世界各国的科学家在化学杀雄剂的筛选方面做了大量的工作，在很多作物上都进行了实验。例如，NAA 可以诱导番茄的雄性不育，2,4-D 和三苯乙酸可以诱导西瓜的雄性不育，乙烯利可以诱导小麦的雄性不育。但这些生长调节剂的杀雄率不高，对雌性的育性也有影响，甚至对植株发育也有不良作用，因此后来很多科学家致力于新型化学杂交剂的研发。水稻化学杀雄剂 1 号、甲基砷酸锌（稻脚青）、甲基砷酸钠等杀雄效果显著，但是由于含有砷，用药操作不安全，毒性很大，残留严重。美国孟山都公司研制的 Mon21250（Clofencet）和 Mon21200（Genesis）可以用于杂交小麦育种和大面积杂交小麦种子生产，而且安全性和环保性都较好。目前制种上常用的化学杀雄剂有用于小麦上的青鲜素（顺丁烯二酸联胺，MH）、FW450（二氯异丁酸钠）、Sc2053、乙烯（2-氯乙基膦胺）和 Genesis 等，用在棉花上的有三氯乙丙酸，用在水稻上的有稻脚青（20% 甲基胂酸锌），用在玉米上的有 DPX3778。

用于杂种优势利用的化学杀雄剂还应具备以下条件：① 对植株的副作用小，处理后不会导致植株产生畸变或遗传性变异，不能影响雌蕊的正常发育；② 喷施化学杀雄剂的适宜时期要长，杀雄彻底稳定，不受环境影响；③ 处理方法简单易行、药剂成本低、安全无毒、环保。

化学杀雄配制杂交种的优点是：① 方法简便。② 亲本选配自由，容易筛选强优势组合。反过来说，只要是高产组合，都可采用化学杀雄方法生产杂交种。③ 化学杀雄导致的雄性不育不能遗传，这就为利用强优势组合的 F_1 种子提供了可能性。但是，对于开花期长的作物例如棉花、大豆等，应用化学杀雄的难度比较大。

化学杀雄制种的主要问题是：① 杀雄不彻底；② 喷药时间要求严格；③ 杀雄效果受天气及植株发育状况的影响；④ 某些杀雄剂可能存在残毒，且杀雄剂成本高等。

12.5.3 利用标志性状

利用标记性状制种是指用某一对基因控制的显性或隐性性状作为标志，来区别杂交种和自交种，不进行人工去雄而利用杂种优势的方法。该方法还能鉴别假劣杂交种，确保杂交种的纯度。可以用作标志性状的有水稻的紫色对绿色叶枕、小麦的红色对绿色芽鞘、棉花的绿苗对芽黄苗、棉花的有腺体对无腺体、棉花的鸡脚叶对正常叶等。

利用标记性状鉴别自交和异交种子的具体方法是：给杂交父本转育一个苗期出现的显性标志性状，或给母本转育一个苗期出现的隐性标志性状，父母本进行不去雄的天然杂交，从母本植株上收获自交和杂交两类种子。在下一年播种出苗后，根据苗期标志性状，拔除具有隐性性状的幼苗即拔除假杂种或母本苗，留下具有显性标记性状的幼苗才是真正的杂种植株。例如通过南繁北育、自交、回交交替的方法，将棉花的芽黄性状转育给'新陆早 14 号'母本中，母本带芽黄标志性状，可以利用标志性状制种。芽黄性状在苗期 2～5 片真叶时显现，此时，假杂种带芽黄性状，真杂种不带芽黄性状，杂交率达 70% 以上。在 F_1 代苗期，将带芽黄性状的假杂种结合定苗拔除。芽黄标志性状的利用，使制种工效提高一倍。

把标志性状转育到隐性核雄性不育系中，在用雄性不育进行杂种优势利用时可以有效地鉴别可育株和不育株，解决生产上隐性核不育在杂种优势利用中的难题。

目前在玉米等作物上已经克隆了大量的隐性核不育基因，但是缺乏有效的不育系保持和繁殖技术体系。雄性不育株（msms）接受可育株（Msms）的花粉时，后代可育株和不育株按 1∶1 分离，因此隐性核不育系一直无法在杂种优势利用中直接应用。近年来，美国杜邦先锋公司发明了一种新型杂交种子生产技术体系——SPT（seed production technology）技术，其原理是利用现代生物技术，将控制作物花粉育性恢复基因、花粉致死基因和红色荧光蛋白标记基因紧密连锁（Ms-SPT），构建作物遗传转化表达载体，通过转基因技术，导入到作物隐性核雄性不育系中，创制一个（ms/Ms-SPT）的核不育保持系，该转基因株系自交后，产生 50% 的不育系种子（非红色荧光种子）和 50% 的保持系种子（红色荧光种子），借助标志性状可以有效地将隐性核不育系应用到杂交种的生产中。

有效利用隐性核雄性不育系的关键是将选定的隐性核雄性不育突变体的育性恢复基因与特异启动子连接，同时连接花粉致死基因及其特异的启动子，然后转入相应作物的雄性核不育突变体中。育性恢复基因可使含有核雄性不育基因的花粉小孢子恢复育性，而到花粉发育后期，花粉致死基因则可以使含有育性恢复基因的转基因花粉降解，只留下一种含有隐性核雄性不育突变基因的非转基因花粉。通过机械色选技术可以将这两部分种子分离，正常颜色种子为不育系，用于作物杂交种制种；红色荧光种子自交产生其本身和正常颜色不育系种子。利用红色荧光蛋白这一标志性状，有效解决了作物隐性核雄性不育系的保持和繁殖难题（二维码 12-1）。

二维码 12-1　利用 SPT 技术进行植物隐性核雄性不育系的保持和繁殖

12.5.4　利用雄性不育性

作物雄性不育的主要特征是：雄蕊发育不正常，雄性器官表现退化、畸形或丧失功能，无法产生正常功能的花粉；但雌蕊发育正常，能够接受正常的花粉而受精结实。雄性不育的特性是可以稳定遗传，通过一定的选育程序，可以育成遗传上稳定的不育系。

利用雄性不育性是克服雌雄同花作物人工去雄困难的最有效的途径。在杂交制种时，如果用具有雄性不育特性的品系作母本，就可免除人工去雄的麻烦，扩大杂种优势的利用范围，节约制种成本，提高制种工效，提高杂交种种子的质量。所以利用雄性不育性配制杂交种，已经成为目前生产上应用最广泛、最有效的杂种优势利用途径之一。

根据不育基因的类型，可把雄性不育分为胞质（或质 - 核）互作的雄性不育和核雄性不育2大类（详见第2章作物繁殖方式）。

1）利用胞质互作的雄性不育性

当细胞质不育基因S存在时，细胞核有相对应的隐性不育基因（rfrf）时，植株表现雄性不育；如果细胞质基因是正常可育基因N时，细胞核基因无论是可育（RfRf），还是不育（rfrf），植株都表现正常可育。如果细胞核内存在显性可育基因（RfRf），无论细胞质是可育（N），还是不育（S），植株均表现正常可育。根据这样的遗传特性，在杂种优势利用中，胞质互作的雄性不育系通过三系配套的方式进行利用。三系是指雄性不育系S（rfrf）、保持系N（rfrf）和恢复系N（RfRf）或S（RfRf）。

保持系具有保持雄性不育性在世代稳定传递的能力，对雄性不育系授粉来繁殖雄性不育系。因为要保持雄性不育系的不育性，核基因的组成一定是rfrf，所以保持系的基因型为N（rfrf）。

恢复系具有使雄性不育系育性恢复的能力，对雄性不育系授粉配制出大量的杂交种子。恢复系核基因应该为RfRf，细胞质的基因型是S或者N都可以，所以保持系的基因型是N（RfRf）或S（RfRf）。

利用胞质互作的雄性不育性生产杂交种可以实现不育系、保持系、恢复系三系配套，并能通过三系法进行制种。到目前为止，三系法制种已在玉米、水稻和高粱等作物的杂种优势利用中得到广泛应用。用三系配制杂交种时，一般需设置两个隔离区，即不育系繁殖区和制种区。不育系繁殖区种植雄性不育系和保持系，不育系接受保持系的花粉，繁殖出的不育系种子大部分用于下一年制种区作生产杂交种的母本，小部分用于下一年不育系的繁殖。保持系采用系内授粉繁殖种子，用于下一年繁殖不育系。制种区种植不育系和恢复系，不育系做母本，恢复系做父本，用以配制杂交种并繁殖恢复系。恢复系采用系内授粉繁殖种子，用于下一年生产杂交种的父本。

2）利用细胞核雄性不育性

到目前为止，在水稻、小麦、棉花和大豆等作物上都发现了核不育类型，绝大多数是由隐性基因控制的，少数是由显性基因控制的。还有一种雄性不育性受核基因控制，但与环境诱导密切相关，称为环境诱导的雄性不育性。

隐性核雄性不育的恢复品种很多，但没有保持系，不能直接实现三系配套（详见2.1.1有性繁殖中的雄性不育性）。利用标志性状可以解决这一问题，详见12.5.3利用标志性状。

显性核不育在杂种优势利用中存在2个严重的问题：一是不能得到稳定的不育系；二是不能制成完整可育的商品杂交种（详见2.1.1有性繁殖中的雄性不育性）。但是，单基因控制的显性核不育可以作为自花授粉作物进行轮回选择的异交工具。例如太谷核小麦的雄性不育性是由显性基因（*Ms*2）控制的。该雄性不育系雄性败育彻底，不育性稳定，且不受背景基因型和环境差异的影响。*Ms*2 基因克隆和功能解析也取得了突破性的研究进展，研究发现该基因没有保守的功能结构域，是仅存在于小麦族物种中的"孤儿"基因。*Ms*2 的产生经历了一个比较复杂的进化过程，一个新的非自主型的 TRIM 反转录转座子插入到 *Ms*2 基因的启动子区，激活了该基因并使其在花药中特异表达，导致雄性不育表型的产生。

3）利用环境诱导的雄性不育性

在水稻、小麦、玉米和大豆等作物中已经发现了受环境诱导（高温 / 低温，长日照 / 短日照，高温短日照 / 低温长日照）产生的雄性不育系，其中光温敏雄性不育系（详见 2.1.1 有性繁殖中的雄性不育性）在生产上得到广泛的应用。

在水稻中，首次发现的受环境影响的细胞核雄性不育系是 1973 年石明松在湖北沔阳县（今湖北省仙桃市）沙湖原种场种植的晚粳品种'农垦 58'，后来被命名为'农垦 58S'。'农垦 58S'育性变化受光照长度的影响，具体表现为长日照条件下不育，短日照条件下可育。因此，'农垦 58S'可种植在短日照条件下自交结实繁殖，省去了选育保持系来繁殖不育系的步骤；'农垦 58S'种植在长日照条件下用作不育系生产杂交种。这种光敏雄性不育系能够实现一系两用（两系法制种），大大简化了杂交制种的过程。

与三系法相比，两系不育系配组自由、恢复系广、杂交制种过程简化，在自花授粉作物（如水稻和小麦）杂种优势利用上占据了越来越重要的地位。光温敏雄性核不育系的两系法杂交稻已在中国水稻生产中占据重要位置。自 1993 年在中国开始大面积应用以来，两系杂交稻在中国水稻生产中的作用日益重要，2012 年两系杂交稻已约占杂交水稻总种植面积的 1/3。据农业部统计资料显示，中国两系法杂交水稻在 1993—2012 年已累计推广约 $3.2 \times 10^7 \, hm^2$（4.8 亿亩），为水稻生产做出了巨大贡献。

12.5.5 利用自交不亲和性

自交不亲和性是指同一植株上的雌雄两性器官和配子均正常，因受自交不亲和基因的控制，自交或系内交均不结实或结实很少的特性。这种特性是作物在长期自然进化过程中形成的，其作用是避免自花授粉，促进异花授粉，保证物种生存与繁殖的一种生殖特性。自交不亲和性广泛存在于十字花科、禾本科、豆科和茄科等植物中，其中十字花科植物的自交不亲和性最为普遍（详见第 2 章作物繁殖方式）。

自交不亲和系杂交种是油菜杂种优势利用的重要途径。甘蓝型油菜是常异交作物，一般是自交亲和的，但也有不亲和植株。Olsson（1960）首次在甘蓝型油菜中发现自交不亲和现象，并找到了 19 株自然异交率达 100% 的自交不亲和单株。傅廷栋（2000）在甘蓝型油菜和白菜杂交后代中发现自交不亲和植株，并育成甘蓝型油菜自交不亲和系 211、271 等品系。

配制杂交种时，以自交不亲和系作母本与另一自交亲和系作父本按比例种植，就可以免除人工去雄的麻烦，从母本上收获杂交种。如果双亲都是自交不亲和系，对正反交差异不明显的组合，就可互作父母本，最后收获的种子均为杂交种，供大田使用。目前生产上使用的大白菜、甘蓝等的杂交种就是此种类型。

由于自交不亲和系自交不能结实，因此繁殖和保存自交不亲和系是一个重要任务。例如，甘蓝型油菜自交不亲和系的繁殖可采用剥蕾授粉法、喷施盐水法、利用自交不亲和系的保持系法和 CO_2 处理法等。

（1）剥蕾授粉

由于自交不亲和基因的表达量随雌蕊的发育而增加，成熟的雌蕊中含有大量的自交不亲和相关蛋白可以阻止花粉管的穿透。但蕾期自交不亲和基因在雌蕊中的表达极少，甚至还没有表达，雌蕊不能区别亲和花粉与不亲和花粉。因此可对未成熟的花蕾进行人工剥蕾授粉，蕾期授粉以开花前 2～5 d 进行为宜。此方法费工费时，成本较高，技术要求比较严格。

（2）喷施盐水

由于盐水能增加花粉在柱头表面的粘附力和促进花粉萌发，同时也能抑制乳突细胞合成脱服质，减少不亲和花粉管生长的障碍，并且盐水破坏了识别蛋白导致识别反应不能进行，所以花期喷施盐水也是克服自交不亲和的一种方法。喷施盐水需要考虑盐水的处理时期和处理浓度。油菜开花期间将盐水均匀地喷到花上，一般在中午前、后喷两次效果最好，可大大提高花期结实指数。该方法简单易行，节省劳力，降低成本，有很大的实用价值。

（3）利用自交不亲和系的保持系

利用自交不亲和系的保持系，主要有 2 种方式：一是两个自交不亲和系互为保持系。Gowers（1975）提出从一个自交不亲和系中选出两个自交不亲和姊妹系，两者互相杂交，产生的后代仍保持自交不亲和。二是利用自交亲和系保持自交不亲和性，例如许多自交亲和的油菜品系能够保持甘蓝型油菜自交不亲和系'211'和'271'的自交不亲和性（Fu，1981）。

（4）CO_2 处理

该方法是 Nakanishii 等（1969）提出的。当花粉在柱头上萌发时，用 4% CO_2 气体处理自花授粉的花，许多花粉管可穿透柱头，获得自交种子。

利用甘蓝型油菜自交不亲和系配制杂交种的途径主要有：① 单交种。傅廷栋（1975）以甘蓝型油菜自交不亲和系作母本，以另一甘蓝型油菜品种（或自交系）作父本配成杂交种。该法简单易行，但繁殖自交不亲和系需要剥蕾授粉，成本高，一般大田作物难以采用。② 三系配套。利用甘蓝型油菜自交不亲和系通过三系法配制杂交种。傅廷栋等（1981）用自交不亲和三系配制了第一批甘蓝型油菜自交不亲和三系杂交种。刘后利等（1981）和马朝芝等（2003）报道大部分甘蓝型油菜能够恢复'271'和'S-1300'的自交不亲和性，即可作为自交不亲和恢复系。部分材料能够保持自交不亲和性，可用作自交不亲和保持系。

12.5.6　利用雌性系和雌性株

雌雄同株异花作物可以通过人工选育和药剂处理得到全是雌花的植株，即雌性株（或

雌性系)。利用雌性系所开的花全部或绝大多数都是雌花，而无雄花或只有少数雄花可以大量生产杂交种。这种只开雌花或只有少数雄花的性状可以稳定遗传，且不受环境影响。到目前为止，已在黄瓜、南瓜和甜瓜等瓜类作物中发现雌性系并用于其杂交种的生产。

由于雌性系没有或只有少数雄花，不能自交繁殖。因此，需要找到合适的诱雄方法（如筛选出不同类型的诱雄剂，包括硝酸银、赤霉素、硫代硫酸银等），使雌性系植株上开少量雄花，通过人工授粉繁殖雌性系。

利用雌性系配制瓜类杂交种的方法是：优良雌性系做母本，另一优良亲本做父本，人工辅助授粉制种，雌性系上结的种子即为杂交种。

12.5.7　广亲和基因利用与籼粳杂种优势利用

充分利用水稻杂种优势已成为提高我国水稻产量的重要策略。在品种间杂种优势利用取得了显著的成果以后，水稻利用籼粳亚种间杂种优势是一个非常重要的研究方向。因为籼粳亚种间杂交种生长旺盛、株型高大、穗型较大，表现出较强的杂种优势。袁隆平于 1987 年就提出，水稻杂种优势的利用可以从三系法利用品种间杂种优势出发，进而向两系法利用亚种间杂种优势和通过无融合生殖利用远缘杂种优势逐步推进。

籼粳杂种优势虽然优势明显，但籼粳杂交种结实率偏低，大大限制了对亚种间杂种优势的有效利用。然而，水稻的某些品种，被称为广亲和品种，无论与籼稻还是粳稻杂交都能正常结实或结实率较高。而控制广亲和性的基因称为广亲和基因（wide compatibility gene, WCG）。Ikehashi 和 Araki 在筛选广亲和品种和研究广亲和基因的同时，对利用广亲和基因克服籼粳亚种间杂交种的不育性进行了探索。他们认为在籼粳杂交种不育位点上存在籼型、粳型和广亲和型等位基因。籼粳位点杂合表现不育，而携带广亲和型等位基因的水稻品种和籼稻或粳稻的杂交后代都正常可育。因此，水稻广亲和品种的发现使得克服籼粳杂种不育和利用水稻亚种间杂种优势成为可能。

思　考　题

1. 名词解释：自交系、一环系、二环系、一般配合力、特殊配合力、测交、测验种、测交种、雄性不育性、自交不亲和性、标志性状、广亲和性。
2. 简述优良自交系选育的基本要求及自交系选育的方法。
3. 如何测定自交系的一般配合力和特殊配合力？
4. 何为杂种优势群和杂种优势模式？划分杂种优势群和组配杂种优势模式有什么意义？
5. 试述杂交种品种亲本选配的原则。
6. 充分有效地利用作物杂种优势需要的条件是什么？
7. 适合人工去雄利用杂种优势的作物具备什么样的特点？
8. 化学杀雄配制杂交种的优点是什么？
9. 简述三系配套法生产杂交种的原理和过程。

参　考　文　献

[1]　曾三省 . 中国玉米杂交种的种质基础 . 中国农业科学，1990，23(1): 1-9.

〔2〕 傅廷栋. Breeding of maintainer and restorer of self-incompatible lines of Brassica. Eucarpia Crucu-ferae Newsletter, 1981 (6): 9-11.

〔3〕 傅廷栋. 杂交油菜的育种与利用. 2 版. 武汉：湖北科学技术出版社. 2000.

〔4〕 盖钧镒. 作物育种学各论. 北京：中国农业出版社，2006.

〔5〕 胡延吉. 植物育种学. 北京：高等教育出版社，2003.

〔6〕 李竞雄，周洪生. 粮、棉、油作物雄性不育杂种优势基础研究的现状与展望. 作物杂志，1993，4: 1-13.

〔7〕 李新海，袁力行，李晓辉，等. 利用 SRS 标记划分 70 份我国玉米自交系的杂种优势群. 中国农业科学，2003，36(6): 622-627.

〔8〕 刘后利，傅廷栋. 甘蓝型油菜自交不亲和系、保持系及其恢复系的选育初报. 华中农学院学报，1981，3: 9-28.

〔9〕 刘源霞，兰进好，赵延明. 基因工程在玉米遗传育种中的应用. 玉米科学，2007，15(S1): 146-149.

〔10〕 刘治先，杨菲，丁照华，等. 玉米单倍体诱导材料的鉴定和快速选系技术研究. 玉米科学，2008，16(3): 12-14.

〔11〕 卢庆善，孙毅，华泽田. 农作物杂种优势. 北京：中国农业科学技术出版社，2001.

〔12〕 马朝芝，江禹奉，但芳，等. 甘蓝型油菜自交不亲和保持系的选育及其利用潜力. 华中农业大学学报，2003，22: 13-17.

〔13〕 潘家驹. 作物育种学总论. 北京：中国农业出版社，1994.

〔14〕 孙俊，朱英国. 植物雄性不育的分子基础. 遗传，1993，15(2): 38-41.

〔15〕 孙其信. 作物育种学. 北京：高等教育出版社，2011.

〔16〕 王超，安学丽，张增为，等. 植物隐性核雄性不育基因育种技术体系的研究进展与展望. 中国生物工程杂志，2013，33(10): 124-130.

〔17〕 王懿波，王振华，王永普，等. 中国玉米主要种质的改良与杂优模式的利用. 玉米科学，1999，7(1): 1-8.

〔18〕 王懿波，王振华，王永普，等. 中国玉米主要种质杂交优势利用模式. 中国农业科学，1997，30(4): 16-24.

〔19〕 伍伟宏，孙文君. 玉米新品种郑单 958 "满天星" 法高产制种技术. 中国种业，2004(10): 38-39.

〔20〕 席章营，陈景堂，李卫华. 作物育种学. 北京：科学出版社，2014.

〔21〕 袁隆平. 水稻的雄性不育性. 科学通报，1966(4): 185-188.

〔22〕 张天真. 作物育种学总论. 3 版. 北京：中国农业出版社，2011.

〔23〕 Bougas B, Granier S, Audet C, et al. The transcriptional landscape of cross-specific hybrids and its possible link with growth in brook charr(*Salvelinus fontinalis* Mitchill). Genetics, 2010, 186(1): 97-107.

〔24〕 Bruce A B. The Mendelian theory of heredity and the augmentation of vigor. Science, 1910, 32: 627-628.

〔25〕 Cao L, Zhan X. Chinese experiences in breeding three-line, two-line and super hybrid rice. In Yan W & Bao J eds. Rice - Germplasm, Genetics and Improvement. IntechOpen, 2014.

〔26〕 Coe E H. A line of maize with high haploid frequency. The American Naturalist, 1959, 93: 381-382.

〔27〕 Crow J F. Dominance and overdominance in heterosis. In Gowen J W eds. Heterosis, Iowa State College Press: Ames, Iowa, 1952.

〔28〕 Darwin C. The Effects of Cross and Self-Fertilization in the Vegetable Kingdom. New York: Appleton. 1877.

［29］ East E M. Inbreeding in corn. Reports of the Connecticut Agricultural Experiments Station, 1908, 1907:419-428.

［30］ Flor H H. Inheritance of reaction to rust in flax. Journal of Agricultural Research, 1947, 74(9/10): 241-262.

［31］ Freeman G F. Heredity of quantitative characters in wheat. Genetics, 1919, 4: 1-93.

［32］ Gowers S. Methods of producing F_1 hybrid Swedes(*Brassica napus* ssp. rapifera). Euphytica, 1975, 24: 537-541.

［33］ Guo M, Rupe M A, Yang X F, et al. Genome-wide transcript analysis of maize hybrids: allelic additive gene expression and yield heterosis. Theoretical and Applied Genetics, 2006, 113(5): 831-845.

［34］ Hondred D, Young J K, Brink K, et al. Plant genomic DNA flanking SPT event and methods for identifying SPT events. U.S. Patent US 20090210970A1, 2009.

［35］ Jinks J L, Jones R M. Estimation of the components of heterosis. Genetics, 1958, 43: 223-234.

［36］ Jones D F. Dominance of linked factors as a means of accounting for heterosis. Proceedings of the National Academy of Sciences, 1917, 3(4): 310-312.

［37］ Jones D F. The effects of inbreeding and crossbreeding upon development. Proceedings of the National Academy of Sciences, 1918, 4(8): 246-250.

［38］ Jones J W. Hybrid vigour in rice. Journal of the American Society of Agronomy, 1926, 18: 423-428.

［39］ Keeble F, Pellew C. The mode of inheritance of stature and of time of flowering in peas(*Pisum sativum*). Journal of Genetics, 1910, 1: 47-56.

［40］ Kindiger B S. Generation of haploid in maize: A modification of the indeterminate gametophyte(ig) system. Crop Science, 1993, 33: 342-343.

［41］ Krieger U, Lippman Z B, Zamir D, et al. The flowering gene SINGLE FLOWER TRUSS drives heterosis for yield in tomato. Nature Genetics, 2010, 42(5): 459-463.

［42］ Landry C R, Patricia J W, Clifford H T, et al. Compensatory cis-trans evolution and the dysregulation of gene expression in interspecific hybrids of Drosophila. Genetics, 2005, 171: 1813-1822.

［43］ Li D Y, Huang Z Y, Song S H, et al. Integrated analysis of phenome, genome, and transcriptome of hybrid rice uncovered multiple heterosis-related loci for yield increase. Proceedings of the National Academy of Sciences, 2016, 113 (41): E6026-E6035.

［44］ Li X H, Wei Y L, Nettleton D, et al. Comparative gene expression profiles between heterotic and non-heterotic hybrids of tetraploid Medicago sativa. BMC Plant Biology, 2009, 9: 107.

［45］ Li X, Li X R, Fridman E, et al. Heterosis caused by repulsion linkage. Proceedings of the National Academy of Sciences, 2015, 112 (38): 11823-11828.

［46］ Melchinger A E, Utz H F, Piepho H P, et al. The role of epistasis in the manifestation of heterosis: A systems-oriented approach. Genetics, 2007, 177(3): 1815-1825.

［47］ Miller M, Song Q X, Shi X L, et al. Natural variation in timing of stress-responsive gene expression predicts heterosis in intraspecific hybrids of Arabidopsis. Nature Communications, 2015, 6: 7453.

［48］ Moore R H. Several effects of maleic hydrazide on plants. Science, 1950, 112: 52-53.

［49］ Naylor A W. Observations on the effects of maleic hydrazide on the flowering of tobacco, maize and cocklebur. Proceedings of the National Academy of Sciences, 1950(36): 230.

［50］ Olsson G. Self-incompatibility and outcrossing in rape and white mustard. Heredity, 1960, 46: 241-252.

［51］ Schwartz D. Single gene heterosis for alcohol dehydrogenase in maize: the nature of subunit interaction. Theoretical and Applied Genetics, 1973, 43(3-4): 117-120.

［52］ Shull G H. A pure line method of corn breeding. Report of American Breeders' Association, 1909, 5: 51-59.

［53］ Shull G H. The composition of a field of maize. Report of American Breeders' Association, 1908，(4): 296-301.

［54］ Stuber C W, Lincoln S E, Wolff D W, et al. Identification of genetic factors contributing to heterosis in a hybrid from two elite maize inbred lines using molecular markers. Genetics, 1992, 132: 823-839.

［55］ Sun Q X, Ni Z F, Liu Z Y. Differential gene expression between wheat hybrids and their parental inbreds in seedling leaves. Euphytica, 1999, 106: 117-123.

［56］ Swanson-Wagner R A, Jia Y, DeCook D, et al. All possible modes of gene action are observed in a global comparison of gene expression in a maize F_1 hybrid and its inbred parents. Proceedings of the National Academy of Sciences, 2006, 103(18): 6805-6810.

［57］ Vasal S K, Srinivasan G, Cordova H S. Heterotic patterns of ninety-two white tropical CIMMYT [International Maize and Wheat Improvement Center] maize lines [in Colombia]. Trends in Biotechnology, 1992, 22(9): 436-438.

［58］ Vasal S K, Srinivasan G, Han G C. Heterotic patterns of eighty-eight white subtropical CIMMIT [International Maize and Wheat Improvement Center] maize lines [Mexico]. Myadica, 1992, 37: 319-327.

［59］ Xia C, Zhang L, Zou C, et al. A TRIM insertion in the promoter of *Ms2* causes male sterility in wheat. Nature Communications. 2017, 8:15407.

［60］ Xiong L Z, Yang G P, Xu C G, et al. Relationships of differential gene expression in leaves with heterosis and heterozygosity in a rice diallel cross. Molecular Breeding, 1998, 4: 129-136.

［61］ Yang M, Wang X C, Ren D Q, et al. Genomic architecture of biomass heterosis in Arabidopsis. Proceedings of the National Academy of Sciences, 2017, 114(30):8101-8106.

［62］ Zhang H Y, He H, Chen L B, et al. A genome-wide transcription analysis reveals a close correlation of promoter INDEL polymorphism and heterotic gene expression in rice hybrids. Molecular Plant, 2008, 1(5): 720-731.

第13章 分子育种

13.1 转基因育种

转基因育种（transgenic breeding）是指利用现代植物基因工程技术将某些与作物高产、优质和抗逆性状相关的基因导入受体作物中以培育出具有特定优良性状的新品种。转基因育种可以打破生殖隔离，实现不同种间的遗传物质交流；可对目标性状进行定向变异和选择，从而提高选择效率，加快育种进程。作物转基因育种过程涉及育种目标的制订、目的基因的分离克隆、植物表达载体的构建、遗传转化、转基因植株的获得和鉴定、安全性评价以及品种的选育等内容。近年来，随着植物生物技术的迅猛发展，作物转基因育种已成为常规育种技术的有效补充。

与常规育种技术相比，转基因育种具有以下优势：

① 转基因育种技术体系的建立使可利用的基因资源大大拓宽。实践表明，从动物、植物、微生物中分离克隆的基因，通过转基因的方法可使其在三者之间相互转移利用。

② 转基因育种技术为培育高产、优质、高抗和适应各种不良环境条件的优良作物品种提供了崭新的育种途径。这既可大大减少杀虫剂、杀菌剂的使用，有利于环境保护，也可以提高作物的生产能力、扩大作物品种的适应性和种植区域。

③ 利用转基因技术可以对作物单基因、甚至多基因控制的育种目标性状进行定向改造，这在常规育种中是难以想象的。

④ 利用转基因技术可以大大提高选择效率，加快育种进程。

此外，通过转基因的方法还可将植物作为生物反应器生产药物等生物制品。正是由于转基因技术育种具有上述优势，使得转基因技术从出现到现今仅仅30年就得到了快速的发展。

13.1.1 转基因技术的发展及其在作物育种中的应用

13.1.1.1 转基因技术的诞生和发展

转基因技术（transgenic technology）是指将人工分离的基因导入生物体基因组中。由于导入基因的表达，引起生物体性状的可遗传的修饰。经过基因技术修饰的生物体被称为"遗传修饰过的生物体"（genetically modified organism，GMO）。

植物转基因技术可以追溯到20世纪70年代的重组技术。美国是最早应用转基因技术的国家。1972年，斯坦福大学的Berg实验室首次发表了DNA重组的论文，将半乳糖操纵子成功地克隆到猿猴病毒 SV40 中（Jackson et al.，1972）。1983 年，美国孟山都公司（Monsanto Company）利用农杆菌 Tumor inducer（Ti）质粒载体把细菌的新霉素磷酸转移酶（neomycin phosphotransferase，NPT）基因成功转到烟草中，并获得了卡那霉素抗性的烟草愈伤组织（Fraley et al.，1983），这标志着转基因植物的开端。同年，我国科学家周光宇创立了一种借助花粉管将外源 DNA 导入植物体内的方法——花粉管通道法，并成功地应用于棉花的遗传转化（Horsch et al.，1985）。1985 年，美国孟山都公司的 Horsh 等（Klein et al.，1987）创立了农杆菌 Ti 质粒介导的叶盘转化法（leaf disc transformation），并成功地应用于牵牛花、烟草和番茄的遗传转化。1987 年，美国康奈尔大学的 Sanford 实验室开创了利用高速微粒将外源基因转入植物细胞的基因枪法，并成功地应用于玉米的遗传转化（Vaeck et al.，1987）。目前，基因枪法已成为仅次于农杆菌介导法的第二大植物转基因方法。随着人们对转化方法的进一步探索，花粉管通道法、花粉介导法和化学渗透法等一大批植物转基因方法相继建立（屈聪玲等，2017）。

随着植物转基因技术的飞速发展，一大批转基因作物相继诞生，并应用于农业生产，取得了巨大的经济效益。1987 年，比利时植物遗传系统公司（Plant Genetic Systems NV）首次将苏云金芽孢杆菌（*Bacillus thuringiensis*）的毒蛋白基因导入烟草，获得转 *Bt* 基因的抗虫烟草（Vaeck et al.，1987）。此后 *Bt* 基因相继被转入棉花、玉米、番茄和水稻等农作物中，成为目前世界上应用最为广泛的抗虫基因。1994 年，美国 Calgene公司研制的转反义多聚半乳糖醛酸酶基因的延熟保鲜番茄在美国批准上市，成为世界上第一个批准商业化生产的转基因作物。此后，转基因棉花、大豆、玉米和油菜等农作物相继被批准商业化种植。2000 年，富含胡萝卜素的黄金大米的出现，标志着转基因技术进入了一个崭新的阶段。

我国转基因植物的研究始于 20 世纪 80 年代。邓小平在启动"863"计划时就指出："将来农业问题的出路，最终要由生物工程来解决，要靠尖端技术。"1992 年，我国第一例转基因抗病毒烟草实现商业化种植。20 世纪 90 年代，棉铃虫灾害席卷全国，正是 *Bt* 转基因抗虫棉技术拯救了我国的棉花产业。2008 年，我国启动实施了转基因生物新品种培育重大专项，作物转基因研究步入了快车道。

13.1.1.2 转基因技术在作物育种中的应用

自 20 世纪 80 年代初首例转基因植物诞生以来，作物转基因的研究和应用得到了迅猛发展。各种类型的转基因作物不断问世，一大批转基因作物已进入产业化生产阶段。1986 年，首例转基因作物（抗除草剂烟草）被批准进入田间试验；1994 年，转基因番茄在美国批准上市，成为世界上第一例转基因食品；1995 年，转基因棉花和油菜分别在美国和加拿大获准进行商业化生产；1996 年，转基因玉米在美国开始商业化种植；1999 年，转基因大豆在美国批准上市。国际农业生物技术应用服务组织（ISAAA）发布全球生物技术 / 转基因作物商业化年度报告显示：2017 年全球转基因作物种植面积达到 1.898 亿 hm^2，比 2016 年的 1.851 亿 hm^2 增加了约 470 万 hm^2，除了 2015 年以外，这是第 21 个增长年份，比 1996 年的 170 万 hm^2 增加了约 110 倍。从转基因作物的种植分布来看，1996 年只有 6 个国家种植转基因作物，到 2016 年增加至 24 个国家，包括 19 个发展中国家和 5 个发达国家；发展中国家转基因作物的种植面积占 53%，发达国家占 47%。根据英国 Cropnosis 机构估计，2017 年全球转基因作物的市场价值为 172 亿美元，占 2016 年全球作物保护市场 709 亿美元市值的 23.9%，占全球商业种子市场 560.2 亿美元市值的 30%。预计全球转基因种子的市场价值到 2022 年末和到 2025 年末将分别增长 8.3% 和 10.5%，如果继续在全球种植转基因作物，会得到来自种子市场的巨大的经济收益（国际农业生物技术应用服务组织，2018）。

转基因植物种植面积最大的为美国（7 500 hm^2）。其他超过百万公顷的国家依次为巴西、阿根廷、加拿大、印度（表 13-1）。截至目前，转基因作物的种植不仅包括玉米、大豆、棉花和油菜 4 种大宗农作物，还包括已经上市的甜菜、苜蓿、木瓜、南瓜、茄子、马铃薯和苹果。其中，马铃薯是全球第四大主粮作物，茄子是亚洲消费排名第一的蔬菜作物。另外，公共研究机构进行的包括水稻、香蕉、菠萝、柑橘、小麦、鹰嘴豆、木豆、芥菜和甘蔗的研究已经进入评估后期。尽管大豆、玉米、棉花和油菜这 4 大主要转基因作物的种植面积下滑，但仍是种植最多的转基因作物。其中，转基因大豆的种植面积最大，为 9 410 万 hm^2，占全球转基因作物种植总面积的一半。从全球单个作物的种植面积来看，2017 年转基因大豆的应用率为 77%、棉花为 80%、玉米为 32%、油菜为 30%。美国是全球转基因作物种植的领头羊。2017 年美国转基因作物的种植面积达到 7 500 万 hm^2，其次为巴西（5 020 万 hm^2）、阿根廷（2 360 万 hm^2）、加拿大（1 310 万 hm^2）和印度（1 140 万 hm^2），上述 5 国转基因作物种植总面积为 1.73 亿 hm^2，占全球转基因作物种植总面积的 91.3%。

表 13-1 2017 年全球各国转基因作物的种植面积

序号	国家	种植面积 /10^6 hm^2	转基因作物
1	美国 *	72.0	玉米、大豆、棉花、油菜、甜菜、苜蓿、木瓜、南瓜、马铃薯、苹果
2	巴西 *	50.2	大豆、玉米、棉花
3	阿根廷 *	23.6	大豆、玉米、棉花
4	加拿大 *	13.1	油菜、玉米、大豆、甜菜、苜蓿、马铃薯
5	印度 *	11.4	棉花
6	巴拉圭 *	3.0	大豆、玉米、棉花
7	巴基斯坦 *	3.0	棉花
8	中国 *	2.8	棉花、木瓜
9	南非 *	2.7	玉米、大豆、棉花
10	玻利维亚 *	1.3	大豆
11	乌拉圭 *	1.1	大豆、玉米
12	澳大利亚 *	0.9	棉花、油菜
13	菲律宾 *	0.6	玉米
14	缅甸 *	0.3	棉花
15	苏丹 *	0.2	棉花
16	西班牙 *	0.1	玉米
17	墨西哥 *	0.1	棉花

续表 13-1

序号	国家	种植面积 /10^6 hm^2	转基因作物
18	哥伦比亚 *	0.1	棉花、玉米
19	越南	<0.1	玉米
20	洪都拉斯	<0.1	玉米
21	智利	<0.1	玉米、大豆、油菜
22	葡萄牙	<0.1	玉米
23	孟加拉国	<0.1	茄子
24	哥斯达黎加	<0.1	棉花、菠萝
总计		189.8	

  * 18 个种植面积在 5 万 hm^2 以上的转基因作物种植大国。

  资料来源：国际农业生物技术应用服务组织，2017 年。

1992—2017 年，全球的监管机构批准了 26 个转基因作物（不包括康乃馨、玫瑰和矮牵牛花）的 476 个转基因转化体的 4 133 项监管审批，其中 1 995 项涉及粮食用途（直接使用或加工），1 338 项涉及饲料用途（直接使用或加工），800 项涉及环境释放或者培育（表 13-2）。玉米仍然是获批数量最多的转化体（在 30 个国家和地区中有 232 个转化体），其次是棉花（在 24 个国家和地区中有 59 个转化体）、马铃薯（在 10 个国家和地区中有 48 个转化体）、油菜（在 15 个国家和地区中有 41 个转化体）和大豆（在 29 个国家和地区中有 37 个转化体）。

表 13-2　批准转基因作物用作粮食、饲料和培育 / 环境用途的十大国家 / 地区 * 及批准数量

排名	国家 / 地区	粮食	饲料	耕种
1	日本 **	295	197	154**
2	美国 ***	185	179	175
3	加拿大	141	136	142
4	韩国	148	140	0
5	欧盟	97	97	10
6	巴西	76	76	76
7	墨西哥	170	5	15
8	菲律宾	88	87	13
9	阿根廷	61	60	60
10	澳大利亚	112	15	48
11	其他	622	346	107
总计		1 995	1 338	800

  * 日本的数据来自日本生物安全信息交换中心（JBCH，英文和日文）以及日本厚生劳动福利省（MHLW）的网站；** 美国仅批准单一转化体；*** 日本尽管批准了耕种，但目前还没有种植转基因作物。

  资料来源：国际农业生物技术应用服务组织，2017 年。

ISAAA 发布全球生物技术 / 转基因作物商业化年度报告预计，随着转基因作物的种植和商业化发展，新的转基因作物和性状将产生革命性发展。首先，复合性状将得到

农民的更多应用和青睐；其次，转基因作物和性状的出现不仅会满足农民的需求，更将满足消费者的偏好和营养需求；最后，用于基因挖掘的创新型工具的应用及其在作物改良和品种开发上的应用将得到加强。

关于植物转基因育种的研究论文数量呈现稳步增长，居前三位的分别为中国、美国和日本。英国发文量虽然较低，然而篇均被引频率最高。美国发文量和篇均被引频率均处较高水平，说明其在植物转基因育种领域处于比较权威的地位；中国发文量为世界首位，但篇均被引频率较低。相关专利申请数量整体呈逐年上升趋势。美国专利商标局、中华人民共和国国家知识产权局、世界知识产权组织欧洲专利局和澳大利亚专利局等是国际上受理专利相对较多的专利受理机构。从性状上看，主要围绕植物的抗性（抗除草剂、抗虫和抗病等）、耐胁迫性（耐干旱、高盐和极端温度等）、作物产量和增长率等方面。从技术上看，主要集中在过表达抗性基因提高植物抗逆能力，利用 RNAi 技术培育转基因抗病毒作物，围绕功能基因、转录因子、信号因子等开展非生物逆境研究。到目前为止，micro RNA 介导的基因调控和基因编辑等技术在作物育种中越来越显示出巨大的应用潜力。

基因编辑是近年来发展起来的可以对动、植物基因组精确修饰的一种技术，如锌指核酸酶（ZFNs）、TALE 核酸酶（TALENS）和 CRISPR/Cas 等基因编辑技术可完成基因定点插入和缺失突变、基因敲除、多位点同时突变和小片段删除等基因组水平上的精确基因编辑，以实现作物遗传改良。

多基因转化技术通过多基因转化的方法，可以将多个基因同时转入作物中，实现多个基因的聚合，达到产量与营养并重、健康和环保兼顾的目标，是今后转基因研究的一个重要方向。

13.1.2　作物转基因育种程序

与常规育种相似，作物转基因育种也有一定的育种程序。结合植物遗传转化的基本流程，作物转基因育种的主要程序包括育种目标的制订、目的基因的获得、表达载体的构建、受体作物的遗传转化、转基因植株的获得及鉴定、转基因材料的安全性评价、转基因材料的利用及品种选育等。

13.1.2.1　转基因育种目标的制定

根据不同作物农艺性状不同，同一作物在不同的生态环境、栽培条件及社会发展时期所需解决的实际问题不同，转基因作物育种目标必须依据实际需要来制订。转基因作物育种目标的制订应遵循以下原则：

（1）针对作物生产中存在的主要问题制定育种目标

根据不同的作物种类、同一作物的不同品种在不同生态环境和栽培条件下具有的特定农艺性状，在制订育种目标时要考虑到生产中的实际需求，抓住限制作物生产的主要矛盾，有针对性地制订转基因作物育种计划。

（2）依据影响育种目标的因素确定具体目标性状

一般来说，影响某一育种目标的因素有很多，笼统地提出高产、优质和高效等育种的总目标是远远不够的。比如，小麦的高产育种目标与小麦的单位面积穗数、穗粒数、粒重、抗倒伏能力和光合效率等性状密切相关，所以在制订育种目标时必须落实到具体的目标性状，制定切实可行的育种计划。

（3）依据社会发展的实际需求确定具有前瞻性的育种目标

目前，国内外比较成功的作物转基因研究主要集中在提高转基因作物的抗虫、抗病和抗除草剂能力等方面，这对于减少作物生产中的农药使用量、节约劳动力、提高产量和缓解农田生态环境污染等具有重要意义。随着植物生物技术的迅速发展，转基因作物将在解决人类所面临的粮食短缺、能源危机、环境污染等领域做出应有贡献。未来的转基因作物将向着高产、优质、高效、多抗和多用途等方面快速发展。比如，从粮食短缺的角度出发，通过提高粮食作物的光合效率、增加籽粒灌浆速度和粒重、增强抗逆能力等为主线的作物转基因高产育种将成为重要的育种方向。从农田生态环境优化的角度出发，氮、磷、钾等营养元素高效利用方面的转基因研究将成为重要的育种目标。从广大消费者的需要考虑，品质优、营养丰富、具有医疗保健功能的食品将是未来作物转基因研究的重要方向。

（4）要充分考虑到转基因作物的生物安全性

依据转基因作物可能存在的生物安全性风险，在制订作物转基因育种目标时要充分考虑和分析所选育的转基因作物、导入的外源基因及其表达产物的食品安全性和生态安全性，这是保证所选育新品种能够顺利推广应用和真正造福人类的重要前提。

（5）制订育种目标时要考虑品种的合理搭配

在作物生产中往往对所选育的品种有多种多样的具体要求。而单一的品种根本不可能同时满足多方面的要求。因此，在制订作物转基因育种目标时，从转基因受体材料的选择到转基因新品种选育过程中杂交亲本的选择都应考虑到品种的合理搭配问题，这对于保证所选育转基因作物新品种的可持续利用和保持物种的多样性具有重要意义。

13.1.2.2　目的基因的获得

在制订了具体可行的育种目标后，就可以针对目标性状选择合适方法来分离克隆用于作物遗传转化的目的基因。依据基因的功能不同，目的基因可分为功能基因（编码特定的功能性蛋白）和调控基因（编码转录因子和小 RNA 等基因表达调控因子）2 大类。一般来说，获得目的基因的方法可概括为以下几种：

1）化学法直接合成目的基因

化学法是指通过化学反应的方法将脱氧单核苷酸一个个连接起来合成所需要的寡核苷酸。在已知目的基因的 DNA 序列或其编码蛋白质序列的情况下，可以通过化学法直接合成用于遗传转化的目的基因。Itakura 等（1977）利用这种方法首次合成了编码脑激素的基因（生长激素释放因子基因），并在大肠杆菌中成功表达。目前，随着 DNA 合成技术的发展，应用全自动核酸合成仪可以按照设计好的序列一次合成 100～200 bp 长的 DNA 片段。对于较长的 DNA 片段，可以先合成多个短片段，然后按照顺序组装成完整的目的基因。

2）基于生物信息学的基因克隆

生物信息学是在生命科学研究中，以计算机为工具对生物信息进行储存、检索和分析的科学。近年来，随着各种模式植物基因组测序工作的相继完成和 EST 数据库的不断完善，利用生物信息学的手段发现、分离和克隆新的基因已成为可能，即电子克隆（silico cloning），又称虚拟克隆（virtual cloning）。电子克隆步骤主要包括：cDNA 文库的筛选（即在 EST 数据库中通过同源性比较找到与待克隆基因相关的 EST）、EST 重叠群的获得和整合（依据已获得的 EST 序列，利用相关的分析软件对 EST 数据库信息进行 BLAST 分析，获得 EST 重叠群并进一步拼接延伸成较长的 EST）、序列分析（分析拼接序列的开放阅读框等信息）、目的基因的获得（依据克隆序列设计特异引物，通过 RT-PCR 技术克隆获得目的基因）以及克隆基因的测序鉴定等。也可以进一步通过 RACE（rapid amplification of cDNA end）技术或 cDNA 文库的筛选获得全长目的基因。

3）基于差异表达的基因克隆

基因差异表达是指生物个体在不同的发育阶段和不同的环境条件下，不同组织和细胞内的基因均会有不同的表达丰度和时空表达模式。通过对这些基因表达的差异比较可以克隆到与特定目标性状相关的目的基因。基于基因差异表达的基因克隆方法可以概括为以下几种：

（1）利用基因芯片的杂交分析来分离克隆目的基因

基因芯片（gene chip）又叫 DNA 微阵列（DNA microarray），是指采用原位合成或显微打印手段，将数以万计的 DNA 探针固化于支持物表面上，产生的二维 DNA 探针阵列。利用基因芯片技术可以高通量分析作物特定发育时期、特定组织以及在不同环境条件下的基因表达谱。通过对处理和对照组基因表达谱的比较分析，可以获得与目标性状密切相关的基因信息。最后利用芯片上对应的探针序列信息进一步克隆获得目的基因。一般来说，利用基因芯片分离克隆目的基因的步骤包括：基因芯片的定购或制作、特定样品（包括处理和对照）mRNA 的提取和标记、芯片杂交与数据分析、差异表达基因信息的获得、目标基因的克隆和鉴定等。

（2）利用 mRNA 差异显示来分离克隆目的基因

mRNA 差异显示（mRNA differential display）技术是 1992 年由美国哈佛大学医学分校 Dena-Farber 研究所的两位科学家 Liang 和 Pardee 首次提出的（Liang et al.，1992）。其基本原理是：真核生物的大多数 mRNA 都具有 3′ 端 PolyA 尾巴，利用这一序列特征设计出 3′ 端锚定引物 oligo（dT）MN，M 代表 A、C 或 G，N 代表 A、C、G 或 T，这样 oligo（dT）MN 就有 12 种引物，每一种 3′ 端锚定引物都能把总 mRNA 群体的 12 种引物反转录成 mRNA-cDNA 杂合分子。代表特异表达基因的杂合分子在全部的杂合分子中只占很低的比例，必须通过 PCR 将其扩增后才能进行比较分析，所以还需要 5′ 端的随机引物。这种随机引物可以和新合成 cDNA 链 3′ 端的不同位置进行配对，然后利用 3′ 端锚定引物和 5′ 端随机引物组成的引物对，通过 RT-PCR 扩增和聚丙烯酰胺凝胶电泳，就可以将差异表达的 cDNA 片段显示出来。最后，从凝胶中回收克隆差异表达的 cDNA 片段，经测序分析和通过 RACE 技术等进一步分离克隆到目的基因。

（3）利用抑制性消减杂交来分离克隆目的基因

抑制性消减杂交（suppression subtractive hybridization，SSH）是 Diatcbenko 等于 1996 年提出的一种基因克隆的方法（Diatchenko et al.，1996）。该方法运用杂交动力学原理，即丰度高的单链 cDNA 在退火时产生同源杂交速度快于丰度低的单链 cDNA，并同时利用链内退火的特性，从而选择性地抑制了非目的片段的扩增。SSH 的基本步骤包括：双链 cDNA 的合成（提取处理和对照材料的 mRNA 并反转录成平头的双链 cDNA）、样品组（trial group）和对照组（control group）的准备（将样品组的双链 cDNA 用内切酶 *Rsa* I 或 *Hae* III 酶切为平末端片段，通过 T4 连接酶分别在 cDNA 的 5′ 端连上两个不同的寡核苷酸接头，并将样品组的 cDNA 分为两组；对于对照组的双链 cDNA 只需经 *Rsa* I 或 *Hae* III 切成短的 DNA 片段，不加接头）、差减杂交（分别向两组样品中加入过量的对照组 cDNA 进行第一轮杂交，然后将两个样品组的样品混合并加入过量的对照组 cDNA 继续杂交）、PCR 反应（杂交产物中，两端连有不同接头的片段即差异表达片段，经补平末端后，进行巢式 PCR 扩增，以消除背景序列的干扰。第一次 PCR 以两个接头 5′ 端作为引物，第二次以两个接头的 3′ 端作为引物）、差异表达片段的鉴定和克隆（以 PCR 扩增产物为探针，通过分子杂交证实克隆片段的特异性，并进一步克隆差异表达基因的 cDNA 片段或全长）。

（4）利用其他的差异表达分析技术来分离克隆目的基因

除了上述几种常见的基因差异表达分析技术外，代表性序列差别分析（representational difference analysis，RDA）和基因表达系列分析（serial analysis of gene expression，SAGE）也可用于目的基因的分离和克隆。

4）通过筛选基因文库来分离克隆基因

基因文库（gene library）是指通过 DNA 克隆技术构建的包含有某一生物全部基因信息的克隆群。依据基因的类型不同，基因文库可分为基因组文库（genomic DNA library）和 cDNA 文库（cDNA library）2 种。基因组文库是指将某一生物的基因组 DNA 酶切后插入特定载体中而形成的克隆集合。cDNA 文库是指将某一生物特定发育时期或特定环境条件下转录的全部 mRNA 反转录成 cDNA 片段后插入特定载体而形成的克隆集合。基因组文库和 cDNA 文库的主要区别有 2 方面：一是 cDNA 文库中只包含特定组织或特定条件下表达的基因。而基因组文库中包含的基因与基因的表达与否没有关系，理论上包含了全部基因的信息。二是 cDNA 文库中 DNA 序列不包含植物基因的内含子区及基因的上下游调控区。而基因组文库中包含了基因组 DNA 上的全部编码区和非编码区序列。从作物基因文库中筛选分离目的基因的方法包括核酸杂交、免疫学检测和 PCR 筛选等。

核酸杂交法是筛选克隆文库的主要方法，可以依据与目的基因同源的 DNA 序列合成被同位素或地高辛标记的探针，然后通过探针与文库的菌落原位杂交就可以筛选出含有特定 DNA 序列的克隆。菌落原位杂交的基本流程包括：将克隆转移到硝酸纤维素膜或尼龙膜上，用碱处理使得细胞中的 DNA 释放出来并且发生解链，通过烘烤或紫外线照射将 DNA 固定在膜上，探针与目标 DNA 杂交、筛选确定阳性克隆（用同位素标记探针时，可以通过放射自显影来确定阳性克隆。用地高辛标记探针时，可通过抗体与地高辛的二次杂交和显色反应直接显示阳性克隆对应的克隆）。一般来说，在获得阳性克隆后，还需要进行亚克隆和进一步的杂交分析才能最终分离克隆到目的基因。

5）通过图位克隆来分离克隆基因

图位克隆（map-based cloning）也称定位克隆（positional cloning），即依据目的基因在染色体上的位置，通过分子标记、基因组文库筛选和鉴定最终克隆目的基因。图位克隆法无需预先知道目的基因的 DNA 序列及其表达产物的有关信息。到目前为止，利用这种方法已克隆了许多重要的功能基因，比如番茄的 cf-2 基因、水稻的 Xa21 基因、拟南芥等的 RPS2 基因、小麦的春化基因 VRN1 和水稻的分蘖相关基因 MOC1 等。图位克隆的基本步骤如下：

（1）确定与目标基因连锁的 DNA 遗传标记

DNA 遗传标记也称为分子标记（molecular genetic markers），是以个体间的核苷酸序列变异为基础的遗传标记，即 DNA 水平遗传多态性的直接反映（详见 13.2 分子标记辅助选择）。由于高等植物基因组十分庞大（大约为 106 kb），只有当获得的 DNA 遗传标记十分接近目的基因的起始位点时，才有利于进行目的基因的克隆。利用 SSR、RFLP、RAPD 或 AFLP 技术，从分离鉴定大量的 DNA 标记群体入手，当标记经鉴定与作物表型相关时，它下游的目的基因就可以被定位在连锁图上，标记物与目的基因尽量连锁方能作为染色体步行和基因克隆的入口和起始点。

（2）构建高密度的遗传图谱

遗传图谱（genetic map）即连锁图谱（linkage map），是指染色体上基因或 DNA 遗传标记之间相对位置的图谱。在确证 DNA 标记与目标基因紧密连锁后，下一步就需构建高密度的遗传图谱。构建高密度遗传图谱最直接的方法是对一个很大的分离群体进行分析，然后确定靠近目标基因的重组个体，这些重组个体随后被用作最初的紧密连锁 DNA 标记的建图群体。为了得到构建物理图谱的足够信息，分离群体要足够大（1 000 株以上）。

（3）构建高密度的物理图谱

物理图谱（physical map）是指基因或 DNA 遗传标记之间实际位置的图谱，以碱基对为衡量单位。利用脉冲电场凝胶电泳（PAGE）技术和切点稀少的限制性内切酶进行。大多数情况下，物理图谱可以根据遗传图谱中彼此之间的物理性连接，很方便地确定两个 DNA marker 是否明显连锁，如果连锁，再确定遗传距离的大小。

（4）用 YAC 进行染色体步行

根据高密度遗传图谱和物理图谱确定的目的基因区域一般有几百个 kb，要从如此长的 DNA 分子中克隆到目的基因往往需要采用染色体步行（chromosome walking）和酵母人工染色体载体（yeast artificial chromosome，YAC）克隆技术。YAC 是采用酵母染色体元件构建的用于克隆大分子 DNA 片段的载体。染色体步行指从一个已克隆的 DNA 片段为起始位点，通过系列的克隆筛选逐步克隆与之毗邻的基因组序列。利用第一个标记了末端的克隆为探针，从文库中探测与起始位点相邻的基因组克隆，一旦在一端确定了相邻基因，那么这个新的克隆就被标记，并用来从文库中寻找下一个相邻的克隆，如此反复，逼近目的基因。

6）利用插入失活技术克隆目的基因

所谓插入失活技术，是指通过特定的方式将某一 DNA 序列随机插入作物基因组中，当插入序列位于某一基因的对应位点时就会导致该基因的正常功能受阻（失活），在个体水平上表现出突变性状。这样，我们就可以利用插入片段的序列信息，通过 RT-PCR 等技术进一步分离克隆到与该突变性状相关的目的基因。目前，广泛应用的插入失活技术主要有 T-DNA 标签法和转座子标签法两种。

（1）T-DNA 标签法

T-DNA 标签法是基于转基因技术的一种目的基因分离方法。通常可将外源的报告基因插入到 T-DNA 中，并对作物细胞进行遗传转化；然后从转基因群体中筛选获得由于 T-DNA 插入而引起目标性状改变的突变体。因为插入序列是已知的，所以很容易就可以从突变体的基因组中分离克隆到与突变性状相关的目的基因。目前，采用这种方法已经成功分离和鉴定了一批作物基因。

（2）转座子标签法

转座子（transposon）是一类在基因组中能够发生跳跃的 DNA 序列。转座子标签法就是利用转座子的转移来创造突变体，再通过转座子特异探针筛选突变体基因文库，进而分离克隆到目的基因的方法。其基本方法是：首先，用带有转座子的隐性纯合作物材料，与所要分离的显性基因纯系亲本进行杂交，并通过遗传学的鉴定，筛选因转座子插入而表现为隐性性状的突变品系；然后，以所用转座子为探针，对突变品系进行杂交分析，并通过标准的分子克隆技术（如构建基因文库）分离目的基因片段。最后，以该基因片段为探针，从正常的显性基因纯系亲本中克隆出相应的目的基因。

7）通过蛋白质组的差异比较克隆目的基因

蛋白质组（proteome）是指生物体特定时空条件下表达的全部蛋白质集合。研究蛋白质组的基本技术包括蛋白质双向电泳和质谱分析等。蛋白质双向电泳（two-dimensional gel electrophoresis，2-DE）是将蛋白质等电点和相对分子质量两种特性结合起来进行蛋白质分离的技术，因而具有较高的分辨率和灵敏度，是蛋白质组研究的重要手段。质谱（mass spectrometry，MS）是带电原子、分子或分子碎片按质荷比（或质量）的大小顺序排列的图谱，该方法已成为蛋白质组学研究中候选蛋白的序列特性分析的重要手段。

利用蛋白质组学技术分离目的基因的基本路线是：首先，通过双向电泳系统分离不同组织（器官）、不同发育时期及不同环境条件下不同蛋白质组图谱的对比分析，可以找到在不同时空差异表达的目标蛋白；然后，根据目标蛋白的一级结构（氨基酸序列）合成 PCR 引物（或寡核苷酸探针），通过 RT-PCR 技术或对基因文库的筛选进一步分离克隆编码目标蛋白的基因；也可以利用纯化的目标蛋白制备抗体探针，进一步从表达型基因文库中筛选分离到相应的作物目的基因；也可以依据目标蛋白质的氨基酸序列，结合生物信息学的分析方法获得基因。

13.1.2.3　作物表达载体的构建

为了让目的基因在转基因作物中有效表达，必须将目的基因与特定的表达调控元件相连接构建成基因表达盒（gene expression cassette）。作物遗传转化的过程实际上是受体基因组人工突变的过程，其中涉及将目的基因成功导入受体细胞基因组，并通过选择培养转化细胞及植株再生等过程。这就要求包含目的基因的作物表达载体具有特定的结构和选择标记基因等。上述这些内容都与作物表达载体的构建有关。表达载体的构建是否合理，不仅会影响到目的基因的表达效率，而且还将影响到转基因作物的生物安全性。具体来说，构建作物表达载体时应该考虑以下几个问题。

1）基因表达调控元件的选择和优化

基因表达调控元件是指调控基因表达效率、强度及时空表达特性的 DNA 元件。例如启动子和终止子等均为构建载体时需要选择的基因表达调控元件。

（1）影响目的基因转录的主要元件

为了使目的基因在转基因作物细胞中有效转录，在构建载体时必须在目的基因 5′ 端连接启动子序列，3′ 端连接终止子序列。在作物转基因研究中常用的终止子为土壤农杆菌的胭脂碱合成酶基因（nos）的终止子序列和 Rubisco 小亚基基因的 3′ 端区域。启动子是决定目的基因表达效率和时空表达特性的关键元件，其种类很多，而且随着植物生物技术的发展，启动子的种类和结构都在不断发展。依据育种目标的不同可以选择不同类型的启动子。一般来说，用于作物转基因研究的启动子包括组成型、诱导型和组织特异型 3 种类型。

组成型启动子是一类不受时空特性限制的强启动子，由它驱动的目的基因可以在任何组织、器官和不同生育时期稳定高效表达。常用的组成型启动子有花椰菜花叶病毒（CaMV）35S 启动子（Odell et al.，1985）、玉米泛素 I 基因（ubiquitin I）启动子（Mcelroy et al.，1990）和水稻肌动蛋白基因（actin）启动子（Christensen et al.，1996）。一般来说，CaMV 35S 启动子在双子叶植物的遗传转化中应用较多；而 ubiquitin 和 actin 启动子在单子叶植物中使用较多。

诱导型表达启动子是一类受作物内外信号或某些化学物质诱导而驱动目的基因表达的启动子。在诱导因素不存在的条件下，该类启动子驱动的目的基因不表达或表达水平极低。根据诱导物质的特点，可将诱导型启动子分为 3 类：① 可被脱落酸（ABA）、激动素（KT）和赤霉素素（GA$_3$）等植物激素诱导的启动子；② 可被病虫害、高温、低温、水分胁迫和重金属等各种逆境胁迫因子诱导的启动子；③ 可被四环素及地塞米松等人工合成化学物诱导的启动子。近年来，诱导型表达启动子的克隆和研究比较活跃，特别是随着转基因作物的生物安全性问题日益受到公众的关注，各种类型诱导型表达系统的开发研究也成为作物转基因研究的重要课题。

组织特异型启动子是一类在特定组织（或器官）中特异启动表达的启动子，它可以驱动目的基因在转基因作物的特定组织中表达，这对于提高转基因作物的生物安全性具有重要意义。比如，在水稻抗虫转基因育种中，如果采用叶片和茎秆特异表达性启动子来驱动抗虫基因的表达，使得杀虫蛋白在转基因水稻的种子中不表达，这无疑会大大提高转基因水稻的食品安全性。近年来，各类组织特异性启动子的研究和应用日益受到育种工作者的重视，已分离的组织特异启动子包括花药特异型（如烟草 *TA29* 基因启动子（史艳红，1993））、种子特异型（如水稻谷蛋白 1 基因启动子（Zhou，2006））、叶片特异型（如玉米 *PEPC* 基因启动子（Hudspeth et al.，1992））、韧皮部特异型（如水稻蔗糖合酶基因 *RSs1* 基因启动子（Huang et al.，1996））等。

另外，在作物遗传转化实践中，发现转基因植株中目的基因的表达水平往往存在很大的差异，甚至出现转基因沉默。研究表明，外源基因在受体作物基因组中整合位点不同是造成转基因沉默的重要原因，即"位置效应"。为了避免转基因的位置效应，在构建作物表达载体时可以考虑利用核基质结合区（matrix association region，MAR）以提高外源基因的表达效率。MAR 是真核生物染色质中可以与核基质结合的一段 DNA 序列。一般认为，MAR 序列位于转录活跃的 DNA 环状结构域的边界，其功能是造成一种分割作用，使每个转录单元保持相对的独立性，免受周围染色质的影响。研究表明，将 MAR 序列置于目的基因的两侧，构建成包含 MAR-gene-MAR 结构的植物表达载体，能明显提高目的基因的表达水平。

（2）影响目的基因翻译的主要元件

在构建目的基因的反义 RNA、RNAi 或 micro RNA 表达载体时，不需要考虑目的基因的翻译问题。但是，在构建以编码功能蛋白为目的表达载体时，必须考虑到保证目的基因正确、高效翻译的各种元件。第一，目的基因必须包含有起始密码子、终止密码子和正确的阅读框；第二，为了提高目的基因的翻译效率，有时还需要考虑到目的基因起始密码的周边序列是否需要优化（例如，研究表明，在真核生物中起始密码子周边序列为 ACCATGG 时翻译效率最高，特别是 -3 位的 A 对翻译效率非常重要）；第三，对于来源于原核生物的目的基因，由于表达机制的差异，这些基因在作物细胞中的表达水平往往很低，所以需要进行必要的密码子优化；第四，在构建作物表达载体时最好能包含真核基因本身的 5′ 和 3′ 非翻译区（untranslated region，UTR）序列（许多研究发现，这些区段的缺失往往会导致 mRNA 的稳定性和翻译水平显著下降）；第五，根据具体的育种目标，可以考虑是否需要在目的基因的 5'端插入编码特定信号肽序列（如果目的基因连接上适当的信号肽编码序列后，就能使目的基因编码的蛋白定向运输到细胞内特定部位，这对于提高外源蛋白的稳定性和累积量非常有利）。

（3）用于叶绿体遗传转化的调控元件

近年来，以叶绿体为代表的质体遗传转化显示出巨大的发展优势：① 每个作物细胞中都有大量叶绿体存在，这使得外源基因的表达量大大提高。② 目的基因可以通过同源重组定点整合在叶绿体基因组中，避免了因位置效应产生的转基因沉默。③ 导入叶绿体的目的基因具有母性遗传的特点，不存在因花粉漂移带来的转基因作物生态安全性问题。在构建用于叶绿体遗传转化的表达载体时，一般选用叶绿体 16S rDNA 基因的启动子 *Prrn* 和光系统 II 作用中心的启动子 *PpsbA*；终止子通常为叶绿体 *psbA* 基因的终止子 *TpsbA* 和 *rps16* 基因的终止子 *Trps16*（候内凯等，2002）。另外，使用叶绿体来源的 5′-UTR 和 3′-UTR 序列也是保证目的基因在叶绿体中高效表达的重要因素。

2）目的基因表达盒的构建

基因表达盒是指包含了目的基因、启动子和终止子等表达调控元件的 DNA 载体框架，是载体构建的核心部分。一般来说，目的基因的表达盒可分为过量表达、反义抑制和 RNA 干扰（RNAi）3 种。过量表达时，目的基因正向连接到启动子下游；反义抑制表达时，目的基因反向连接到启动子下游；RNAi 抑制表达时，需要将目的基因的正向片段和反向片段串联，然后再连接到启动子下游（为了提高抑制效率，在正、反向片段中间还需要插入一段内含子序列），这样目的基因在受体细胞中转录出的 mRNA 就可以形成特定发夹结构（双链 RNA 分子），从而实现对内源基因表达的抑制作用。

在连接策略上，通常要尽量利用互补的黏性末端进行定向连接，因为互补黏性末端之间的连接要比平末端间的连接容易得多，而且可以实现定向克隆。如果酶切位点的选择有困难时，可以将目标片段先插入过渡性克隆载体的多克隆位点，然后再选择适当的酶切位点进行定向克隆，也可以通过 PCR 的方法引入需要的酶切位点。需要注意的是，用一对同尾酶分别切割目标 DNA 片段后也可产生互补的黏性末端，但这种黏性末端连接后因该酶切位点被破坏而不能被该两种同尾酶重新切割。

3）重组载体的构建

重组载体（recombinant vector）通常是指人工构建的 DNA 载体。这里指最终用于作物遗传转化的基因表达载体。通常情况下，目的基因的表达盒会保存在中间克隆载体（如 pUC 系列载体等）的多克隆位点，所以在构建作物表达载体时，只要将目的基因的表达盒从克隆载体中切下来插入到表达载体的适当位置即可。具体采用哪一种表达载体要依据转基因的方法而定。在农杆菌介导的遗传转化中，所使用的作物表达载体可分为一元载体系统和双元载体系统 2 种。

一元载体系统是指含有目的基因表达盒的中间载体（intermediate vector）和改造后的卸甲 Ti 质粒（disarmed Ti plasmid）之间经同源重组产生的一种复合型载体，即共整合载体(co-integrated vector)。由于该载体系统中 T-DNA 区与 Ti 质粒 vir 区连锁，所以又称为顺式载体（cis-vector）。

双元载体系统由辅助 Ti 质粒（helper Ti plasmid）和 T-DNA 双元载体（binary vector）两个相容性的突变 Ti 质粒组成。辅助 Ti 质粒中包含有 T-DNA 转移所必需的 vir 区，其主要功能是表达毒蛋白并激活双元载体中 T-DNA 的转移；T-DNA 双元载体是含有 T-DNA 的表达载体在 T-DNA 区域中包含有作物选择标记基因、多克隆位点、报告基因等重要元件。在利用双元载体系统进行遗传转化时，可以将目的基因的表达盒插入 T-DNA 双元载体的多克隆位点，然后将其导入携带辅助 Ti 质粒的根癌农杆菌中，这样含有两种质粒的根癌农杆菌就可以用于作物细胞的遗传转化。由于双元载体的相对分子量较小，而且在大肠杆菌和农杆菌中均能有效复制，操作非常方便，所以是目前被广泛采用的一种植物表达载体。

13.1.2.4　受体材料的选择

受体材料是指用于作物遗传转化中接受外源 DNA 的细胞群、组织或器官。比如，原生质体、叶盘、茎尖等。受体材料选择的合适与否直接决定着作物遗传转化的成败和效率。一般而言，良好的受体材料应具备以下条件：① 高效稳定的植株再生能力；② 较高的遗传稳定性；③ 具有稳定的外植体来源；④ 具有良好的抗性筛选体系，便于转化细胞和植株的筛选和培养。目前，常用的受体材料有以下几种类型：

（1）愈伤组织再生系统

愈伤组织再生系统是指外植体材料（如茎段、成熟胚、茎尖等）经过脱分化培养诱导形成愈伤组织，再通过分化培养获得再生植株的再生系统。愈伤组织受体再生系统具有外植体材料来源广泛、繁殖迅速、易于接受外源基因、转化效率高等优点。缺点是转化的外源基因遗传稳定性差、容易出现嵌合体等。

（2）直接分化再生系统

直接分化再生系统是指外植体材料细胞不经过脱分化形成愈伤组织阶段，而是直接分化出不定芽形成再生植株。此类再生系统的优点是获得再生系统的周期短、操作简单、体细胞变异小，并且能够保持受体材料的遗传稳定性。缺点是对于像玉米、小麦和水稻等禾本科作物进行茎尖分生培养相当困难，遗传转化率比愈伤组织再生系统低。

（3）原生质体再生系统

原生质体再生系统是指基于细胞原生质体的植株再生系统，即利用原生质体的细胞全能性，通过适当的组织培养诱导出再生植株。以原生质体作为受体材料进行遗传转化的优点是能够直接、高效、广泛地摄取外源 DNA 并获得基因型一致的细胞群，转基因植株的嵌合体少，并适用于多种转基因途径。其缺点是不易制备、再生困难、变异程度高等。

（4）胚状体再生系统

胚状体是指具有胚胎性质的组织个体。胚状体作为外源基因转化的受体具有个体数目巨大、同质性好、接受外源基因的能力强、转基因植株嵌合体少、易于培养和再生等优点。不足之处是所需技术含量较高，多数包括禾本科作物在内的许多作物不易获得胚状体，使胚状体再生受体系统的应用受到了很大的限制。

（5）生殖细胞受体系统

利用作物自身的生殖过程，以生殖细胞如花粉粒、卵细胞等受体细胞进行外源基因转化的系统被称为生殖细胞受体系统。目前主要从 2 个途径利用生殖细胞进行基因转化：① 利用组织培养技术进行小孢子和卵细胞的单倍体培养和转化受体系统；② 直接利用花粉和卵细胞受精过程进行基因转化，如花粉管导入法、花粉粒浸泡法、子房微针注射法等。由于该受体系统与上述其他受体系统相比有许多优点，因此近年发展很快。

13.1.2.5 遗传转化方法的确定

遗传转化（genetic transformation）是指将外源基因导入受体细胞内，并整合到核基因组或质体基因组中的过程。到目前为止，发展较为成熟的作物遗传转化方法包括农杆菌介导法、基因枪法、花粉管通道法以及基于原生质体的其他转化方法（如 PEG 介导法、电击法、微注射法、低能离子束介导法和超声波诱导作物组织基因转移方法）等，其中农杆菌介导法和基因枪法是最为常用的遗传转化方法。

1）农杆菌介导法

农杆菌（*Agrobacterium*）是一种革兰氏阴性土壤杆菌。目前，研究较多的是根癌农杆菌（*A. tumefaciens*）和发根农杆菌（*A. rhizogenes*）。根癌农杆菌侵染作物后常引起作物近地面的根茎交界处形成帽状的肿瘤。进一步研究发现，根癌农杆菌中存在一种 150～200 kb 的环状双链 DNA 分子，即 Ti 质粒（tumor-inducing plasmid，简称为 Ti 质粒）；被侵染作物的肿瘤是由于 Ti 质粒上的一段 DNA 通过特定的机制复制、切割、转移并整合到被侵染作物的基因组而引起的。Ti 质粒上这段可转移的 DNA 区域被称为 T-DNA。可见，在根癌农杆菌中存在一种天然的作物遗传转化体系。在此基础上，科研工作者对农杆菌的 Ti 质粒进行了系列的改造，并对农杆菌侵染作物细胞的机理进行了深入的研究，使得农杆菌介导法作物转基因技术得到了很大的发展。

简而言之，农杆菌介导法作物遗传转化的原理为：由于农杆菌具有将其 Ti 质粒上一段 DNA（T-DNA）插入寄主作物细胞基因组中的能力，所以将目的基因插入作物表达载体的 T-DNA 中间后就可以借助于农杆菌将目的基因导入到受体作物细胞基因组中，并利用细胞的全能性将转化细胞再生获得转基因植株。T-DNA 从农杆菌的 Ti 质粒转移到作物基因组中是一个跨越多层细胞膜结构的复杂运输过程，其中至少涉及 2 个连续的步骤：① 农杆菌必须和作物受体细胞接触，并有效地附着、结合到宿主细胞上；② 作物细胞会分泌或释放一种可扩散的诱导性物质来诱导和激活农杆菌中各种毒性基因（virulence gene）的有序表达，从而实现 T-DNA 的酶切、环化、运载和插入宿主细胞的基因组中等一系列过程。值得注意的是，由于单子叶作物不是农杆菌的天然寄主，所以在遗传转化中往往需要加入乙酰丁香酮（acetosyringone，AS）以诱导和激活农杆菌 vir 基因的表达。农杆菌介导法具有易操作、低费用、高效率、插入片段确定性好和转基因低拷贝数等独特优点，目前已成为作物遗传转化的首选方法。

2）基因枪法

基因枪法是一种借助于火药、高压放电或高压气体产生的动力，将吸附了外源 DNA 的微弹直接射入受体细胞核，并实现外源基因整合到受体细胞基因组中的转基因方法。由于该方法不像农杆菌介导法那样受到作物基因型的限制，也不像其他基于原生质体的转基因方法那样存在着组织培养及植株再生方面的巨大困难。所以，自 1987 年诞生以来（Klein et al.，1987），该方法广泛应用于各类作物遗传转化中。

3）花粉管通道法

花粉管通道法是我国学者周光宇首先提出的一种非常简便的 DNA 直接导入法。其基本原理是：利用植物授粉后花粉萌发形成的花粉管，将外源 DNA 送入胚囊中尚不具备正常细胞壁的合子，最终直接获得转基因的种子。该方法的突出优点是：操作简单、耗费低廉，且不需要经过繁琐的组织培养和植株再生过程，特别是可以在未分离目的基因的情况下将作物的总 DNA 直接用于遗传转化。近年来，利用该方法进行的单子叶和双子叶作物转基因研究都有较多的报道。不过，由于该方法的转化效率很低，而且导入外源 DNA 片段的确定性较差，所以在实际应用中受到了很大限制。

4）其他转化方法

（1）PEG 法

PEG 是植物遗传转化研究中较早建立且应用广泛的一个转化系统。其主要原理是化合物聚乙二醇（PEG）、多聚 -L- 鸟氨酸（pLO）和磷酸钙在高 pH 条件下诱导原生质体摄取外源 DNA 分子。具有对细胞伤害少、避免嵌合体产生、受体不受限等优点。总的来说，PEG 直接转化法在目前具有一定的应用价值，特别是禾本科作物的遗传转化。利用该法已使许多禾本科作物成功获得转基因植株，如水稻。但是，由于它以原生质体为受体，易产生白化苗，转化率低，而且建立原生质体的再生系统比较困难，所以没有被广泛推广。

（2）脂质体法

脂质体（liposome）法是根据生物膜的结构和功能特征，用脂类物质合成的双层膜囊将 DNA 或 RNA 包裹成球状，导入原生质体或细胞中，以实现遗传转化的目的。根据操作方法的不同，把脂质体法分为 2 种：① 脂质体融合法（liposome fusion），即先将脂质体与原生质体共培养，使它们发生膜融合，然后利用原生质体的吞噬作用，使其将脂质体内的外源 DNA 或 RNA 分子转入其内，最后通过原生质体的再生培养，产生新的植株。② 脂质体注射法（liposome injection），即通过显微注射把含有外源 DNA 或 RNA 分子的脂质体注射到作物细胞中，以获得成功遗传转化的方法。

（3）电击法

电击法（electroporation）又称为电穿孔法。其原理是：利用高压电脉冲作用于受体细胞膜上，使其形成可逆的瞬间通道，从而促进对外源 DNA 或 RNA 的摄取。电击法具有操作简便、转化率高、对受体细胞无特殊选择性、适于瞬时表达研究等优点。缺点是电穿孔易损伤原生质体，降低其再生率，必须经过比较烦琐的原生质体分离和培养等，同时电击法所用的仪器比较昂贵。

将电击法、PEG 法和脂质体法等结合使用，可有效提高遗传转化效率。此外，"电注射法"的发明与应用，使原生质体的制备过程省略了，不但提高了作物细胞的存活率，而且简便易行，现已在水稻上获得转基因植株（沈圣泉等，2001）。

13.1.2.6　转基因植株的获得和鉴定

1）作物转化体的筛选

作物转化体（crop transformant）是指导入了外源基因的作物细胞或植株，即转基因细胞或植株。一般来说，作物遗传转化过程都要涉及被转化细胞的选择性培养和植株再生过程。遗传转化过程中，被外源目的基因转化的细胞仅仅是庞大的受体细胞群体中的一小部分。为了获得真正被转化的细胞，通常采用选择培养的方式将未被转化的细胞抑制或杀死，而被外源基因转化的细胞能正常生长。因此，在转基因时，通常会将一个选择标记基因和目的基因同时导入受体细胞中（如在双元载体的 T-DNA 区域包含有作物选择标记基因，它将和插入多克隆位点的目的基因同时被导入受体细胞）。标记基因表达后就使得转化细胞具有了特定抗性（如对抗生素或除草剂具有抗性），这样就可以通过特定选择培养基（含有一定浓度的抗生素或除草剂）将被转化的细胞选择性培养获得抗性愈伤组织，并继续通过一系列的组织培养获得再生植株。常用的作物选择标记基因包括抗生素抗性基因（如卡那霉素抗性基因 *NPT*Ⅱ 和潮霉素抗性基因 *hpt* ）及除草剂抗性基因（如 *bar* 基因和 *EPSPS* 等）2 大类。

2）转化体的鉴定

转化体的鉴定是对转基因植株中目的基因是否成功整合、转录、表达以及转基因植株是否获得了目标性状进行的综合分析。通过选择培养和筛选得到的再生植株中往往还存在一些假阳性植株，有时转基因会发生沉默或表达效率低下，因而并不是所有的转基因植株都能获得预期的目标性状。所以，对获得的候选转基因植株还需要从 DNA 水平、转录水平、翻译水平和表型等方面进行鉴定和分析。

（1）DNA 水平的鉴定

DNA 水平的鉴定主要是检测外源目的基因是否整合到受体植株的基因组中以及整合的拷贝数等。常用的检测方法包括特异性 PCR 分析和 Southern 杂交等。

特异性 PCR 分析是指依据外源基因的特定序列设计特异性 PCR 引物，以待检测植株的总 DNA 为模板，通过 PCR 技术进行体外扩增分析。如果获得的扩增片段的大小与预期的片段大小相一致（在设计特异引物时依据外源 DNA 的序列信息可以确定预期的扩增片段大小），则说明目的基因已成功导入受体作物的基因组中。通过特异性 PCR 来鉴定转基因植株具有简单、迅速、费用少的优点。但由于 PCR 技术的高灵敏性，有时会出现假阳性，因此最好与其他方法配合使用。

Southern 杂交是基于碱基同源性配对原则的分子杂交技术。其基本原理是：将待检测的 DNA 样品固定在固相载体（如尼龙膜和硝酸纤维素膜等）上，与标记的核酸探针进行杂交，这样在与探针有同源序列的固相 DNA 的位置就会显示出杂交信号。在鉴定转基因植株时，通常将外源目的基因的全部或部分序列制成探针，并与转基因植株的基因组 DNA 进行杂交分析，如果杂交后能产生杂交印迹或杂交条带，则说明对应的植株为转基因植株。通过对探针序列及杂交时酶切位点的合理选择，利用 Southern 杂交也可以分析转基因植株中目的基因整合的拷贝数。

（2）转录水平的鉴定

转录水平的鉴定主要是分析转基因植株中目的基因是否成功转录及表达强度等。并不是所有转基因植株中导入的外源目的基因都能够成功表达。受到转基因位置效应等因素的影响，往往会有一些转基因植株发生目的基因沉默。所以分析转基因植株中外源目的基因是否成功转录和翻译是作物转基因育种必不可少的鉴定环节，特别是要对来源于独立转化体（即来源于独立的转化事件）的植株进行严格的表达鉴定。从转录水平鉴定的常用方法包括 Northern 杂交和 RT-PCR 两种。

Northern 杂交的基本原理是：将总 RNA 或 mRNA 样品通过变性琼脂糖凝胶电泳进行分离，再转移到尼龙膜等固相膜载体上，在适宜的离子强度及温度下，探针与膜上的同源序列杂交，形成 RNA-DNA 杂交双链。通过杂交信号的有无以及强弱，可以分析外源基因是否表达以及表达的强弱。

RT-PCR 技术也是用于检测外源目的基因在转基因作物中是否表达及表达量的重要方法。其基本原理是：以作物总 RNA 或者 mRNA 为模板进行反转录，然后再以反转录产物为模板通过特异性 PCR 扩增来测检外源目的基因转录情况。RT-PCR 技术包括半定量 RT-PCR（semi-quantitative RT-PCR）和实时定量 RT-PCR（real time quantitative RT-PCR）2 种，后者对基因的表达水平的定量更为精确。

（3）翻译水平的鉴定

翻译水平的鉴定是分析转基因植株中外源基因是否成功翻译的重要检测环节。如果导入的外源基因为编码功能蛋白的基因，那么检测转基因植株中目的基因是否成功翻译为目的蛋白是转基因植株分子鉴定的关键环节。蛋白质水平的分子鉴定主要有 Western杂交分析。其基本原理为：将从转基因植株提取的待测样品溶解于含有去污剂和还原剂的溶液中，经过 SDS- 聚丙烯酰胺凝胶电泳后转移到固定支持物上；然后加入目的蛋白的特异抗体（一抗）；膜上的目的蛋白（抗原）与一抗结合后，再加入能与一抗结合的带标记的二抗；最后，通过二抗上带标记化合物的特异性反应检测目的蛋白的存在情况。根据检测结果，可以获得转基因植株中目的蛋白是否表达及其表达量等信息。

（4）表型鉴定

表型鉴定是分析和评价转基因材料是否具有了目标性状的鉴定环节。比如，导入抗虫基因的转基因作物是否具有抗虫特性，抗虫强度有多大？导入抗旱基因的转基因作物是否具有耐旱的特性，耐旱程度如何？除了育种目标性状外，获得的转基因作物材料其他农艺性状如何？这些都是需要从表型水平进行综合鉴定的重要内容。

13.1.2.7　转基因材料的育种利用

一般来说，通过转基因技术获得的转基因新材料不是直接作为品种在生产中推广应用，而是作为重要的种质资源和常规育种相结合进行育种利用。大体来看，转基因作物的品种选育方法有以下几种：

1）选择育种

所谓转基因作物选择育种是指在已有转基因群体中，通过个体选择或混合选择等方式选优去劣，最终育成新品种的方法。

（1）出现变异的原因

外源基因的导入、整合和表达，整合的目的基因的分离、一因多效、位置效应以及克隆的体细胞无性系变异等都会引起变异。另外，由于环境条件的作用也可能导致基因突变。值得注意的是，不管选择怎样的变异，必须通过分子标记辅助选择来保证选育的转基因品种中目的基因没有丢失。

（2）选择育种的方法

如果转基因植株的株型和农艺性状比较整齐一致，仅有整合的目的基因分离，那么可以采用改良混合选择育种。如果通过农杆菌或花粉管介导的转基因原始品系的农艺性状、目的基因都有分离，那么就应该按严格的选择育种进行新品种的选育。对于无性繁殖作物来说，可以对转基因植株的自交后代进行单株选育，然后通过无性繁殖的方式对符合育种目标的单株进行扩繁，并推广应用。

2）回交育种

回交育种是转基因作物品种选育的重要方法。结合分子标记辅助选择，可以快速将转基因中的目的基因转移到生产上正在推广或即将推广的优良品种中，这也是将多个优良性状基因聚合的有效手段。由于受基因型限制，作物遗传转化中直接采用生产中大面积推广应用的品种作为受体材料往往有一定的困难，所以获得转基因育种材料必须和生产中的主栽品种进行回交转育才能大面积推广。

3）杂交育种

通过转基因品种或品系间互交或与常规品种杂交和选择，选育出转基因新品种也是转基因作物品种选育的重要方法。通过这种途径可以在保持目的基因产生的特异性状基础上，将两个或更多个亲本品种的优良性状结合于同一个杂种材料中。对于培育综合性状优良的新品种来说，也可以和单倍体育种方法相结合进行品种选育，这样可以有效加快育种进程。

4）杂种优势利用

转基因杂交种的培育与制种同常规杂交种的培育和制种方法基本相同。二者不同的是所选用的亲本中至少有一个是转基因作物品种或品系。具体的杂交组合有以下几种：① 亲本之一为转基因作物品种（系），另一个亲本为常规非转基因品种（系）配制杂交种；② 以不育系为母本，具有目标性状的转基因植株为父本配制杂交种；③ 父母本均为转基因植株配制的杂交种等。具体采用哪种方式要根据配制的杂交种的产量和品质优势表现情况确定。

13.1.3　农业转基因生物安全评价

随着各种转基因作物的问世及其农产品的不断上市，转基因作物的生物安全性已成为公众关心的焦点。从理论上讲，作物基因工程中所转的基因是已知、有明确功能的基因，它与远缘杂交中高度随机的过程相比要更为精确。从本质上说，转基因育种方法和常规育种方法育成的品种是一样的，两者都是在原有品种的基础上对其部分性状进行修饰，或增加新性状、或消除原来的不利性状。虽然转基因在提高作物产量和改良作物品质中表现出良好的前景，但目前转基因安全问题依然是制约转基因作物发展的关键。因此，为了不断改善人类的生存环境和确保消费者的身体健康，在进行转基因育种之前，必须制定科学合理的安全性育种策略。在转基因作物产业化之前，需要对其进行全面科学的安全性评价。对转基因作物进行安全性评价和无选择标记转基因作物的开发，将推进转基因作物的应用。这样，才能最大限度地避免潜在风险，使转基因作物真正造福人类（李永春等，2006）。

诺贝尔奖获得者们在2016年第一次发表了支持生物技术的声明，谴责以吹毛求疵的姿态反对这项技术和黄金大米的批评者。联合国粮食与农业组织、国际食物与政策研究所、20国集团以及可持续农业2030议程指导下的其他类似机构均致力于在15年或者更短的时间内解决饥饿和营养问题。更重要的是，美国国家科学、工程和医学院发表了一份针对 1996 年以来有关转基因作物的 90 项研究的综述，发现转基因作物和传统作物在对人类健康和环境带来的风险方面没有区别。近 20 多年来，转基因作物在安全使用和消费方面没有瑕疵记录。转基因后代将对提高作物产量、改良作物营养、提高食用和环境安全性等方面具有更广泛的选择空间。

英国首席科学顾问罗伯特·梅将民众对转基因作物生物安全性的担忧分为 3 种类型：① 担心新基因在无意中给消费者造成健康威胁的"疯牛病"型；② 担心新基因及其产物有可能通过食物链造成严重后果的"DDT"型；③ 担心转基因作物人为强化的竞争优势会破坏生物多样性的"替罪羊"型。综合来看，转基因作物的生物安全性包括生态安全性和食品安全性 2 方面。

13.1.3.1 转基因作物的生态安全性

生存环境的优化和生态平衡的保持与每个人的生活息息相关。人类已在反思并承受着由于自身行为导致生物多样性下降和生态环境恶化的苦果。因而，转基因作物作为新鲜事物，一问世便不禁使人联想到这是否会带来潜在的生态风险。

（1）转基因作物转变为杂草的可能性

转基因作物通常都会具备某些特定的性状，如抗旱、抗病虫、耐盐碱、耐高低温、抗除草剂等。那么，转基因作物具有了特定的抗逆性后，是否会扩张至原先不能生存的生态空间？是否会具有超强的竞争能力？一旦释放到自然环境中，是否会破坏原有的生态平衡？甚至转基因作物本身是否会转变为新的杂草？这些都是人类所关心的问题。

一种作物的杂草化过程是其本身的优势性状与其生存环境间的复杂互作过程。用于转基因的作物品种都是由野生种经过相当长时间的驯化而来的。长期的品种选育过程中，许多对于杂草有利的性状（落粒性、二次休眠和成熟期不一致等）都已被不断淘汰。因此，作物品种的综合竞争能力一般都比其野生亲缘种弱得多。对转基因水稻、马铃薯、棉花、油菜、烟草等的田间试验结果表明，转基因植株与非转基因植株在生长势、种子活力及越冬能力等方面均没有明显差异。即使转基因作物在抗虫、抗病和抗除草剂等抗逆方面比其亲本具有较大的优势，当离开特定的选择压后，其竞争优势也会立即丧失。由此看来，转基因作物本身转变成杂草的风险几乎不存在。

（2）转基因漂移导致新型杂草产生的可能性

基因漂移（gene flow）是指某些基因从一个植物群体（或品种）基因组转移到另一个群体（或品种）基因组中的现象。通常花粉是造成基因漂移的重要媒介。基因漂移在自然的植物生态环境中广泛存在。转基因的漂移确实值得引起足够的重视。如果转基因作物中的抗除草剂、抗病虫及抗旱等抗逆基因通过基因流漂移到某些杂草中，那么很有可能会赋予这些杂草更强的生命力，甚至使其演变成恶性杂草；如果这些抗逆基因漂移到转基因作物的某些野生近缘种中，也可能使这些野生种转变为新的杂草。比如，美国有一种转基因南瓜可以抗多种病毒病，而当地野葫芦类的南瓜近缘植物也普遍存在，只是它们对黄瓜斑纹病毒和西瓜斑纹病毒十分敏感而不能大量繁殖。如果这些野葫芦类植物通过基因漂移获得了转基因南瓜中的抗病毒基因，它们很可能就会转变为一类新的杂草。事实上，诸如马铃薯、水稻、油菜和燕麦等作物本来就有很多与其近缘的杂草性物种，抗逆基因在这些物种中的扩散将产生较大的潜在生态风险。已有证据表明，转基因油菜中的抗除草剂基因可通过花粉扩散到某些野生植物中。可见，防止转基因的漂移是提高转基因作物生态安全性的重要任务。

（3）转基因作物导致新型病毒产生的可能性

对抗病毒转基因作物的安全性的担忧主要是：体外试验中，转基因作物表达的病毒外壳蛋白可以包装另一种入侵病毒的核酸，而产生一种新病毒。比如，表达苜蓿花叶病毒外壳蛋白（AMV-CP）的转基因植物，在黄瓜花叶病毒严重感染后有转移包装的证据；马铃薯 Y 病毒 PVYN 株系的外壳蛋白也有异源包装 PVYO 株系核酸的证据。但是，迄今在田间试验中尚未发现病毒的异包装。据推测，即使在转基因作物中发生病毒的异源包装，新病毒再次入侵非转基因寄主时，也会因无法形成外壳蛋白而消亡。实际上，植物病毒的异源重组在自然界广泛存在，转基因抗病毒作物充其量只是加大了对某些病毒的选择压，并不是造成病毒异源重组的直接原因。

（4）转基因作物对非靶标生物造成伤害的可能性

抗病虫的转基因作物是否会对非靶标的微生物和昆虫造成伤害。比如，转几丁质酶基因的作物在田间分解时是否会对土壤中的菌根种群造成伤害，进一步影响到土壤中凋落物的分解而使农田生态系统的营养流受阻；抗虫基因的表达是否会对非靶标昆虫或天敌造成某种伤害等。1999 年发生的"斑蝶事件"虽然最后以证据不足而告终，但是至少向世人敲响了"保护生态环境"的警钟。随着植物反应器产业的兴起，用来生产药物、激素和疫苗以及工业用酶、油和其他化学药品的转基因作物及其种子如果管理不当，也有可能进入生态系统的食物链，致使非靶标微生物、昆虫以及鸟类受到某种影响。

13.1.3.2 转基因作物的食品安全性

（1）标记基因的水平转移

基因水平转移（horizontal gene transfer，HGT）是指不同物种或细胞器之间进行的遗传物质交流，是相对于垂直基因转移（亲代传递给子代）而提出的。基因水平转移现象在原核生物中普遍存在。有人担心转基因作物中的抗生素标记基因会水平转移至肠道微生物，致使某些致病菌产生较强的抗药性，进而影响到抗生素在临床治疗中的有效性。一般来说，DNA 从作物细胞中释放出来后，很快被降解成小片段，甚至核苷酸。转基因食品在进入有肠道微生物存在的小肠下段、盲肠及结肠前，作物细胞中 99.9% 的 DNA 已被降解。即使有极少数完整的基因存在，其水平转移进入受体细胞的可能性也极小。第一，受体菌必须处于感受态，DNA 必须与细胞结合并穿膜进入细胞内；第二，进入细菌的外源 DNA 片段没有任何保护，很容易被寄主细胞内的核酸酶系统降解，即使未被降解，其成功地随机整合到受体细胞基因组中的概率也极小；第三，只有导入的外源基因具有合适完整的表达系统才能表达；第四，表达标记基因的细菌只有在特定选择压下才有生存竞争优势，对抗生素标记基因而言，只有在口服了大剂量的抗生素后才可能造成这种选择压。可见，转基因作物中的标记基因发生水平转移并表达的可能性几乎没有，对于经食品加工后的作物材料则更是不可能的。

（2）转基因本身的安全性

就转基因本身的化学成分而言，转基因食品和其他非转基因食品并没有什么两样，所有的 DNA 都是由 4 种脱氧核糖核苷酸组成的生物大分子。人类一日三餐中都会摄取大量的各种类型的 DNA 分子。理论上，转基因本身不会对食用者产生任何不利影响。

（3）转基因表达产物的安全性

关于外源基因编码蛋白的安全性问题，长期以来一直是转基因育种工作者高度关注和谨慎对待的问题。一方面，在制订转基因育种目标时要对目的基因的编码蛋白做足够的安全性分析，防止其对消费者产生任何毒副作用；另一方面，任何一种新型作物材料在首次作为食品进行生产或制备前都需做相应的过敏性或毒性试验。导入了新基因的转基因作物在其产业化前也必须进行科学严格的安全性评价。

13.1.3.3　提高转基因作物生物安全性的分子策略

为了排除转基因作物可能存在的生物安全性风险，广大科研工作者从不同层面进行了安全性转基因策略的研究。目前，提高转基因作物生物安全性的策略主要包括以下几方面：

1）转基因作物中标记基因的去除

一般来说，作物遗传转化过程中选择标记基因不可缺少，但转基因作物中标记基因的存在不仅增加了重复转化的难度，而且会带来一定的潜在风险。标记基因去除的方法包括：共转化法去除标记基因、基于转座子系统的标记基因去除、通过定点重组系统去除标记基因、不使用抗性标记基因的转基因体系等。值得注意的是，如果将一些可促进作物细胞分化的基因与目的基因串联并用于遗传转化，我们就可以在不含细胞分裂素的培养基中选择培养得到转化细胞，从而避免了抗性选择标记的使用。另外，随着花粉管通道技术的不断成熟和转化效率的进一步提高，花粉管通道法将有望成为一种深受欢迎的无标记转基因手段。

2）转基因的诱导性或组织特异性表达

近年来，植物天然诱导型启动子、化学诱导型调控系统以及植物组织特异性表达启动子的研究和应用日益受到重视，这对提高转基因作物的生物安全性具有十分积极的意义。值得注意的是，近年来新发展的化学诱导型调控系统具有广阔的发展前景，如果该系统能和组织特异性启动子合理组合使用，将实现目的基因表达的时空特异性调控。

3）转基因逃逸的防止

转基因逃逸（transgene escape）是导致转基因作物生态安全性风险的重要因素。目前，防止转基因逃逸的方法主要包括：

（1）RBF 结构的利用

可恢复性功能阻塞（recoverable block of function，RBF）结构是为了从分子水平上阻断转基因的逃逸而设计的一种基因表达载体结构，其中包括阻遏区、恢复区和目的基因区 3 部分。阻遏区的巯基肽链内切酶 SH-EP（sulfhydryl endopeptidase）启动子可以驱动 *Barnase* 基因在种子成熟期表达并将胚杀死，因而转基因作物的正反交种子都不能发芽，有效防止了转基因逃逸；恢复区热激蛋白 HS（heat shock protein）启动子驱动的 *barstar* 基因可以受热激而表达并可钝化淀粉芽孢杆菌核糖核酸酶（barnase）的毒性（Kuvshinov et al., 2001）。这样，导入 RBF 结构的转基因植株在种子成熟期以 40℃热激处理后，收获的种子全部可以正常发芽。

（2）质体遗传转化

质体遗传转化是指将目的基因导入作物叶绿体等质体基因组中并获得转基因植株。由于质体基因组具有母性遗传的特点，因而可以防止转基因随花粉而逃逸。近年来，叶绿体遗传转化取得了很大进展，烟草（Mc Bride et al., 1995；Chakrabarti et al., 2006）、油菜（Hou et al., 2003）、大豆（Dufourmantel et al., 2005）和胡萝卜（Kumar et al., 2004a）等许多植物的叶绿体遗传转化和目的基因表达都已获得成功。

（3）染色体组特异性选择

染色体组特异性选择是指利用远缘杂交中染色体组间的不亲和性来避免转基因的漂移。对于异源多倍体作物来说，一般只有某一套染色体和其近缘杂草具有杂交亲和性。比如，小麦的 D 染色体组和有芒山羊草的 D 染色体组具有杂交亲和性，因而转基因很容易通过 D 染色体组转移到这种杂草中；但在自然情况下位于小麦 A（或 B）染色体组中的基因极少会转移到其相应的近缘杂草中。因此，通过转基因的染色体定位选择那些转基因插入到安全性较高染色体组的转基因作物进行产业化，可以在一定程度上降低产生超级杂草的生态风险。

从本质上讲，转基因作物和常规品种是一样的，两者都是在原有品种的基础上对其部分性状进行修饰，或增加新性状、或消除原来的不利性状。虽然，我们现在还不能完全精确地预测一个外源基因在新的遗传背景中会产生什么样的相互作用。但是，从理论上讲，作物基因工程中所转基因是已知、有明确功能的基因，它与远缘杂交中高度随机的过程相比要更为精确。从长远来看，作物转基因育种将向着精确、高效和安全的方向迅速发展，转基因育种和常规育种有效结合必将为人类提供更加安全优质的农产品。当然，为了不断改善人类的生存环境和确保消费者的身体健康，在进行转基因育种之前，必须制订科学合理的安全性育种策略。在转基因作物产业化前，需对其进行全面科学的安全性评价。这样，我们才能最大限度地避免潜在风险，使转基因作物真正造福于人类。

13.2　分子标记辅助选择

提高选择的准确度和效率，是保证作物育种成功的关键。传统的作物育种主要依赖于对育种群体内个体或家系的表型选择（phenotypical selection）。由于植株的表型受基因型、环境、基因互作、基因型与环境互作等多种因素的影响，因此，表型鉴定有一定偏差，会影响选择的效率。分子标记是在分子水平表示遗传多样性的有效手段，其种类和数量随着分子生物学和遗传学的发展而扩大。分子标记应用于作物育种，可以大幅度提高选择效率，加速育种进程。

13.2.1 分子标记概述

13.2.1.1 遗传标记的种类和特征

遗传标记（genetic marker）是指可以明确反映遗传多态性的生物学特征。它具有 2 个基本特征：可遗传性和易识别性。随着分子生物学和遗传学的发展，遗传标记的种类和数量持续增加。迄今为止，遗传标记主要包括形态学标记、细胞学标记、生化标记与分子标记。前 3 种遗传标记是以基因表达的结果为基础，是对基因的间接反映；分子标记是从 DNA 水平上对遗传变异的直接反映。

形态学标记（morphological marker）是指明确显示作物遗传多态性的外部形态特征，主要包括肉眼可见的外部特征（如矮秆、紫鞘、卷叶或芒毛等）、色素、生理特征、生殖特性及抗病虫性等有关的一些相对差异。形态学标记简单直观、使用经济方便。如小麦的红色叶鞘、水稻的紫色叶鞘和棉花的芽黄等形态标记，在育种中得到一定的应用。由于形态学标记存在数量少、多态性低、易受环境影响、获得周期长、部分标记与不良性状连锁等缺点，使其在作物育种中的应用非常有限。

细胞学标记（cytological marker）是指能明确显示遗传多态性的细胞学特征。染色体的结构特征和数量特征是常见的细胞学标记，它们分别反映了染色体结构上和数量上的遗传多态性。染色体的结构特征包括核型和带型；染色体的数量特征是指细胞中染色体数目的多少，包括整倍性和非整倍性。细胞学标记可应用于水稻、小麦和玉米等作物的基因定位、连锁图谱构建、染色体工程及外源基因鉴定等研究领域。由于细胞学标记材料培育困难、部分变异难以检测，许多作物难以应用这类标记。

生化标记（biochemical marker）主要是指蛋白质标记，包括同工酶、等位酶和种子贮藏蛋白标记等。这一类标记属基因的表达产物，在一定程度上反映基因型差异。生化标记表现近中性，受环境的影响较小，在小麦、玉米等作物育种中得到应用。但由于它们数量有限，多态性低，且受植株发育阶段、环境条件和电泳条件等影响，在一定程度上限制了其在作物育种中的应用。

分子标记（molecular marker）是指以个体间遗传物质内核苷酸序列变异为基础的遗传标记。它能够直接反映个体（或种群间）基因组 DNA 的差异。分子标记已广泛应用于作物遗传图谱构建、重要农艺性状基因的标记定位、种质资源的遗传多样性分析与品种指纹图谱、纯度鉴定及分子标记辅助选择等。

13.2.1.2 分子标记的发展简史

分子标记的发展经过了以下 3 个阶段：① 1974 年，Grozdicker 等利用经限制性内切酶酶切后得到的 DNA 片段差异鉴定温度敏感型腺病毒 DNA 突变体，首创了 DNA 分子标记，即第一代分子标记——限制性片段长度多态性标记（restriction fragment length polymorphisms，RFLP 标记）。随后 Botstein（1980）和 Soller & Beckman（1983）将 RFLP 应用于构建遗传图谱、品种鉴别和品系纯度测定。② 20 世纪 80 年代后，聚合酶链式反应（polymerase chain reaction，PCR）技术的出现推动了新型分子标记的诞生和发展，如 Hamade（1982）发现的第二代分子标记——简单序列重复标记（simple sequence repeat，SSR）；Williams 和 Welsh 等（1990）发明了随机扩增多态性 DNA 标记（random amplification polymorphism DNA，RAPD）和任意引物 PCR（arbitrary primer PCR，AP-PCR）；Zabeau 和 Vos（1993）发明了扩增片段长度多态性（amplified fragment length polymorphisms，AFLP）；Zietkiewicz 等（1994）发明了简单重复间序列标记（inter-simple sequence repeat，ISSR）；Adams（1991）建立了可以简便快速鉴定大批基因表达的技术——表达序列标签（expressed sequence tag，EST）标记。③ 随着核酸测序技术的发展，第三代分子标记——单核苷酸多态性（single nucleotide polymorphism，SNP）于 1988 年诞生了。

13.2.2　分子标记原理

13.2.2.1　分子标记的类型和特点

按照对 DNA 多态性的检测手段，分子标记可分为基于 DNA-DNA 杂交的 DNA 标记、基于 PCR 的 DNA 标记、基于 PCR 和限制性酶切技术结合的 DNA 标记和基于单核苷酸多态性的 DNA 标记等 4 类。

（1）基于 DNA-DNA 杂交的 DNA 标记

主要有 RFLP、可变数目串联重复位点（variable number of tandem repeats，VNTR）。

（2）基于 PCR 的 DNA 标记

按照 PCR 引物类型，基于 PCR 的 DNA 标记又可分为：① 随机引物 PCR 标记。其多态性来源于单个随机引物扩增产物长度或序列的变异，包括 RAPD、ISSR、DAF（DNA amplification fingerprinting）等技术。② 特异引物 PCR 标记。这种标记需要通过克隆、测序来构建特异引物，如 SSR、EST、序列特征化扩增区域（sequence characterized amplified region，SCAR）和序列标记位点（sequence tagged sites，STS）等。③ 随机引物 + 特异引物 PCR 标记。如将 5′ 端锚定的微卫星核心序列与 RAPD 结合扩增基因组 DNA 的随机扩增微卫星多态性（random amplify microsatellite polymorphism，RAMP）。利用微卫星上游（或下游）引物与 RAPD 引物结合对基因组 DNA 扩增的随机微卫星扩增多态 DNA（random microsatellite amplify polymorphic DNA，RMAPD）。

（3）基于 PCR 和限制性酶切技术结合的 DNA 标记

基于 PCR 和限制性酶切技术结合的 DNA 标记可分为 2 种类型：① 通过对限制性酶切片段的选择性扩增来显示限制性片段长度的多态性，如 AFLP 标记；② 通过对 PCR 扩增片段的限制性酶切来揭示被扩增片段的多态性，如 CAPS 标记（cleaved amplified polymorphic sequence）。

（4）基于单核苷酸多态性的 DNA 标记

基于单核苷酸多态性的 DNA 标记是指由基因组核苷酸水平上的单个碱基变异引起的 DNA 序列多态性，如 SNP 等。包括单碱基的转换、颠换以及单碱基的插入 / 缺失等。

应用于分子标记辅助育种的标记主要有 RFLP、RAPD、SSR、AFLP、STS、EST 等，它们的遗传特点和表现特点见表 13-3。

表 13-3 常用分子标记技术特性比较（孙其信，2011）

标记类型	RFLP	RAPD	ISSR	SSR	AFLP	EST	SNP
主要原理	限制酶切 Southern	随机 PCR 扩增	随机 PCR 扩增	PCR 扩增	限制酶切 PCR 扩增	PCR 扩增	DNA 序列分析
基因组分布	低拷贝编码序列	整个基因组	整个基因组	整个基因组	整个基因组	功能基因区	整个基因组
可检测基因座位数	1～3	1～10	1～10	多数为1	20～200	2	2
多态性	中等	较高	较高	高	较高	高	高
遗传特点	共显性	多为共显性	共显性 / 显性	共显性	共显性 / 显性	共显性	共显性
是否需序列信息	否	否	否	需	否	需	需
DNA 质量要求	高 5～30 μg	中 10～100 ng	中 2～50 ng	中 10～100 ng	很高 20～100 ng	高 1～100 ng	高 50～100 ng
引物 / 探针类型	基因组 DNA/DNA 特异性低拷贝探针	9～10 bp 随机引物	16～18 bp 特异引物	14～16 bp 特异引物	16～20 bp 特异引物	9～10 bp 24 bp 寡聚核苷酸引物	AS-PCR 引物
技术难度	高	低	低	低	中等	高	高
同位素使用	常用	不用	不用	不用	常用	不用	不用
可靠性	高	低 / 中等	高	高	高	高	高

分子标记具有以下优点：① 表现稳定。多态性直接以 DNA 表现，无组织器官、发育时期特异性，不受环境条件、基因互作影响，不存在表达与否的问题。② 数量多。理论上遍及整个基因组，可检测的基因座位几乎是无限的。③ 多态性高。自然界存在许多等位变异，为大量重要目标性状基因紧密连锁的标记筛选创造了条件。④ 表现为中性。不影响目标性状的表达，与不良性状无必然连锁。⑤ 许多标记遗传方式为共显性，可鉴别纯合与杂合基因型。⑥ 成本不高。对于特定探针或引物可引进或根据发表的特定序列自行合成。

13.2.2.2 分子标记的原理和遗传特性

1）RFLP

RFLP 是最早被发现的一种分子标记。

（1）RFLP 标记的原理

作物基因组 DNA 上碱基替换，部分片段的插入、缺失或重复等，造成某种限制性内切酶（restriction enzymes，RE）酶切位点的增加或丧失，是产生限制性片段长度多态性的原因。对每一个 DNA-RE 组合而言，所产生的片段是特异性的，它可作为某一 DNA 所特有的"指纹"。某一作物基因组 DNA 经限制性内切酶消化后，能产生数百万条的酶解片段，通过琼脂糖电泳可将这些片段按大小顺序分离。为了检测出多态性片段，需要将凝胶中的 DNA 变性，然后将它们按原来的顺序和位置转移至易于操作的尼龙膜或硝酸纤维素膜上，用放射性同位素（如 ^{35}P）或非放射性物质（如生物素、地高辛等）标记的 DNA 作为探针，与膜上的 DNA 进行杂交（即 Southern 杂交），若某一位置上的 DNA 酶切片段与探针序列相似，或者说同源程度较高，则标记好的探针就结合在这个位置上。放射自显影或酶学检测后，即可显示出不同材料对该探针的限制性片段多态性（二维码 13-1）。

用于进行 RFLP 分析的探针，必须是单拷贝或寡拷贝的，否则，杂交结果不能显示清晰可辨的带型，不易进行观察。RFLP 探针来源主要有 cDNA 克隆、随机的基因组 DNA 克隆和 PCR 克隆 3 种。

二维码 13-1 RFLP 分析流程图（参考张天真，2003）

（2）RFLP 标记的特点

RFLP 标记的优点表现在：① RFLP 标记广泛存在于生物体内，不受组织、发育阶段和环境影响，具有个体、种、属及品种的特异性；② 核基因组的 RFLP 标记表现为孟德尔共显性遗传，细胞质基因组的 RFLP 表现为母性遗传；③ 大多数 RFLP 表现为单位点上的双等位基因的变异，且 RFLP 标记是共显性的，可区分纯合、杂合基因型；④ 非等位的 RFLP 标记之间不存在上位互作效应，相互间不干扰；⑤ 理论上可以采用不同的内切酶及其组合以产生大量标记，覆盖整个基因组。

RFLP 标记的缺点表现在：① RFLP 标记所需 DNA 样品质量高、数量大（5～15 μg）。② 对靶序列拷贝数要求高。③ 检测步骤繁琐，需要的仪器、设备多，周期长。④ 检测少数几个探针时成本较高，用作探针的 DNA 克隆的制备与存放较麻烦。⑤ 检测中常利用放射性同位素（通常为 ^{35}P），易造成污染。尽管非放射性物质标记方法可用，但价格高，杂交信号相对较弱，灵敏度也较同位素标记低。

2）RAPD 标记

在生物进化过程中，生物基因组 DNA 的不同区域因选择性不同而表现出保守或变异的程度不同，具有不同的遗传多样性。Williams 等（1990）以 DNA 聚合酶链式反应（PCR）为基础，采用随机核苷酸序列（10 bp）扩增基因组 DNA 的随机片段，获得了随机扩增多态性 DNA 标记——RAPD。

（1）RAPD 标记的原理

RAPD 标记是利用一系列（通常数百个）不同的碱基随机排列的寡聚核苷酸（通常 9～10 bp）单链为引物对研究对象的基因组 DNA 进行 PCR 扩增。通过聚丙烯酰胺或琼脂糖凝胶电泳分离、银染显色或 EB 显色来检测所获得的长度不同的多态性 DNA 片段。RAPD 与其他 PCR 标记相比有以下不同：① 引物。RAPD 所用引物为 1 个，长度仅 10 bp。为保证退火时双链的稳定性，G+C 含量应≥40%。② 反应条件。RAPD 在最初的反应周期中退火温度较低，一般为 36℃左右。③ 扩增产物。RAPD 产物为随机扩增产物。这样，RAPD 反应在最初反应周期中，由于短的随机单引物，低的退火温度，一方面保证了核苷酸引物与模板的稳定配对，另一方面因引物中碱基的随机排列而又允许适当的错配，从而扩大了引物在基因组 DNA 中配对的随机性，提高了基因组 DNA 分析的效率。RAPD 引物序列是随机的，因而可以在对被检对象无任何分子生物学资料的情况下分析其基因组。单引物扩增是通过 1 个引物在 2 条 DNA 互补链上的随机配对来实现的。由于基因组 DNA 分子内可能存在或长或短的被间隔开的颠倒重复序列，那么在两条单链上就各有一个引物结合部位，构成单引物 PCR 扩增的模板分子。如果引物的序列很短，退火温度又很低，引物与 DNA 模板颠倒重复序列结合的机会就会增多，产生若干单引物 PCR 扩增产物，形成该引物的特异图谱。不同 DNA 分子中的这种颠倒重复序列数目和间隔长短的不同，扩增的条带就不同，即出现多态性（图 13-1）。

图 13-1　RAPD 引物对多态性 DNA 片段的随机扩增（参考孙其信，2011）

（2）RAPD 标记的特点

如果基因组在特定引物结合区域发生 DNA 片段插入、缺失或碱基突变，就可能导致特定引物结合位点分布发生相应变化，导致 PCR 产物增加、缺少或相对分子质量大小的变化。若 PCR 产物增加或缺少，则产生显性的 RAPD 标记；若 PCR 产物发生相对分子质量变化，则产生共显性的 RAPD 标记，通过电泳分析即可检测出基因组 DNA 在这些区域的多态性。RAPD 标记一般表现为显性遗传，极少数表现为共显性遗传。

RAPD 引物长度一般为 10 bp，人工合成成本低，一套引物可用于不同作物。由于进行 RAPD 分析时所用引物数目很大，而且引物序列的碱基呈随机排列，因此，可检测的区域几乎覆盖整个基因组。

由于 RAPD 标记使用 DNA 扩增仪，操作自动化程度高，分析量大，且免去了 RFLP 中的探针制备、同位素标记、Southern 印迹等步骤，分析速度快。RAPD 分析所需 DNA 样品量少（一般 5～10 ng），对 DNA 质量要求较 RFLP 低。同时，RAPD 标记还可转化为 RFLP 探针、SCAR 及 STS 等表现为共显性和显性的分子标记。RAPD 可用于种质资源指纹档案建立、种内遗传多样性分析和品种纯度鉴定等。

RAPD 最大的缺点是重复性较差。RAPD 标记的实验条件摸索和引物的选择是十分关键而艰巨的工作。研究人员应对不同物种做大量的探索，确定每一物种的最佳反应程序，包括模板 DNA、引物、Mg^{2+} 浓度等。只要实验条件标准化，就可以提高 RAPD 标记的重现性。此外，该技术用于二倍体生物时，区别杂合子和纯合子的统计分析会有难度。

（3）SCAR 标记

在 RAPD 技术的基础上，Paran 等（1993）提出了一种将 RAPD 标记转化成特异序列扩增区域标记——SCAR 标记。它的基本原理是：目标 DNA 经 RAPD 分析后，将 RAPD 多态片段克隆；然后对克隆片段两端测序；最后再根据测序结果设计长度为 18～24 bp 的引物，一般引物前 10 个碱基应包括原来的 RAPD 扩增所用的引物。由于

SCAR 标记所用引物长，特异性扩增重复性好，可用于比较图谱研究和作物分子育种。

3）AFLP 标记

AFLP 是荷兰 Keygene 公司科学家 Zabeau 和 Vos（1993）创造发明的一种检测 DNA 多态性的分子标记。该技术是建立在 PCR 技术和 RFLP 标记技术的基础上，通过限制性内切酶片段的不同长度检测 DNA 多态性的一种 DNA 指纹技术，也是基于基因组限制性内切酶酶切片段上的 PCR 扩增技术，所以又称基于 PCR 的 RFLP。由于 AFLP 标记是通过选用不同的内切酶达到选择扩增的目的，因此，AFLP 标记又被称作选择性片段扩增（selective restriction fragment amplification，SRFA）。

AFLP 标记呈典型的孟德尔遗传，检测到的 DNA 多态性高，在变性聚丙烯酰胺凝胶电泳上能检测到 100～150 条扩增产物，适于绘制品种指纹图谱和分类。

（1）AFLP 标记的原理

AFLP 标记的原理是基于对作物基因组 DNA 的双酶切，再对基因组 DNA 限制性酶切片段进行选择性 PCR 扩增。在 PCR 扩增时，将双链人工接头与基因组 DNA 的酶切片段相连作为扩增反应的模板，根据接头的核苷酸序列和酶切位点设计引物（即引物 = 接头互补序列 + 酶切位点 +2～3 个选择性核苷酸）。由于接头和引物是人工合成的，因此在事先不知道 DNA 序列信息的前提下，就能对酶切片段选择性扩增。该技术将 RAPD 的随机性和专一性扩增结合起来，通过选用不同的内切酶和 2～3 个选择性核苷酸达到选择扩增的目的。

利用 AFLP 分析基因组的过程中，首先让两种限制性内切酶对基因组的 DNA 进行双酶切，其中一种为酶切频率较高的酶（识别位点为 4 个碱基的 frequent cutter），另一种为酶切频率较低的酶（识别位点为 6 个碱基的 rare cutter）。*Mse* I 和 *Tag* I 同为四碱基识别位点的高频剪切酶，但前者常用于富含 A 的真核生物基因组 DNA 的切割，产生较短的限制性片段，在 AFLP 指纹分析中较为常用；后者会产生不等分布的限制性片段，常出现在凝胶上部。*Eco*R I 、*Hind* III 、*Pst* I 、*Sac* I 和 *Apa* I 属于 6 碱基识别位点的低频剪切酶。在 AFLP 分析中常用酶组合为 *Mse* I +*Eco*R I 。用高频剪切酶消化基因组 DNA 是为了产生易于扩增的且可在测序胶上能较好分离出大小合适的短 DNA 片段；用低频剪切酶消化基因组 DNA 是限制用于扩增的模板 DNA 片段的数量。AFLP 扩增数量是由低频剪切酶在基因组中的酶切位点数量决定的。

其次，将酶切片段和含有与其黏性末端相同的人工接头连接，连接后的接头序列及临近内切酶识别位点就作为以后 PCR 反应的引物结合位点，通过选择在末端分别添加 1～3 个选择性碱基的不同引物，选择性地识别具有特异配对顺序的酶切片段与之结合，从而实现特异性扩增，最后用变性聚丙烯酰胺凝胶电泳分离扩增产物。其中，引物由接头互补序列、酶切位点和 1～3 个选择性核苷酸组成。选择性碱基可用于选择扩增特定的限制性片段，选择性核苷酸数目越多，选择性越强，扩增产物就越少。

因此，利用双酶切可产生更好的扩增反应，在凝胶上产生适宜大小的易于分离的片段。不同的内切酶组合及选择性碱基的数目和种类可灵活调整片段的数目，从而产生不同 AFLP 指纹。AFLP 标记的原理示意图见图 13-2。

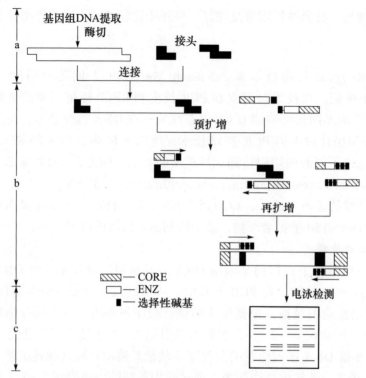

a. 步骤一，DNA的准备；b. 步骤二，选择性扩增酶切片段；c. 步骤二，AFLP标记的统计。

图 13-2　AFLP 标记原理示意图（参考周延清，2005）

AFLP 分析的基本步骤如下：

① 将基因组 DNA 同时用 2 种限制性内切酶进行双酶切后，形成大小不等的随机限制性片段，在这些 DNA 片段两端连接上特定的寡核苷酸接头（oligo-nucleotide adapter）。

② 通过接头序列和 PCR 引物 3′端的识别，对限制性片段进行选择扩增。一般 PCR 引物用同位素 ^{32}P 标记。

③ 聚丙烯酰胺凝胶电泳分离特异扩增限制性片段。

④ 将电泳后的凝胶转移吸附到滤纸上，经干胶仪进行干胶处理。

⑤ 在 X 光片上感光，数日后冲洗胶片并进行结果分析。

为了避免 AFLP 分析中的同位素操作，目前已发展了 AFLP 荧光标记、银染等新的检测扩增产物的手段。

（2）AFLP 标记的特点

AFLP 结合了 RFLP 的稳定性和 PCR 技术的高效性。所需 DNA 模板用量少，可靠性好，分辨率和重复性高，适用于品种指纹图谱的绘制、分子遗传图的构建及遗传多样性的研究等。引物在不同物种间是通用的，可以用于任何作物的基因组研究。

AFLP 技术理论上能够产生无限多的标记，并且可以覆盖整个基因组。AFLP 多态性远远超过 RFLP、RAPD 和 SSR 等，利用放射性同位素在变性聚丙烯酰胺凝胶上电泳可检测到 50~100 条 AFLP 扩增产物，一次 PCR 反应可以同时检测多个遗传位点，即使在遗传关系十分相近的材料间也能产生多态性，被认为是指纹图谱技术中多态性最丰富的一项技术。

4）SSR 标记

重复序列在真核生物基因组中一般占 50% 以上，分为散布重复序列和串联重复序列 2 种。1987 年，Nakamura 发现生物基因组内有一种短的重复次数不同的核心序列，他们多态性水平极高，称为可变数目串联重复序列（variable number tandem repeat，VNTR）。VNTR 序列可分为卫星 DNA（satellite DNA，基序长 100～300 bp，甚至 1 000～100 000 bp，一般分布在染色体的异染色质区）、小卫星 DNA（minisatellite DNA，基序长 10～60 bp，主要存在于染色体近端粒处）、微卫星 DNA（microsatellite DNA）和中卫星 DNA（midisatellite DNA，由大小不同的串联重复组成）。其中微卫星 DNA 具有许多功能，如重组热点、对基因的调节和表达调控及性别决定等。

微卫星标记，即 SSR（simple sequence repeats）标记，是一类由 1～6 个碱基组成的基序（motif）串联重复而成的 DNA 序列，其长度一般较短，广泛分布于基因组的不同位置。如（CA）$_n$、（TG）$_n$、（AT）$_n$、（GGC）$_n$ 和（GATA）$_n$ 等重复（其中 n 代表重复次数，其大小在 10～60 之间，因而重复长度具有高度变异性），而且分布比较均匀，平均每 10 kb 的 DNA 序列中就会出现一个微卫星序列高度变异（SSR 突变频率为 10^{-2}～10^{-3}/（座位·配子·世代）)。SSR 基序中最常见的是（CA）$_n$ 和（TG）$_n$。在植物核基因组中（AT）$_n$ 最多。同一类微卫星 DNA 可分布在基因组的不同位置上，长度一般在 200 bp 以下。由于重复次数不同，造成了每个位点的多态性。一般认为微卫星 DNA 的多态性是由于减数分裂时的错配和不平等交换造成的。在分子连锁图谱中，SSR 标记已成为取代 RFLP 标记的第二代分子标记。

（1）SSR 标记的原理

微卫星 DNA 两端的序列多是相对保守的单拷贝序列，根据其两端的单拷贝序列设计一对特异引物，利用 PCR 技术，扩增每个位点的微卫星 DNA 序列，电泳分析核心序列的长度多态性。根据分离片段的大小来确定基因型，并计算等位基因发生的频率。同一类微卫星 DNA 可分布于整个基因组的不同位置上（二维码 13-2A），通过其重复次数的不同及重叠程度的不完全而造成每个座位的多态性。

二维码 13-2　微卫星克隆的分离及 SSR 标记产生示意图（参考张天真，2003）

建立 SSR 标记必须克隆足够数量的 SSR 并进行测序，设计相应的 PCR 引物。其一般程序（二维码 13-2B）为：① 建立基因组 DNA 的质粒文库。② 根据欲得到的 SSR 类型设计并合成寡聚核苷酸探针，通过菌落杂交筛选所需重组克隆。如欲获得 (GA)$_n$/(CT)$_n$ SSR 则可合成 (GA)$_n$/(CT)$_n$ 作探针，通过菌落原位杂交从文库中筛选阳性克隆。③ 对阳性克隆 DNA 插入序列测序；④ 根据 SSR 两侧序列设计并合成引物。⑤ 以待研究的作物 DNA 为模板，用合成的引物进行 PCR 扩增反应。⑥ 用高浓度琼脂糖凝胶、非变性或变性聚丙烯酰胺凝胶电泳检测其多态性。

SSR 标记技术已被广泛用于作物遗传图谱构建、品种指纹图谱绘制、品种纯度检测及作物目标性状基因标记等领域。

（2）SSR 标记的特点

SSR 检测到的一般是 1 个单一的复等位基因位点，具有共显性、重复性高和稳定可靠等特点。为提高分辨率，通常使用聚丙烯酰胺凝胶电泳，可检测出单拷贝差异。SSR 标记所需 DNA 样品量少，对 DNA 质量要求不太高。

使用 SSR 技术的前提是需要知道重复序列两翼的 DNA 序列。这可以在其他种的 DNA 数据库中查询，但更多的是必须针对每个染色体座位的微卫星，从其基因组文库中发现可用的克隆进行测序，以其两端的单拷贝序列设计引物，因此微卫星标记的开发成本高。

5）ISSR 标记

ISSR 是用两个相邻 SSR 区域内的引物去扩增它们中间单拷贝序列，通过电泳检测其扩增产物的多态性。引物设计采用 2、3 或 4 个核苷酸序列为基元，以其不同重复次数再加上几个非重复的锚定碱基组成随机引物，从而保证引物与基因组 DNA 中 SSR 的 5' 或 3' 端结合，通过 PCR 反应扩增 2 个 SSR 之间的 DNA 片段（图 13-3）。如（AC）$_n$X、（TG）$_n$X、（ATG）$_n$X、（CTC）$_n$X、（GAA）$_n$X 等（X 代表非重复的锚定碱基）。ISSR 步骤相对简单，不需同位素标记，针对重复序列含量高的物种，利用 ISSR 法可与 RFLP 和 RAPD 等分子标记相媲美。它可填充遗传连锁图上大的不饱和区段，富集有用的理想标记。

用重复序列（CA）$_n$ 作单引物，在引物的 5' 端（粗线头）或 3' 端（细线头）锚定 1 至数个碱基。粗线为 5' 端锚定引物的 PCR 产物，细线为 3' 端锚定引物的 PCR 产物。

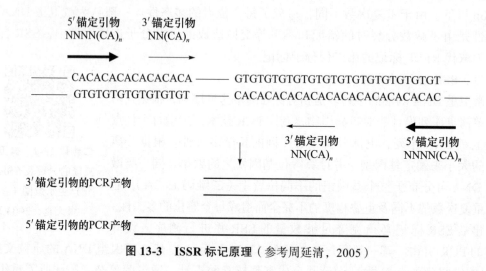

图 13-3　ISSR 标记原理（参考周延清，2005）

6）EST 标记

EST 是指通过对随机挑选的 cDNA（complementary DNA，互补 DNA）克隆 5' 或 3' 端进行单边测序（single-pass sequence）后获得的一段核酸序列，其长度一般为 300～500 bp，平均长度（360 ± 120）bp。EST 来源于特定环境下某个组织总 mRNA 所构建的 cDNA 文库。每一个 EST 代表一个表达基因的部分转录片段。EST 技术的产生与发展主要得益于大规模自动化测序技术的日趋成熟与完善，以及多种模式生物基因组测序计划的启动。

用 EST 技术来进行基因组研究的思想，是由美国科学家 Venter 等在人类基因组计划开始时提出的，称为 EST 计划。因为表达基因只占整个基因组的 3%～5%，EST 反映的是基因的编码部分，所以 EST 计划可以直接获得基因表达的信息。另外，用 EST 代替基因组测序，可节省费用、提高效率，具有多、快、好、省的特点。EST 标记已广泛应用于新基因发现、遗传图谱构建、种质资源分析和比较基因组学研究等。EST 计划不足之处是所获基因组信息不全，如调控序列、内含子等在基因表达调控中起重要作用的信息不能体现出来。

（1）EST 标记原理

EST 技术原理是指将 mRNA 反转录成 cDNA，克隆到质粒或噬菌体载体，构建成 cDNA 文库后，大规模地随机挑选 cDNA 克隆，并对其 3′ 或 5′ 端进行单向单次序列测定，然后将所获序列与已有数据库中的序列进行比较，从而获得对生物体生长、发育、代谢、繁殖、衰老及死亡等一系列生理生化过程认识的技术（图 13-4）。EST 技术也是一种相对简便和快速鉴定大批基因表达的技术。

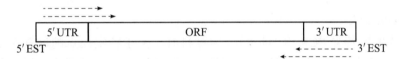

ORF，开放阅读框；UTR，非编码区

图 13-4　EST 标记原理

EST 标记是根据表达序列标签本身的差异而建立的分子标记，可分为 2 大类：① 以分子杂交为基础的 EST 标记，它是以表达序列标签本身作为探针，与经过不同限制性内切酶消化后的基因组 DNA 杂交而产生的，如很多 RFLP 标记就是利用 cDNA 探针而建立的。② 以 PCR 为基础的 EST 标记，它是根据 EST 的核苷酸序列设计引物对基因组特定区域进行特异性扩增后而产生的 EST-SSR 和 EST-PCR 标记等。

以 cDNA 为探针建立 EST 标记称为 EST-RFLP，该类标记是共显性标记，可靠性高，在揭示作物的遗传信息和比较基因组研究等方面起到了重要作用。但是，它需要对探针进行标记，而且技术要求较高。以 cDNA 为探针建立 EST 标记与一般的 RFLP 标记相似，只不过所用的探针是 cDNA，即 EST 本身。因此，其多态性的产生依赖于探针与不同限制性内切酶间的组合。这也是早期建立 EST 标记和将其绘制到遗传图谱上的主要方法。

根据 EST 建立常规 PCR 标记也是一条可行的途径。每一个 EST 的核苷酸序列都是已知的，根据其序列就可设计引物（长度通常为 18～24 bp）对特定 DNA 区域在常规 PCR 的复性温度下进行扩增。这样就可能揭示出不同材料在编码区、非编码区及调控序列的差异。在 EST-PCR 中，一旦 DNA 片段被扩增，就能检测出等位基因是否存在差异。

EST 来源于编码序列，具有很高的保守性，因此以 PCR 为基础的 EST 标记在种内的多态性较低。通过以下策略可提高多态性 EST-PCR 标记的频率：① 在设计引物时，尽量使引物靠近 5′ 或 3′ 端非翻译区段，因为这些区域在不同材料间的变异性较高。② 对无多态性的扩增产物用不同的限制性内切酶消化，然后对酶切产物进行电泳分离。③ 改进对 PCR 产物的分析手段。PCR 产物通常都是通过琼脂糖凝胶电泳分离的，只能检测到扩增片段数目差异和较大的片段长度差异，对长度相差较小、内部序列或单个核苷酸的差异则难以检测。若采用分辨率较高的聚丙烯酰胺凝胶或变性梯度胶来分离，则可以检测到更高的多态性。

（2）EST 标记特点

EST 标记可以直接获得基因表达信息，具有诸多优越性：① 如果发现一个 EST 标记与一个有益性状存在遗传上连锁，它很可能直接影响这一性状。② 那些于某些候选基因或特定组织中差异显示的 EST，可能成为遗传作图的特定目标。③ EST 序列保守性程度较高，在家系和种间的通用性比来源于非表达序列的标记更高。EST 标记特别适用于远缘物种间比较基因组研究和数量性状位点信息的比较。另外，对于一个特定物种，若缺少 DNA 序列的资料，来源于其他物种的 EST 也可以作为有用的遗传图谱制作基础来使用。

7）其他标记

（1）CAPS 标记

CAPS 技术用特异 PCR 引物扩增目标材料时，由于特定位点的碱基突变、插入或缺失数很小，以致无多态性出现，往往需要对相应 PCR 扩增片段进行酶切处理，以检测其多态性（Akopyanz 等，1992）。其基本步骤包括：① 利用特定引物进行 PCR 扩增。② 将 PCR 扩增产物酶切，酶切产物通过琼脂糖凝胶电泳将 DNA 片段分开，溴化乙锭（EB）染色，观察其多态性。CAPS 技术检测的多态性其实也是酶切片段大小的差异。在小麦研究中，Talbert 等（1994）将 RFLP 转化为 STS 过程中，有些 STS 无多态性，但酶切后又出现多态性。

在原始的 CAPS 方法中，PCR 产物是用一组酶切割的。通常，每一 PCR 产物用 25 个酶切割，若没有检测到多态性，再用不同的另外一组 25 种酶切割，如此进行下去，直到发现多态性的酶或无酶可用。

CAPS 标记具有以下优点：① 引物与限制酶组合非常多，增加了揭示多态性的机会。② 在真核生物中，CAPS 标记呈共显性。③ 所需 DNA 量少。④ 结果稳定可靠。⑤ 操作简便、快捷、自动化程度高。Konieezny 等（1993）将 RFLP 探针两端测序，合成 PCR 引物，在拟南芥基因组 DNA 中进行扩增，之后用一系列 4 碱基识别序列的限制性内切酶酶切扩增产物，产生了很多 CAPS 标记，并将这些标记定位在染色体上，构建了遗传图谱。CAPS 标记在二倍体植物研究中可发挥巨大的作用，但在多倍体植物中的应用有一定局限性。另外，CAPS 标记需使用内切酶，增加了研究成本，限制了该技术的广泛应用。

（2）STS 标记

STS（序列标签位点，sequence-tagged site）是指基因组中长度为 200~500 bp、核苷酸顺序已知的单拷贝序列，可用 PCR 技术将其专一扩增出来。华盛顿大学 Olson 等（1989）利用 STS 单拷贝序列作为染色体特异的界标（landmark），即利用不同 STS 的排列顺序和它们之间的间隔距离构成 STS 图谱，作为该物种的染色体框架图

（framework map），它对基因组研究、新基因克隆以及遗传图谱向物理图谱的转化等研究具有重要意义。STS 引物的获得主要来自 RFLP 单拷贝的探针序列和微卫星序列。其中，最富信息和多态性的 STS 标记应该是扩增含有微卫星重复序列的 DNA 区域所获得的 STS 标记。STS 根据已知单拷贝的 RFLP 探针两端序列设计引物，进行 PCR 扩增，电泳显示扩增产物多态性。相比 RFLP，STS 最大的优势在于不需要保存探针克隆等活体物质，只需从有关数据库中调出其相关信息即可。

STS 呈共显性遗传，易于不同组合遗传图谱间标记的转移，是沟通作物遗传图谱和物理图谱的中介。STS 标记的开发也依赖于序列分析及引物合成，成本较高。国际上已建立起相应的 STS 信息库，便于各国同行随时调用。

（3）SNP 标记

SNP 标记是指染色体基因组水平上某个特定位置单碱基的置换、插入或缺失引起的序列多态性。

大部分物种都具有各自稳定的基因组序列，但是对于某一物种群体中的每一个个体，在其 DNA 序列上的某些特定的位置却会出现不同的碱基。SNP 理论上既可能是 2 等位多态性，也可能是 3 或 4 等位多态性，其中后两者很少见。通常所说的 SNP 都是 2 等位多态性的，其中，单个碱基的转换（transition）和颠换（transversion）最为常见。SNP 标记被认为是继 RFLP 和 SSR 之后出现的第三代分子标记。

发现 SNP 有 2 种途径：① 对同源片段测序或直接利用现有基因与序列，通过序列比对，获取多态性的位点，通过特异扩增和酶切相结合的方法进行检测。② 由于 SNP 标记通常表现为 2 等位多态性，也可直接应用高通量快速的微阵列 DNA 芯片等高新技术来发现与检测生物基因组或基因之间的差异。

SNP 具有下列优点：① 数量多、分布广，适于自动化、规模化筛查。② 具有 2 等位基因性，易于估算等位基因的频率和基因分型。③ 高度稳定，尤其是基因内部的 SNP。④ 部分基因内部的 SNP 可能会直接影响基因表达水平，改变蛋白质产物的结构，因此，其本身可能就是某性状遗传机制的候选改变位点。但 SNP 在制作 SNP 图谱、SNP 分型和 SNP 结果分析方面还存在一些问题。

13.2.3　重要农艺性状基因连锁标记的筛选技术

作物育种包括 2 方面的重要工作：① 确定育种材料中是否存在有用的遗传变异。② 把目标基因转移到育种群体中，并对育种群体进行筛选。分子标记不但可以用于优异种质的鉴定筛选、亲本遗传多样性和亲缘关系分析、亲本的选配和育种群体的鉴定和分析，还可用于分子标记辅助选择（marker-assisted selection，MAS）育种。

MAS 育种不仅可以实现早代选择，还可以对回交育种中的轮回亲本的背景等进行选择。目标基因的标记筛选（gene tagging）是进行 MAS 育种的基础。用于 MAS 育种的分子标记需具备 3 个条件：① 分子标记与目标基因紧密连锁（最好≤1 cM 或共分离）。② 标记适用性强、重复性好，能经济、简便地检测大量个体。③ 不同遗传背景选择有效。遗传背景的 MAS 则需要有某一亲本基因型的分子标记研究基础。

13.2.3.1 分子标记遗传图谱的构建

由于作物育种目标和育种材料的不同，育种程序也会存在差异。因此，在不同的育种程序中 MAS 的具体方法也有所不同。通过建立分子遗传图谱，可同时对多个重要农艺性状基因进行标记。许多农作物已构建了以分子标记为基础的遗传图谱，这些图谱是重要农艺性状基因的标记和定位、基因的图位克隆、比较作图以及 MAS 育种等遗传研究的重要工具。

在遗传连锁图谱的构建过程中，亲本的类型、分离群体的种类和分子标记的多态性等起着关键作用。受分子标记数目的限制，作图亲本的选用首先考虑亲本间的多态性，育种目标性状考虑较少，这样使遗传图谱的构建与重要农艺性状基因的标记筛选割裂开来。根据育种目标选用两个特殊栽培品种作为亲本来构建作物的品种—品种图谱，可以将作物图谱构建和寻找与农艺性状基因紧密连锁的分子标记有机结合起来。

遗传作图的原理与经典连锁测验一致，即基于染色体的交换与重组。在细胞减数分裂时，非同源染色体上的基因相互独立，自由组合；而位于同源染色体上的连锁基因在减数分裂前期 I 非姊妹染色单体间的交换而发生基因重组，基因位点间的遗传距离用重组率来表示，图距单位为 cM（厘摩，centiMorgan），1 cM 的大小大致符合 1% 的重组率。遗传图谱只表示基因位点间在染色体上的相对位置，并不反映 DNA 的实际长度。

遗传图谱构建的主要环节包括：① 根据遗传材料间的多态性确定亲本组合，建立作图群体。② 群体中不同个体或株系的标记基因型分析。③ 借助计算机程序对标记基因型数据进行连锁分析，构建标记连锁群。要构建理想的遗传图谱，首先应选择合适的亲本及分离群体，这关系到建立遗传图谱的难易程度、遗传图谱的准确性及所建图谱的适用性。亲本间的差异不宜过大，否则会降低后代的结实率及所建图谱的准确度。亲本间适度的差异范围因不同物种而异。通常多态性高的异交作物可选择种内不同品种作杂交亲本；多态低的自交作物则选择不同种间或亚种间品种作杂交亲本。如玉米的多态性极高，一般品种间配制的群体就可成为理想的分子标记作图群体；番茄的多态性较低，常选用不同种间的后代构建分子标记作图群体。

遗传作图群体一般分 2 类：① 暂时性分离群体，包括 F_2 群体、回交后代（back cross，BC）群体等；② 永久性分离群体，包括加倍单倍体（doubled haploid lines，DH）群体和重组近交系（recombinant inbred lines，RIL）群体等。自交亲和作物与自交不亲和作物作图群体的构建方法如图 13-5 所示。

不同作图群体的特点见表 13-4。F_2 群体构建较省时，常用于近交种的图谱构建。由于 F_2 群体含有杂合基因型，性状易分离，只能使用一代。若通过远缘杂交构建的 F_2 作图群体，易发生两极疯狂分离，标记比例易偏离 3 : 1 或 1 : 2 : 1。上述原因限制了 F_2 群体在遗传图谱构建中的应用。BC 群体是由 F_1 与亲本之一回交产生的群体，常用于远交种的作图。BC 群体的配子类型较少，因此统计及作图分析较为简单。由于回交群体中少了一种纯合基因型，不能计算显性效应，遗传信息量少于 F_2 群体，且可供作图的材料有限，不能多代使用。

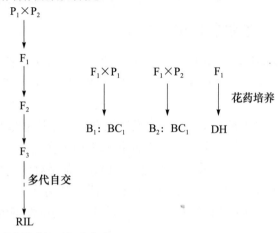

自交亲和作物与自交不亲和作物作图群体的构建:

$P_1 \times P_2$

F_1

F_2

F_3

多代自交

RIL

$F_1 \times P_1$ $F_1 \times P_2$ F_1 花药培养

B_1: BC_1 B_2: BC_1 DH

自交不亲和作物作图群体的构建:

ABCDEfG		AbCDEfG
AbcdEfg	$\times$	aBCdefg

F_1

异花授粉作物作图群体的构建中,在F_1中,对于B、D、G位点相当于F_2;
对于A、C、E位点相当于测交,F位点不分离。

图 13-5　自交亲和作物与自交不亲和作物作图群体的构建方法(参考孙其信,2011)

表 13-4　不同作图群体特点比较

群体类型	F_2	BC_1	DH	RIL
群体构建方法	F_1自交	F_1回交	F_1花药培养(在玉米中通过F_1孤雌生殖诱导系杂交)	F_2个体多代自交
性状研究对象	单个植株	单个植株	株系	株系
准确度	低	低	高	高
群体规模	大	大	中	中
分离比例	1:2:1或3:1	1:1	1:1	1:1

RIL 群体是由 F_2 经一粒传(SSD)方法获得的个体基因型相对纯合的群体。RIL 群体一旦建立,就可以代代繁衍保存,而且作图的准确度较高。但是建立 RIL 群体相当费时,有的物种很难产生 RIL 群体。DH 群体是通过对 F_1 进行花药离体培养或通过特殊技术(如棉花的半配生殖材料、玉米孤雌生殖诱导系)得到单倍体植株后代,再经染色体加倍而获得的纯合二倍体分离群体。DH 群体也能够长期保存,但构建 DH 群体需组织培养基础和染色体加倍技术。

永久性群体至少有 2 方面优点:① 群体中各品系的遗传组成相对固定,可以通过种子繁殖代代相传,不断增加新的遗传标记,并可在不同的研究小组之间共享信息;② 可以对性状的鉴定进行重复试验以得到可靠的结果。这对于某些病害的抗性鉴定以及受多基因控制且易受环境影响的数量性状的分析尤为重要。

13.2.3.2 质量性状的分子标记

作物许多重要的性状（如抗病性、抗虫性、育性、抗盐性和抗旱性等）都表现为质量性状遗传特点。由于这些性状大多受单基因或少数几个主基因控制，在分离世代无法通过表型来识别目的基因位点是纯合还是杂合，在几对基因作用相同时（如一些抗病基因对病菌的不同生理小种反应不同），无法识别哪些基因在起作用。特别是一些质量性状虽然受少数主基因控制，但其中许多性状的表现还受遗传背景、微效基因以及环境条件的影响。为了在育种中对质量性状进行 MAS，需要对质量性状的基因进行图位克隆和寻找与质量性状基因紧密连锁的分子标记。所以利用分子标记技术来定位、识别质量性状基因，特别是利用分子标记对一些易受环境影响的抗性基因的选择就变得相对简单。

1）近等基因系分析法

近等基因系（NIL）是一组遗传背景相同或相近，仅仅在个别染色体区段上有差异的标记体系。近等基因系的培育主要是通过多次定向回交，回交后代与原来的轮回亲本就构成了一系列近等基因系。在回交导入目标性状基因的同时，与目标基因连锁的染色体片段将随之进入回交子代中（图 13-6）。

当比较 NIL 与轮回亲本和非轮回亲本的标记基因型时，如果 NIL 与轮回亲本的标记基因型不同，而与非轮回亲本的标记基因型相同，那么该分子标记可能和目标基因连锁（图 13-6B）。在目标基因附近检测分子标记的可能性取决于 NIL 中目标基因所在的非轮回亲本片段及轮回亲本和非轮回亲本基因之间的 DNA 多态性。这种可能性随着培育 NIL 回交次数的增加而减少，减少连锁累赘（与目标基因连锁的染色体片段随目标基因进入回交后代）现象，有利于迅速检测到与目标基因连锁的分子标记。

NIL 作图的基本思路是鉴别位于导入的目标基因附近连锁区内的分子标记，借助于分子标记定位目标基因。利用这样的品系可在不需要完整遗传图谱的情况下，先用一对近等基因系筛选与目标基因连锁的分子标记，再用近等基因系间的杂交分离群体进行标记与目的基因连锁的验证，从而筛选出与目标基因连锁的分子标记。用 NIL 方法，已筛选出燕麦锈病、大麦茎锈斑病、小麦腥黑穗病等抗性基因及其他目标基因的分子标记。

2）群体分离分析法

Michelmore 等 (1991) 提出了群体分离分析法（bulked segregant analysis，BSA），为快速、高效筛选作物重要性状基因的分子标记打下了基础。

BSA 法的原理是将分离群体中的个体依据研究的目标性状（如抗病和感病）分成 2 组，在每组群体中把各个体的 DNA 等量混合，形成 2 个 DNA 混合池。由于分组时只对目标性状进行选择，所以 2 个 DNA 混合池在理论上主要在目标基因区段存在差异，而整个遗传背景是相同的，两者之间的差异相当于 2 个近等基因系基因组之间的差异，即一对近等基因 DNA 池。这 2 个 DNA 池之间表现出多态性的分子标记，就有可能与目标基因连锁。该方法克服了许多作物难以得到 NIL 的限制。

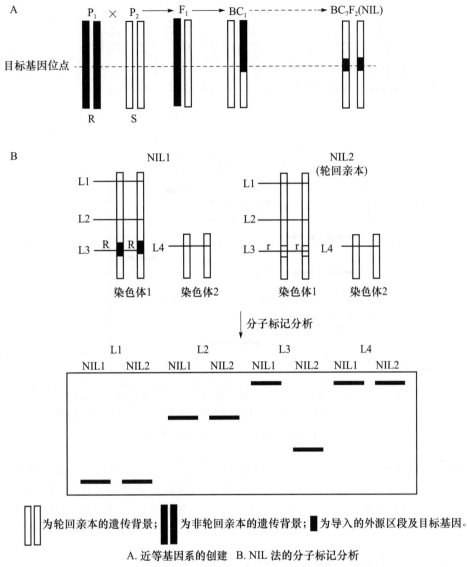

为轮回亲本的遗传背景； 为非轮回亲本的遗传背景； 为导入的外源区段及目标基因。

A. 近等基因系的创建　B. NIL 法的分子标记分析

图 13-6　NIL 分析法原理示意图（参考孙其信，2011）

　　BSA 法还有另一类型——基于标记基因型的 BSA 法，即依据目标基因两侧的分子标记的基因型对分离群体进行分组混合。该方法适合于目标基因已定位的分子连锁图谱，其两侧的分子标记与其相距较远，需要寻找与目标基因间更加紧密连锁的分子标记的情形。

　　以某一抗病基因为例说明构建 BSA 群体的方法：① 用某一作物的抗病品种与感病品种杂交，F₂ 抗病性发生分离；② 依抗病性表现将分离群体植株分为 2 组，一组为抗病的，另一组为感病的；③ 然后分别从两组中选出 5～10 株抗、感极端类型的植株提取 DNA，等量混合构成抗、感 DNA 池；④ 对这 2 个混合 DNA 池进行多态性分析，筛选出有多态性差异的标记，再分析 F₂ 所有的分离单株，以验证该标记与目标性状基因的连锁关系及连锁的紧密程度。BSA 分析方法原理见图 13-7。该法已广泛用于主要农作物重要性状基因连锁的分子标记筛选。

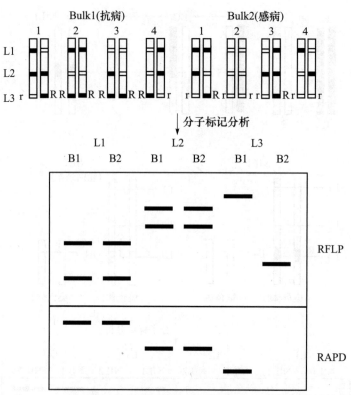

Bulk1、Bulk2指按目标性状差异的分组；1、2、3、4指组中不同个体；
L1、L2、L3分指不同座位，L3为目标座位；R、r为座位3(L3)中不同等位基因。

图 13-7　BSA 法分析原理示意图

NIL 法和 BSA 法都只对目标基因进行分子标记，而不能确定目标基因和分子标记之间连锁程度及目标基因在分子图谱上的位置。获得和目标基因连锁的分子标记后，必须利用作图群体把目标基因定位于分子图谱上，以便将这些分子标记应用于 MAS 和图位克隆。

13.2.3.3　数量性状的分子标记

作物大多数性状表现为数量性状遗传。数量性状的表型差异由多个数量性状基因位点（QTL）和环境共同决定，子代常常发生超亲分离。数量性状基因位点不等同于基因，只是表示与该基因相关区域在连锁图上的位置，在一定程度上代表了基因的效应。筛选与数量性状基因连锁的分子标记要比筛选质量性状的分子标记复杂得多。

QTL 定位（QTL mapping）是指利用分子标记进行遗传连锁分析以检测数量性状基因位点。基本思路是：寻找数量性状与分子标记的特定染色体片段之间的关联关系，也就是通过分析整个染色体组的分子标记和数量性状表型值的关系，将 QTL 逐一定位到连锁群的相应位置，并估算其遗传效应。QTL 定位有 2 个必要条件：① 高密度的分子标记连锁图（标记间平均距离小于 15～20 cM）和相应的统计分析方法；② 目标性状在群体中分离明显，符合正态分布。因此，在构建作图群体时，尽可能选择性状表现差异大和亲缘关系较远的材料作亲本。

利用分子标记正确进行 QTL 定位及其效应的估计，主要依赖于 QTL 定位的统计模型和方法。常见的统计分析方法有方差与均值分析法、矩估计及最大似然法、回归及相关分析法等。

用于 QTL 分析的群体最好是永久性群体，如 NIL 和 DH 群体。永久性群体中各株（品）系的遗传组成相对稳定，可通过种子繁殖代代相传，并可对目标性状或易受环境因素影响的性状进行多年多点重复鉴定以得到更为可靠的结果。从数量性状遗传分析的角度讲，永久性群体中各品系基因型纯合，排除了基因间的显性效应，不仅是研究数量性状基因的加性、上位性及连锁关系的理想材料，同时也可在多环境和季节中研究数量性状的基因型与环境互作关系。

第一种 QTL 定位是在分离群体中用单标记分析方法进行的。例如，在一个 F_2 群体中，给予任何一个特定的标记 M，如果所有 M_1M_1 同质个体的表型平均值高于 M_2M_2 同质个体，那么就可以推断存在一个 QTL 与这个标记连锁。如果显著水平设置太低，这种方法的假阳性高。此外，QTL 不一定与任一给定的标记等位，尽管它与最近的标记之间具有很强的联系，但它的准确位置和它的效应还不能确定。

区间作图克服了上述许多问题。它沿着染色体对相邻标记区间逐个进行扫描，确定每个区间任一特定位置的 QTL 的似然轮廓。更准确地说，是确定是否存在一个 QTL 的似然比的对数（Lander 和 Bostien，1989）。在似然轮廓图中，那些超过特定显著水平的最大值处，是存在 QTL 的可能位置。显著水平必须调整到避免来自多重测验的假阳性，置信区间为相对于顶峰两边各 1 个 LOD 值的距离。它是应用最广的一种方法，特别是它应用于自交衍生的群体。

第二种方法是 Haley 和 Knott（1992）发展的多元回归分析法。该方法相对 LOD 作图而言，在精度和准确度上与区间作图产生非常相似的结果。它具有程序简单、计算快速的优点，适合于处理复杂的后代和模型中包含广泛的固定效应的情形。例如，性别的不同和环境的不同，可利用 Bootstrapping 抽样方法（Visscher 等，1996；Lebreton 和 Visscher，1998）进行显著性测验和置信区间估计。

第三种方法是同时用一个给定的染色体上的所有标记进行回归模型分析，利用加权最小平方和法或者模拟进行显著性测验（Kearsey 和 Hyne，1994）。它具有计算速度快和在一个测验中利用所有标记信息的优点。如果一条染色体上只有一个 QTL，所有定位和测定标记两侧之间的 QTL 效应的必要信息都可以利用。不论 QTL 在染色体上怎样分布，都可以利用多重标记方法对回归模型进行整体测验。

13.2.4 作物分子标记辅助育种

13.2.4.1 作物 MAS 育种的必备条件

MAS 育种可以对目标性状基因型直接选择，从而提高育种效率。开展 MAS 育种必须具备如下条件：① 分子标记与目标基因共分离或者紧密连锁，一般要求两者间的遗传距离 <5 cM，最好 1 cM 或更小。② 具有在大群体中利用分子标记进行大规模检测和筛选的有效手段。目前，主要应用简单可靠、自动化程度高、相对易于分析且成本

较低的 PCR 技术。③ 筛选技术在不同实验室间重复性好，且具有经济、易操作的特点。④ 应有实用化程度高并能协助育种家作出抉择的计算机数据处理软件。

质量性状的分子标记易于利用 MAS 育种。对大多数数量性状基因控制的重要性状，若想利用 MAS 育种则必须具有精确的 QTL 图谱。这不仅需要将复杂的性状利用合适软件分成多个 QTL，并将各个 QTL 标记定位于合适的遗传图谱上，而且还与是否有对该数量性状表型进行准确检测的方法、用于作图的群体大小、可重复性、环境影响和不同遗传背景的影响以及是否有合适的数量遗传分析方法等有关。这为筛选某一复杂性状的 QTL 标记提出了更高要求，也增加了 MAS 付诸育种实践的难度。

13.2.4.2 作物 MAS 育种的特点

MAS 比表型为基础的选择更有效。它针对主基因和数量性状位点有效；对异交作物和自花授粉作物也有效。MAS 育种具有下列特点：

（1）能够克服性状基因型鉴定的困难

如果等位基因的外在表现不明显，或是等位基因为隐性，抑或等位基因与其他基因或环境之间存在互作，会导致基因型难以鉴定。尤其对数量性状，环境变异会使不同基因型表现为部分或全部相同的表型，这使基因型的鉴定更加困难。有些表型如抗病虫性、抗旱性和耐盐性等只有在特定条件下才能表现出来。利用分子标记技术可在一定程度上克服基因型鉴定的困难。

（2）能够克服性状表型鉴定的困难

有的性状的表型鉴定相当麻烦，如育性恢复、广亲和性、光温敏不育和一些抗病虫性及抗逆性等，不仅鉴定费时费力，而且这些性状受环境影响较大，难以进行准确而直接的鉴定。如玉米粗缩病抗性的鉴定，采用大田自然发病需要一定的环境条件，采用人工接种法难度较大，而采用分子标记鉴定抗病基因就可克服表型鉴定的困难。

（3）能够进行早期选择

作物很多性状，只有在成熟植株上才能表现出来。采用传统方法在播种后数月或数年均不能对其进行选择。而利用分子标记可以在播种数天后对幼苗（甚至种子）进行检测，进而节省作物育种过程中的人力、物力和财力。

（4）选择范围更广，强度更大

在作物生长早期特别是对幼苗甚至种子的选择时，还可以允许把更多的群体纳入研究选择的对象之中，从而可以对其施加更大强度的选择压力。同时，还可利用分子标记同时对几个性状（如几种抗病虫性和产量性状）进行选择。

（5）能够进行非破坏性性状评价和选择

很多性状是在成熟前进行评价的，这往往带来种子收获的困难。如对植株进行病虫害抗性的评价和选择，则可能收获到的后代种子会减少，甚至收获不到种子。而利用分子标记技术只需少量叶片或其他组织，植株还可继续生长至成熟，以便育种工作者同时对该育种群体进行其他性状的选择。

（6）能够提高回交育种效率

把一个目的等位基因从一个材料转移至另一个材料的传统方法是通过 5～10 代的回

交。在每个回交世代中，育种工作者不仅要选择被转移的等位基因的表型，还要选择轮回亲本的其他性状的表型。在若干代回交之后，除目的基因外，还有与之连锁的相当长的染色体片段也转移到回交后代中。如利用传统回交方法将一个野生种的优良基因转移到栽培品种中，回交 20 代以上还有可能带有 100 个以上的其他非期望基因。如果是数量性状位点的转移，由于上位效应问题和连锁累赘更为复杂，选择将更加困难。利用分子标记可以选出那些含有重组染色体（打破了连锁累赘），但不需要的染色体片段减少的个体，提高育种效率至少 10 倍以上。另外，对隐性性状可以进行不间断的回交（传统回交中是隔代回交），提高基因的回交转移速度。

13.2.4.3　作物 MAS 育种方法

随着分子标记技术的完善，各种作物连锁图谱的日趋饱和，以及与各种作物重要性状连锁标记的发现，MAS 已成功应用于作物育种实践。如 Deal 等（1995）将普通小麦 4D 长臂上的抗盐基因转移到硬粒小麦 4B 染色体上，利用与该抗盐基因连锁的分子标记进行选择，大大提高了选择效率。研究表明，在一个有 100 个个体的回交后代群体中，借助 100 个 RFLP 标记选择，只需 3 代就可使后代的基因型回复到轮回亲本的 99.2%，而随机挑选则需要 7 代才能达到。MAS 技术在基因快速聚合方面也表现出巨大优越性。IRRI 的 Mackill 等（1992）已对抗稻瘟病基因 *Pil*、*Piz5* 和 *Pita*进行了精确定位，并建立了分别具有这 3 个基因的近等基因系。通过 MAS 聚合杂交获得同时具有 3 个抗稻瘟病基因的个体。在水稻 *Rfl* 基因的 MAS 育种方面也有成功报道。

常见的 MAS 育种方法有 MAS 回交育种、SLS-MAS 和 MAS 聚合育种等 3 种。

1）MAS 回交育种

基因转移（gene transfer）或基因渗入（gene transgression）是指将供体亲本（一般为地方品种、特异种质或育种中间材料等）中的有益基因（即目标基因）转移或渗入到受体亲本（一般为当地优良品种或杂交种亲本）的遗传背景中，从而达到改良受体亲本个别性状的目的。通常采用回交的方法，即将供体亲本与受体亲本杂交，然后以受体亲本为轮回亲本进行多代回交，直到除来自供体亲本的目标基因之外，基因组的其他部分全部来自受体亲本。

由单基因或寡基因等质量性状基因控制的农艺性状，分子标记辅助选择主要应用于回交育种中。在每一回交世代结合分子标记辅助选择，筛选出含目标基因的优异品系，最后培育成新品种。

在回交育种过程中，尤其是野生种做供体时，尽管一些有益基因成功导入，但同时也带来一些与目标基因连锁的不利基因，成为连锁累赘。利用与目标基因紧密连锁的分子标记可直接选择在目的基因附近发生重组的个体，从而避免或显著减少连锁累赘，加快回交育种的进程。Young 等研究发现，利用番茄高密度 RFLP 图谱对通过回交育种育成的抗病品种所含 Lperu 抗 TMV 的 Tmv2 渗入片段大小检测，发现渗入的最小片段为 4 cM，最大片段大于 51 cM，由此可见，常规育种对抗性基因附近的渗入 DNA 片段大小选择效果不大；模拟结果显示，利用分子标记通过 2 次回交所缩短的渗入区段，在不用标记辅助选择时需 100 次回交才可达到同样效果（图 13-8）。

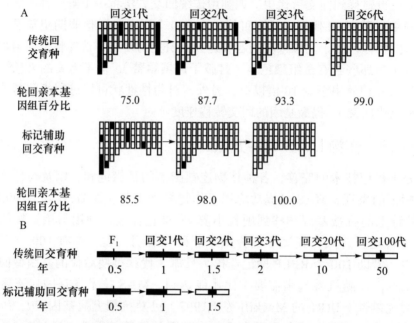

■表示供体(或非轮回亲本)基因组；□表示受体(或轮回亲本)基因组；
回交后代的基因组成用图示基因型表示。

A. 轮亲本基因组在回交后代中的恢复速率　B. 轮回亲本基因组在目标基因临近区域的恢复速率

图 13-8　回交育种中传统方法与标记辅助选择效率的计算机模拟比较（参考张天真，2003）

若利用分子标记跟踪选择回交后代中的 QTL，常由于该数量性状在后代中处于分离状态的 QTL 数目增加，需扩大回交群体，以增加所有 QTL 的有利基因同时整合在一个个体中的机会。另一方面，对多个 QTL 进行回交转育，可能会将较大比例与这些 QTL 连锁的供体基因组片段同时转移到轮回亲本中去。因此，该法不是利用分子标记辅助育种选择 QTL 性状的最优方法。1996 年 Tanksley 提出了 QTL 定位和利用的 AB 分析方法（advanced backcross analysis）策略，即利用野生种或远缘的材料与优良品种杂交，再回交 2~3 代。利用分子标记同时发现和定位一些对产量或其他性状有重要贡献的主效 QTL。这种方法已在番茄和水稻中被证实是行之有效的。例如，通过 AB 分析方法，发现 *O.rufipogon* 水稻野生种中有 2 个可显著提高杂交稻产量的 QTL。和原杂交稻相比，每个 QTL 可提高产量大约 17%，而且这 2 个 QTL 没有与不良性状连锁，因此，它们有很大的利用潜力（Tanksley 和 McCouch，1997）。

2）SLS-MAS

SLS-MAS（single large-scale MAS）是 Ribant 等（1999）提出的。基本原理是在一个随机杂交的混合大群体中，尽可能保证选择群体足够大，保证中选的植株在目标位点纯合，而在目标位点以外的其他基因位点上保持较大的遗传多样性，最好仍呈孟德尔式分离。这样，分子标记筛选后，仍有很大遗传变异供育种家通过传统育种方法选择，产生新的品种和杂交种。这种方法对于质量性状或数量性状基因的 MAS 均适用。本方法可分为 4 步：

① 利用传统育种方法结合 DNA 指纹图谱选择用于 MAS 的优异亲本，特别对于数量性状而言，不同亲本针对同一目标性状要具有不同的 QTL，即具有更多的等位基因多样性。

② 确定该重要性状 QTL 标记。利用中选亲本与测验系杂交，将 F_1 自交产生分离群体，一般 $200\sim300$ 株，结合 $F_{2:3}$ 单株株行田间调查结果，以确定主要 QTL 的分子标记。

表型数据必须是在不同地区种植获得，以消除环境对目标基因表达的影响。标记的 QTL 不受环境改变的影响，且占表型方差的最大值（即要求该数量性状位点必须对该目标性状贡献值大）。确定 QTL 标记的同时，将中选的亲本进行杂交，其后代再自交 $1\sim2$ 次产生一个很大的分离群体。

③ 结合 QTL 标记的筛选，对上述分离群体中的单株进行 SLS-MAS。

④ 根据中选位点选择目标材料，由于连锁累赘，除中选 QTL 标记附近外，其他位点保持很大的遗传多样性，通过中选单株自交，基于本地生态需要进行系统选择，育成新的优异品系，或将中选单株与测验系杂交产生新杂种。若目标性状位点两边均有 QTL 标记，则可降低连锁累赘。

3）MAS 聚合育种

基因聚合（gene pyramiding）是指通过聚合杂交将分散在不同品种中多个有益目标基因累积到同一品种材料中，培育成一个具有各种有利性状的品种。如聚合多个抗性基因的品种，在作物抗病虫育种中对病虫害的持久抗性具有十分重要的作用。但是，在实际育种工作中，由于导入的新基因表型常被预先存在的基因掩盖或者许多基因的表型相似难以区分、隐性基因需要测交检测、接种条件要求很高等，导致许多抗性基因不一定在特定环境下表现出抗性，造成基于表型的抗性选择无法进行。MAS 可跟踪新的有利基因导入，将有利基因高效地累积起来。

MAS 在快速聚合基因方面表现出巨大的优越性。作物有许多基因的表型是相同的，经典遗传育种研究无法区分不同基因效应，从而也就不易鉴定一个性状的产生是由于 1 个基因还是多个具有相同表型的基因的共同作用。借助分子标记，可以先在不同亲本中将基因定位，然后通过杂交或回交将不同的基因转移到一个品种中去，通过检验与不同基因连锁的分子标记有无来推断该个体是否含有相应的基因，以达到聚合选择的目的。

南京农业大学细胞遗传所与扬州农科所合作，借助于 MAS 完成了 *Pm4a+Pm2+Pm6*、*Pm2+Pm6+Pm2l*、*Pm4a+Pm2l* 等小麦白粉病抗性基因的聚合，拓宽了现有育种材料对白粉病的抗谱，提高了抗性的持久性。IRRI 的 Mackill 利用 MAS 对水稻稻瘟病抗性基因 *Pi1*、*piz5* 和 *pita* 进行累积，获得了抗 2 种或 3 种小种的品系。Singh（2001）将 3 个水稻白叶枯病抗性基因 *xa5*、*xa13* 和 *Xa21* 进行 MAS 聚合育种，获得了聚合有 2 个和 3 个抗性基因的品系。Yoshimura 等利用 RAPD 与 RFLP 标记，已将水稻白叶枯抗性基因 *Xa1*、*Xa3*、*Xa4*、*Xa5* 与 *Xa10* 等基因进行了不同方式的聚合。在水稻中已将含

有抗白叶枯基因 *Xa21* 的材料与抗虫基因材料杂交，利用 *Xa21* 的 STS 标记获得了同时具有 *Xa21* 和抗虫基因的材料。通常应用 MAS 聚合不同基因时，F_2 分离群体大小应以 200～500 株为宜，先对易操作的分子标记进行初选，再进行复杂的 RFLP 验证，可提高聚合效率。

目前数量性状 MAS 育种处于起步阶段。华盛顿州立大学 Han 从大麦 Steptoe × Morex 的 DH 群体中筛选 2 个控制大麦品质性状的 QTLs（QTL1 和 QTL2）进行 MAS，并比较 4 种选择策略的效果，即表型选择（P）、基因型选择（G）、基因型选择和表型选择交替进行（G → P）、基因型选择和表型选择相结合（G+P）。结果发现，对于 QTL1、G → P 和 G+P 比表型选择更有效；而对于 QTL2，由于其效应较小，MAS 选择不具优势。这表明对于大多数测量困难、昂贵的大麦品质性状来说，MAS 是切实可行的。Schneider 等表明利用菜豆 2 个 RIL 群体在 8 个地点的胁迫与非胁迫条件下鉴定出与抗旱性紧密连锁的 RAPD 标记。利用 5 个 RAPD 标记进行 MAS，结果在胁迫条件下使产量提高了 11%，非胁迫条件下提高了 8%，而基于产量性状的常规表型的选择未能筛选到产量提高的后代。2001 年，Yousef 等利用 3 个甜玉米群体，对 4 个数量性状进行 MAS 和表型选择（P）的正向选择和负向选择。针对 52 对标记进行了比较，发现 38% 的 MAS 比 P 有显著高的选择收益，而只有 4% 的 P 优于 MAS。与基础群体相比，MAS 收益平均值是 P 的近两倍（各为 10.9% 和 6.1%）。同年，Shen 用 4 个与水稻根长有关的性状位点进行 MAS，这 4 个 QTL 位点分别位于第 1、第 2、第 7 和第 9 条染色体上，简称 QTL1、QTL2、QTL7 和 QTL9。回交 3 代后自交 1 次，获得 43 个近等基因系。其中含有 QTL4 的 6 个近等基因系中有 4 个超过 IR64 12%～27%；3 个含有 QTL3 的近等基因系（共 7 个）中和含有 QTL1+QTL7 的近等基因系（共 8 个）中各有 3 个深根重量超过 IR64；而含有 QTL2 的近等基因系的表型没有显著改变，用复合区间作图分析原始数据，发现在这一区域有 2 个效应相反的连锁位点。

Walker（2002）借助于 MAS 开展了大豆抗虫性的聚合改良，亲本 P1229358 含有抗螟蛉的 QTL，轮回亲本是转基因大豆。在 BC_2F_3 群体中用与抗虫 QTL 连锁的 SSR 标记和特异性引物分别筛选个体基因型，同时用不同基因型的大豆叶片饲喂大豆螟蛉和尺蠖的幼虫，结果表明，抗虫 QTL 对幼虫的抑制作用没有 *Bt* 基因明显，但同时含有 *Bt* 基因和抗虫 QTL 的个体对尺蠖的抑制作用优于仅含有 *Bt* 基因的个体。

为了选育出集高产、优质和抗病虫等优良性状于一体的作物新品种，应考虑选择含有育种目标性状标记的亲本，即最好选择与育种直接有关的亲本材料，所构建群体也最好既是遗传研究群体，又是育种群体。在此基础上，多个目标性状的聚合需通过群体改良的方法实现。

南京农业大学棉花研究所在多目标性状聚合的修饰回交育种的基础上，提出了 MAS 的修饰回交聚合育种方法。修饰回交是将杂种品系间杂交和回交相结合的一种方法，即回交品系间的杂交法。将各具不同优良性状的杂交组合分别和同一轮回亲本进行回交，获得各具特点的回交品系，再把不同回交品系进行杂交聚合。目前利用分子标记技术可对目标性状进行前景选择、对轮回亲本的遗传背景进行背景选择，可以达到快速打破目标性状间的负相关，获得聚合多个目标性状新品系的目的（图 13-9）。

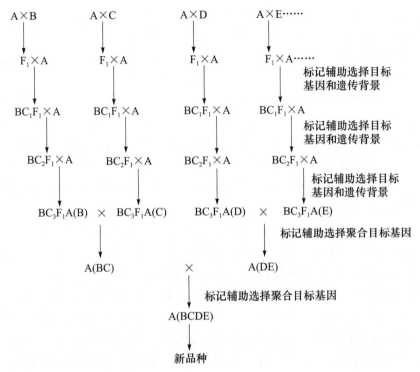

A代表轮回亲本，B、C、D和E分别代表具有不同目标性状基因的种质资源。

图 13-9 分子标记辅助选择的修饰回交聚合育种示意图（参考张天真，2003）

13.2.4.4 作物 MAS 育种效率

1）采用高效 MAS 育种策略

作物育种工作必须有一个可行的育种计划。育种计划的制定要建立在科学理论和 DNA 标记等相关分子生物学技术发展的基础上。育种策略需要在实践中检验和完善。

（1）重视基因定位与 MAS 的有机结合

目前已经积累了大量的基因定位基础工作，但 MAS 育种应用仍显不够。主要原因在于：① 大多研究的最初目标只是定位基因；② 在实验材料的选择上没有考虑与育种的结合；③ 许多研究最终只停留在目标基因的定位上。在选择杂交亲本上应尽量使用与育种直接有关的材料，所构建的群体尽可能做到既是遗传研究群体，又是育种群体，这样才能缩短基因定位研究与育种应用的距离。例如，在定位一个有用的主基因时，杂交亲本之一最好是当地推广应用的优良品种，这样，在定位目标主基因的同时，即可应用 MAS，改良原优良品种。另外，在聚合抗病基因时，最好以一个优良品种为共同杂交亲本，这样便可在聚合基因的同时，也使优良品种在抗性上得到改良，既可直接应用于生产，又可作为多个抗病基因的供体亲本，用于作物育种。

从技术可操作性上考虑，数量性状 MAS 应以针对单个性状遗传改良的回交育种计划为应用重点，因为其只涉及将有关 QTL 的有利等位基因从供体亲本转移给受体亲本的过程，技术相对简单，较易获得成功。针对育种的目标性状，选择拥有较多有利等位基因的材料作为供体亲本，而以欲改良的（缺乏这些有利等位基因的）优良品种为受体亲本。在育种过程中，可以在 BC_1F_1 对目标性状进行 QTL 定位，然后以该定位结果指导各回交世代中的个体选择（即 MAS）。这样 QTL 定位和 MAS 就有机结合起来了。

（2）采用同时改良多个品系复杂性状的 MAS 策略

尽管目前应以回交育种作为数量性状 MAS 应用的研究重点，但回交育种毕竟效率较低，每次只能改良 1 个品种，因此，从长远的眼光看，还应将 MAS 技术应用于同时改良多个品种的、更为复杂的育种计划。Rihaut 和 Hoisington（1998）提出了一个在对多个品种同时进行改良的育种计划中应用 MAS 的新策略（图 13-10）。该策略将育种计划分成 3 个阶段：① 针对育种目标，通过双列杂交或 DNA 指纹等方法，从优良品种中筛选出彼此间在目标性状上表现为最大程度遗传互补的亲本系。② 将中选的亲本系与测验系杂交，建立作图群体（F_2、F_3 和 RIL 等）和分子标记连锁图，并进行田间试验，定位目标性状 QTL。同时，将中选亲本彼此杂交，建立庞大的 F_2 育种群体。然后，根据 QTL 定位结果，在 F_2 育种群体中进行大规模的 MAS，选出 QTL 彼此互补的有利等位基因纯合的个体，建立 F_3 株系。③ 在利用 MAS 得到纯系后，进一步应用常规育种方法培育新的优良品系。该策略的主要特点是：① 目标性状的有利等位基因来源于 2 个或多个表现为遗传互补的优良亲本材料，无供体、受体之分；② 对特定 QTL 等位基因纯合的个体的选择，放在遗传重组的早代（F_2）进行，对基因组的剩余部分没有施加选择压，这样就可保证在后续的常规选育中，在非目标区上有较高的遗传变异可以利用。

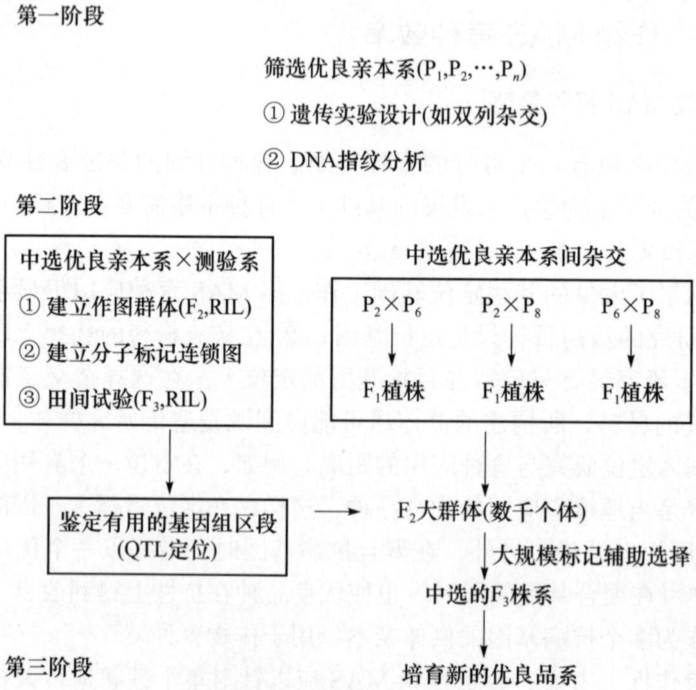

第一阶段

筛选优良亲本系($P_1, P_2, \cdots, P_n$)

① 遗传实验设计(如双列杂交)

② DNA 指纹分析

第二阶段

中选优良亲本系×测验系
① 建立作图群体(F_2,RIL)
② 建立分子标记连锁图
③ 田间试验(F_3,RIL)

中选优良亲本系间杂交

$P_2 \times P_6$	$P_2 \times P_8$	$P_6 \times P_8$
↓	↓	↓
F_1植株	F_1植株	F_1植株

鉴定有用的基因组区段 (QTL定位) ⟶ F_2大群体(数千个体)

大规模标记辅助选择

中选的F_3株系

第三阶段   培育新的优良品系

图 13-10　同时改良多个品系复杂性状的 MAS 策略

（参考 Rihaut 和 Hoisington,1998）

2）采用多重 PCR 方法

为了提高分子标记的筛选效率，当同时筛选到与 2 个或 2 个以上目标性状连锁的几个不同的分子标记时，如果这几个分子标记的扩增产物具有不同长度，则 2 对或 2 对以上的引物可在同一 PCR 条件下同时反应，即多重 PCR 方法。利用这种方法时需注意，设计或选择引物时，必须考虑各引物复性温度是否相匹配，且在扩增产物的大小上无重叠。研究表明，多重 PCR 使用 Taq 酶量与 1 个引物扩增用量相同。这显著降低了选择成本和筛选时间。如 Ribaut 等将筛选到的与热带玉米抗旱 QTL 连锁的 1 个 STS 和 2 个 SSR 标记使用多重 PCR 扩增方法用于 MAS，以改良其耐旱性，仅用了 1 个月就从 BC_1F_1 的 2 300 个单株中选出 300 个目标单株。

3）用相斥相分子标记进行育种选择

所谓相斥相分子标记是指与目标性状相斥连锁的分子标记，即：有分子标记，植株不表现目标性状；无分子标记，植株表现目标性状。这种选择特别是在一些显性标记如 RAPD 标记中，效果较为显著。Haley 等（1994）找到与菜豆普通花叶病毒隐性抗病基因 Lc-3 连锁的 2 个 RAPD 标记，其中标记 -1 与 bc-3 相引，距离为 1.9 cM；标记 -2 与 bc-3 相斥，距离为 7.1 cM。用标记 -1 选择的纯合抗病株、杂合体、纯合感病株分别占 26.3%、72.5% 和 1.2%。而用标记 -2 选择的结果分别是 81.8%、18.2% 和 0。当将两个标记同时使用时，即相当于一个共显性标记，其选择效果与单独使用标记 -2 的选择效果一致。一般认为，在育种早代选择中，利用相斥相的 RAPD 标记，与共显性的 RFLP 标记具有相似的选择效果。

4）克服连锁累赘

连锁累赘是回交育种中长期存在的问题。利用与目标性状紧密连锁的分子标记进行 MAS 可以显著降低连锁累赘程度。如在大约 150 个回交后代中，至少有 1 个植株在目的基因左侧或右侧 1 cM 范围内发生一次交换的可能性为 95%，利用 RFLP 标记可以精确地选择出这些个体。这个结果用 RFLP 选择只需 2 个世代就能够得到，而传统的方法可能需要 100 代。随着分子标记图谱饱和度提高，选择重组个体的效率将进一步提高。高密度作物分子遗传图谱的构建可以大大加速作物育种进程。

5）降低 MAS 育种的成本

MAS 育种首先要把与目标基因（性状）紧密连锁（或共分离）的分子标记如 RFLP 转化为 PCR 检测的标记，然后设法降低 PCR 筛选成本。这可从以下几方面考虑：

① 样品 DNA 提取。采用微量提取法如利用少量组织或半粒种子且不需液氮和特殊化学药品处理的 DNA 提取技术，降低成本。

② 减少 PCR 反应体积。从 25 μL 减到 15 μL，甚至 10 μL。

③ 琼脂糖凝胶。实验表明同一琼脂糖凝胶可以多次电泳载样，而不会造成样品间互相干扰。

④ 扩增产物检测。PCR 扩增产物通常用 EB 染色，UV 观测，使用 Polaroidfilm 照

相系统。这种观测方法不仅有致癌诱导剂，而且 UV 射线对眼睛损害很大，照相系统花费也很高。通过改造染色体系，利用美蓝［又称亚甲蓝、甲烯蓝（methyleneblue）］染琼脂糖凝胶，可直接在可见光下检测。

目前，分子标记的研究得到快速发展，已定位了许多作物重要性状的基因，但利用 MAS 育成品系或品种相对较少。究其原因主要有：① 标记信息的丢失。标记仍然存在，但由于重组使标记与基因分离，导致选择偏离方向。② QTL 定位和效应估算不精确。③ 互作效应的存在。由于 QTL 与环境、QTL 与 QTL 间存在互作，导致不同环境、不同背景下选择效率发生偏差。④ 标记鉴定技术有待进一步提高。

尽管目前 MAS 的成功应用还存在诸多困难，但 MAS 在未来作物育种中的作用是毋庸置疑的。相信在不久的将来，随着分子生物技术的进一步发展以及各种作物图谱的日趋饱和，MAS 会发挥它应有的作用。

13.3 分子设计育种

13.3.1 分子设计育种的提出及意义

1）分子设计育种的提出

随着基因组学、后基因组学和泛基因组学研究理论的发展和技术的突破，重要基因挖掘和功能鉴定、分子标记辅助育种、转基因育种等也随之获得突飞猛进的发展。2003年，Peleman 和 van der Voort 提出了分子设计育种（breeding by design）的概念，随后得到作物育种科学家的进一步完善。

分子设计育种是根据不同作物的具体育种目标，以生物信息学为平台，以基因组学、转录组学、蛋白质组学和表观遗传学等整合的大数据为基础，综合作物育种学、遗传学、生物信息学、植物生理生物化学、栽培学和生物统计学等学科的信息，在计算机上设计最佳育种方案，进而实施作物育种的方法。万建民和王建康等提出分子设计育种的具体策略：① 在相关农艺性状基因定位的基础上，构建近等基因系，评价等位变异效应并确立不同位点基因间以及基因与环境间的相互关系；② 根据育种目标确定满足不同生态条件、不同育种需求的目标基因型；③ 设计有效的作物育种方案，利用分子标记或转基因等手段聚合有利等位基因，开展设计育种，实现作物育种目标。

在国家"863"计划的支持下，我国于 2003 年启动了"分子虚拟设计育种"课题，其中部分内容就是拟通过专题的实施，重点解析水稻、小麦和玉米等农作物重要性状的分子构成，创建品种分子设计平台，建立品种分子设计信息网络，构筑适合我国农作物品种分子设计的技术体系，创制一批作物优良新品种，实现育种理论和关键技术的新突破，抢占世界生物育种技术制高点。随后，中国科学院也启动了"小麦、水稻重要农艺性状的分子设计及新品种培育推广"重大项目，计划在特定农业生态区选取具有重要推广价值的水稻和小麦品种，利用关键基因开展重要农艺性状的分子设计，根据预设的遗传改良目标，有针对性地选用设计元件，培育多个性状协调改良、具有重要实用价值的小麦和水稻新品种。

2）分子设计育种的意义

传统的作物育种是通过种内的有性杂交来改良作物的综合性状的。它虽然对农业生产的发展起了很大的推动作用，但也存在以下问题：① 传统育种预见性差，即使有经验的育种家也很难预测杂交后代分离群体的表型；② 传统育种效率低，一般只有1%左右的组合有希望选出符合生产需求的品种，考虑到分离群体的规模，最终育种效率一般不到百万分之一；③ 传统育种周期长，一般需要 7~8 年，甚至更长的时间；④ 传统育种改良农作物时容易受到种间生殖隔离的限制，不利于利用近缘或远缘种的基因资源改良栽培作物重要目标性状；⑤ 通过有性杂交改良重要目标性状易受不良基因连锁的影响，在后代选择时必须对多世代、大规模的遗传分离群体进行检测才能摆脱不利基因的影响；⑥ 利用有性杂交改良重要目标性状需要大量的表型检测，但是检出效率易受环境因素的影响。上述局限性在很大程度上限制了作物遗传改良效率的提高。

随着基因组学、系统生物学、生物信息学等新兴学科的快速发展，作物育种理论和技术正发生重大变革，多学科的深度交叉融合催生出了分子设计育种。它通过大数据和各种技术的整合，在大田试验之前，对影响作物育种的各种因素进行模拟、筛选和优化，确立满足特定生态区育种目标的基因型，提出最佳的亲本选配和后代选择策略，结合育种实践培育出符合设计要求的作物新品种，实现从传统的"经验育种"到定向、高效的"精确育种"的转变，大幅度提升育种效率和技术水平，引领作物育种技术的创新与发展，为保障国家粮食安全提供新的技术途径，对减少农业生产对资源的过度利用和环境污染具有重大的科学和现实意义。

13.3.2 分子设计育种的必备条件

1）高效的分子标记检测技术和高密度分子遗传图谱

分子标记是指以个体间遗传物质内核苷酸序列变异为基础的遗传标记。由于分子标记反应的是个体间核苷酸序列变异，可以直接反映 DNA 水平的遗传多态性，具有稳定性高、可靠性好的特点，已被广泛应用于作物遗传图谱构建、重要目标性状基因的标记定位、种质资源的遗传多样性分析与品种指纹图谱、纯度鉴定及分子标记辅助选择（详见 13.2 分子标记辅助选择）。

分子标记作为一种新的遗传标记技术发展仅仅几十年，主要经历了 3 个发展阶段，即基于分子杂交技术的分子标记（例如 RFLP）、基于 PCR 技术的分子标记（例如 SSR）以及基于序列分析的分子标记（例如 SNP），但是随着技术的不断完善，其准确性、可靠性、高效性等特点使之呈现出广阔的应用前景和巨大的应用潜力。

有了高效的分子标记检测技术的保障，通过构建遗传连锁群体，对群体中不同植株或品系的标记基因型的分析，借助计算机程序建立标记之间的连锁群即可构建高密度的遗传连锁图谱。高密度分子遗传连锁图谱是从分子水平进行重要目标性状的遗传分析、定位和候选基因克隆的重要保障。高密度分子遗传图谱可为作物生长、抗性、产量和品质等主要目标性状的早期测定提供依据，提高早期测定的精度和可靠性，加速育种进程，提高选择效果。通过高密度分子遗传图谱可有效、快速地定位目的基因，并最终实现目的基因的克隆。通过高密度分子遗传图谱还可以开发作物重要目标性状的分子标记，为分子标记辅助选择育种提供技术支持。

2）对作物重要目标基因 /QTL 的定位与功能有足够的了解

作物重要目标基因 /QTL 的定位与功能鉴定是基因精细定位、克隆以及有效开展分子育种的基础。作物的许多重要目标性状属于多基因控制的数量性状，容易受环境影响。分子设计育种的前提就是发掘控制作物重要目标性状的基因、揭示控制数量性状的基因数目、数量性状基因位点在染色体上的位置、各位点的贡献率大小以及明确不同等位基因的表型效应、上位性以及与环境的互作。目前，研究人员利用区间作图、复合区间作图和基于混合线性模型的复合区间作图等方法，以 RIL、DH 及其衍生群体、BC 群体、随机交配群体（random-mating population）和染色体片段置换系（chromosome segment substitution lines，CSSLs）群体等为材料，对水稻、小麦和玉米等作物从不同角度深入分析了 QTL 的主效应、QTL 之间的互作效应、QTL 与环境的互作效应等，并在此基础上，进行单基因分解、精细定位和图位克隆研究。截至 2018 年 2 月，AGRIS 数据库（http://www.fao.org/Agris/）和 AGRICOLA 数据库（http://agricola.nal.usda.gov）分别收录了 3 348 和 3 051 篇植物相关的 QTL 研究报道，这为分子设计育种奠定了基础。

3）具有完善的可供分子设计育种利用的遗传信息数据库

分子设计育种必须以基因组学和后基因组学等大数据为基础，整合遗传学、作物育种学、生物信息学、植物生理学、生物化学、作物栽培学和生物统计学等学科的有用信息，才能进行育种方案的设计。随着各种技术的发展和完善，基因组数据、转录组数据、蛋白质组数据等数据呈几何级数增长。水稻基因组的完成、泛基因组的快速发展、玉米及小麦基因组序列的不断释放都极大加深了我们对作物遗传信息数据库的认识。欧洲生物信息研究所的 EMBL 数据库、美国国家生物技术信息中心的 GenBank 数据库、日本国立遗传学研究所的 DDBJ 数据库以及 UniProt 数据库提供了海量的核苷酸序列和蛋白组序列。

生物数据可以来自生物的不同水平，如群体水平、个体水平、孟德尔基因水平和分子水平等。各类生物数据为作物育种提供了大量的信息。尤其随着分子生物学和基因组学的飞速发展，生物信息数据库积累的数据量极其庞大。所有这些基因序列、蛋白质结构和功能的数据成为全世界科学界的宝贵资源和财富。这些海量的序列信息给高效、快速的基因发掘和利用提供了新的契机，使若干研究领域实现跨越式发展甚至"革命"的时机已经到来。但是，如何收集和处理这些核苷酸和蛋白质的海量信息，并在作物遗传改良中加以应用仍是一个巨大的挑战。

4）具有完善的进行作物分子设计育种模拟研究的统计分析方法及相关软件

精确模拟复杂遗传模型和育种过程，评价基因效应、基因间的互作效应以及基因与环境间的互作效应是分子设计育种非常重要的一环。分子设计育种需要在计算机平台上对作物的生长、发育和对外界反应行为进行模拟和预测，这一过程需要精确的预测方法和模拟工具。预测方法和模拟工具包括：① 利用各种组学和遗传学理论，预测基因的功能和基因间的相互关系，预测从基因型到表型的生理生化途径；② 综合利用自交系系谱、分子标记连锁图谱和已知基因信息等遗传数据，并借助已测试杂交组合的表现来预测未测试杂交组合表现的方法，研制杂交种预测的育种工具，有效发掘未测试杂交组合中的优秀组合；③ 利用数量遗传和群体遗传学理论以及传统育种中积累的数据，预测亲本的配合力和杂种优势等。

QU-GENE 和 QuLine 软件的结合实现了在复杂的遗传模型下对纯系育种过程的模拟。

QU-GENE 是一个用于遗传模型定量分析的模拟平台，用于比较不同育种策略的有效性，对育种策略进行优化，以及对数量性状的混合遗传模型进行强有力的分析。它分为 2 个阶段：第一阶段是定义模拟试验中所有的遗传和环境因素并生成以种质为基础的群体；第二阶段是对第一阶段生成的初始群体的遗传和环境因素进行调查、分析和控制，寻找提高育种效率的途径和方法。

QuLine 调用 QU-GENE 输出的 2 个文件用于定义模拟过程中所需的基因和环境系统以及育种起始亲本群体，按照育种策略所指定的组合数配制杂交组合，按照种子繁殖方式产生育种后代材料，按照田间设计方案评价育种材料的表现，按照家系间和家系内选择信息选择后代材料，按照指定的世代递进方法产生下一世代的育种材料。

QuLine 结束一个育种周期的模拟后，把终选群体的各种遗传参数写入不同的输出文件，终选群体在不同育种性状上的表现可以用于遗传进度的计算，从而比较不同选择方法的育种效果。终选群体中的基因频率可以用于研究选择前后等位基因和群体遗传多样性的变化，每个世代中来自不同杂交组合的家系和单株数可以用于比较杂交组合的优劣。其他输出信息包括群体遗传、方差、家系选择史、基因固定和丢失等。这样用户可以根据不同的研究目的使用不同的输出信息。

在 QuLine 的基础上，杂交种选育模拟工具 QuHybrid 和标记辅助轮回选择模拟工具 QuMARS 也相继被开发。QuHybrid 可以模拟和优化杂交种育种策略，比较不同杂交种育种方案。QuMARS 将回答轮回选择与标记辅助选择的结合过程、标记的选择、轮回选择群体的大小、轮回选择周期等。通过这些模拟工具，可以预测符合特定环境的最佳基因型，优化育种方案，预测不同杂交组合的育种效果，使分子设计育种成为可能。

5）掌握可用于分子设计育种的种质资源与育种中间材料

选择合适的亲本配置杂交组合是作物育种成败的关键。因此，创制具有优异性状的育种材料是分子设计育种的基础。这些材料包括重要核心种质或骨干亲本及其衍生的重组自交系（RILs）、近等基因系（NILs）、加倍单倍体群体（DH）、染色体片段导入系（chromosome segment introgression Lines，CSSILs）或 CSSLs 群体等。核心种质以最小的资源数代表最大的遗传多样性，即保留尽可能小的群体和尽可能大的遗传多样性。骨干亲本则是当前作物育种中广泛使用并取得较好育种成效的育种材料，其中含有大量有利基因资源。发掘这 2 类材料中的遗传信息并建立其分子设计育种信息系统和链接，可以快速获取亲本携带的基因及其与环境互作的信息，为分子设计育种模型精确预测不同亲本杂交后代在不同生态环境下的表现提供信息支撑。NILs 和 CSSLs 与亲本比较仅存在少部分基因组区段上的差别，有利于分子设计育种过程中基因的导入，并减少不利基因的影响。

13.3.3 分子设计育种的理论基础

传统的育种是创造变异、选择变异和稳定变异的过程。其中杂交育种是基于基因重组的原理，通过杂交使分散在不同亲本中控制有利性状的基因重新组合在一起，实现有利基因的累加，并通过非等位基因之间的互补产生不同于双亲的新的优良性状，从后代中选出受微效多基因控制的某些数量性状超过亲本的个体，形成具有不同亲本优点的后代。育种家可供利用的亲本材料有几百甚至上千份，可供选择的杂交组合有上万甚至更多。由于试验规模的限制，一个育种项目所能配置的组合一般只有数百或上千，育种家每年花费大量的时间去选择。究竟选用哪些亲本材料进行杂交？杂交后代规模多大？杂交分离后代的选择强度多大？这些问题在传统作物育种中需要好好考虑。

传统育种中，对配制的杂交组合，一般要产生 2 000 个以上的分离后代群体，然后从中选择 1%～2% 的 F_2 代理想基因型，再进行进一步的自交和选择。育种早期选择一般建立在目测基础上，由于环境对性状的影响，选择到优良基因型的可能性极低。统计表明，在配制的杂交组合中，一般只有 1% 左右的组合有希望选出符合生产需求的品种。考虑到上述分离群体的规模，最终育种效率一般不到百万分之一。因此常规育种存在很大的盲目性和不可预测性，育种工作很大程度上依赖于经验和机遇。

与传统育种不同，分子设计育种是通过寻找控制作物重要目标性状的基因，研究这些基因在不同环境条件下的表达形式，聚合存在于不同材料中的有利基因，培育出适合不同农业生产需要的优良品种。分子设计育种能够有目的性地创造变异，并且更加快速地选择和固定变异。

分子设计育种理论的核心是建立主要育种性状的基因型-表型模型，即 GP 模型。它描述不同基因和基因型以及基因和环境间如何作用以最终产生不同性状的表型，从而可以鉴定出符合不同育种目标和生态条件需求的目标基因型。因此，GP 模型是分子设计育种的关键组成部分。GP 模型利用基因信息、核心种质和骨干亲本的遗传信息，结合不同作物的生物学特性及不同生态地区育种目标，对育种过程中各项指标进行模拟优化，预测不同亲本杂交后代产生理想基因型和育成优良品种的概率，大幅度提高作物育种效率。

13.3.4 分子设计育种程序

分子设计育种程序主要包括：① 育种元件的创制，即获得含有特殊基因或 QTL 的育种材料，包括含有明确基因或 QTL 的 CSSILs、CSSLs、RILs、转基因材料以及定向创制等位基因变异的育种材料。对分子设计育种元件的材料不仅要清楚性状的特异基因或 QTL，还要明确这些基因或 QTL 的等位基因效应、上位性效应以及与遗传背景和环境之间的互作等信息。② GP 模型设计。在充分认识含有关键基因和 QTL 育种元件的基础上，利用计算机软件进行从基因型到表现型模拟，根据不同育种元件的组配方案探讨育种元件间、育种元件和环境间的作用方式，预测选择最佳元件配置和最优品种的表现型。③ 分层次聚合杂交。根据对育种元件的了解和理想品种的计算机设计方案，逐步实施不同层次的分子聚合育种。第一步将控制同一性状的多个基因 /QTL 聚合；第二步利用第一步获得的育种元件，进行产量构成因素、品质构成因素或广适性因素的多个基因 /QTL 聚合；第三步在品种水平上将高产、优质和广适性育种元件聚合。

总之，作物分子设计育种是一个系统工程，要实现作物的分子设计育种，大幅度提高分子育种效率，必须在现有基础上通过整合资源，实现优势互补，进一步加强分子育种平台、人才队伍、技术开发和产业应用的体系化建设，实现上、中、下游的紧密结合，实现分子手段与常规育种的紧密结合。

思 考 题

1. 名词解释：基因文库、图位克隆、基因表达盒、重组载体、遗传转化、T-DNA、遗传标记、分子标记、RFLP、RAPD、SSR、AFLP、SNP、EST、MAS、分子设计育种。

2. 什么是转基因育种？它与常规育种相比有哪些优缺点？

3. 与常规育种相比，转基因作物育种的程序有何特点？

4. 为了使目的基因在转基因作物中有效表达，在构建作物表达载体时应考虑哪些因素？

5. 转基因育种中，导入外源目的基因的方法有哪些？各有何优缺点？

6. 获得转基因植株后，为什么要进行一系列的鉴定？有哪些方法？

7. 你怎样理解转基因作物的生物安全性问题？

8. 简述分子标记的类型、原理及其应用领域。

9. 说明 MAS 育种的条件、特点和方法。

10. 随着作物基因组信息的完善和分子生物学技术的发展，控制水稻营养品质的多个基因已被克隆，并且其调控途径也日益清晰。在当前情况下，如何利用分子设计育种改良水稻品质？请列举具体步骤。

11. 分子标记技术虽然有突飞猛进的发展，但仍存在缺点。试列举现在广泛应用的分子标记的主要问题，并分析以后分子标记的发展方向。

参 考 文 献

［1］ 方宣钧，吴为人，唐纪良 . 作物 DNA 标记辅助育种 . 北京 : 科学出版社，2001.

［2］ 郭世华 . 分子标记与小麦品质改良 . 北京 : 中国农业出版社，2006.

［3］ 国际农业生物技术应用服务组织 . 2017 年全球生物技术 / 转基因作物商业化发展态势 . 中国生物工程杂志，2018, 38(06): 1-8.

［4］ 哈弗德 N. 遗传工程作物 . 薛庆中译 . 北京 : 科学出版社，2008.

［5］ 侯丙凯，于慧敏，夏光敏 . 用于叶绿体遗传转化的表达载体 . 遗传，2002，24(1): 100-103.

［6］ 黎裕，王建康，邱丽娟，等 . 中国作物分子育种现状与发展前景 . 作物学报，2010, 36(9): 1425-1430.

［7］ 李永春，孟凡荣 . 提高转基因作物生物安全性的分子策略 . 中国生物工程杂志，2003，23(9): 30-33.

［8］ 林栖凤，李冠一，黄骏麒．植物分子育种．北京：科学出版社，2004．

［9］ 刘堰，欧阳克清，赵虎成，等．随机扩增多态性 DNA 技术在生命科学中的应用．重庆大学学报（自然科学版），2001，24(4)：114-117．

［10］ 骆蒙，贾继增．植物基因组表达序列标签（EST）计划研究进展．生物化学与生物物理进展，2001，28(4)：494-497．

［11］ 潘家驹．作物育种学总论．北京：中国农业出版社，1994．

［12］ 屈聪玲，贺榆婷，王瑞良，等．植物转基因技术的过去、现在和未来．山西农业科学，2017，45(8)：1376-1380，1383．

［13］ 沈圣泉，张仁华，舒庆尧．水稻常用的遗传转化技术及应用现状．中国农学通报，2001(1)：37-39．

［14］ 史艳红．烟草 TA29 基因启动子的克隆和序列分析．中国科学院遗传学研究所，1993．

［15］ 孙其信．作物育种学．北京：高等教育出版社，2011．

［16］ 万建民．作物分子设计育种，作物学报，2006，32(3)：455-462．

［17］ 王关林，方宏筠．植物基因工程原理与技术．北京：科学出版社，2016．

［18］ 王建康，Wolfgang H Pfeiffer．植物育种模拟的原理和应用．中国农业科学，2007，40(1)：1-12．

［19］ 王建康，李慧慧，张学才，等．中国作物分子设计育种．作物学报，2011，37(2)：191-201．

［20］ 王旭静，贾土荣．国内外转基因作物产业化的比较．生物工程学报，2008，24(4)：541-546．

［21］ 吴乃虎．基因工程原理（下册）．2 版．北京：科学出版社，2001．

［22］ 肖尊安．植物生物技术．北京：化学工业出版社，2005．

［23］ 忻雅，崔海瑞．植物表达序列标签（EST）标记及其应用研究进展．生物学通报，2004，39(8)：4-6．

［24］ 许惠滨，朱永生，连玲，等．水稻遗传转化方法研究与应用进展．福建稻麦科技，2017，35(4)：79-83．

［25］ 薛勇彪，王道文，段子渊．分子设计育种研究进展．科学发展，2007，22(6)：486-490．

［26］ 张天真．作物育种学总论．3 版．北京：中国农业出版社，2011．

［27］ 张天真．作物育种学总论．北京：中国农业出版社，2003．

［28］ 张永德，范光丽，雷初朝，等．朱鹮随机微卫星扩增多态 DNA（RMAPD）研究．遗传，2005，27(6)：915-918．

［29］ 赵静娟，郑怀国．植物分子育种领域发展态势分析．北京：中国农业科学技术出版社，2015．

［30］ 周延清．DNA 分子标记技术在植物研究中的应用．北京：化学工业出版社，2005．

［31］ Adams M, Kelley J, Gocayne J, et al. Complementary DNA sequencing: expressed sequence tags and human genome project. Science, 1991, 252(5013): 1651-1656.

［32］ Akopyanz N, Bukanov N O, Westblom T U, et al. DNA diversity among clinical isolates of\r, Helicobacter pylori\r, detected by PCR-based RAPD fingerprinting. Nucleic Acids Research, 1992, 20(19): 5137-5142.

［33］ Botstein D, White R L, Skolnick M, et al. Construction of a genetic-linkage map in man using restriction fragment length polymorphisms. American Journal of Human Genetics, 1980, 32(3): 314-331.

［34］ Chakrabarti S K., Lutz K A, Lertwiriyawong B., et al. Expression of the cry9Aa2 B.t. gene in tobacco chloroplasts confers resistance to potato tuber moth. Transgenic Research, 2006, 15(4): 481-488.

［35］ Christensen A H, Quail P H. Ubiquitin promoter-based vectors for high-level expression of selectable and/or screenable marker genes in monocotyledonous plants. Transgenic Research, 1996, 5(3): 213-218.

［36］ Dai Z, Lu Q, Luan X. Development of a platform for breeding by design of CMS restorer lines based on an SSSL library in rice (*Oryza sativa* L.). Breeding Science, 2016, 66(5): 768-775.

［37］ Dufourmantel N, Tissot G, Goutorbe F, et al.Generraton and analysis of soybean plastid transformants expressing Bacillus thuringiensis Cry1Ab protoxin. Plant Molecular Biology, 2005, 58(5): 659-668.

［38］ Fraley R T, Rogers S G, Horsch R B, et al. Expression of bacterial genes in plant cells//Proceedings of the National Academy of Sciences USA, 1983, 80(15): 4803-4807.

［39］ Grodzicker T, Williams J, Sharp P. Physical mapping of temperature-sensitive mutations of adenovirus. Cold Spring Harbor Symp Quant Biol, 1974, 34: 439-446.

［40］ Haley C S, Knott S A. A simple regression method for mapping quantitative trait loci in line crosses using flanking markers. Heredity, 1992, 69(4): 315-324.

［41］ Haley S D, Afanador L, Kelly J D. Identification and Application of a Random Amplified Polymorphic DNA Marker for the-I Gene (Potyvirus Resistance) in Common Bean. Phytopathology, 1994, 84(2): 157-160.

［42］ Hamada H, Kakunaga T. Potential Z-DNA forming sequences are highly dispersed in the human genome. Nature, 1982, 298(5872): 396-398.

［43］ Han F, Romagosa I, Ullrich S E, et al. Molecular marker-assisted selection for malting quality traits in barley. Molecular Breeding, 1997, 3(6): 427-437.

［44］ Horsch R B, Fry J E, Hoffmann N L, et al. A simple and general method for transferring genes into plants. Science, 1985, 227: 1229-1231.

［45］ Hou B K, Zhou Y H, Wan L H, et al. Chloroplast transformation in oilseed rape. Transgenic Research, 2003, 12(1): 111-114.

［46］ Huang J W, Chen J T, Yu W P, et al. Complete Structures of Three Rice Sucrose Synthase Isogenes and Differential Regulation of Their Expressions. Bioscience, Biotechnology, and Biochemistry, 1996, 60(2): 233-239.

［47］ Hudspeth R L, Grula J W, Dai Z Y, et al. Expression of Maize Phosphoenolpyruvate Carboxylase in Transgenic Tobacco1. Plant Physiology, 1992, 98: 458-464.

［48］ Jackson D A, Symons R H, Berg P. Biochemical method for inserting newgenetic information into DNA of Simian Virus 40: circular SV40 DNA molecules containing lambda phage genes and the galactose operon of Escherichia coli//Proceedings of the National Academy of Sciences USA, 1972, 69(10): 2904-2909.

［49］ Jauhar P. Modern biotechnology as an integral supplement to conventional plant breeding: the prospects and challenges. Crop Science, 2006, 46: 1841-1859

［50］ Kearsey M J, Hyne V. QTL analysis: a simple 'marker-regression' approach. Theoretical and Applied Genetics, 1994, 89(6): 698-702.

［51］ Klein T M, Wolf E D, Wu R, et al. High-velocity microprojectiles for delivering nucleic acids into living cells. Nature. 1987, 327: 70-73.

［52］ Kumar S, Dhingra A, Daniell H. Plastid expressed betaine aldehyde dehydrogenase gene in carrot cultured cells, roots and leaves confers enhanced salt tolerance. Plant Physiology, 2004, 136(1): 2843-2854.

［53］ Kuvshinov V, Koivu K, Kanerva A, et al . Molecular control of transgene escape from genetically modified plants. Plant Science, 2001, 160: 517-522.

［54］ Lander E. Mapping Mendelian factors underlying quantitative traits using RFLP linkage maps. Genetics, 1989, 121.

［55］ Lebreton C M, Visscher P M, Haley C S, et al. A nonparametric bootstrap method for testing close linkage vs. pleiotropy of coincident quantitative trait loci. Genetics, 1998, 150(2): 931-43.

［56］ Mackill D J, Bonman J M. Inheritance of blast resistance innear-isogenic lines of rice. Phytopathology,

1992, 82: 746-749.

［57］ McBride K E, Svab Z, Schaaf D F, et al. Amplification of a chimeric Bacillus gene in chloroplasts leads to an extraordinary level of an insecticidal protein in tobacco. Biotechnology, 1995, 13: 362-365.

［58］ Mcelroy D, Zhang W, Wu C R. Isolation of an Efficient Actin Promoter for Use in Rice Transformation. The Plant Cell, 1990, 2(2): 163-171.

［59］ Michelmore R W, Kesseli I P V. Identification of Markers Linked to Disease-Resistance Genes by Bulked Segregant Analysis: A Rapid Method to Detect Markers in Specific Genomic Regions by Using Segregating Populations. Proceedings of the National Academy of Sciences, 1991, 88(21): 9828-9832.

［60］ Moose S, Mumm R. Molecular plant breeding as the foundation for 21st century crop improvement. Plant Physiology, 2008, 147: 969-977

［61］ Nakamura Y, Leppert M, O'Connell P, et al. Variable number of tandem repeat (VNTR) markers for human gene mapping. Science, 1987, 235(4796): 1616-1622.

［62］ Odell J T, Nagy F, Chua N H. Identification of DNA sequences required for activity of the cauliflower mosaic virus 35S promoter. Nature, 1985, 313(6005): 810-812.

［63］ Paran I, Michelmore R W. Development of reliable PCR-based markers linked to downy mildew resistance genes in lettuce. Theoretical and Applied Genetics, 1993, 85(8): 985-993.

［64］ Peleman J, Voort J. Breeding by design. Trends in Plant Science, 2003, 8: 330-334.

［65］ Ribaut J M, Hoisington D A. Marker-assisted selection: new tools and strategies. Trends in Plant Science, 1998, 3(6): 236-239.

［66］ Ribaut J M, Javier Betrán. Single large-scale marker-assisted selection (SLS-MAS). Molecular Breeding, 1999, 5(6): 531-541.

［67］ Shen L, Courtois B, Mcnally K L, et al. Evaluation of near-isogenic lines of rice introgressed with QTLs for root depth through marker-aided selection. Theoretical and Applied Genetics, 2001, 103(1): 75-83.

［68］ Singh S, Sidhu J S, Huang N, et al. Pyramiding three bacterial blight resistance genes (*xa5*, *xa13* and *Xa21*) using marker-assisted selection into indica rice cultivar PR106. Theoretical and Applied Genetics, 2001, 102(6-7): 1011-1015.

［69］ Talbert L E, Blake N K, Chee P W, et al. Evaluation of "sequence-tagged-site" PCR products as molecular markers in wheat. Theoretical and Applied Genetics, 1994, 87(7):789-794.

［70］ Tanksley S D, Nelson J C. Advanced backcross QTL analysis: a method for the simultaneous discovery and transfer of valuable QTLs from unadapted germplasm into elite breeding lines. Theoretical and Applied Genetics, 1996, 92(2): 191-203.

［71］ Vaeck M, Reynaerts A, Hofte H, et al. Transgenic plants protected from insect attack. Nature, 1987, 328(6125): 33-37.

［72］ Visscher P M, Thompson R, Haley C S. Confidence Intervals in QTL Mapping by Bootstrapping. Genetics, 1996, 143(2): 1013-1020.

［73］ Vos P, Kuiper M. AFLP analysis, in DNA markers: protocols, applications, and overviews//Caetano-Anollés G. Gresshoff P M. 1997: 115-131.

［74］ Walker D, Boerma H R, All J, et al. Combiningcry1Acwith QTL alleles from PI 229358 to improve soybean resistance to lepidopteran pests. Molecular Breeding, 2002, 9(1): 43-51.

［75］ Wang J, Wan X, Li H, et al. Application of identified QTL-marker associations in rice quality improvement through a design breeding approach. Theoretical and Applied Genetics, 2007, 115: 87-100.

［76］ Wang Y, Xue Y, Li J. Towards molecular breeding and improvement of rice in China. Trends in Plant Science, 2005, 10: 610-614.

［77］ Welsh J, McClelland M. Fingerprinting genomes Using PCR with arbitrary primers. Nucleic Acids Research, 1990, 18: 7213-7218.

［78］ Williams J G K , Kubelik A R , Livak K J , et al. DNA polymorphisms amplified by arbitrary primers are useful as genetic markers. Nucleic Acids Research, 1990, 18(22): 6531-6535.

［79］ Wu K S, Jones R, Danncherger L, et al. Detection of microsatellite polymorphisms without cloning. Nucleic Acids Research, 1994, 22(15): 3527-3528.

［80］ Yoshimura S, Yoshimura A, Iwatta N, et al. Tagging and combining bacterial blight resistance genes in rice using RAPD and RFLP markers. Molecular Breeding, 1995, 1(4): 375-387.

［81］ Yousef G G, Juvik J A. Comparison of Phenotypic and Marker-Assisted Selection for Quantitative Traits in Sweet Corn. Crop Science, 2001, 41(3): 645-655.

［82］ Zabeau M, Vos P. Selective restriction fragment amplification: a general method for DNA fingerprinting. EP Patent, 1993, 0534858: B2.

［83］ Zeng D, Tian Z, Rao Y, et al. Rational design of high-yield and superior-quality rice. Nature Plants, 2017, 3: 17031

［84］ Zhou G Y, Weng J, Zeng Y S, et al. Introduction of exogenous DNA into cotton embryos. Methods in Enzymology, 1983, 101: 433-481.

［85］ Zhou H L, He S J, Cao Y R, et al. OsGLU1, A Putative Membrane-bound Endo-1, 4-ß-D-glucanase from Rice, Affects Plant Internode Elongation. Plant Molecular Biology, 2006, 60(1): 137-151.

［86］ Zietkiewicz E, Rafalski A, Labuda D . Genome Fingerprinting by Simple Sequence Repeat (SSR)-Anchored Polymerase Chain Reaction Amplification. Genomics, 1994, 20(2): 0-183.

第14章 群体改良

14.1 群体改良的概念和意义

14.1.1 群体改良的概念

作物群体改良（population improvement）是指对变异群体进行周期性选择和重组来逐渐提高群体中有利基因和基因型的频率，以改进群体综合表现的一种育种体系。轮回选择（recurrent selection）是作物群体改良常用方法之一。它是通过循环式多次交替进行"选择—互交"的程序，改进作物变异群体的遗传构成，提高群体中有利基因频率的育种方法。

轮回选择最早从玉米开始，1919年Hayes和Garber、1920年East和Jones分别提出类似轮回选择的设想。1940年Jenkins首次报道了玉米自交系一般配合力的选择效果。但"轮回选择"一词是Hull于1945年首次使用的。后经逐步完善，成为玉米育种中的常用方法。其后逐渐扩大到自花授粉作物和常异花授粉作物，如小麦、大豆、牧草、棉花和高粱等。

群体改良的具体途径因作物种类、作物的繁殖方式以及育种的要求而不同，除最常用的轮回选择以外，还有作物雄性不育性的利用和不同变异类型群体的形成等。

14.1.2 群体改良的意义

群体改良不仅能创造新的种质资源，且能选育供生产使用的优良综合种。因此，群体改良对提高作物育种水平具有重要的意义。

1）创造新的种质资源

作物育种成效在很大程度上依赖于群体中性状遗传变异的丰富程度以及群体中优良基因的频率，但在自花授粉作物或常异花授粉作物品种选育和异花授粉作物的自交系选育中，育种者常依据育种目标从杂交群体中选择和利用适合的材料，使其成为新品系或品种，至于原始群体的变化如何，一般不再考虑。这样，常因选择的范围过窄，使许多有利基因流失，导致原始杂交群体的遗传基础日渐狭窄。

随着育种目标的多样化以及育种效率有待提高，人们逐渐注意到原始群体改良的重要性。利用群体改良的方法，将不同种质的优点结合，合成或创造出新的种质群体，打破不利基因与有利基因的连锁，期望增加群体中有利基因的频率，扩大其变异范围，使其具有丰富的遗传基础，以便从改良的群体中能够不断地分离出优良基因型。而群体本身仍能保持一定的遗传变异范围，并不断充实和改进，供人们继续选择和利用，育种工作得以持续不断地进行。杂种群体则常选常新，成为日益充实、永不耗竭的种质库。

美国爱荷华州立大学采用群体改良的方法合成并改良了一个世界著名的玉米坚秆综合种（BSSS），并从中选育了在美国玉米生产上广泛应用的自交系 B73。以后随着群体改良的进展，又选育了优良自交系 B79、B84 和 B85 等。玉米自交系选育效率的提高，丰富了玉米种质类型，使玉米育种水平得到了提升（图 14-1、图 14-2）。

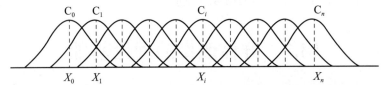

C_0指原始群体；C_1指经过1轮轮回选择后的改良群体……C_n指经过n轮轮回选择后的改良群体；X_0指原始群体数量性状的平均值；X_1指经过1轮轮回选择后的改良群体数量性状的平均值……X_n为经过n轮轮回选择后的改良群体数量性状的平均值。

图 14-1　群体平均数随着改良轮回次数的增加而增加

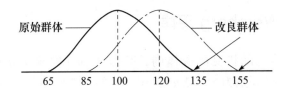

图 14-2　原始群体和改良群体单交种产量的理论分布

2）选育综合品种

通过轮回选择，可对合成群体进行性状的遗传改良，从改良的群体中选育优良的综合品种用于生产。20 世纪 90 年代以前，CIMMYT 所进行的玉米群体改良工作，其任务之一就是把改良群体提供给热带、亚热带的第三世界国家种植。该中心提供的玉米改良群体'墨白 1 号'和'墨白 94 号'曾在我国广西、云南和贵州等省（自治区）推广种植，年种植面积最大时达 6.67×10^4 hm^2 以上。20 世纪 70 年代，中国农业科学院作物所李竞雄教授等采用一母多父方法合成的玉米综合种——'中综 2 号'及其改良群体，在广西大面积种植。20 世纪 70—80 年代，四川农业大学合成的综合品种及其改良群体在四川山区的马边等县进行试种。在其他异花授粉作物及自花授粉作物中，也可利用群体改良的方法选育优良综合种。

3）改良种质的适应性

从外国或者本国其他地区引进的种质材料一般不适应当地的生态、生产条件，但它们往往具有地方种质不具有的或特异的优良基因。因此，可经过改良使其适应当地的生态环境和生产条件，成为新的种质。美国玉米育种家对来自玉米遗传多样性中心的不适应当地环境条件的种质材料通过选择，改良了外来种质的适应性。美国育种家还成功改良了来自南美哥伦比亚玉米复合种'ETO'的适应性。我国玉米遗传育种学家对来自泰国的优良热带群体'Suwan-1'进行了适应性改良，并成功应用。中国农业科学院作物栽培研究所张世煌引进 CIMMYT 优良群体，进行从南到北的梯级、渐进改良驯化，克服热带玉米优良种质群体由于光周期反应所带来的晚熟、植株高大、雌雄不协调等不适应特性。CIMMYT 优良群体'墨白 962'，经过从广西、四川到河南等地 5 年的驯化改良，在北京基本能够正常生长。

理论上，当育种目标涉及很多基因时，只要群体能够无限扩大，有可能在一个世代中就选到具有所期望性状的基因型。但群体的大小毕竟有限，只能逐代改良，不断积聚有利基因和淘汰不利基因，才能达到所期望的目标。

14.2　群体改良的理论基础

遗传学上的群体指的是该群体内个体间随机交配形成的遗传平衡群体。根据群体遗传学的理论，一个容量足够大的随机交配群体，其基因频率和基因型频率的变化遵从 Hardy-Weinberg 定律。

14.2.1　Hardy-Weinberg 定律

假如在一个二倍体的随机交配群体内，基因 A 和 a 的频率分别为 p 和 q，则基因型 AA、Aa 和 aa 的频率分别为 p^2、$2pq$ 和 q^2。只要这 3 种基因型个体间进行完全随机交配，子代的基因频率和基因型频率保持与亲代完全一致。即在一个完全随机交配的群体内，如果没有其他因素（如选择、突变和遗传漂移等）干扰时，则基因频率和基因型频率保持恒定，各世代不变。这即是"Hardy-Weinberg 定律"，又称"基因平衡定律"。实际上，由于群体的数量有限，环境的变化、人们对群体施加的选择以及突变或遗传漂移等因素的作用，常常会不断打破群体的这种平衡。因此，自然界中群体的基本进化过程就是由于外界环境的影响，不断打破群体的遗传平衡。群体改良和作物育种的实质就是要不断打破群体基因和基因型的平衡，不断地提高被改良群体内人类所需基因和基因型的频率。

14.2.2　选择对群体基因频率和基因型频率的影响

从育种的角度来看，选择和基因重组是群体基因频率和基因型频率改变的主要因素和动力。作物的许多经济性状如产量等都是数量性状，都具有复杂的遗传基础，由大量彼此相互联系、相互制约、作用性质和方向彼此相同或相异的多个基因共同作用的结果。性状遗传基础的复杂性就意味着性状重组的潜在丰富性和巨大的可选择性。将不同种质具有的潜在有利基因充分聚合和集中，这就是作物育种家所追求的目标。

从生物进化的观点来看，一般认为有利基因是显性基因。但从作物育种上，并不排除隐性有利基因的存在。即便是有利基因都为显性基因，要获得许多显性基因都是纯合的个体也十分困难。根据遗传学的原理，显性纯合个体在一个随机交配群体中出现的频率为（1/4）^{n}，这里的 n 为控制目标性状的基因数目。目标性状若受 1 对基因控制，显性纯合个体在自由交配群体中出现的频率为 1/4，即（1/4）^{1}；2 对基因控制的目标性状，显性纯合个体在随机交配群体中出现的频率为 1/16，即（1/4）^{2}。众所周知，育种目标所要求的经济性状、农艺性状和品质性状，绝大多数是受多基因控制的数量性状。因此，要获得多基因控制性状的纯合体，就更为困难了。假如作物产量受 20 个位点基因控制（实际上控制数量性状的基因位点可能远远不止 20 个），那么在育种基础群体中优良基因频率较低，如低于 0.5 时，从理论上讲，要出现在 20 个位点的基因都是纯合的个体，对玉米来说就至少要求种植约 36 450 000 hm^2 面积的群体。而且，由于还受基因连锁的限制，实际种植的面积还要大得多才能达此目的。所以，试图通过扩大群体种植面积，增加群体数量来增加显性个体出现的频率，对育种者而言，实际上是行不通的。然而在同样前提下，当基础群体的优良基因频率由原来的 0.5 上升到 0.9 时，则群体每 1 000 株中将会有 15 株合乎要求的显性纯合个体出现。由此可见，通过选择打破群体的遗传平衡，提高群体优良基因的频率，以及通过基因重组打破群体有利基因与不利基因间的连锁，增加群体有利基因型出现的频率是提高群体中显性纯合个体出现频率的关键。因此，群体改良的原理是利用群体进化的法则，通过异源种质的合成、自由交配和鉴定选择等一系列育种手段和方法，促使基因重组，不断打破优良基因与不良基因的连锁，从而提高群体优良基因的频率，增大后代中出现优良基因重组体的可能性。因而，通过作物群体改良，可以提高育种效率和育种水平。

14.3　群体改良的轮回选择方法

14.3.1　群体改良的轮回选择模式及作用

14.3.1.1　轮回选择的基本模式

杂种群体形成以后，轮回选择是对它作进一步改进的有效方法。广义的轮回选择包括凡是能够提高作物群体中的有利基因频率的任何周期性选择方法，即任何循环式的选择、杂交、再选择、再杂交，将所需要的基因集中起来的育种方案。轮回选择的具体方法因作物种类和需要改良的性状不同而异，但其基本模式如图 14-3 所示。

每一轮回包括 3 个阶段：产生杂交后代，形成一个原始杂种群体；从原始群体中选择具有目标性状的优良个体；当选个体进行互交、重组，形成一个新的群体，则完成一个轮回。如此循环进行，直至群体的目标性状达到预期的水平。

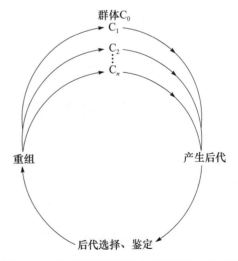

图 14-3　轮回选择模式图（参照蔡旭，1988）

开始时所用的原始群体称为基础群体或 0 群体，简称 C_0；第 1 个选择周期完成后所形成的群体称为周期 1 群体，简称 C_1；第 2 个选择周期所形成的群体，称为周期 2 群体，简称 C_2；依此类推，直到形成 C_n。

经过轮回选择改良的群体，可从中选择优良个体，培育自交系或者纯系品种，或作为杂交育种的亲本。如果改良群体符合生产的要求，也可作为一个栽培品种直接用于生产。

14.1.3.2 轮回选择的作用

轮回选择的作用主要有以下几个方面：

（1）提高群体内数量性状有利基因频率

轮回选择法通过一轮又一轮地进行优良个体间的互交、选择和鉴定，可将分别存在于群体内不同个体、不同位点上的有利基因逐渐积聚起来，从而提高群体内优良基因的频率，提高群体的平均表现水平，并增加选择优良个体的机会。

（2）打破优良基因与不良基因的连锁，增加优良基因的重组

轮回选择为适度的近亲繁殖，使群体中的个体缓慢地接近纯合状态，而且多次互交能有效地打破优良基因与不良基因的连锁，增加优良基因间重组的机率，有利于优良重组类型的出现和选择。

（3）不断改良群体，并保持群体较高的遗传变异水平，增加群体适应性

轮回选择一方面可以提高有利基因的频率，使群体表现水平不断得到改良；另一方面，可同时保持较高的遗传异质性，有利于提高育成品种的丰产潜力和适应性。应该注意到，由于有时选育目标的单一化，可能会缩小自交系或纯系的遗传差距。为解决这一问题，可创造若干个具有较大遗传差别的优良综合基础群体，用轮回选择法加以改良，并从中分离选择优良个体，产生不同遗传背景的自交系或纯系。

（4）既可满足近期育种的需要，又可为育种工作的长期发展奠定基础

从育种策略来看，作物育种家既要考虑培育出近期内能推广应用的品种，又要兼顾中期和长期的目标，创造出供育种用的优良种质，使育种工作持续不断地发展。轮回选择可兼顾两方面的需要，把近期和中长期的育种目标结合起来。

14.3.2 轮回选择的程序

14.3.2.1 基础群体的建立

基础群体的遗传基础要丰富多样，符合育种的要求。遗传基础狭窄的材料因不利于发生基因的分离和重组，不适于轮回选择。因此，制定作物群体改良的育种方案必须有助于选择和基因重组。一方面有计划地利用外来血缘或野生血缘的有利基因资源合成基础群体，另一方面也可利用自然授粉品种或其他品种群体作为遗传改良的基础群体。

14.3.2.2 品种基础群体

像玉米这一类异花授粉作物可以选择以下品种作为群体改良的基础群体。

（1）开放授粉品种

开放授粉品种（open-pollinated variety）包括地方品种和外来品种。地方品种具有对当地生态环境最大的适应性，是十分重要的和必不可少的育种资源材料，也是群体改良的重要基础材料。但地方品种受制于历史上长期较低栽培水平的影响，存在着丰产性较差的局限性。

外来品种是指来自国内外其他地区的一类品种群体。这些品种代表着适应特殊区域的一系列品种类型。来自国外的品种群体，特别是来自不同纬度地区的品种，一般不适应本地的生态条件，故一些人将其称为非适应型。这类品种群体的最大特点是来源广泛，遗传变异丰富，常常具有地方品种不具有的优良特性。因此，它们在丰富作物种质的遗传基础，增加遗传异质性，输入优良特异基因等方面，均具有十分重要的意义。中国农业科学院作物栽培研究所张世煌从 CIMMYT 引进了 20 多个玉米群体，以期扩增我国的玉米种质基础，克服遗传基础狭窄和遗传脆弱性带来的我国玉米育种水平长期徘徊不前的问题，进而促进我国玉米育种水平的持续不断提高。

综上所述，地方品种和外来品种均具有各自的优良特性，但又各有其较明显的缺点。所以，直接利用它们作为群体改良的基础材料，显然存在不足之处，特别是在育种水平已经大大提高的今天，这种不足更为突出。Lonquist 等早在 1974 年就提出应用具有不同特性的品种杂交后代作为群体改良的基础群体，其效果将优于单个品种群体。

（2）复合品种

复合品种（composite variety）简称复合种。它是一种利用多个各具特点的优良品系（或自交系）采用复合杂交的方法有计划地组配成的杂交种。其遗传基础较为丰富，群体的综合性状也较为优良，经过几次自由授粉后，可用作遗传改良的基础群体。现在 CIMMYT 向世界各国发放的群体大都属于该类群体。该类群体适宜作为中期育种工作的基础群体或中间群体。

（3）综合品种

综合品种（synthesis variety）又称综合种。它是育种家按照一定的育种目标，选用优良的品系，根据一定的遗传交配方案有计划地人工合成的群体。综合品种具有丰富的遗传变异，群体内包含有育种目标所希望的优良基因，综合性状优良，平均数高，是进行遗传改良的理想群体。目前国内外育种学家大都利用这类材料作为遗传改良的基础群体。四川农业大学玉米研究所荣廷昭等在 20 世纪 80 年代的中后期，根据四川玉米育种的要求，人工合成了"玉米育种用群体"，应用三重测交遗传交配设计（triple test cross design）探测群体性状遗传模型，估计遗传效应，制定群体遗传改良的方案，选育优良自交系和选配优良杂交组合，实现了玉米群体合成、性状遗传结构的探测、群体遗传改良与自交系、杂交种选育同步进行的玉米育种新方法。

14.3.2.3　合成基础群体

合成基础群体是指利用基础材料合成的新种质群体。在构建合成基础群体时，应特别注意以下几个方面的问题：

（1）亲本性状的表现和亲本间的亲缘关系

杂种群体是通过轮回选择而对其性状加以改进，故一方面选择培育群体的亲本自身性状必须优良，类型多样、丰富，以利于群体中优良基因的积累和形成广泛的遗传变异；另一方面，亲本的亲缘关系应远一些，以便能使改良群体获得最大的遗传异质性。但这两者可能互有矛盾，难以一并实现。

（2）基础群体的亲本组成数目

组成基础群体的亲本不能太少，原则上是亲本材料数目越多越好。基础群体中所存在的不同相对基因的概率，随着亲本数目和亲本遗传变异度的增加而递增。有效的轮回选择首先要使基础群体中的重要性状表现高度的遗传异质性。

（3）培育基础群体互交的世代数

每互交一代都将改进来自亲本的基因重组。期望基因间的多次重组，打破有利基因与不利基因的连锁，导致新的基因型出现，需要花更多的时间和材料。因而，互交代数须视实际需要和情况而定。

（4）基础群体的组配方式

基础群体的合成，常用"一父多母"或"一母多父"的授粉法，也可将入选基本材料各取等量种子混合均匀后，在隔离区播种，进行自由授粉合成。但最好用轮交法，即首先组配组合，经比较试验后，再选优进行综合，以利于集中最优良的基因或基因型。如美国有名的种质群体坚秆综合种（BSSS），就是利用 16 个自交系通过双列杂交合成的。另外，用本地品种和外来品种人工合成新的种质群体也较为适宜，因为用这种组合方式合成的种质群体，能把地方品种的适应性和外来品种的特异性有机地结合起来。因而，这样的种质群体也就更符合育种目标的要求。

自花授粉作物或常异花授粉作物的群体合成，应导入雄性核不育基因，建立异交群体。获得异交群体的方法是：首先用杂交、回交法把隐性雄性核不育基因导入包括在群体中的每个品系，然后再把回交获得的品系的种子等量混合在隔离区种植。于是分离产生的雄性不育株将大量随机地接受来自混合群体内雄性可育株的花粉。由于只收获雄性不育株的种子，因此高水平的隐性雄性不育特性继续保留在群体中。

14.3.3　轮回选择方法

作物的轮回选择可分为群体内改良的轮回选择和群体间改良的轮回选择。选择和互交在一个群体内进行的称群体内轮回选择，选择和互交在两个群体间同时进行的称群体间轮回选择。群体间轮回选择可同时改进两个群体，当它们相互杂交时，能表现高度的杂种优势。两大类别按选择方法、交配方式和测验种类型等又分为多种类型。现举几种方法说明如下。

14.3.3.1　群体内改良的轮回选择

1）表现型（混合）选择法

在异花授粉作物中，常根据单株表现型进行周期性选择，称为表现型轮回选择（phenotypic recurrent selection）或混合选择（mixed bulk selection）。原始的表现型轮回选择，是在田间根据目测鉴定，收获优良果穗，混合播种（二维码 14-1）。其特点是时间短、费用低、简单易行。但不易排除环境的影响和有效淘汰不良基因型。因此，育种家又提出了改良混合选择法，即先进行单株选择，下一季用半分法种成穗行进行比较，然后根据穗行比较结果，将表现优良穗行的预留

二维码 14-1　表现型轮回选择程序（一轮）

种子进行混合繁殖，形成新的改良基础群体（二维码 14-2）。该方法的选择效果较一般混合选择好，在一定程度上排除了环境的影响。

二维码 14-2　改良混合选择法轮回选择程序（一轮）

混合选择法适用于一些简单遗传性状或主要受加性基因控制的性状，如抽丝期、穗行数和株高等，但对多基因控制的性状如产量的改良效果不太明显，且还常常伴随其他农艺性状（如株高、穗位等）的不利变化。

2）改良穗行选择法

Lonnquist（1964）提出了改良穗行选择法（modified ear-row selection）。具体作法是：从被改良的基础群体中，根据改良目标，按表现型选择 250 个优株（即 250 穗），入选优株单穗脱粒后保存。下一季，将其种子一分为三，分别播种在 3 个生态条件不同的地点，其中 1 个试点应在隔离区内进行，另外两个试点则不需要隔离条件。隔离区内按穗行法种植，即每穗播一行，每行就是一个家系。一般是种 4 个穗行母本，再种 1 行父本。父本种子由入选的 250 个优穗各取等量种子均匀混合而成。像通常玉米制种一样，母本全部去雄，父本行则去掉劣株的雄穗。另外两个不需要隔离条件的试验地，主要目的在于对各入选家系进行异地鉴定。因此，仅按穗行种植，不再种植父本，但播种期应比隔离区早，以便为隔离区内优系的选择提供依据。另外，3 个试验点均最好能重复 1 次，并在一定穗行间设置对照（用原始群体作对照），以便减少试验误差和有利于进行比较。乳熟期进行预选，成熟后，结合异地鉴定结果，定选 20% 的最优穗行，并从每个入选行中选择 5 个最优株（5 穗）留种。入选穗行仍按单穗脱粒，第 3 季仍按上述方法种植，进行下一轮回的选择（二维码 14-3）。因此，这种选择方法，一个生长季就是一个选择周期，加上进行了异地鉴定、设置重复和对照等田间试验手段，并且又是在隔离区内实行母本去雄、父本劣株去雄的条件下进行重组，因而可在一定程度上控制基因型与环境互作，减少环境及不良基因型的影响。所以，选择效果优于混合选择。据国外对玉米品种海斯金黄进行改良穗行选择 10 个轮回的试验结果，其产量每年的增益为 5.3%。

二维码 14-3　改良穗行选择法轮回选择程序（一轮）

综上所述，改良穗行选择法的显著特点是把鉴定、选择、重组和控制授粉有机地结合起来，因而需时短、见效快。所以这种群体改良方法，一度为 CIMMYT 及国内大多数玉米育种单位广泛采用。

二维码 14-4　S_1 选择法轮回选择程序（一轮）

3）自交后代选择法

这是一种根据 S_1 或 S_2 自身的表现为依据的群体改良方法。S_1 选择（S_1 progeny recurrent selection）的具体作法是：在被改良的基础群体内，按改良目标，根据表现型选优株自交 200 株以上，自交穗单穗脱粒保存。下一季，用半分法将 S_1 种子按穗行种植，为减少试验误差，可设置重复。生育期中进行观察记载，乳熟期进行预选，成熟时目测定选 10% 左右的优良 S_1 家系。第 3 季将入选优良 S_1 家系的预留种子各取等量均匀混合后，在隔离区播种，实行自由授粉，促进基因重组，完成第一轮回的改良。用同样的方法进行以后各轮次的改良（二维码 14-4）。S_2 选择（S_2 progeny recurrent selection）是在 S_1 的基础上，继续选优株自交以获得 S_2 家系，然后按穗行种植并进行 S_2 家系的鉴定和选择。同样选留 10% 左右的最优良 S_2 家系，从预留种子中各取等量相应的入选 S_2 家系的种子均匀混合后，在隔离区播种，实行自由授粉，进行基因重组，完成第一轮回的改良。S_2 选择是在继续分离的家系中进行的，比 S_1 选择又多了一次表型选择和重组（二维码 14-5）。

二维码 14-5　S_2 选择法轮回选择程序（一轮）

由于 S_1 或 S_2 选择主要根据表型表现进行，因此，对加性基因控制的性状改良效果较好。S_2 选择较 S_1 选择更有利于隐性有利基因的选择改良。由于自交后代选择可以在 S_0、S_1 和 S_2 进行多次、多个性状的选择和进行多次基因重组，故选择效果好。其缺点是完成一轮改良所需时间较长，费用较高。

4）半同胞轮回选择法

与表型轮回选择法不同，半同胞轮回选择法（half-sib recurrent selection）不是根据个体的表现型进行鉴定，而是应用群体的半同胞后代，对个体进行测交鉴定。这一方法不仅适用于玉米，也适用于其他异花授粉作物。

第 1 季，根据预定的遗传改良目标，在被改良的基础群体中，选择 100 株以上的优株自交（S_0），同时用每个自交株的花粉分别给测验种授粉，成熟后以果穗为单位分收自交果穗，以测交组合为单位分收测交果穗（测验种 × S_0），得到同等份数的自交种子和测交种子，并成对编号保存。由于这些测交种都是一母多父的半同胞关系，因此称这种选择为半同胞轮回选择。

二维码 14-6　半同胞轮回选择法模式图（一轮）

第 2 季，将上季自交果穗在室内保存。对各个测交种进行产量比较试验，根据测交组合测定的结果，评选出约 10% 的优良组合。

第 3 季，将上季室内保存的当选测交组合相应的父本自交种子等量均匀播种在一个隔离区内，让其随机交配和基因重组，形成第一轮回的改良群体。根据需要还可用同法进行若干轮回的选择（二维码 14-6）。

测验种的选择取决于育种方案及基因作用类型。测验种可为遗传基础比较复杂的品种、双交种、综合品种或复合品种，也可为遗传基础比较简单的单交种、自交系或纯合品系。国外研究表明，用遗传基础比较复杂的材料作测验种，主要是为了改良群体的一般配合力（GCA）。例如，从坚秆综合种 BSSS 第 5 轮和第 6 轮改良群体中选育出的玉米自交系'B73'和'B78'的一般配合力，就显著高于从坚秆综合种原始群体中选育出的自交系'B14'和'B37'。而用遗传基础比较简单或纯合的材料作测验种，则主要改良群体的特殊配合力（SCA）。若在同一轮次或不同轮次的改良中使用不同的自交系作为测验种，则可以同时改良群体的 GCA 和 SCA。此外，如用生产上常用的优良自交系作测验种进行遗传改良，则可将群体改良与自交系、杂交种选育结合起来，从而加快育种的进程，提高育种效率。四川农业大学荣廷昭等利用当时生产上最常用的优良自交系'自 330'与自育优良自交系'合二'，以及其杂交组合作为群体改良的 3 个测验种，很好地实现了群体性状遗传结构的检测、群体遗传改良与自交系、杂交种选育的紧密结合。

5）全同胞轮回选择法

全同胞轮回选择法（full-sib recurrent selection）是一种同时对群体的双亲进行改良的轮回选择方法。具体作法是：

第 1 季，在被改良群体中，选择 200 株以上的优良植株进行成对杂交（即 $S_0 \times S_0$），配成百余个 $S_0 \times S_0$ 组合，成熟后分收各杂交组合的种子。因为每个组合都是同父同母的同胞关系，所以称这种选择方法为全同胞轮回选择法。

第 2 季，利用半分法，将每个 $S_0 \times S_0$ 组合的种子分为 2 部分：一部分种下作产量比较试验，并用原始群体作对照；另一部分在室内保存。从比较试验中选出约 10% 的最佳组合。

第 3 季，将当选的优良成对杂交组合预留种子取等量均匀混合后于隔离区播种，任其自由授粉、重组，形成第一轮回改良群体 C_1（二维码 14-7）。按同样方式，可进行以后各个轮回的选择。

二维码 14-7　全同胞轮回选择法模式图（一轮）

由于全同胞轮回选择在成对杂交时已将优株的基因重组 1 次，所以在一个轮次的改良中，优良基因进行了 2 次重组。Moll 等（1971）报道，在某些群体中，全同胞轮回选择的改良效果优于半同胞轮回选择和交互轮回选择。四川农业大学（1978, 1990）对玉米群体改良效果的研究也表明，如以选择周期计算效益，全同胞轮回选择对群体自身产量的改良效果以及对群体多数经济性状一般配合力和特殊配合力的改良效果也明显优于混合选择。显然，全同胞轮回选择对群体的一般配合力和特殊配合力的改良都是有效的。在玉米群体改良中，Hallauer 和 Berhart（1970）曾提出利用多穗植株产生全同胞家系，即每个植株的一个果穗用于产生全同胞家系，另一果穗自交，用于重组形成下一轮回群体。根据需要可用同法继续进行若干轮回选择（二维码 14-8）。这样便有可能集合更多的优良基因，并打破不利基因间的连锁，增加优良基因重组的机会。

二维码 14-8　多穗植株产生全同胞家系的轮回选择法模式图

6）双列选择交配体系法

双列选择交配体系法（diallel selective mating system，简称 DSM 体系）是 Jensen（1970）为自花授粉作物育种设计的，是创造遗传变异与选择并进的一种综合育种方法（图 14-4）。

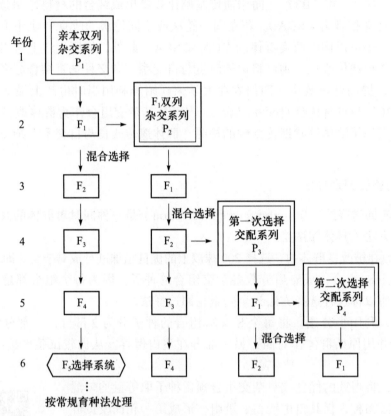

图 14-4　自花授粉作物双列选择交配体系法示意图（参考蔡旭，1988）

DSM 体系的方法要点是：首先根据育种目标建立几个基本适应当地生态条件的育种群体，各群体分别具有育种目标中的某些特性，再从各群体中选择亲本系统（P_1）进行双列杂交，所得的各 F_1 可用于：① 经混合选择产生 F_2 群体（图 14-4 第 1 列 F_2）。② 各 F_1 组合间进行多亲本双列杂交或聚合杂交（图 14-4 第 2 列 P_2）。③ 各 F_1 双列杂交或聚合杂交组合的 F_1 自交，进行混合选择，一部分作为第一次选择交配系列的亲本（图 14-4 第 3 列 P_3），其余种植 F_2 群体，并自交产生 F_3 群体。④ 第一次选择交配，即混选 F_2 株互交所得的 F_1，可以自交进行混合选择产生 F_2 群体。有的可进行选株作为第二次选择交配系列的亲本（图 14-4 第 4 列 P_4），而有的可与本交配体系原始亲本以外的品种杂交。Jensen 于 1978 年对其所提出的这种方法，从其客观根据、早代处理方法和选择交配方法等方面又作了进一步论述，并提供了一些试验资料。总之，双列选择交配法是把育种过程的两个阶段——创造遗传变异与选择结合起来的周期连续性的轮回选择法。在应用常规育种方法的同时，可通过选择基因型间的互交以增加基因重组的机会，而且在任何时期均可将新的种质引入育种群体，使遗传变异不断丰富和发展，为选择提供了充分的条件和机会，在任何时期均可选拔出新品种。所以 DSM 体系可以同时适应短期和中长期的育种需要，能使育种工作持续发展，不断提高。

自花授粉作物应用 DSM 体系存在一定困难，因为不容易配制大量杂交组合。Jensen 建议采用两种技术措施：一是引入雄性不育基因以利杂交；二是将育种群体种植在特定的有利于基因型特定性状得到充分表现的环境中以便于选择工作的进行。

14.3.3.2　群体间改良的轮回选择

群体间轮回选择是由美国北卡罗来纳州立大学的著名玉米遗传育种学家 Comstock 等人（1949）根据玉米遗传育种的实际需要提出的。他们把这类轮回选择方法统称为相互轮回选择法（reciprocal recurrent selection，简称 RRS）。其主要目的是：通过两个基础群体的改良，使它们的优点能够相互补充，从而提高两个群体间的杂种优势。相互轮回选择通常用于利用杂种优势的异花授粉作物，这种方法可以同时改良两个群体的 GCA 和 SCA。因此，当决定某一性状的许多基因位点上既存在加性基因效应，又存在显性、上位性和超显性基因效应，以及要进行成对群体的改良时，适宜采用这一育种方案。由于玉米杂种优势与特定杂种优势类群和杂种优势模式紧密相关，现在的玉米群体改良趋向同时改良构成杂种优势模式的两个群体，所以相互轮回选择现主要应用于玉米群体改良。相互轮回选择又分半同胞相互轮回选择（half-sib reciprocal recurrent selection，简称 HSRRS）和全同胞相互轮回选择（full-sib reciprocal recurrent selection，简称 FSRRS）。

1）半同胞相互轮回选择

半同胞相互轮回选择的具体做法是：

第 1 季，在 2 个异源种质群体（A 和 B）中，根据改良目标分别选优株自交（一般选 100 株以上）。同时，2 个群体又互为测验种进行测交，即 A 群体的自交株与 B 群体的几个随机取样的植株（一般为 5 株）进行测交，得 $B \times A_1$，用同样的方法得 $B \times A_2$、$B \times A_3$、…、$B \times A_n$，以及 $A \times B_1$、$A \times B_2$、$A \times B_3$、…、$A \times B_n$（图 14-5）。自交穗单穗脱粒，同一测交组合的 5 穗等量取样混合脱粒。

第 2 季，分别进行 A 群体和 B 群体的测交组合比较试验，试验中用 A 和 B 两个原始群体作对照。然后根据测交种的表现，在 A 群体和 B 群体中均选留 10% 左右的优良测交组合。

第 3 季，将入选优良测交组合对应的自交株的种子各取等量，分 A 和 B 两个群体各自混合均匀后，分别播于两个隔离区中，任其自由授粉，随机交配，形成第一轮回的改良群体 AC_1 和 BC_1，如此循环，进行以后各轮的选择。

这种方法可以同时利用基因的加性与非加性遗传效应的作用。换言之，它除可以对群体一般配合力进行改良外，还可以将玉米群体改良与自交系、单交种的选育紧密结合，提高玉米育种效率。

2）全同胞相互轮回选择

这一方法是由 Hallauer 等（1967）提出的。采用这种方法的前提条件是必须选用 2

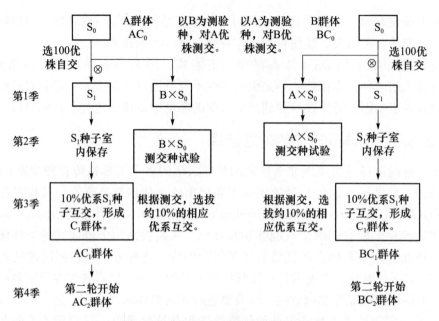

图 14-5 半同胞相互轮回选择模式图

个双穗型的群体 A 和 B，在每一群体内选双穗株，一穗自交，另一穗与另一群体内的自交株成对杂交，配成全同胞家系 $S_0 \times S_0$。通过对 $S_0 \times S_0$ 杂种的鉴定选出 10% 左右的优良组合，然后将优良组合相应的自交 S_1 代果穗混合授粉产生 A 与 B 的改良群体。全同胞相互轮回选择可以同时改良 A 和 B 2 个群体，并可以在任何阶段把改良群体内的优系组成 $A \times B$ 杂交种。其程序见图 14-6。

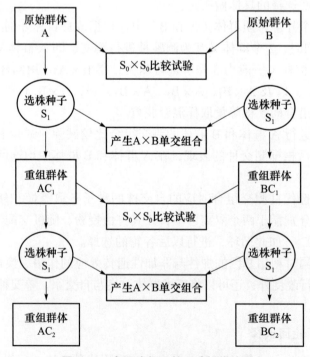

图 14-6 全同胞相互轮回选择模式图

第 1 季，在 A 和 B 2 个双穗型基础群体内各选 100 个优株，每株（S_0）的上果穗自交，下果穗与另一群体的另一自交株成对杂交，组成 $AS_0 \times BS_0$ 和 $BS_0 \times AS_0$ 全同胞家系，成熟后分收同等份数的 AS_0、BS_0 自交果穗和 $AS_0 \times BS_0$、$BS_0 \times AS_0$ 杂交果穗，成对编号保存。

第 2 季，进行全同胞家系比较试验，选出 10% 最优组合 $AS_0 \times BS_0$ 和 $BS_0 \times AS_0$，自交果穗室内保存。

第 3 季，将当选全同胞家系相应的双亲自交果穗种子作 2 种处理：一是将同一群体内当选株自交种子分行种在一个隔离区内，进行优系间的充分自由授粉，形成第一轮回改良群体（AC_1 和 BC_1）；二是将两群体中当选的优株（S_1 株系）组配成若干个 A×B 单交种。

第 4 季，以同样方式进行下一轮全同胞相互轮回选择。

3）群体改良的其他途径

（1）进化育种法

Suneson（1956）最先提出进化育种法（evolutionary plant breeding method）。该方法是选择若干优良亲本，彼此间尽可能地进行杂交，将所有杂交组合混合栽培，使该群体经受多年自然选择后，再经人工选择育成群体品种。进化育种法通过反复的基因重组，可使群体具有广泛的异质性。杂种后代在自然选择与基因循环重组穿插进行的情况下，构成类似轮回选择的形式，如此长期进行，可在产量上得到显著改良，并分离出对当地条件最为适应的类型。这种方法花费少而收效良好，育种群体经过 15 代自然选择后即可取得明显的效果。

（2）定向选择与歧化选择

定向选择（directional selection）是通过在分离群体正态分布的一端进行选择，并使选择个体间随机交配形成新的群体。这种方式可促使群体的基因频率发生定向移动，所得到的新群体的平均数将朝着选择的方向定向移动。由于这种方式所得到的个体基因型往往相近似，故打破连锁的作用不大，但其性状表现朝着选择方向的改进程度却是很大的。

歧化选择（disruptive selection）又称分裂选择。与定向选择完全相反，这种选择方法是将分离群体常态分布中两极端的个体选出，并使选择个体间随机交配形成新的群体。新群体的平均值不变，但遗传变异幅度增大。这种方式可有力地打破相斥型连锁，释放潜在变异，获得较大幅度的超亲类型。

4）群体改良的复合选择方案

目前，不少育种者在进行群体改良时，采用开放式的群体改良方案。一方面主张一旦发现群体有不足之处，如经改良后的群体遗传变异显著减少，或当产量性状的改进较大，但某些农艺性状表现较差，就适当渗入异源种质或所需基因，以进一步增加群体的遗传变异性，使新群体具有更多的优良基因，从而有利于在进一步改良时获得更大的选择响应；另一方面，在群体改良的方法上，育种者完全可以根据群体改良的原理，针对被改良的具体对象和性状的遗传特点，对轮回选择模式加以改进和补充，从而提高遗传改

二维码 14-9 异花授粉
作物的轮回选择
——以玉米为例

二维码 14-10 自花授
粉作物的轮回选择
——以小麦为例

良的效率。例如，为了充分利用群体的各种遗传分量，获得最大的遗传增益，可以采用半同胞轮回选择 +S_1（或 S_2）选择、全同胞轮回选择 +S_1（或 S_2）选择、相互轮回选择 +S_1（或 S_2）选择等复合选择方案，并在半同胞轮回选择 +S_1（或 S_2）选择过程中，有计划地、周期性地更换测验种，或在同一轮中应用多个测验种，对群体内的基因位点进行更全面的测定，更充分地表现群体的遗传潜力，从而达到更好的遗传改良效果。

异花授粉作物的轮回选择案例见二维码 14-9。

自花授粉作物的轮回选择案例见二维码 14-10。

思 考 题

1. 名词解释：群体改良、轮回选择、基因平衡定律、群体内轮回选择、群体间轮回选择。
2. 作物群体改良的作用是什么？
3. 作物群体改良的原理及方法有哪些？
4. 怎样合成群体改良的基础群体？
5. 轮回选择的方法有哪些？各有什么特点？
6. 轮回选择法是怎样实现群体改良与育种实际紧密结合的？
7. 为什么说导入隐性雄性核不育基因是自花授粉与常异花授粉作物进行轮回选择的基础和前提？
8. 制定一个改良自花授粉作物或异花授粉作物某一品种的抗病（或抗虫）性的轮回选择育种方案。

参 考 文 献

［1］ ［美］A. R. 哈洛威讲 . 玉米轮回选择的理论与实践 . 北京：农业出版社，1989.

［2］ 北京农业大学作物育种教研室 . 植物育种学 . 北京：北京农业大学出版社，1989.

［3］ 蔡旭 . 植物遗传育种 . 2 版 . 北京：科学出版社，1988.

［4］ 盖钧镒 . 作物育种学各论 . 北京：中国农业出版社，2006.

［5］ 刘秉华，杨丽，王山荭，等 . 矮败小麦群体改良的方法与技术 . 作物学报，2002，28(1): 69-71.

［6］ 刘秉华 . 小麦核不育性与轮回选择育种 . 北京：中国农业科学技术出版社，1994.

［7］ 刘秉华 . 作物改良理论与方法 . 北京：中国农业科学技术出版社，2001.

［8］ 陆维忠，赵寅槐，冯晓棠，等 . 小麦"矮变一号"的矮秆性遗传研究 . 作物学报，1985，11(1): 39-46.

［9］ 潘家驹 . 作物育种学总论 . 北京：农业出版社，1994.

［10］ 山东农业大学作物育种教研室 . 作物育种学总论 . 北京：中国农业科技出版社，1996.

［11］ 孙其信 . 作物育种理论与案例分析 . 北京：科学出版社，2016.

［12］ 孙其信 . 作物育种学 . 北京：高等教育出版社，2011.

［13］ 吴兆苏 . 小麦育种学 . 北京：农业出版社，1990.

［14］ 张天真 . 作物育种学总论 . 3 版 . 北京：中国农业出版社，2011.

［15］ Chahal G S, Gosal S S. Principles and Procedures of Plant Breeding. Oxford: Alpha Science International Ltd, 2002.

［16］ Comstock R E, Robinson H F, Harvey P H. A Breeding Procedure Designed To Make Maximum Use of

Both General and Specific Combining Ability. Agronomy Journal, 1949, 41(8): 360-367.

[17] East E M, Jones D F. Genetic Studies on the Protein Content of Maize. Genetics, 1920, 5(6): 543.

[18] Fred H Hull. Recurrent Selection for Specific Combining Ability in Corn. Journal of the American Society of Agronomy, 1945, 37(2): 134-145.

[19] Hallauer A R, Eberhart S A. Reciprocal full-sib selection. Crop Science, 1970, 10(3): 315-316.

[20] Hallauer A R. Development of Single-Cross Hybrids from Two-Eared Maize Populations1. Crop Science, 1967, 7(3): 192-195.

[21] Jenkins M T. The segregation of genes affecting yield of grain in maize. Agronomy Journal, 1940: 55-63.

[22] Jensen N F. A Diallel Selective Mating System for Cereal Breeding1. Crop Science, 1970, 10(6): 629-635.

[23] Lonnquist J H. A Modification of the Ear-To-Row Procedure for the Improvement of Maize Populations1. Crop Science, 1964, 4(2): 227-228.

[24] Moll R H, Stuber C W. Comparisons of Response to Alternative Selection Procedures Initiated with Two Populations of Maize (*Zea mays* L.)1. Crop Science, 1971, 11(5): 706-711.

[25] Suneson, Coit A. An Evolutionary Plant Breeding Method. Agronomy Journal, 1947, 48(4): 188-191.

第15章 无性繁殖作物育种

15.1 无性繁殖与无性系变异

无性繁殖（asexual propagation）也称无配子繁殖，是指不经过两性细胞受精过程产生后代个体的繁殖方式，主要分为营养体繁殖和无融合生殖。营养体繁殖（vegetative propagation）是指利用作物营养器官的再生能力进行后代繁殖的方法。例如，作物利用块茎、芽眼和枝条等繁殖都属于营养体繁殖。作物无融合生殖是指雌雄配子不经过受精过程直接形成种子进行后代繁殖的方法。无性繁殖不经过复杂的胚胎发育，更不发生遗传信息的重组，其产生的子代遗传物质与亲代完全相同。因此这种繁殖方式能够保持母体的优良性状，很少变异，同时有利于个体快速增殖，以扩大种群的数量。对一些种子很少或不易结实的作物，无性繁殖还有利于种质资源的保存。

作物体细胞在组织培养过程中会发生可遗传和不可遗传的变异，进而导致再生植株发生改变。在这些变异中，通常把可遗传的变异称为无性系变异（somaclonal variation）。其中不加任何选择压力筛选出来的变异个体称为变异体（variant），而通过施加某种选择压力筛选出的变异个体称为突变体（mutant）。无性系变异普遍存在于各种再生途径的组织培养过程中，已成为人们获得遗传变异的重要来源之一。该现象最早发现于甘蔗组织培养过程中，随后在小麦、水稻和马铃薯等作物中均有报道。

作物组织培养中的细胞、组织和再生植株都可能出现变异，这种变异具有普遍性，不受物种和器官的限制，其来源主要有 2 种：① 细胞和组织培养中产生的，其发生频率一般随继代培养时间的增加而提高；② 起始外植体预先存在的变异，即起始外植体本身就是倍数性或遗传上不同的嵌合体。体细胞无性系变异的类型主要包括染色体数目变异、染色体结构变异和基因突变。

染色体数目变异是组织培养中最常见的变异类型，可分为整倍性变异和非整倍性变异。一般情况下，体细胞再生植株具有正常的 $2n$ 染色体数。一些作物如水稻、大麦和甘薯等在组织培养过程中都获得过染色体数目不同的再生植株。组织培养过程中产生的染色体数目变异，虽然影响作物获得倍性一致的无性系，但也为人工获得多倍体提供了新的途径。

染色体结构变异主要包括染色体的缺失、倒位、重复和易位。在普通小麦、马铃薯等作物的组织培养中，都曾观察到以上 4 种染色体结构变异现象。

基因突变在组织培养过程中出现的频率也较高。其中一种类型是在培养基中加入化学诱变剂产生的诱发突变，使得基因序列产生插入、缺失或单碱基突变，有时还会产生基因表达水平的改变。

15.2　无性繁殖作物育种

无性繁殖作物育种主要是指在天然群体、人工杂交群体或诱变群体中，选择优良个体，通过无性繁殖形成无性系，按一定育种目标和要求，选育出优良无性系并应用于生产的育种技术。无性繁殖可继承母体的阶段性发育，从而缩短育种周期，在无性繁殖作物遗传改良中的潜力巨大。在无性繁殖中，通过诱变和离体培养技术结合，可以获得新的突变体；通过原生质体融合的体细胞杂交，可有效克服作物远缘杂交过程中的杂交不亲和；通过无融合生殖，可以固定作物的杂种优势。

15.2.1　诱变育种

诱变育种是在人为的条件下，利用物理、化学等因素，诱发作物产生突变，经过人工选择、鉴定，培育出新品种。利用诱发突变与离体培养技术相结合，能有效避免嵌合体的形成，能扩大变异谱、提高变异率，可节省大量的人力和时间。在离体培养过程中，可以综合多种选择体系对原生质体、悬浮培养物、愈伤组织体系和花药培养体系以及再生植株进行筛选。而用诱变剂直接处理悬浮培养的单细胞和原生质体，可以筛选出所需要的突变体，从而避免或限制嵌合体的形成，这也是直接获得同质突变体的最理想方法之一。随着诱发突变技术和离体培养技术的不断完善，将二者结合起来的育种方法，已成为作物育种的重要手段之一。

15.2.2　利用体细胞杂交选育品种

作物原生质体是指用特殊方法脱去细胞壁的、被细胞膜包围的有生活力的"裸露细胞"。就单个细胞而言，除了没有细胞壁外，作物原生质体具有活细胞的一切特征。1969 年在意大利举行的"作物改良的未来技术"会议上，育种家就认识到原生质体在作物改良中具有巨大的潜力。

体细胞杂交又称原生质体融合，是指两种原生质体间的杂交。这种杂交方式有别于有性杂交，它不是雌雄配子间的结合，而是具有整套遗传物质的体细胞之间的融合。因此，杂交的产物为异型核细胞或异核体中包含有双亲体细胞中染色体数的总和及全部细胞质。在有性杂交的情况下，杂合子内仅包含双亲体细胞中染色体数目的一半，而且其细胞质多来自卵细胞。由于自然原因，体细胞杂交再生的杂种植株中，其染色体数目和细胞器的组成以及其他细胞质成分还会出现不同程度的变化，因而大大增加了后代的变异。此外，通过人为控制，也会使杂种细胞内的遗传物质发生一些变化。例如，体细胞杂交过程中人为去除（或杀死）某一亲本的细胞核，得到的将是具有一个亲本的细胞核和两个亲本的细胞质的杂种细胞，通常把这种细胞称为胞质杂种。

作物体细胞杂交主要包括原生质体的分离和培养、原生质体间的融合、融合后杂种细胞的选择、诱导杂种细胞产生愈伤组织和再生植株等 5 个环节。

作物的体细胞杂交技术在育种上具有重要的应用价值。通过诱导不同种间、属间甚至科间原生质体的融合，能够有效克服远缘杂交不亲和性，这也是该技术的最大特点；同时可以广泛组合各种基因型，从而可能获得有性杂交无法得到的新型杂种植株。此外，通过体细胞杂交技术，可将各种细胞器、病毒、DNA、质粒和细菌等外源遗传物质引入原生质体，改变细胞的遗传特性，为某些珍稀作物的快速繁殖、作物的复壮等提供可行的方法。作物体细胞杂交技术结合常规育种技术，有利于选出优良的育种材料，这正是改良作物所期望的。

目前，作物体细胞杂交技术在育种中的作用主要表现在以下方面：① 合成新的物种；② 转移细胞质基因；③ 通过作物细胞融合培育抗病新材料。

15.2.3 利用无融合生殖选育品种

无融合生殖是可代替有性生殖、不发生雌雄配子核融合的一种无性生殖方式。无融合生殖的利用将成为今后作物杂种优势利用的重要手段之一。由于无融合生殖体可以产生正常可育的雄配子，因而可通过有性生殖与无融合生殖体间的杂交获得新的无融合生殖遗传类型。其优点主要表现在：① 把无融合生殖特性转移到综合性状优良的基因型中，获得具有优良基因型的无融合生殖体，其后代遗传稳定性高。② 在谷子、高粱、玉米等作物中鉴别和培育无融合生殖系，杂交种子的生产无需依赖雄性不育材料作为母本，丰富了作物的种质资源。③ 简化育种程序。用无融合生殖系生产杂交种子，固定杂种优势，可省去杂交种制种过程中亲本系的繁殖和设立隔离区等的麻烦。④ 在一些不易获得不育系、恢复系、保持系或缺乏理想三系的作物中，可以利用无融合生殖方法大量生产杂交种种子。

15.3 无性繁殖作物杂种优势利用

甘薯、马铃薯和山药等无性繁殖作物进行有性杂交以后，从杂种 F_1 代群体中选择具有优良性状的单株进行无性繁殖，使杂种后代能在较长时期内保持其性状优势，而无须每年生产 F_1 种子，这是无性繁殖作物利用杂种优势的主要特点。

15.3.1 无性繁殖作物杂交种的选育

无性繁殖作物利用杂种优势比较简单。由于其基因型高度杂合，通常通过一次杂交就会出现性状分离，产生杂种优势。鉴定出优势强的后代后，即可通过无性繁殖加以多年利用，而不需进行自交系的选育、自交系配合力测定等过程。我国的马铃薯育种工作自 20 世纪 40 年代开始，先后培育出 300 多个品种，其中大多数是通过杂交选育而成的。例如，黑龙江省农业科学院马铃薯研究所于 1958 年育成的 '克新 1 号' 马铃薯，就是以 '374-128' 为母本、'Epoka' 为父本，通过杂交选育而成的。

15.3.2　无性繁殖作物杂种优势的永久固定

无性繁殖是固定作物杂种优势的最好办法。作物育种家一直用此法固定大多数无性繁殖作物的杂种优势，如花卉、马铃薯、甘薯等。陈炳文等（2000）通过对杂交种'中华巨葱 103 号'进行无性繁殖固定杂种优势，生产一代生产种年平均单产 $750 \sim 1\,050$ kg/hm^2（$50 \sim 70$ kg/ 亩），年产青葱 $(0.8 \sim 1.2) \times 10^4$ kg/hm^2，节省了种子、工时，产量显著增长，效益十分可观。

15.4　细胞组织培养

作物细胞组织培养是指在无菌条件下利用人工培养基（表 15-1）对离体的作物原生质体、细胞、组织和器官等进行培养，诱导产生愈伤或潜伏芽等，进而形成再生植株。根据组织培养所需材料的不同，主要分为原生质体培养、细胞培养、茎尖分生组织培养、愈伤组织培养以及器官培养（根、茎、叶等），其中愈伤组织培养是最常见的一种培养类型。因为，除茎尖分生组织和少数器官培养外，其他培养类型都要经过愈伤组织阶段才能产生再生植株。

表 15-1　MS 培养基母液组分

组成	成分	含量 /(mg/L)	药品量（mg)/ 母液量（mL）	倍数
储备液（大量元素）R1	NH_4NO_3	1 650	每次称量	
	KNO_3	1 900		
	$MgSO_4 \cdot 7H_2O$	370		
	KH_2PO_4	170		
储备液（大量元素）R2	$CaCl_2 \cdot H_2O$	440	每次称量	
储备液（无机微量元素）R3	KI	0.83	83/100	1 000
	$MnSO_4 \cdot H_2O$	22.3	558/250	100
	H_3BO_3	6.2	620/100	1 000
	$ZnSO_4 \cdot 7H_2O$	8.6	215/250	100
	$Na_2MoO_4 \cdot 2H_2O$	0.25	25/100	10 000
	$CuSO_4 \cdot 5H_2O$	0.025	25/100	10 000
	$CoCl_2 \cdot H_2O$	0.025	25/100	10 000
储备液（$FeSO_4$）R4	$FeSO_4 \cdot 7H_2O$	27.85	557/100	200
	$Na_2 \cdot EDTA \cdot 2H_2O$	37.25	745/100	200
储备液（有机成分）R5	烟酸（维生素 B$_3$）	0.5	25/50	1 000
	盐酸吡哆醇（维生素 B$_6$）	0.5	25/50	1 000
	盐酸硫胺素（维生素 B$_1$）	0.4	20/50	1 000

续表15-1

组成	成分	含量 /(mg/L)	药品量（mg）/ 母液量（mL）	倍数
储备液（有机成分）R5	甘氨酸	2	100/50	1 000
储备液（有机成分）R6	肌醇	100	2 500/250	100

注：1 L MS 培养基的配制：50 mL R1+50 mL R2+1 mL R3+2 mL R4+5 mL R5+5 mL R6+30 g 蔗糖 +8 g 琼脂，加水定容至 1 L，pH 调到 5.80。

在作物细胞组织培养中，愈伤组织经过脱分化和再分化，最后形成再生植株。具体包括 2 种途径：① 不定器官形成，即愈伤组织的不同部位分别独立形成不定胚和不定芽。② 体细胞胚胎发生。愈伤组织表面或内部形成类似于合子胚的结构，称为体细胞胚或不定胚。一般认为，愈伤组织的不定芽是多细胞起源的，而体细胞胚是单细胞起源的。因此，由体细胞胚发育形成的植株各部分在遗传组成上是一致的，不存在嵌合体现象。当然，少数学者研究发现，由体细胞胚再生的植株有时也会出现嵌合体，这种情况下的体细胞胚也源于多细胞。

作物细胞组织培养技术已广泛应用于作物育种中，在体细胞变异体筛选、胚培养、单倍体育种等方面取得了显著的成就。

15.4.1 诱导体细胞发生变异

离体培养作物细胞会发生变异产生各种类型的突变体，包括抗性突变体（通过细胞筛选获得的抗病、抗除草剂、耐盐和抗重金属等的突变体）、形态性状突变体、雄性不育突变体、产量性状和品质性状突变体等，可通过对无性系变异的筛选进行作物遗传改良。

（1）雄性不育突变体

雄性不育系在作物杂种优势利用中具有重要的应用价值，可以免除人工去雄的麻烦，降低杂交种的生产成本。例如，张家明等（1992）获得了 89 个棉花体细胞再生植株，其中 1 株为雌、雄全不育，2 株为雄性不育，6 株为生理不育。

（2）耐盐突变体

在组织培养条件下进行耐盐细胞突变体的筛选研究开展得较早，涉及的作物种类已达 40 余种。研究表明，多数变异体的耐盐性是生理适应的结果，仅少数几例为真实的遗传突变体。

耐盐细胞突变体的筛选在林果和花卉育种中具有较大优势。由于林果、花卉植物多能进行无性繁殖，一旦筛选出耐盐突变体，就可通过无性繁殖加以利用。

（3）抗除草剂突变体

通过选择抗除草剂突变体有利于获得能抗某种除草剂的作物新品种。Chaleff 等（1984）通过组织培养筛选出了烟草抗磺胺基脲类除草剂的突变体，其再生植株具有相应的抗性，并证实该抗性由一个显性核基因控制。吕德滋等（2000）用小麦幼胚在含莠去津的培养基中诱导愈伤组织，筛选出了能耐 100～200 mg/L 莠去津的细胞突变体，并获得再生植株。这些再生植株经过两代自交后仍表现莠去津抗性。

（4）抗病突变体

利用病原菌毒素制作选择培养基，可以筛选出抗病突变体。近年来，国内外科学家在水稻、小麦、玉米、大麦和马铃薯等作物中都成功筛选出了抗病突变体。如郭丽娟等（1996）用小麦根腐病和赤霉病的病菌毒素做选择剂，筛选出了一批抗根腐病和赤霉病的细胞突变体，并获得再生植株。其中一些植株抗性表现稳定，已被多家育种单位作为抗病亲本利用。

此外，耐旱、耐热、耐寒等突变体的筛选在作物遗传改良中也具有潜在的应用价值。

15.4.2　诱导产生单倍体

花药培养是产生单倍体的主要方法。用作物组织培养技术，把发育到一定阶段的花药，接种在人工培养基上，诱导其分化，产生愈伤组织或分化成胚状体，进而形成再生植株。由于单倍体高度不育，需要进行加倍处理才能应用。常用 1% 的秋水仙素作为加倍药剂对处于对数生长期的悬浮细胞进行处理（约 24 h）。也可在固体培养基中加入适当浓度的秋水仙素。

我国利用花培育种技术育成的农作物品种已有几十种，有些品种已得到大面积推广，在生产上发挥着重要作用。在水稻花培育种中，已育成的品种有'朝花矮''宁糯 1 号''浙粳 66''中花 8'和'中花 9'等，累计推广面积达 90 多万 hm^2，社会经济效益显著。我国利用花药培养培育出的小麦品种约 10 个，播种面积达 116 万 hm^2。

15.4.3　用于胚拯救

作物胚是一个具有全能性的多细胞结构，通常能够正常发育成熟，可以直接播种生长成为完整植株。但是在远缘杂交、父母本不同倍性间杂交及无籽育种中，获得的合子胚往往发育不良，常表现为胚早期败育或退化，降低了育种效率。若在败育之前进行胚拯救，即对由于营养或生理原因造成难以播种成苗，或在发育早期阶段就败育，或退化的胚进行早期离体培养，则可以获得再生植株，这在作物育种中具有十分重要的理论与实践意义。

15.4.4　用于种苗脱毒和快繁

受气候、栽培条件及人为因素的影响，许多作物优良品种的病害日益严重。其中以病毒病最难控制，成为当前生产上的严重问题。病毒的侵染会导致作物生长受到抑制，出现形态畸变、产量降低和品质下降。由于大多数作物病毒不经种子传播，尤其对薯类、花卉、草莓等无性繁殖作物危害更甚。因而，需要利用作物的组织培养技术，脱除作物细胞中的病毒。

作物快速繁殖技术始于 20 世纪 60 年代。法国的 Morel 成功利用茎尖培养方法大量繁殖兰花，从此揭开了作物快速繁殖技术研究和应用的序幕。通过基因工程、体细胞杂交和原生质体培养等手段获得的作物新品系和新品种，利用快繁技术可大大加快其推广应用速度。

种苗脱毒和快繁（二维码 15-1）技术对作物育种具有重要意义：① 能够有效地保持作物优良品种的特性；② 生产无病毒种苗，防止品种退化；③ 快速繁殖新品种，使优良品种迅速推广应用；④ 节约耕地，提高农产品的商品率。

二维码 15-1　植物的脱毒与快繁

15.4.5　用于转基因育种

通过组织培养，将受体作物的幼胚、成熟胚和幼穗等细胞或组织脱分化，产生大量的愈伤组织，为遗传转化提供了适宜的受体材料。将遗传转化后的作物细胞再分化形成完整植株，为遗传转化提供了良好的再生系统。

思　考　题

1. 名词解释：体细胞无性系变异、突变体、无性繁殖作物育种、原生质体、体细胞杂交、无融合生殖、细胞和组织培养。
2. 简述无性系变异的来源及主要类型。
3. 简述体细胞杂交的主要环节及其在育种中的应用。
4. 简述无融合生殖品种选育的主要优点。
5. 简述细胞和组织培养的发生途径。
6. 简述种苗脱毒和快繁技术对作物育种的意义。

参 考 文 献

［1］陈炳文. 中华巨葱无性繁殖育种栽培技术. 河南科技，2000，15(10): 15-16.

［2］郭丽娟，姚庆筱，张春，等. 利用细胞工程技术筛选小麦抗病新种质的研究. 遗传学报，1996，23(01): 40-47.

［3］胡道芬. 植物花培育种进展. 北京：中国农业科学技术出版社，1996.

［4］梁万福，幸亨泰. 无融合生殖及其在作物育种中的应用. 西北师范大学学报（自然科学版），1992，28(3): 92-94.

［5］刘庆昌，吴国良. 植物细胞组织培养. 北京：中国农业大学出版社，2003.

［6］吕德滋，李洪杰，李香菊，等. 冬小麦对除草剂莠去津反应敏感性及其遗传控制. 华北农学报，2000，15(03): 55-60.

［7］孙其信. 作物育种学. 北京：高等教育出版社，2011.

［8］张家明，刘金兰，孙济中. 陆地棉体细胞胚的萌发及再生植株变异的初步研究. 华中农业大学学报，1992，11(01): 31-35，104.

［9］Chaleff R S, Mauvais C J. Acetolactate synthase is the site of action of two sulfonylurea herbicides in higher plants. Science, 1984, 224(4656): 1443-1445.

第16章 抗病虫育种

任何农作物在生产过程中都会受到许多病虫（有害生物）的危害。病虫害会严重影响作物产量，降低产品品质。所以，在农业生产中必须对其进行防治。高效防治病虫害的前提是充分了解病虫害的生物学、病虫与作物互作的机理、病虫害流行和传播规律等。目前人们采用了各种不同方法防治病虫害，包括物理防治、化学防治、生物学防治和栽培管理措施防治等，这些方法各有利弊。生物学防治中的一项特别策略是在作物生产中使用抗病虫品种，这一策略具有经济有效、安全环保和简单易行的特点。因此抗病虫性是作物育种的重要育种目标性状，大多数作物育种的历史就是抗病虫育种的历史。

病虫害防治的一个基本原则是：只有当经济损失明显时才有必要采取防治措施，因为以高昂的防治费用获得少量的相应产品收益没有任何意义。这一原则也适用于抗病虫育种。从经济学的角度看，使用抗病虫品种是为了降低损失和减少投入，根本目的是保障收益。只有当病虫害导致严重经济损失并且其他化学或生物学措施费用昂贵、效果不佳或被禁止使用时，抗病虫育种才是值得的。

16.1 作物与有害生物的关系

16.1.1 基本概念

病虫害（pathogen and pest）是指对农作物具有破坏性的生物体，包括致病性的真菌、细菌、病毒、昆虫类和哺乳动物类生物等，有时候也被统称为有害生物。其中的真菌、细菌和病毒等微生物又被称作病原菌（pathogen）。农作物是被病原菌或害虫侵染危害的生物体，即寄主（host）。如果能被病原菌或害虫成功侵染，该寄主也叫作易感寄主。侵染（或称感染）（infection）是指病原微生物对寄主的入侵和在寄主体内的繁殖，会导致寄主的发病和损伤。由于入侵生物的生长或其产生的有毒成分伤害寄主所造成的症状统称为病害（disease）。

作物病虫害类型多种多样，有些肉眼可见，有些必须依赖显微镜才能看到；有些通过土壤传播，有些靠空气或昆虫传播。

有些病虫，如气传真菌、土传真菌、细菌、病毒、类病毒、植原体、线虫和昆虫等，会对作物产生严重危害。育种家针对这些重要病虫害开展研究工作并取得了不同程度的成功。而另外有些病虫害损害相对不大，或容易通过化学防治，或无法通过育种途径解决（例如各种鸟害）。

不同作物的重要病虫害也不同，禾谷类作物主要是一些气传真菌病害，茄科作物主要是病毒病。人们一般对于为害主要农作物的病虫害、造成严重经济损失的病虫害以及分布传播广泛的病虫害给予更多重视。就作物育种而言，这些不同病虫害的相对重要性是：气传真菌 > 土传真菌 > 病毒 > 细菌 = 线虫 = 昆虫，针对气传真菌病害的抗性育种是最主要的。

并不是所有已经与病原菌或害虫建立寄生关系的易感寄主都对病原物表现高度感染，寄主会采用不同的机制应对病虫害的威胁。我们把寄主对病原物感染企图所做出的抵抗反应称为抗性（resistance）。如果寄主对病原物表现出完全彻底的抗性，没有出现任何受感染迹象，这种程度的抗性叫作免疫（immunity）。这种寄主对其病原物表现出的抗性是基于寄主作物中的特定机制，所以又叫作寄主抗性（host resistance）。病原物只能寄生危害特定的寄主植物，不能侵染并非自己寄主的其他作物物种。我们把病原物的非寄主植物物种对这些病原物的抗性称为非寄主抗性（non-host resistance），这是植物在物种水平上表现出的抗性。

病原物侵入寄主并在寄主上引起病害的能力称为致病性（pathogenicity）。病原物导致的病害发展的程度称为侵袭力（aggressiveness）。不同病原物的致病性和侵袭力是不同的。毒性（virulence）是指病原物能感染带有特定抗病基因的寄主作物品种（基因型）的能力，反映的是致病性的专化程度，即病原物针对不同抗病基因而产生病害能力的相对差别。反之，无毒性（avirulence）是指病原物不能感染特定的作物基因型。无毒性或毒性取决于病原物中带有的特定基因，分别称为无毒等位基因或毒性等位基因。这种专化致病性的表现形式就是病原物中存在不同的生理小种（physiological race）或毒性小种。病原物出现在感病寄主上并不足以导致病害症状，还需要第三个条件——适宜的环境。这三者（病原物 + 易感寄主 + 适宜环境）有时候被称为病害三角（disease triangle）。

16.1.2　病虫害的后果及常用防治方法

病虫害会迫使作物正常生长发育所必须的代谢活动状态发生改变。作物不正常的生长发育会导致作物的生物学产量下降和产品品质降低，引起经济损失。因此必须对病虫害进行控制。

病原菌危害作物大致可以分为2种不同的方式：一种是死体营养型（necrotrophic），病原菌会杀死寄主细胞，从死亡的寄主细胞和组织中获取营养；另一种是活体营养型（biotrophic），病原菌必须在活的寄主细胞和组织上生长，从寄主细胞组织中吸收营养物质，而并不很快引起寄主细胞死亡，例如锈菌、白粉菌和霜霉菌等专性寄生菌。

16.1.2.1　病虫害的后果

病虫害对作物生长和产量造成不利影响，一般会导致作物出现下面几种后果：

（1）完全死亡

某些病虫会完全杀死被感染的作物。如果感染发生在早期，会导致缺苗。如果缺苗不能被附近植株补偿，最终田间作物密度降低，产量下降。例如猝倒病、萎蔫病等，有些昆虫如地老虎也能引起死苗。

（2）部分死亡

有些病虫影响成株的生长，但不完全杀死植株，只是引起植株的部分死亡，如梢枯病。

（3）发育不良

病毒会干扰作物的代谢活动而不直接杀死植株。被感染的植株生长受阻，达不到正常状态的尺寸大小，作物产量严重降低。

（4）组织破坏

植食动物如蝗虫等会吃掉植株营养组织。

（5）直接产品损失

病虫可能直接感染作物收获对象（如果实、种子、块茎和鳞茎等），会直接完全破坏这些产品（如导致果实腐烂）或降低品质（如造成果实出现疮痂或孔洞）。

（6）其他后果

病虫还会造成其他一些并不是很明显但一样严重的后果，例如，吸食性昆虫（如蚜虫、蓟马和螨虫等）和白粉菌、锈菌等会通过消耗作物光合产物，减少光合作用面积而影响作物生长；根结线虫会破坏作物根系功能。

16.1.2.2　常用的防治方法

作物生产中针对不同病虫害常采用不同的防治方法。

（1）检疫

通过立法强制对作物进行隔离和检查，以避免病虫接触到寄主引起初始感染。检疫法规用于防止将新的病虫害引入生产地区，通常在一个国家或地区的人员货物入口检查站（如海关）执行。这一方法对于具有广泛自然传播区域的病虫害没有意义。

（2）作物卫生防护和栽培措施

如果一种病原物进入了生产地区，可以采用各种办法消除或减少接种体以遏制其传播。可采用植物卫生防护处理（如移除病株并焚烧），或通过轮作来降低田间病虫积累，还可以通过栽培管理措施阻止病虫害发展和扩张（如田间排水、除草、土壤消毒和种子处理等）。

（3）增强寄主抗性

通过育种方法将对病虫害的遗传抗性导入适合的品种中，培育抗病虫新品种。

（4）施用农药

通过施用农药保护作物免受病虫危害。尽管这一方法被广泛采用，但是一直存在着会破坏环境且费用高的问题。

（5）生防措施

生防措施在防治作物病虫害方面正在变得越来越广泛且有效，特别是在保护地（温室）栽培中。例如施用捕食性斯氏钝绥螨（*Amblyseius swirskii*）防治黄瓜粉虱和蓟马。

抗病虫育种只是作物病虫害综合防治策略的一个组成部分。如果抗性水平能够保持产量和其他目标性状，则抗性育种是防治病虫害的理想方法。培育和使用抗性品种有很多优点，如简单易行、安全环保等。但是，如果抗性水平达不到生产要求，农民就需要补充其他防治措施（如使用农药）。

16.2　作物抵御病虫害的防卫机制

16.2.1　关于抗性的一般论述

与产量和其他形态性状育种以及抗非生物逆境育种相比，以抗生物逆境为目标的抗病虫育种有其独特性。抗生物逆境育种需要同时考虑2个互相作用的遗传系统：作物（寄主）和病原生物（病虫）。育种家需要了解作物与病原生物通过长期共存和共进化而建立的相互关系。

作物的抗性水平有程度差别。抗性水平一般都是与参考标准（对照品种）比较的相对值。如果一个基因型对某病原物具有完全抗性，不表现任何感染迹象，该基因型就具备最高程度的抗性，即免疫。在大多数情况下，育种家发现育种材料的抗性水平是连续变化的。与对照品种相比，抗性品种的病害有不同程度的减轻。

作物抗性本身是有遗传基础的，因此可以通过育种操作进行改良。抗性有2个基本形式：抗侵染（inhibition of infection of the pathogen）和抗扩展（inhibition of subsequent growth of the pathogen）。抗性可能是质量性状，也可能是数量性状。也有些抗性与细胞质类型有关。

16.2.2　作物对病虫害的防卫机制

作物具有多种多样的针对病虫害的防卫机制，根据其表现形式可以分为避病、抗病和耐病。

16.2.2.1　避病

避病（avoidance）是一种减少病虫害与作物接触可能性的机制，即在寄主和病原物发生亲密接触前就发挥作用。[注：一些英文文献中的escape（逃逸）一词有时也被翻译成避病，这并不确切。escape指的是在其他植株发病时有些植株没被侵染的情况，实际上指的是发病不均匀。]

避病机制在减轻病害中作用有限，主要用于虫害，昆虫学家称之为排趋性（antixenosis）。具有这种机制的作物带有某些形态的或化学的特性，使得昆虫不喜欢在其中取食、产卵或躲藏。例如，有一种甘蓝的叶片颜色不被甘蓝菜蚜（*Brevicoryne brassicae*）的喜欢，而棉花植株上的柔毛能防止棉铃虫（*Heliothis zea*）产卵。另外，棉花植株上的难闻气味可阻止棉铃虫取食。如果没有其他可选寄主，避病是不起作用的。在有选择的情况下，害虫可能倾向选择其所喜好的作物。当没有选择（如单一种植）时，害虫就会攻击这唯一现成的寄主。育种中可以选择那些能干扰昆虫取食和繁殖的形态性状，这是防卫害虫的第一道防线。作物生产中也可以通过提前或推迟种植时间来帮助作物规避病虫害，使作物的易感生育期错开病虫害发生的高峰期。通过育种手段改变品种的生育期有时候也能取得一定的避病效果。

16.2.2.2　抗病

抗病（resistance）是寄主在被病虫攻击后所表现出来的，包括限制入侵（抗侵入）或减缓病原物的生长/发育（抗扩展）。抗性是寄主降低病虫害攻击效果的可遗传能力。其本质原因可能是生理性的、生物化学的、解剖结构的或形态上的。这一术语在描述对害虫的抵抗机制时又叫作抗生性（antibiosis）。抗病并不意味着完全阻断或消除感染。有些基因型在同等接种条件下比其他基因型更抗一些。抗病性可能是组成性的（称为被动抗性），例如洋葱对洋葱炭疽病（*Colectotrichum circinaus*）的抗性是因为其外层鳞叶中存在的化学物质（如邻苯二酚）。抗病性也可能是被侵染诱导的或被激活的（称为主动或诱导抗性）。

1）既存的抗性机制

既存的抗性机制（pre-existing defense mechanisms）包括阻碍病原物入侵的形态学特性（如存在木质素、木栓层和胼胝质层等）或具有抗菌能力的次生代谢产物（酚类物质、生物碱和糖苷类物质等）。

2）诱导的抗性机制

诱导的抗性机制（infection-induced defense mechanisms）是作物一旦被感染，便会迅速产生一些化学物质（如过氧化物酶、水解酶和植保素等）来对抗感染。通常诱导抗性还包括形成乳突，即伴随着病原菌入侵而形成的作物细胞壁附着。诱导性抗性反应有不同表现形式——过敏反应、组织发育过度和组织发育不足等。

（1）过敏反应

过敏反应（hypersensitive reaction）是防止病原菌定殖的一种机制。侵染迅速导致了侵染点周围的作物细胞死亡，侵染被遏制。病原菌最终也会死亡，留下坏死斑。这一侵染抑制反应非常普遍，叶斑病、枯萎病、溃疡病、白粉病、霜霉病、马铃薯晚疫病、病毒病和细菌病等都会导致过敏性反应，甚至在针对一些昆虫、线虫和寄生作物的侵染中也会发生。

（2）组织发育过度

组织发育过度（overdevelopment of tissue）是指分生组织受到刺激，导致过度异常生长，出现菌（虫）瘿及卷叶。有些情况下，会围绕被侵入组织形成栓化细胞层阻断病原物的扩展。

（3）组织发育不足

组织发育不足（underdevelopment of tissue）是指被感染植株发育不良或器官只有部分发育。病毒感染常会产生这一效果。

16.2.2.3　耐病

避病和抗病机制是为了阻止病虫对寄主的侵害，而耐病（tolerance 或 endurance）

是降低寄主受伤害的程度，表现为受害的作物努力在这一生物逆境下正常生长。寄主可能是高度敏感的（其上着生大量病菌或害虫），然而其经济产量损失却很小（即该寄主作物可耐受病虫害）。因为耐病是以经济产量度量的，这一机制对那些直接攻击作物收获物（如籽粒、块茎或果实等）的病虫害无效。作物在受到害虫攻击后的快速恢复生长也可认为是耐病，比如在农田放牧中被啃食庄稼的恢复生长。病毒学家常把作物感染病毒后症状极轻或没有症状这一现象认为是耐病。严格意义上说，作物受病毒侵染而没有或几乎没有症状可能是抗病（干扰了作物体内病毒的繁殖和扩散），也可能是耐病（病毒繁殖并扩散了，但是没有或几乎没有产生症状）。在后一种情况下，耐病植株是个无症带毒者，可能是隐藏的接种体。为了区分真正的抗病毒和耐病毒，需要测定植株体内的病毒含量。耐病的确切机制尚未清楚。有人将其归功于植株活力、补偿性生长和同化物分配改变等。

16.2.3　寄主抗病性和非寄主抗病性

大多数作物病原物的专化性很强，只能侵染一小部分寄主植物，即寄主范围很狭窄。因此，大多数作物对于几乎全部病原物都是完全抵抗的。我们把对绝大多数病原物表现免疫的现象称为非寄主抗性。非寄主抗性是作物表现出来的对大多数潜在病原物的最普遍抗性形式，也是持久的抗性保护。非寄主抗性的分子机理尚未被完全阐明。寄主抗性是某种特定作物基于其内在遗传组成而表现出的抵抗特定病虫害的能力。寄主抗性是由抗病基因（R 基因）介导的，抗病基因决定了小种特异性或品种特异性抗性。与非寄主抗性相比，寄主抗性一般是短暂的。抗病虫育种的主要内容就是发掘抗病虫基因并导入新品种中。

16.3　作物防卫机制和病原物的特异性

16.3.1　作物防卫机制的特异性

如前所述，自然界中的病虫害种类繁多，但是其中只有少数几种能够成功侵染特定的寄主作物。几乎所有的作物物种都是绝大多数病虫害的非寄主。非寄主抗性具有普遍性或广谱性（即非特异性）的特点。

大多数避病机制也都是非特异性的，作物可以规避具有相似生态要求和生活方式的不同病原物。例如某些闭颖开花的大麦品种可以排斥那些通过开花侵入的病菌，像散黑穗病（*Ustilago nuda*）和麦角病（*Claviceps purpurea*）。但是有些作物驱虫成分可能具有一定的特异性。

抗病机制有可能是特异性或非特异性的。特异性抗性可以是针对特定的病原物种，即物种特异性抗性，也有的是针对病原物种的特定毒性小种，即小种特异性抗性。非小种特异性抗性一般都表现出高度的物种特异性。育种家通常利用的既有小种特异性抗性也有非小种特异性抗性，但较少利用基于高毒素含量的抗病类型或避病性。

16.3.2　病原物的特异性

抗病虫育种面临的主要问题之一是有害生物的遗传变异。病虫害的遗传变异导致其分化出具有不同专化致病性的类群，即生理小种或毒性小种。对一套不同作物品种表现出一致毒性的病原菌类群即是属于同一生理小种。生理小种这一术语在病毒中被称为毒株（strain），在昆虫中叫作生物型（biotype），在线虫中叫作致病型（pathotype）。

许多病原生物都存在生理小种。生理小种一般难以从形态上区分，需要用带有不同抗病基因的鉴别寄主（differential cultivars）来鉴定。不同小种在鉴别寄主上的侵染反应是不同的，据此来鉴别和区分小种。如果一个品种对一个小种表现抗病，而对另一个表现感病，则这个品种即可作为区分这两个小种的鉴别寄主。如果每个鉴别寄主有抗病和感病 2 种不同反应，则可以利用 n 个鉴别寄主区分 2^n 个小种。一套理想的鉴别寄主是每个品种带有一个抗性基因，最好是具有相似遗传背景的近等基因系。

生理小种并非生物学的分类方法。生理小种并不一定是病原生物的纯系，只是通过接种实验发现的对一套鉴别寄主表现相同反应的病原生物组群。鉴别寄主是进行毒性调查的辅助工具。毒性调查是从病原菌群体中抽样取出大量的分离菌系，并在一套鉴别寄主上逐一进行接种测试。根据接种测试结果（亲和反应或不亲和反应）确定分离菌系带有的是针对某抗病基因的无毒等位基因还是毒性等位基因。全部分离菌系的测试结果可用来计算该病原菌群体中针对某抗病基因的无毒等位基因和毒性等位基因的频率。

16.3.3　基因对基因学说（特异性的遗传学）

Biffen 是最早报道作物抗病遗传研究的学者。1905 年他发现小麦对条锈菌（*Puccinia striiformis*）的抗性是由单个孟德尔基因控制的。此后，大量研究发现许多寄主对病原菌的抗性遗传比较简单。抗病虫性状（特别是过敏性反应）普遍表现为显性基因作用，隐性基因抗性较少。然而，现在已经知道，抗性有可能由不同数目的基因控制，不同基因的抗性效果有大有小，而且基因之间还有可能存在加性或上位性互作，抗性基因经常是密集串联分布在染色体上的。通常情况下，抗病基因和无毒基因是以基因对基因的方式互作的。

Flor 对亚麻和亚麻锈病（*Melamspora lini*）的研究发现，寄主中的主效抗病基因特异性地与病菌中的主效无毒基因互作，并据此提出了基因对基因学说。

亚麻品种‘Ottawa770B’对亚麻锈病‘小种 22’表现感染，而对‘小种 24’表现抗病；品种‘Bombay’对‘小种 22’表现抗病，而对‘小种 24’表现感染。Flor 观察到用这 2 个小种接种‘Ottawa770B’和‘Bombay’杂交的 F_2 代群体时，F_2 代植株中出现了 4 种表型：兼抗 2 个小种、分别只抗‘小种 22’或‘小种 24’、同时感染 2 个小种，分离比例符合 9：3：3：1（表 16-1），说明这个分离群体中对这 2 个小种的抗性是由 2 个独立基因控制的。

表 16-1　亚麻品种 'Ottawa770B' 和 'Bombay' 及其 F_2 代群体对亚麻锈菌 '小种 22' 和 '小种 24' 的反应

小种及基因型	亚麻品种及基因型		Ottawa770B × Bombay F_2 代群体植株基因型			
	Ottawa 770B LLnn	Bombay llNN	L_N_	L_nn	llN_	llnn
小种 22 $a_La_LA_NA_N$	感	抗	抗	感	抗	感
小种 24 $A_LA_La_Na_N$	抗	感	抗	抗	感	感
观察植株数			110	32	43	9
预期植株数（理论比例：9：3：3：1）			109	36	36	12

注：L 和 N 为不同的显性抗性等位基因，l 和 n 分别为 L 和 N 的隐性等位基因；A_L 为与 L 基因对应的显性无毒等位基因，a_L 为 A_L 隐性毒性等位基因；A_N 为与 N 基因对应的显性无毒等位基因，a_N 为 A_N 隐性毒性等位基因。

Flor 还将亚麻锈菌小种 22 和小种 24 杂交，在 F_2 代分离得到 133 个菌系。将这些菌系分别接种到亚麻品种 'Ottawa770B' 和 'Bombay' 上，共得到 4 种表型：对这 2 个品种全不能侵染；分别只能侵染 'Ottawa770B' 或 'Bombay'、能同时侵染 2 个品种，分离比例也符合 9：3：3：1（表 16-2）。说明这个 F_2 代菌系群体对 2 个亚麻品种的致病性是由 2 个独立基因控制的。

表 16-2　亚麻锈病 '小种 22' 和 '小种 24' 及其 F_2 代菌系群体在亚麻品种 'Ottawa770B' 和 'Bombay' 上的反应

品种及基因型	亚麻锈菌小种及基因型		小种 22 × 小种 24F_2 代菌系群体基因型			
	小种 22 $a_La_LA_NA_N$	小种 24 $A_LA_La_Na_N$	$A_L\_A_N\_$	$a_La_LA_N\_$	$A_L\_a_Na_N$	$a_La_La_Na_N$
Ottawa770B LLnn	感	抗	抗	感	抗	感
Bombay llNN	抗	感	抗	抗	感	感
观察菌系数			78	27	23	5
预期菌系数（理论比例：9：3：3：1）			75	25	25	8

注：符号说明同表 16-1。

上述实验结果说明，寄主与病原菌群体互作的结果是由双方基因的对应关系所决定的。在寄主 - 病原菌体系中，任何一方的基因只有在与另一方相对应基因的特异性互作中才能被鉴定出来。根据基因对基因学说，这种特异性互作发生在显性的抗病等位基因和显性无毒等位基因之间。只有寄主抗病基因与对应的病原菌无毒基因的互作才能使寄主表现出抗性，没有互作则寄主表现为感病。表 16-3 表示的是 2 对基因的情况：寄主品种中存在 R_1 和 R_2 两个抗病基因，病原菌小种中相应地有 A_1 和 A_2 两个无毒基因。品种甲和乙分别只带有抗病基因 R_1 或 R_2，它们均能抵抗 1 号小种，表明 1 号小种带有分别与抗病基因 R_1 和 R_2 匹配的无毒基因 A_1 和 A_2。因此，1 号小种的基因型为 $A_1A_1A_2A_2$。病原菌 2 号和 3 号小种中分别带有毒性基因 a_1 和 a_2，可分别感染品种甲和乙。品种丙同时有抗病基因 R_1 和 R_2，能兼抗 1、2、3 号小种。病原菌 4 号小种中带有毒性基因 a_1 和 a_2，不能与抗病基因 R_1 和 R_2 匹配，使甲、乙、丙三个品种都感病。品种丁 $(r_1r_1r_2r_2)$ 不带有任何抗病等位基因，所以对这 4 个小种均表现感病。

表 16-3　基因对基因互作关系（两对基因）

病原菌小种	小种基因型	寄主品种基因型			
		甲 $R_1R_1r_2r_2$	乙 $r_1r_1R_2R_2$	丙 $R_1R_1R_2R_2$	丁 $r_1r_1r_2r_2$
1	$A_1A_1A_2A_2$	抗	抗	抗	感
2	$a_1a_1A_2A_2$	感	抗	抗	感
3	$A_1A_1a_2a_2$	抗	感	抗	感
4	$a_1a_1a_2a_2$	感	感	感	感

许多后续实验也直接或间接证明了其他作物与真菌、细菌、病毒、线虫以及昆虫的互作中也存在基因对基因关系。随着研究的深入，科学家已经从不同寄主植物中成功克隆了许多抗病基因，也相应地从病原菌中克隆到了无毒基因，并通过生物化学和分子生物学手段确认了抗病基因产物和无毒基因产物之间存在直接或间接的互作关系，在分子水平上验证了基因对基因学说的科学性。

基因对基因学说中有功能的基因是无毒基因，它的"功能"是与抗病基因互作，从而使抗病基因发挥作用；而其"毒性"等位基因是无毒基因发生突变的缺陷产物，丧失了与抗病基因互作的功能，使抗病基因失去作用，病原菌表现出毒性。也就是说，"毒性"等位基因本身并不是在"主动调控毒性"。只有在病原菌带有对应的无毒等位基因时，寄主的抗病基因才会起作用（即表现抗病）。如果病原菌带有毒性等位基因（通常是隐性），寄主的抗病基因是不起作用的（即表现感病）。

我们经常能在寄主作物对活体营养型病原菌的抗性反应中观察到这种抗病基因与无毒基因互作导致的结果，主要表现形式多为以细胞坏死为主要特征的过敏性反应（例如亚麻锈病就是典型的活体寄生菌）。也有研究发现，死体营养型病原菌利用了这种通常导致寄主抵抗活体营养型病原菌的基因对基因互作机制，引起寄主细胞坏死，使作物表现为高度感病。在这种情况下，寄主作物中的"抗病基因"反而会导致自己感病。这反映出作物与不同类型的病原菌互作中调控抗病性或感病性的复杂情况。

基因对基因学说只是对复杂的寄主 - 病原物互作关系中一个方面的认识，并不是所有的作物抗性机制都是基于基因对基因反应的。例如，按照基因对基因学说，抗性基因是显性的，但是我们在作物中发现了一些隐性的抗性基因，并不符合基因对基因学说。

16.4　寄主抗性的类型

寄主抗性一般可分为垂直抗性和水平抗性。

16.4.1　垂直抗性

垂直抗性（vertical resistance）是指寄主品种对其病原菌的某些生理小种免疫或高

抗，而对另一些生理小种则高度感染。van der Plank 最早阐释了这类抗病性。如果将具有这类抗病性的品种对某一病原菌不同生理小种的抗性反应绘成柱形图，可以看到各柱高度上下差异悬殊（图 16-1），所以称为垂直抗性。

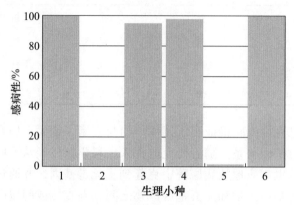

图 16-1　垂直抗性示意图

垂直抗性具有下列特征：① 抗性多是基于过敏性反应的；② 存在小种或致病型特异性；③ 多为主效基因抗性；④ 在农业生产中应用效果通常不持久（又被称为非持久抗性）。

垂直抗性或小种特异性抗性是由单基因或少数基因控制的，这种垂直抗性抗病基因（R 基因）存在于不同作物中，针对各种各样的病虫害，包括各种锈病、各种霉菌病、病毒病、细菌病和线虫等。例如小麦中的抗秆锈病基因 Sr（stem rust）、抗叶锈病基因 Lr（leaf rust）、抗白粉病基因 Pm（powdery mildew）和莴苣（生菜）中的抗霜霉病基因 Dm（downy mildew）等。主效基因抗性经常对无毒致病型表现完全免疫。一旦针对垂直抗性基因的毒性致病型流行，这一抗性就会消失。这种抗病基因（R 基因）控制的是病虫害的特定小种或基因型，并不一定会提供针对新小种的保护。

垂直抗性的最显著特征就是特异性。作物对病菌的某些菌系表现高抗，但高度感染另一些菌系。抗性表型中通常会出现典型的过敏性反应造成的坏死斑。当环境中的病菌群体有较大变异时，具有这种狭窄抗谱的品种经常是很脆弱的。这些品种也许不会立即被新小种所克服，但在一些特定栽培体系下，例如连续的单作栽培而不进行轮作，主栽品种带有单一的相同主效抗病基因，新菌系群体数量会不断增加直到造成经济损失。因此，垂直抗性很容易发生盛衰循环现象（boom and bust cycles），即垂直抗性基因周期性地被新小种克服而造成病害流行。

育种家在某地区广泛使用针对某病菌主要流行小种的主效垂直抗性基因，在本地区大面积推广抗性品种（即盛衰循环中的兴盛阶段）。抗病品种针对这一病菌流行小种的选择压使得无毒的流行小种发生率相对下降。但是，病菌会偶然产生毒性小种，而主栽品种没有对此相应的主效抗病基因，毒性小种数量会持续上升，最终新小种发生大面积流行，品种抗性丧失（即盛衰循环中的衰败阶段）。因为抗病和感病的表型差异很明显，控制垂直抗性的主效抗病基因很容易鉴定选择并通过杂交转移，因此垂直抗性在育种中得到了很好的利用。垂直抗性更适用于一年生，而不是多年生作物。其针对固定的或局地发生的病害比较有效（例如土传病害）。但是在针对像流行性真菌病害这样易变的气传病害时，垂直抗性需要策略性地加以部署，以确保其持久的抗病有效性。

16.4.2　水平抗性

水平抗性（horizontal resistance）是指针对特定病菌的所有致病型都有效，不存在品种与菌系之间的互作（因此是非小种特异性的），通常是不完全免疫的。若把具有这类抗性的品种对某一病原菌不同小种的抗性反应绘成柱形图时，各柱顶端几乎在同一水平线上（图 16-2），所以称为水平抗性。这一抗性又称为慢病性（例如慢锈性）、部分抗性、田间抗性、非小种特异性抗性、微效基因抗性或多基因抗性。

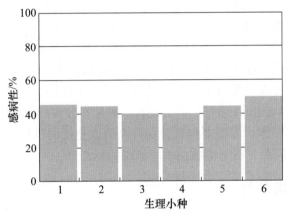

图 16-2　水平抗性示意图

水平抗性作物在病原菌初始侵染时就抵御其扩展和繁殖，因此病害发展速度较慢。与垂直抗性不同的是，水平抗性不会因为一个基因突变丧失功能而很容易地被克服。通常情况下水平抗性的效果是持久的。

水平抗性主要由多基因控制，几个不同的抗性基因各自具有微小的作用效果，又称为微效基因抗性。多基因抗性是普遍存在的，可以通过仔细比较不同材料的"感病"水平而鉴定出来。在大多数作物病害系统中，对不同种质材料的抗病性进行定量评价时，常能看出病原菌生长和繁殖速度从细微到明显的变化。水平抗性的多基因特点也使其遗传比垂直抗性更复杂一些。如果寄主抗性基因与病原菌基因不存在基因对基因关系（没有差异性互作）或存在基因对基因关系的多个寄主抗性基因效应较小（单个差异性互作效果太小而难以检测），寄主就表现出水平抗性。

进行多基因抗性育种比单基因抗性育种更有挑战性。许多微效基因难以通过杂交而有目的地转移，因为单个基因作用微小而无法对其准确鉴定和选择。一般情况下，任何种质材料中都带有不同的微效抗性基因。亲本品种中不同位点的抗性基因会在杂交后代中发生重组，导致抗性水平出现超亲分离。这些抗性水平提高的分离个体可用于下一轮的杂交和选择，从而进一步提高数量抗性水平。如果进行细致的定量观察并确保接种均匀一致，多基因抗性的遗传力是很高的。水平抗性的遗传改良比较艰苦，可以通过轮回选择的方法来实现。

在那些基因对基因关系普遍存在的病害系统中，我们可以将垂直抗性和水平抗性看作是连续变化的极端。当只有少数主效抗性基因时，很容易识别出差异性互作，结果就表现为垂直抗性。如果存在多基因作用时，就会表现出水平抗性。

16.4.3　垂直抗性和水平抗性相结合

垂直抗性在多年生作物改良中并不是首选。树木育种的时间非常长，改正错误的代价很大。一旦垂直抗性被克服，不能很快用新抗病基因替代。人们很容易想到将垂直抗性和水平抗性相结合而达到两全其美。但是一个难题是垂直抗性会掩盖水平抗性，两者共存时无法准确评估水平抗性。van der Plank 指出，在育种中过度关注小种特异性垂直抗性，水平抗性会趋向于被削弱。他将这一现象称为 Vertifolia 效应（Vertifolia 是一个具有对晚疫病垂直抗性的马铃薯品种，当其垂直抗性被克服而受到晚疫病菌侵染时，即从高抗免疫变为高度感染，说明其严重缺乏水平抗性）。当育种家关注垂直抗性，就不会对水平抗性进行评价和选择，最终导致水平抗性的丧失。但是 Vertifolia 效应并不是普遍发生的。有些研究人员发现大麦对叶锈病除了有小种特异性抗性，还有高水平的多基因抗性。为了减轻 Vertifolia 效应，有人建议育种家在分离群体中只淘汰极端感病个体，保留中度感病程度的个体，而不要仅选择那些高抗或免疫的植株。也有人建议，首先培育高抗的水平抗性基因型，再与高抗的垂直抗性材料杂交。

16.4.4　抗性的持久性

育种家对于抗性所关注的一个方面就是持久抗性。持久抗性（durable resistance）是指在一个易发病害的环境中长时间广泛种植某品种还保持有效的抗病性。水平抗性一般都比垂直抗性更持久。经常发生病原菌克服寄主品种的抗性而导致寄主抗性丧失的现象，这一现象在虫害中较少发生。即使在同一病害系统中，抗性的持久性也是有差异的。例如，在小麦对条锈病的抗性中，不同品种和不同 R 基因的抗性保持时间有很大差别。自然情况下，一个 R 基因的寿命取决于相应病原菌中与之互作的无毒基因的变异速度。具有较高进化潜力的病原群体通常具有各种繁殖模式，更可能发生基因流动，有效群体更大，突变率更高，这样的病原菌更有可能克服 R 基因。

抗性丧失并非不可避免。在自然生态系统中，作物和病原物之间形成了一种动态平衡，作物病虫害虽然年年不同程度地发生，但是很少达到大流行的程度。对自然界来说，抗性基本是稳定持久的。只是在农业生态系统中，针对变异潜力很大的病原物，针对具备基因对基因关系的病虫害，如果单一化地使用垂直抗性品种，以遗传单一的寄主群体对抗复杂多变的病原群体，才会导致抗性丧失。因此，抗性丧失实质上是对抗性基因使用不当的人为后果。

16.5　抗病虫育种的策略

抗病虫是全世界作物育种的主要目标之一。优良品种需要具备多种优良性状的组合，而不是仅仅一个优良性状。作物育种中需要重点考虑的是产量、品质和抗病虫性。

16.5.1　抗病虫育种的一般原则

作物育种的本质是对优异等位基因的合理利用。首先是发现优异等位基因，然后通过不同的遗传交配方式对优异等位基因进行重组，在重组的后代分离群体中鉴定筛选出具有优异等位基因组合的个体或家系，最终获得目标性状改良的新品种。具体到抗病虫性状，我们通常所说的抗性基因其实指的是抗病虫能力较好的优异等位基因。因此，抗病虫育种的第一步是收集和保存抗性基因资源，也就是抗性等位基因资源。抗性基因资源包括推广品种、地方品种（农家品种）、野生祖先种和近缘种属，也可以是通过诱变和生物技术人工创造出来的种质资源。

作物育种中最优先使用的应是曾经的或当前的推广品种，因为这些材料的不良性状最少（这些品种只是已经使用了一段时间，病害可能很快克服所有与这些品种相同的抗性）。一旦发现了理想的抗源，通常采用回交方法将抗性基因导入合适的品种。对于异花授粉作物，轮回选择方法可有效地提高遗传异质群体的抗性水平。自花授粉作物也可以采用这一方法。

16.5.2　抗病基因的利用策略

（1）基因更新和布局

大多数作物都具有非常丰富的 R 基因。R 基因的主要风险是不持久，需要在育种和栽培中采用适当的策略降低这一风险。如果盲目地利用同一个主栽品种的抗性，会导致所培育的全部品种都带有相同的抗病基因。一旦该基因被克服，所有品种都会同时感病。因此，需要有计划地释放抗病基因，持续不断地推出不同的抗病基因，而不是同时推广带有相同抗病基因的多个品种。同时需要每年利用一套带有不同抗病基因的鉴别寄主监测病原菌群体的毒性基因组成。一旦当前品种对新小种表现感病，育种家就推出带有有效抗性基因的新品种。这样作物育种就走在了病虫害的前头。即使这样，育种家还会面临作物的所有 R 基因最终被用完的困境。

（2）基因累加

基因累加是将几个不同的 R 基因导入同一个品种中。由于病原物具有不同的小种，育种家需要向一个品种中导入抗不同小种的一系列基因。例如将分别带有抗稻瘟病基因 *Pi-1*、*Pi-2* 和 *Pi-3* 的水稻近等基因系杂交，把这 3 个基因累加在一起。小麦中也成功地将抗黑森瘿蚊（*Mayetiola destructor*）生物型 L 的抗性基因进行了累加。基因累加的原理是病原物的各无毒基因必须都发生功能丧失突变才能侵染带有相应不同 R 基因组合的品种。这一策略要求育种工作必须是统一协调的，多基因抗性品种与其他单基因抗性品种不能在同一区域推广使用。单基因抗性品种对毒性小种的选择作用最终会导致出现能克服多 R 基因的新小种，威胁多基因品种的有效抗性。

（3）多系品种

用一个优良的推广品种作轮回亲本，通过杂交和连续回交分别导入不同抗性基因，培育出具有轮回亲本的优良遗传背景又含有不同抗性基因的一套近等基因系，根据病虫害的变化，将各近等基因系按一定比例混合而成的品种即为多系品种（multiline variety）。多系品种的原理是以抗性基因多样性对抗病虫害的变异，从而稳定寄主群体的抗性。

16.5.3　生物技术在抗病虫育种中的应用

农业生物技术的成功应用之一是抗病虫育种。1993 年 Greg Martin 等克隆了第一个作物抗病基因——西红柿抗细菌性斑点病（*Pseudomonas syringaepv tomato*）基因 *Pto*。到目前为止，已从许多作物中克隆了数百个抗各种不同病虫害的抗性基因。克隆抗性基因是应用生物技术进行抗病虫育种的基础工作。

1）抗病毒遗传工程

病毒实际上是包裹在蛋白外壳中的核酸。有些侵染作物的病毒是 DNA 病毒，但大多数作物病毒是 RNA 病毒。在生物技术研究中最重要的植物病毒是花椰菜花叶病毒 *Cauliflower mosaic virus* (CaMV)，广泛使用的组成型表达启动子 "35S 启动子" 就来自其中。抗病毒侵染的主要方法之一是培育和使用抗性品种。

作物还可以采用类似动物免疫接种的策略来对抗病毒侵染。作物在被某病毒的温和毒株侵染后，就具有了对这一病毒其他毒株的抗性。这种 "交叉保护" 策略可以使作物抵抗后续的严重病毒侵染。转基因抗病毒作物就是通过被称为 "外壳蛋白介导的抗性" 而实现的。将病毒外壳蛋白基因编码序列（开放阅读框）与强启动子序列连接形成一个嵌合基因，构建表达载体。将载体转入作物，转基因植株能够表达病毒外壳蛋白，从而产生 "交叉保护" 效果。这一策略已经在许多作物中成功实现，最早采用这一方法的是抗病毒西葫芦，番木瓜抗环斑病毒品种培育也是应用这一策略。

2）抗虫遗传工程

作物抗虫遗传工程有 2 种基本方法：① 利用来自细菌的蛋白毒素；② 利用来自植物的杀虫蛋白。

苏云金杆菌（*Bacillus thuringiensis*）是 1911 年被首次发现能杀死粉蛾幼虫的，并于 1961 年在美国注册成为生物杀虫剂。该菌杀虫作用有很强的选择性，即一种菌系只能杀死某一类昆虫。不同剂型的苏云金杆菌芽孢在有机农业中被广泛用于害虫生物防治。常用的针对不同害虫的主要菌种有 *B. thuringiensis var. kurstaki*（防治鳞翅目昆虫）、*B. thuringiensis var. berliner*（防治蜡螟）和 *B. thuringiensis var. israelensis*（防治能传播人类疾病的双翅目昆虫）等。

苏云金杆菌能产生具有杀虫作用的内毒素结晶蛋白（Bt 蛋白），最重要的结晶蛋白是 δ- 内毒素。δ- 内毒素通过破坏昆虫肠道黏膜细胞发挥杀虫作用。最初这些 Bt 蛋白没有毒性，只是毒素原，只有在被特定种类的昆虫取食后，在昆虫中肠内被水解释放出毒性成分，才被激活而产生毒性。Bt 蛋白作为杀虫剂被认为是环境安全的，只杀死特定种类的靶标昆虫，对于非靶标生物没有毒性。

人们从 *B. thuringiensis* var. *kurstaki* HD1 菌株中分离出了 *cryB1* 和 *cryB2* 两个 Bt 蛋白基因。*cryB1* 基因产物对双翅目昆虫埃及伊蚊（*Aedes aegypti*）和鳞翅目昆虫烟草夜蛾（*Manduca sexta*）幼虫有毒性，而 *cryB2* 只针对后者有毒性。

在设计 Bt 抗性作物时，科学家将改造过的 Bt 蛋白基因编码序列与不同启动子连接，通过遗传转化获得表达 Bt 蛋白的转基因抗虫作物。不同的启动子能调控 *Bt* 蛋白基因的表达方式。组成型表达的启动子会在植株所有部位持续表达 Bt 蛋白。如果不需要组成型表达 Bt 蛋白，可以通过特定的启动子选择性地在作物不同组织器官或特定发育时期表达 Bt 蛋白，例如可以在植株绿色组织部位、种子或花粉中表达。

基因工程 Bt 抗虫作物被成功地用于防治玉米螟和棉铃虫，极大地减少了杀虫剂的施用量，从而降低了农药对环境的不利影响。苏云金杆菌芽孢制剂曾被广泛用于有机农业中防治害虫，但是喷洒的 Bt 制剂不能杀死植株内部的害虫，田间喷洒可能会影响到其他无害的甚至有益的同类昆虫，Bt 制剂的有效期较短。与之相比，基因工程 Bt 抗虫作物控制作物虫害具有很大优势。

16.5.4 抗病虫育种的挑战

尽管利用育种手段来控制病虫害有一定优势，抗病虫育种也面临一系列困难和问题，有时候这一手段并不总是最优选择。

育种是一项花费巨大、需要长期坚持的事业，从经济学角度看，仅适用于针对那些主要病虫害，这些病虫害对大面积生产或具有重要价值的主要农作物造成严重危害。

抗病虫性和其他农艺性状的矛盾普遍存在。虽然经过长期努力，很多优良品种仍难以解决优质、丰产和抗病虫性之间的矛盾。人们对品种的产量、品质以及其他性状的要求在不断提高，新品种培育本身既是一个抗病虫育种的过程，又是一个解决农艺性状和抗病性矛盾的过程。

自然界并没有抗所有病虫害的抗原。栽培作物的野生近缘种具有丰富的基因资源，其中不乏抗病虫基因。这些抗病虫基因在抗病虫育种中发挥了重要作用，但是这些种质资源只有经过改造才能较好地在育种中利用（即所谓预育种研究，pre-breeding）。

针对不同病虫害的抗病虫育种难易程度和育种效果是不同的。与根腐病、茎基腐病和贮藏期腐烂病害以及线虫病相比，植物维管病害、病毒病、黑穗病、锈病和霉菌病的抗性育种相对较容易。针对取食叶部组织的害虫（蚜虫、绿蝽和飞虱等）的抗性育种比抗食根害虫或仓储害虫育种要容易。

抗病虫育种不仅要解决当前的主要病虫害，还要力求兼顾那些可能上升为主要病虫害的次要病虫害，也就是从单一抗性育种到多抗兼抗育种。随着抗性品种的推广，目标病虫害得到控制，其他病虫害的危害会上升。这一现象经常发生的根本原因是在抗病虫育种过程中忽视了针对那些作为隐患的次要病虫害的抗病性。

如果作物生产是用于食物或饲料，按照食品安全的要求，就不能利用那种提高植株体内化学毒素含量的抗性机制。

有些作物生产中总是需要常规性地喷施杀菌剂和杀虫剂，有些药剂可以防治多种病虫害。在这种情况下，通过育种仅获得针对其中一种目标病虫害的抗性就不值得，因为生产中为了防治其他病虫害还必须喷施农药。

作物缺乏持久抗性是抗病虫育种的主要问题。抗病虫育种与其他性状育种的主要不同点在于导入的抗性会引起病虫害群体的动态变化。随着时间推移，不同生产方式和投入会导致作物栽培环境条件变化，病虫害也会因进化而改变，会产生新小种。有时栽培环境变化也可能改变品种的抗性。育种家需要适应这种变化，培育具有合适抗性基因的新品种，能在多年推广使用后还保持抗性，防止破坏性的病虫害流行，减少病虫害造成的损失，确保作物生产的稳定性。

育种工作需要创造多样性足够大的分离群体，从中选择期望的目标基因组合。带有抗病虫基因的植株只有在适宜的环境中与病虫害互作才能被鉴定筛选出来。育种家需要采用可靠的方法检测分离群体的抗性差别，尽管可以利用自然发病，但是为了获得更可靠的结果，还需要人工接种鉴定。

育种家要避免培育高抗但没有经济价值的品种。最理想的品种是带有多基因水平抗性特征的中抗高产优质品种。

16.5.5　病害流行与作物育种

现代农业与早期农业相比已发生了巨大变化。育种家不断改变野生植物以适应栽培要求，经常会去除一些对野生植物生存必需但不利于现代生产的作物自我保护性状。从早期驯化开始，作物生产模式就是大规模种植少数理想的基因型（品种）。现代农业的单一种植就是这种大规模生产的极端形式，使作物遗传多样性严重降低。育种和农业生产方式都使得作物容易受病虫害危害。一旦遭受到毁灭性的病虫害打击，育种家就以培育抗性品种应对，因此开启了作物抗病—感病的持续循环。

不同类型病虫害发病情况不一样。土传病害一般被限制在局地土壤，年复一年持续发生。气传病害的发生和传播方式以及发病流行条件与土传病害不同。病虫害流行是指病虫害从开始的少量侵染逐步发展而成的暴发性发作。气传病害一般每年都会发生流行循环。流行取决于季节气候特点和感病寄主存在与否。土传病害通常需要几年时间才能在新的区域稳定并长期发作。不同类型的病虫害流行有各自独特的生态特征和时空变化特点。有些病虫害是单周期的，例如孢囊线虫、散黑穗、尖孢镰刀菌（*Fusarium oxysporum*）等，在每个作物生长季只有一次侵染循环。其他一些病虫害是多周期的，如白粉病、霜霉病、锈病、疫病和蚜虫等，在每个作物生长季内能完成多次繁殖周期，会导致侵染的指数式增长。作物真菌病害特别明显地受到气候类型和天气条件的影响。病虫害流行对作物产品的产量、品质都造成影响，严重降低了农业生产的经济效益。

在自然生态系统中，寄主作物和病虫害通过相互适应和选择而形成了协同进化（co-evolution）关系，大体上达到了势均力敌的动态平衡。但是，农业生产活动改变了这一平衡局面。随着垂直抗性品种的大面积长时间推广，相应的毒性小种数量会逐渐增多而成为优势小种，致使抗性品种"丧失"抗性，从而产生定向选择（directional selection）的后果。与定向选择相反的是稳定化选择（stabilizing selection），在感病品种大面积存在时，不会对特定的毒性小种产生定向选择，降低了优势小种形成的可能性，病虫害群体保持稳定。

在作物育种中，育种家控制病虫害流行的目标应该是把病虫害繁殖率降低到适当水平，在作物成熟时，病虫害危害只造成少量可接受的损失。如果病虫害繁殖率是零就意味着作物对病害免疫，这样当然最好，但并不是必要的。

品种是农田生态系统的重要组分之一。新品种的推广使用，由于其抗病对象、抗病类型和品种布局的种种特点，势必引起病原物物种结构和群体遗传结构的变化，反过来又影响到品种本身的使用价值和寿命，从而对整个农田生态系统造成影响。因此，抗性育种工作的指导思想必须包含生态观和系统观，要加强植病流行学对作物抗病育种的指导作用。

16.6　抗病虫育种中的鉴定筛选技术

抗病虫育种工作以及抗性研究的重要环节之一是抗性鉴定和筛选。根据不同病虫害以及作物的特点，需要采用不同的设施、技术和方法。

16.6.1　抗性鉴定的一般要求

16.6.1.1　鉴定设施

如前所述，作物病虫害发生依赖于 3 个因素的互作——病原物、寄主和环境。虽然田间鉴定筛选能代表作物的实际生长条件，但是有一定限制。天气条件（或病害三角中的环境因素）不可预测，很难保证病原物群体的均匀一致。田间鉴定还会受到其他病原物的干扰，影响对目标病虫害侵染发病的评价。有些年份，天气不利于病虫害的充分发病，难以准确有效鉴定抗病虫性。田间鉴定还依赖于田间自然发生的致病型群体，存在一定的偶然性。

在室内人工控制环境中的检测可实现对病虫害的可靠、均匀和稳定的评价，但是较少反映田间实际情况。人工控制环境鉴定包括温室鉴定和离体鉴定。对于移动的害虫的抗性鉴定很困难，需要特殊的措施来限制害虫。

16.6.1.2　影响抗病虫性状表达的因素

有一些特殊因素会干扰抗病虫育种工作，包括自然环境条件和生物因素。

1）自然环境条件

自然环境条件要保持在适宜的范围内，以确保病虫害充分发生。

（1）温度

有些抗病基因的表达水平会随着温度上下浮动而改变。

（2）光照

光强会影响作物体内与抗性有关的某些化学成分（例如马铃薯中的糖苷物质）的含量，因此会影响到作物的抗病虫性表达水平。

（3）土壤肥力

一般情况下，高土壤肥力时，作物生长更鲜嫩，也更易感病。但也有些病虫害更容易侵染营养缺乏的植株。

2）生物因素

（1）植株年龄

作物对病虫害的反应会随着年龄的增长而改变。有些病虫害在植株生长的早期更严重。

（2）作物组织

作物某些特定组织能更好地表达特定的抗性，如有些在块茎中，有些在叶子部位。

（3）新致病型或生物型

育种家需要时刻注意许多抗性只对一些致病型有效，而对其他无效，所以要时刻留意病原物新致病型或新生物型的出现，及时更新抗源。

（4）诱导抗性或敏感性

前期病虫害对作物的侵染可能诱导出作物对其他病虫害的抗性。也有一些情况是前期病虫害侵染导致作物植株对原来抵抗的病虫害变得敏感了。

16.6.2 抗性鉴定方法

16.6.2.1 田间鉴定

在田间自然发病或人工接种条件下，尤其是在病虫害常发区，进行多年多点鉴定是一种有效的鉴定方法。为保证田间鉴定的可靠性和稳定性，经常采用诸如调节温湿度（采用喷水或浇水、喷雾和遮荫等办法）、控制作物营养水平和调节播期等措施以促进病虫害充分发作。

1）抗病性的田间鉴定

作物抗病性鉴定一般在专设病害接种圃中进行。接种圃中均匀地种植感病材料用作诱发行，并进行人工接种。接种小麦锈病、玉米大 / 小斑病和稻瘟病等气传病害，可采用涂抹、喷粉（液）和注射孢子悬浮液等方法。鉴定棉花枯 / 黄萎病等土传病害，除在重病地区设立自然病圃外，在非病地区，可将菌种与肥料混合，在播种或施肥时一起施入进行人工接种。小麦腥黑穗病、线虫病等由种苗侵入的病害可采用孢子或虫瘿拌种。水稻白叶枯病等由伤口侵入的病害可通过剪叶或针刺等方法接种。对于由昆虫传播的病毒病，可用带毒昆虫接种。接种圃中要均匀种植感病品种作为对照，以检查田间发病是否均匀，也作为评价育种材料抗性水平的参考。

田间抗病性鉴定依据的指标有很多，定性指标即通常的反应型分级，主要根据病菌侵染点及其周围枯死反应的有无或强弱、病斑大小、色泽以及其上产孢的有无、多少等分为免疫、高抗、中抗、中感和高感等级别。定量指标一般采用普遍率（病株率和病叶率）、严重度（平均每病叶或每病株上的病斑面积占体表总面积的百分率）、病情指数或病害发展曲线下面积（area under disease progress curve，AUDPC）等参数来区分。实际工作中，鉴定指标的选择取决于病害的种类、接种方法和研究目的，既可采用单一指标，也可采用复合指标。

2）抗虫性的田间鉴定

可在大面积感虫作物或感虫品种种植区中种植待测材料；或在待测材料中种植感虫品种诱发虫害；或利用引诱作物或诱虫剂把害虫引进鉴定圃；也可以用特殊的杀虫剂控制其他害虫或天敌，而不杀害测试昆虫，以维持适当的害虫群体等。如要鉴定棉花品种对棉花蚜虫和螨类抗性时，可适时适量地喷施西维因和果苯对硫磷。这两种农药对蚜虫和螨类的毒性较低，可用来控制天敌。要鉴定水稻品种对飞虱的抗性时，喷施苏云金杆菌可排除螟虫的干扰等。

田间抗虫性鉴定指标主要根据作物受害后的症状和后果，如死苗率、叶片被害率、果实被害率和减产率等；或以昆虫个体或群体增长的速度等为指标，如虫口密度、产卵量、死亡率、平均龄期、平均体重和生长速度等。常用的方法是调查害虫群体密度。同样，在鉴定时可用单一指标，也可用复合指标以计量几种因素的综合效果。

16.6.2.2　室内鉴定

为了不受环境条件的限制和干扰，提高鉴定结果的可靠性和稳定性，常利用室内人工控制环境条件开展鉴定，包括温室活体鉴定及离体鉴定。因为在人工控制环境条件下便于进行空间隔离。可进行病原菌的分小种接种鉴定，这是田间鉴定难以做到的。室内鉴定还可防止危险性病原菌和特定小种在田间扩散。

1）抗病性的室内鉴定

作物抗病性的温室鉴定需要进行人工接种，并且要注意调节光照、温度和湿度，使寄主生长发育正常，保证适于发病的条件。接种量既要保证作物充分发病，又不要使其丧失真实抗病性。温室鉴定一般只有一代侵染，不能充分表现出群体的抗性（抗流行）。

离体鉴定是室内鉴定的一种，用植株的部分枝条、叶片、分蘖和幼穗等进行离体培养并人工接种鉴定，如马铃薯晚疫病、小麦白粉病、小麦赤霉病和烟草黑胫病等。离体鉴定的速度快，可同时分别鉴定同一材料对不同病原菌或不同小种的抗性，而不影响其正常的生长发育和开花结实。

在选择离体鉴定前，首先必须试验该病害抗性在离体抗性和活体抗性（田间或室内）间抗性程度的相关性，只有显著相关的病害才适合采用离体鉴定。

2）抗虫性的室内鉴定

有一些害虫在田间不一定年年能达到或保持最适的密度，而且同种昆虫的不同生物型在田间分布没有规律，难以使不同昆虫个体在龄期和其他生物学特性方面达到一致。在人工控制环境条件下，室内鉴定比田间鉴定更准确可靠，也易于获得一些定量的指标，特别是难以在田间测定的指标，如害虫的排泄物等。室内鉴定法特别适用于鉴定苗期为害的害虫以及研究作物抗虫机理和遗传。

室内鉴定的虫源可以人工饲养，也可以通过种植感虫作物（品种）从田间诱捕。人工长期饲养会使害虫衰退，致害力降低，需定期采用田间繁殖复壮。

除了上述各种直接鉴定外，还有一类不接种病虫而是用致病毒素处理间接地鉴定抗病性的方法。例如利用玉米小斑病 T 小种、甘蔗眼斑病和小麦赤霉病等病菌的致病毒素处理植株或愈伤组织（原生质体）进行抗性筛选。此外，还有通过测定作物体内某些特殊代谢产物含量（如一些植保素或生理生化指标等），甚至采用血清学或定量 PCR 来评价抗病性的方法。当然，间接鉴定方法也只有在通过直接鉴定方法的检验证实可靠后才能在实际工作中应用。

从抗病育种的角度看，田间自然发病鉴定是基础，永远不能被其他方法完全取代，其他方法都是辅助性方法，最后结论必须以田间鉴定结果为准。

无论是田间或室内鉴定，人工接种的方法和诱发强度必须与鉴定目的相适应。如果是一般的抗病品种筛选，接种方法应力求接近自然情况。在这种情况下，采用摩擦脱蜡、针刺、剪叶和注射等方法接种时需要慎重考虑。因为这些方法可能会破坏作物的某些抗接触或抗侵入特性，只能鉴定出抗扩展特性，这样的结果未必能全面反映出品种在田间自然情况下的真实抗性。

思 考 题

1. 名词解释：生理小种、生理型、生物型、鉴别寄主、垂直抗病性、水平抗病性、持久抗病性、多系品种。
2. 简述作物抗病虫育种对现代农业生产的重要性。
3. 何为基因对基因学说？基因对基因学说对作物抗病育种的意义何在？
4. 如何进行作物抗病虫育种工作？
5. 如何保持作物抗病虫品种抗性的稳定和持久？

参 考 文 献

［1］ 潘家驹. 作物育种学总论. 北京：中国农业出版社，1994.

［2］ 孙其信. 作物育种学. 北京：高等教育出版社，2011.

［3］ 张天真. 作物育种学总论. 北京：中国农业出版社，2003.

［4］ Chahal G S, Gosal S S. Principles and procedures of plant breeding. Alpha science international Ltd, 2002.

［5］ Flor H H. Mutations in Flax Rust Induced by Ultraviolet Radiation. Science, 1956, 124(3227): 888-889.

［6］ Martin G, Brommonschenkel S, Chunwongse J, et al. Map-based cloning of a protein kinase gene conferring disease resistance in tomato. Science, 1993, 262(5138): 1432-1436.

［7］ Van der Plank. Plant diseases: Epidemics and control. New York: Academic Press, 1963.

第17章 抗非生物逆境育种

作物生长在大自然中，无时无刻不受环境条件的影响。作物生长发育进程中并非总是一帆风顺，期间除了可能会遭受病虫害等生物胁迫外，也可能遇到来自不良气候环境以及土壤等非生物胁迫的困扰，而使其产量和品质受到影响，这种不良影响称为环境胁迫或逆境（abiotic stress）。

我国是一个地域广阔的农业大国，气候条件复杂多变。干旱、高温、洪涝和霜冻等各种自然灾害近年来频繁发生，对作物产量和品质带来了严重影响。作物虽不能像动物那样自由逃逸去躲避逆境，但可通过调控基因表达影响体内各种生理生化的变化来响应和适应非生物逆境胁迫，进而增强对非生物胁迫的耐性或抗性。挖掘利用作物本身的抗逆能力并培育抗逆品种可以抵抗逆境的危害。这种利用作物本身的遗传特性培育逆境条件下能保持相对稳产以及应有品质的新品种，称为抗逆性育种（breeding for stress resistance）。当前作物抗非生物逆境品种的选育依然是应对各种非生物逆境策略中最经济有效的方法。通过抗非生物逆境育种，可以使育成的作物品种在相应的胁迫条件下保持相对稳定的产量和品质。

近年来随着分子遗传学、分子生物学、基因组学、转录组学、蛋白质组学以及代谢组学等领域的飞速发展，产生了丰富的数据，为作物抗非生物逆境育种提供了大量有价值的信息。

17.1 非生物逆境的种类及作物抗逆育种的特点

17.1.1 作物非生物逆境的种类

根据作物遭受的逆境不同，非生物逆境可以分为3大类：温度胁迫、水分胁迫和矿物质胁迫。温度胁迫中有高温危害和低温危害，低温危害中又有冻害和冷害之分。水分胁迫中有干旱、湿害和渍害。干旱又分为大气干旱和土壤干旱。有些非生物胁迫因素共同危害，如高温伴随干旱同时出现，形成干热风危害。矿物质胁迫主要包括盐胁迫和酸性土、铝和重金属胁迫等（图17-1）。

17.1.2 作物抗非生物逆境育种的意义和进展

干旱缺水已成为世界农业生产面临的严重问题，也是制约我国农业和经济发展的重

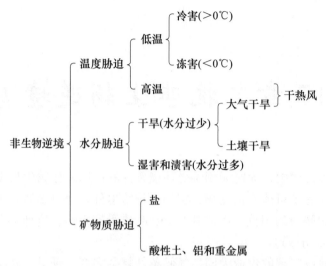

图 17-1　作物非生物逆境的主要种类及因素

要非生物逆境。在世界范围内，干旱和半干旱地区的总面积占陆地面积的 30% 以上。我国干旱和半干旱地区占国土面积 50% 左右，其中大部分分布在北方和西北地区。干旱已成为制约这些地区农业生产的主要因素。

近年来，由于温室效应的加剧，全球平均气温不断升高，高温所造成的生产损失越来越严重，整个种植业面临着巨大的挑战。据统计，小麦开花至成熟期间每出现一天干热天气，每公顷小麦产量损失 7.6 kg。水稻高温热害也是中国稻作区的主要自然灾害，主要发生在长江流域以南，较严重的地区是江西大部、湖南东部、福建西部、浙江西南部、四川东部和广东的东北部。这些地区的早稻开花灌浆期、早熟中稻孕穗期至抽穗开花期（一般为 7—8 月）正好处于较长时间的高温天气中。高温导致作物不能正常散粉和受精，籽粒灌浆不饱满，即 "高温逼熟"，使得一些具有高产潜力的品种或组合的产量不稳定，有时造成大幅减产，增加了农业生产的风险性。

土壤中盐碱是影响农作物产量的另一个重要因素。据统计，世界上有超过 40 亿 hm² 的内陆盐碱地。由于灌溉不当造成的次生盐碱地也有 4.5 亿 hm²。我国盐碱地主要分布在东北和西北等干旱半干旱地区。近年来随着温室大棚等生产设施的增加和发展，土壤次生盐渍化面积逐年增加，造成耕地面积不断减少。

不同作物以及同一种作物的不同品种类型，对各种环境胁迫因素存在着不同程度的抗（耐）性，为开展抗逆性育种提供了可能。近年来，各国政府和科研机构都非常注意加强作物抗逆性的研究。抗逆性品种的推广应用对于合理利用自然资源，保持农业生产的可持续发展具有重要的意义。

常规杂交育种在作物抗旱、耐盐品种选育方面发挥了重要作用。到目前为止，育种家已培育出一大批抗性较强的材料，为农业生产提供了有价值的抗逆品种。近年来随着功能基因组学研究的深入，越来越多的抗逆优良等位基因被挖掘。利用转基因技术培育抗逆新品种的分子育种手段越来越受到重视。目前通过转基因技术获得抗逆的转基因作物已有数十种。

17.1.3　作物抗逆育种的特点

作物抗逆育种不能孤立地追求抗逆性的遗传改良，而应该与产量、品质和抗病虫等育种目标相结合。育种工作者应根据不同地区逆境种类的不同以及作物抗逆性遗传特点选择相应的育种方法。传统的育种方法如选择育种、杂交育种、回交育种、远缘杂交、诱变育种、轮回选择、转基因育种、分子设计育种和分子标记辅助选择等均可用于作物的抗逆遗传改良。

抗逆性育种有如下特点：① 同作物病虫害的发生类似，有些作物逆境的发生在不同年度间不一样，有些在地区间发生的程度不一样，有时不同逆境还会同时发生，增加了育种工作的难度；② 逆境对作物的伤害常常是多方面的，如在作物不同发育时期，逆境产生的伤害不同，所以作物抗逆的鉴定指标也不一样，通常以形态、生理生化指标和最终的产量结合在一起作为抗逆性判断的依据；③ 作物的抗逆性往往由多基因控制，遗传效应包括显性效应、加性效应和互作效应等，所以在作物抗逆育种中应根据不同抗逆性的遗传特点进行杂交组配和后代选择；④ 作物对不同逆境的抗性有一定的相关，如抗盐碱的品种，抗旱性也不错。苗期抗寒的玉米品种在成株期一般也耐旱。根据这些特点，可以对育种后代进行多抗性选育。

鉴于国外抗逆性遗传育种工作进展较快，我们在进行抗逆育种中应注意及时引进优良的抗（耐）逆性种质资源，并在育种中加以利用。此外，多学科协作尤其是与植物生理学和土壤学等学科的合作对于明确逆境对作物伤害的机理和完善抗逆性鉴定指标也有重要意义。

17.2　作物抗旱性育种

17.2.1　干旱胁迫与作物抗旱性

作物体内的水分状况取决于吸收和蒸腾两个方面，吸收减少或蒸腾过多均可导致作物水分亏缺。过度水分亏缺的现象，称为干旱。干旱胁迫（drought stress）是指土壤水分缺乏或大气相对湿度过低对作物造成的危害。作物所受的干旱有大气干旱、土壤干旱及混合干旱 3 种类型。

干旱胁迫发生时，作物一般表现为出苗不齐、萎蔫、生长停滞、落花落果、产量下降和品质降低，严重时导致植株死亡。作物对干旱的抵抗或适应能力称为抗（耐）旱性（drought resistance）。

根据作物对水分的需求情况，作物可分为水生作物、中生作物和旱生作物 3 种类型。旱生作物是抗旱性非常强的作物。根据它们的抗旱机制可分为避旱性、免旱性和耐旱性 3 种类型。避旱性（drought escape）是指作物通过早熟和发育的可塑性，在时间上避开干旱的危害，它实质上不属于抗旱性。免旱性（drought free）是指在生长环境中水分不足时作物体内仍保持一部分水分而免受伤害，从而能维持生长性能，包括保持水分的吸收和减少水分的流失。耐旱性（drought tolerance）是指作物具有耐脱水的能力。具有耐脱水性的作物，在干旱条件下不能避免脱水，但可耐受脱水。免旱性和耐旱性属于真正的抗旱性。它们的区别在于免旱性的主要特点大都表现在形态结构上；而耐旱性的主要特点则大多表现在生理上。栽培作物大多是中生作物，不存在典型的避旱性和耐旱性，所以栽培作物的抗旱性是避旱性和耐旱性的综合作用。

17.2.2　作物抗旱性鉴定方法与指标

作物抗旱育种在很大程度上依赖于对抗（耐）旱性资源的发掘和利用。因此，种质资源的抗旱性鉴定、评价及筛选是作物抗旱育种的关键环节（另见第5章中的抗旱性鉴定）。作物抗旱性鉴定技术多样，在常年干旱地区，可以在具有干旱胁迫条件的田间，直接按照作物受胁迫的表现程度或产量高低进行抗（耐）旱材料的筛选；在干旱偶发地区，根据条件和需要，可以同时设置旱地和水浇地对比试验，或者用可控制土壤水分含量的盆钵试验，进行反复干旱和复水试验，以成活率判断抗旱性的强弱。由于还没有一种单独的技术可以有效地测定所有作物品种的干旱反应，实际鉴定过程中只能采用与不同地区、不同旱胁迫类型和作物种类相适应的方法，配合田间试验，才能获得较准确的评价。

作物抗旱性通过抗旱指标鉴定和比较来体现，一般来说，作物生长发育和产量指标是鉴定抗旱性的可靠指标。为了加速作物抗旱性鉴定和抗旱遗传育种进程，一些简单、可靠又快速的形态解剖和生理生化指标应用于抗旱性鉴定显得非常重要。

（1）形态指标

在形态性状上，如根系的长度、数量及分布、植株冠层结构特征等，都与抗旱性有不同程度的关系。一些长期生长在干旱少雨地区的作物，为了适应恶劣的环境条件，在形态上表现为株型紧凑、叶直立、根系发达、根冠比较大、叶片角质层厚和气孔下陷等特征，用以抵御水分胁迫，保证植株正常生长。从叶片的解剖结构发现，抗旱性较强的品种其维管束排列紧密，导管多且导管直径较大。一般认为禾本科作物的叶片较窄而长、叶片薄、叶色淡绿、叶片与茎秆夹角小和干旱时卷叶是其抗旱的形态结构指标。

（2）生理指标

与作物抗旱性相关的生理指标包括对蒸腾的气孔调节、对缺水的渗透调节和对质膜的透性调节等。叶片相对含水量（relative water content，RWC）、失水速率（rate of water loss，RWL）和水势能很好地反映植株的水分状况与蒸腾之间的平衡关系。在相同渗透胁迫条件下，抗旱性强的品种具有较高的相对含水量和较低的失水速率。近年来，许多研究者就根系提水在抗旱性鉴定中的作用做了大量研究。根系提水是一种水分运动现象，作物根系不同部位所处土壤水势的空间分布不同，在低蒸腾条件下（夜间），生长于潮湿区域的根系吸水后将水运输到干燥部分的根系，并通过这部分根系将其中一部分水分释放到根际周围干土中去。在干旱条件下，根系提水可以保证作物根系从深层相对湿润的土壤中吸收水分从而保持干旱层根系不死亡。抗旱性强的品种根系提水作用显著大于抗旱性弱的品种。

（3）生化指标

与作物抗旱性相关的生化指标包括脯氨酸和甘露醇等渗透性调节物质的含量、植株的脱落酸水平和 SOD 酶与 CAT 酶活性等。叶片渗透调节可分为 2 种机制：一种是以可溶性糖和氨基酸等有机溶质为渗透调节物质，主要调节细胞质，同时对酶和生物膜起保护作用；另一种是以 K⁺ 和其他无机离子为渗透调节物质，主要调节液泡，以维持膨压等生理过程。当土壤干旱时，植物能在根系中形成大量脱落酸，使木质部汁液中脱落酸浓度成倍提高，引起气孔开度减小，实现作物水分利用最优化控制。此外，作物在干旱胁迫后，抗旱性不同的小麦叶片中 SOD 酶和 CAT 酶与膜透性及膜脂过氧化水平之间存在负相关，可反映不同抗旱性品种膜脂过氧化的保护作用。

（4）产量指标

作物的抗旱性最终要体现在产量上，所以作物品种在干旱条件下的产量是鉴定抗旱品种的重要指标之一。一些抗旱品种在正常环境下往往低产；而不抗旱的高产品种在轻度干旱下产量高于抗旱品种，在严重干旱条件下产量又低于抗旱品种。所以产量试验有时也难以真正鉴定出作物的抗旱性。抗旱系数（胁迫下的平均产量 / 非胁迫下的平均产量）和干旱敏感指数 SI［SI=（1− 抗旱系数）/ 环境胁迫强度］是从产量上反映抗旱性的重要指标。由于育种上需要兼顾产量，因此在抗旱性鉴定中常用抗旱指数 DL（DL= 抗旱系数 × 旱地产量 / 所有品种旱地产量的平均值）来衡量作物的抗旱性。

（5）综合指标

以上的抗旱鉴定方法基本上都是从单项指标对作物的抗旱性进行鉴定。作物的抗旱性是由多种因素相互作用构成的一个复杂的综合性状，其中每一因素均与抗旱性之间存在着一定的联系。为了弥补单项指标鉴定的缺陷，近年来多采用综合指标法鉴定作物的抗旱性。一是抗旱总级别法，根据多项指标所测数据，把每个指标数据分为 4～5 个级别，再把同一品种的各指标级别相加即得到该品种的抗旱级别总值，以此来比较品种抗旱性的强弱；二是采用模糊数学中的隶属函数方法，对品种各个抗旱指标的隶属值进行累加，求其平均数并进行品种间比较以评定其抗旱性。

17.2.3　抗旱作物品种选育方法

抗旱种质资源的收集是进行作物抗旱育种的第一步。首先，要充分挖掘我国地方品种资源潜力，对其进行抗旱性鉴定，选择出抗旱性较好的材料作为抗旱育种的基础材料。其次，广泛引进国外种质资源，尤其是热带 - 亚热带和 CIMMYT 等抗旱种质资源，对其进行驯化和改良，扩充我国作物抗旱种质资源，鉴定有利的抗旱基因加以改良利用。很多热带的水稻品种如 'TKM6' 和 'IET5849' 等有较好的抗旱特征，可在水稻抗旱育种中作为亲本使用。最后是要重视作物近缘种和远缘种抗旱资源的利用。小麦近缘种属的细胞质对改良小麦的抗旱性有一定的作用，如粗山羊草和黑麦的细胞质能提高核亲本的抗旱性（杨起简，2000）。

1）杂交育种

杂交育种是选育抗旱品种的主要方法。利用抗旱性强的种质资源为亲本，通过杂交和后代选择可以有效实现抗性和丰产性的有机结合。中国农业大学以高产、优质小麦品种 '农大 3097' 为母本，以抗旱性强的小麦品种 '轮选 987' 为父本，通过杂交选育出的小麦品种'农大5181'不仅高产，而且具有抗旱和抗病等多种抗性。Sehurdin用源自土耳其的小麦品种与俄罗斯的地方品种杂交，育成了一系列既高产又抗旱的小麦品种，如'Lutescens53/12''Albidams-21''S-21'和'S-43'等。很多热带的玉米和水稻品种或品系具有较好的抗旱特性，可在抗旱育种中作为亲本使用。

远缘杂交也是进行抗旱育种的有效方法。有研究发现，粗山羊草和黑麦的细胞质对改良小麦的抗旱性也有很好的作用。

2）分子育种

随着抗旱基因位点分子标记研究的深入，作物抗旱性分子标记辅助选择育种也正在逐步展开。Zhang等（2013）用SSR、SRAP和RAPD等分子标记对小麦苗期抗旱性状的基因定位研究表明，在干旱胁迫条件下，共检测到22个QTL位点，其中6个为主效QTLs。在水稻中的研究发现，在水稻第3、7和8号染色体上存在控制渗透调节的基因位点，其中位于8号染色体上的*RG1*位点最为重要。玉米第7号染色体上有控制气孔调节的重要位点，3号染色体上存在控制ABA含量、叶片水势和叶片膨压以及根系拉力的位点，在4号和8号染色体上分别有控制胚根和须根数目的基因位点。这些位点的发现，为作物抗旱分子育种提供了基础。

随着人们对抗旱性机理研究的深入，通过转基因技术提高作物抗旱性也取得新的突破。孟山都公司利用转基因技术获得耐旱性明显增强的转基因玉米品种，已进行生产试验。通过各种方法克隆的抗旱相关基因在作物抗旱性的遗传改良上进行了尝试，包括：① 渗透调节物质（脯氨酸、甜菜碱和糖类等）合成中编码关键酶类的基因，如脯氨酸合成关键酶*P5CS*基因（Wu等，1999）；② 清除活性氧的酶类基因，如*SOD*基因；③ 保护细胞免受水分胁迫伤害的功能蛋白基因，如晚期胚胎丰富蛋白（*LEA*）基因（Xiao等，2007）；④ 传递信号和调控基因表达的转录因子如*bZIP*、*NAC*、*MYC*、*MYB*及*DREB*基因等；⑤ 感应和转导胁迫信号的蛋白激酶基因以及在信号转导中起重要作用的其他蛋白酶类基因如*CDPK*、*MAPKK*等。这些基因的转基因功能已在模式植物中进行了验证，但得到的转基因株系还只是在实验室条件下表现一定的抗逆性，尚没有真正在大田中改善作物的抗旱性。通过转化一个基因达到生产上抗旱要求尚有难度。通过转化在胁迫应答过程中起中心作用的上游调控基因或将多个抗旱基因转化到一个受体品种，可能实现转基因材料抗旱性的大幅提高。

17.3　作物耐盐性育种

17.3.1　盐害与作物耐盐性

土壤中过量的可溶性盐类对作物造成的损害，称为盐害或盐胁迫（salt stress）。盐胁迫包括渗透胁迫、离子毒害以及由此引起的次生胁迫。渗透胁迫（osmotic stress）是由于土壤中可溶性盐过多，土壤渗透势增高而水势降低，造成作物吸水困难，生长发育受到抑制；离子毒害（ion toxicity）是指由于离子的拮抗作用，吸收某种盐离子过多而排斥了对另外一些营养元素的吸收，从而影响正常的生理代谢过程。盐分过多的土壤统称为盐碱土。通常把碳酸钠为主的土壤称为碱土，氯化钠与硫酸钠为主的土壤称为盐土，但两者常同时存在。盐害发生时，一般表现为作物生长缓慢，代谢受到抑制，作物干重显著降低，叶片变黄、萎蔫，甚至植株死亡。作物对盐害的耐性称为耐盐性（salt tolerance）。作物的耐盐机理实际就是解决高盐分浓度环境下作物如何生存的问题，即作物如何实现既要从低水势的介质中获取水分和养分，又不影响本身的代谢和生长发育的双重目标。耐盐性可分为避盐性和耐盐性 2 种类型。避盐性（salt escape）指通过对外分泌过多的盐来避免盐害，如玉米和高粱等作物；大麦通过吸水与加速生长以稀释体内的盐分或通过选择吸收以避免盐害。耐盐性则是指通过生理适应，忍受已进入细胞的盐分，常见的方式如通过细胞渗透调节进而适应因盐渍而产生的水分胁迫；另一种方式是降低和消除盐离子对代谢过程中各种酶类的毒害作用，还有通过代谢产物与盐离子结合，减少游离的盐离子对原生质体的破坏作用。

17.3.2　作物耐盐性鉴定方法与指标

作物的耐盐性不仅受外界条件的影响，而且与不同作物、同一作物不同品种及同一品种不同生长发育阶段有关。因此，作物的耐盐性鉴定也是一个复杂的技术问题。从国内外情况来看，作物的耐盐性鉴定主要有直接鉴定法和生理鉴定法 2 种方法（另见第 5 章中的耐盐碱性鉴定）。

1）直接鉴定法

作物耐盐性的直接鉴定法主要有以下 3 种：① 营养液培养法，即将供试材料进行砂培或水培，控制培养液的盐分和营养成分，根据其生长表现测定其耐盐性。② 萌发实验法，即通过播种在装有能控制盐分浓度的土壤或砂的容器中，根据种子在高盐条件下的萌发率筛选耐盐材料。③ 苗期盐溶液培养法，即将供试材料进行砂培或水培，控制培养液的盐分和营养成分，根据其生长表现，包括发芽率、出苗率以及幼苗在盐害条件下的苗高、根长、根数和叶片数等形态性状变化评价作物耐盐性。④ 田间产量试验法，即将供试材料种植在适当的盐碱地上进行产量试验，根据产量表现评定其耐盐性，包括最终产量和产量构成因子。如水稻的有效穗数、每穗总粒数和粒重等。这是作物耐盐性最直接、最可靠的评价指标。

2）生理鉴定法

不同作物由于耐盐方式和耐盐机理不同，其组织和细胞内的生理代谢和生化变化也不同，因此必须采用一系列的综合指标来反映作物的耐盐性。其中常用的生理指标有细胞膜透性、渗透调节能力、作物体内盐分含量或 Na^+/K^+ 比例、一些保护性系统的酶活性大小及光合能力等来鉴定作物的耐盐性。

研究发现，在不同盐浓度和环境条件下，作物可能通过不同的途径或机制来抵抗盐的毒害，所以在耐盐资源的筛选和鉴定中，应针对具体材料，采用不同的方法和多种途径来综合评价作物的耐盐性。

17.3.3　耐盐碱作物品种的选育

作物耐盐碱育种的基本方法是在盐碱条件下对大量材料进行筛选，获得耐盐碱的种质资源，以供进一步研究和利用。国内外已有许多对不同作物种质资源的耐盐性鉴定的研究。在获得耐盐性种质资源基础上，通过杂交、回交等手段将耐盐性位点导入栽培品种中去，进而培育耐盐丰产的新品种。如 IRRI 在对上万份稻种资源进行耐盐性评价的基础上，发现有 5% 左右的材料具有不同程度的耐盐性，其中'农林 72'和'Pokkilid'等不仅耐盐性强，而且一般配合力高，在育种上有较好的利用价值。秘彩莉等（1999）通过对 400 份小麦材料进行芽期和苗期的耐盐性鉴定，筛选出一批耐盐性较强的普通小麦，并通过杂交和选择获得了一系列中间材料。其中，小麦和黑麦的杂交后代材料'98-113'，小麦和延安赖草杂交后代材料'98-160'耐盐性表现最为突出。

多数研究认为，作物耐盐性是由多基因控制的数量性状。小麦耐盐性通常表现为连续变异的数量性状；水稻杂交种 F_1 的耐盐性表现为显性、部分显性或超显性，苗期耐盐性广义遗传力为 49%～83%，说明对水稻耐盐性早期选择是有效的；大豆耐盐性遗传研究中发现，显性基因 Ncl 控制避盐，而其隐性等位基因控制吸收盐。

除杂交育种外，轮回选择法也可用于作物的耐盐育种。另外，通过作物耐盐基因 QTL 定位，获得与作物耐盐主效基因的连锁标记，利用分子标记辅助选择技术可进一步提高选育耐盐、高产品种的效率。

利用组织培养结合诱变技术可以获得耐盐突变体。将不同基因型的小麦花药愈伤组织用化学诱变剂 EMS 诱变，在 NaCl 胁迫下筛选获得的耐盐突变系，经盐池鉴定有 52.9% 达到一级耐盐，表现出一定的遗传稳定性，耐盐品系的结实率也得到恢复（沈银柱，1997）。以水稻花药为材料，经 EMS 处理，NaCl 胁迫筛选到的耐盐突变体能够稳定遗传，耐盐性呈 3∶1 的分离。

随着分子生物学的发展，国内外科学家以拟南芥为模式材料，研究了拟南芥耐盐的分子机制及相关信号转导途径，并对一些耐盐基因进行了克隆和功能鉴定。这些耐盐基因按照功能划分为 2 类：① 功能基因，包括渗透调节物质合成基因如 P5CS、BADH、SacB 等和编码 Na^+/H^+ 逆转运蛋白基因如 SOS1、NHX1 等。调节渗透物质的合成对于维持作物在渗透胁迫环境中的生存至关重要。将 P5CS、BADH 和 SacB 等基因转入作物体后，脯氨酸、甜菜碱和糖类等含量明显增加，同时转基因作物耐盐性也显著提高。利用 RNAi 技术将番茄中的 SOS1 基因敲除，转基因的番茄植株对盐胁迫更加敏感。② 调节基因，包括编码转录因子的基因如 DREB、MYB 和 NAC 等以及蛋白激酶类基因如 CDPK 等。转录因子是可以和基因启动子结合区域顺式作用元件发生特异性作用的 DNA 结合蛋白。在逆境条件下，这些转录因子可以调控下游多个抗逆基因的表达。蛋白激酶在细胞信号识别和转导中发挥重要作用，直接关系着作物体对环境变化的感应和对逆境信息的传递。AtCPK23 是 CDPK 蛋白激酶家族成员，在拟南芥中超表达 AtCPK23 基因后，转基因株系表现出对干旱和盐胁迫的高耐受性。研究者将拟南芥中定位于液泡膜上的 Na^+/H^+ 逆向转运蛋白基因导入小麦，获得了抗盐性显著提高的转基因小麦，2005 年已进入田间试验阶段。我国科学家从盐地碱蓬中克隆了该基因，它编码的蛋白质能使细胞内离子区隔化和离子均衡，解除了钠离子的毒害（Ma 等，2004）。这一基因已导入多种作物，有望在作物耐盐育种上取得突破。

17.4　作物耐热性育种

17.4.1　热胁迫与作物耐热性

由高温引起作物伤害的现象称为热害（heat injury）。高温对作物生产的影响在作物生长发育的多个时期都可发生：幼穗发育期温度过高可缩短穗分化持续时间，使穗粒数减少，从而降低产量；抽穗期高温可导致花粉败育，小花结实性下降；而生育后期的高温则造成籽粒灌浆障碍，引起籽粒重量减轻，产量下降；夜间高温影响效应与白昼高温相似，也会造成千粒重下降、产量降低。热害常伴随干旱同时发生，形成干热风，这在我国北方比较严重。在南方主要是湿热。热胁迫和干旱胁迫这 2 种逆境组合对作物的影响不同。

作物对热害的适应能力称为抗热性（heat stress resistance）。面对高温胁迫时，作物会产生避热和耐热 2 种抗性。

避热性（heat escape）是指处于高太阳辐射或热空气中的作物通过某种方式使自身的温度降低，从而避免高温损害的特征，如蒸腾作用、叶片空中取向、运动和对太阳辐射的反射等方式。目前研究较多的是作物蒸腾作用对作物体的降温作用。张嵩午（1994）对小麦品种蒸腾作用、叶温和光合作用三者的关系进行了研究，发现许多大面积栽培品种在热胁迫条件下都具有较高的蒸腾作用、较低的叶温，并能维持较高的光合速率。刘瑞文等（1992）在小麦叶温对籽粒灌浆的影响研究中也发现，叶温较低、叶气温差较大，利于小麦籽粒的灌浆。另外，作物生长后期气温日趋增高，早熟可视为发育特征的避热方式。

耐热性（heat tolerance）是指当作物处于热胁迫环境时，由于某些细胞或亚细胞结构成分及功能的变化或产生使作物能抵抗热害的特征，主要包括 2 种：一种是作物能够在高温环境下存活的固有能力，即基础耐热性（basal thermotolerance）；另一种是将作物先置于非致死高温下进行热锻炼，而后获得的在极端高温下生存的能力，即获得性耐热性（acquired thermotolerance）。

17.4.2　作物耐热性鉴定方法与指标

作物耐热性鉴定方法可分为田间鉴定法、人工模拟鉴定法和间接鉴定法 3 类（另见第 5 章中的耐热性鉴定）。

17.4.2.1　田间直接鉴定法

田间直接鉴定法是在自然高温条件下，以作物较为直观的性状变化指标为依据来评价作物品种的耐热性。苗期可根据新叶皱缩及叶缘反卷的程度等表型特征，对热害程度进行分级，计算出热害指数。成熟期根据粒重和籽粒产量的胁迫表现计算热感指数。

$$S = (1 - y_d/y_p)/D$$

式中，S 为千粒重或穗粒重的热感指数；y_d 为某品种在热胁迫下的千粒重或穗粒重；y_p 为该品种在非胁迫环境下的千粒重或穗粒重；D 为热胁迫强度，且 $D = 1 - Y_D/Y_P$，Y_D 为所有品种在热胁迫下的千粒重或穗粒重平均值，Y_P 为所有品种在非热胁迫下的千粒重或穗粒重的平均值。

田间直接鉴定法所得结果比较客观，但试验结果受地点和年份的影响，不易重复出现。为获得可靠的结果，须进行多年多点的重复鉴定，费工、费时、速度慢。Bnuckner 和 Frohbe（1987）曾描绘了一个综合分析方法，即用基因型 × 环境的相互作用和热感指数以及粒重和籽粒产量的胁迫表现进行回归分析，来鉴定小麦在不同高温胁迫环境的表现，这种方法可以鉴定作物耐热和热敏感基因型。

17.4.2.2　人工模拟鉴定法

人工模拟鉴定法是在模拟的高温胁迫条件下，通过观察作物性状变化指标而对作物耐热性进行评价。这种方法能排除其他非鉴定因素对鉴定结果的干扰，逆境条件也易控制，如人工搭建高温处理大棚、延期播种使作物后期遭遇高温胁迫等措施都克服了田间鉴定热胁迫不确定的缺点。但人工模拟鉴定也并非完全能模拟自然条件，且受设备投资和能源消耗等因素的限制，不能对大批材料进行耐热性鉴定。

在人工模拟的高温胁迫条件下，可依据作物外部形态性状及经济性状等变化进行耐热性评价，也可按照其他指标鉴定作物耐热性。尹贤贵等（2001）在人工模拟条件下对番茄幼苗进行热胁迫处理，将植株叶片受胁迫状况分为 4 级，并调查叶片热害指数。结果表明，不同番茄品种间热害指数呈显著差异，认为热害指数越低，品种耐热性越强。陈希勇等（2000）模拟大田条件下小麦籽粒灌浆期的高温胁迫环境，认为可以采用千粒重或穗粒重热感指数和热胁迫前后的几何平均产量 2 个指标相结合来鉴定和评价小麦品种的耐热性，这样可以避免针对热感指数进行正向选择而遗失具有较高产量潜力和较高耐热性基因型的可能性，并定义耐热品种热感指数 $S<1$，不耐热品种热感指数 $S>1$。

17.4.2.3　间接鉴定法

间接鉴定法一般是根据作物耐热性在生理和生化特性上的表现，选择和耐热性密切相关的生理或生化指标，对在自然和人工环境中生长的作物，借助仪器等实验手段在实验室或田间进行耐热性鉴定。常用方法有细胞膜热稳定性法，叶绿素荧光法，冠层温度衰减法，根系、叶片及种子活力法，丙二醛含量法，SOD、CAT、POD 和 APX 等酶活性法。

二维码 17-1　细胞膜热稳定性测定方法

（1）细胞膜热稳定性法

高温导致膜透性增大，使质膜的电解质渗透率增加，膜的热稳定性变差。细胞膜热稳定法是通过热胁迫后电解质渗漏值反映作物在高温胁迫下细胞膜维持完整性的能力。基于膜热稳定性的相对电导率的测定，是衡量作物耐热性的一项重要生理指标（二维码 17-1）。Saadalla 等（1990）以冬小麦为材料，以测定电解质外渗作为膜的热胁迫下的相对损伤率，对不同品种苗期和开花期的热稳定性进行了测定，根据测定结果将供试品种（系）分为耐热型、中间型和敏感型 3 类，发现耐热基因型籽粒的粒重和体积明显大于敏感型品种。大量研究表明，膜热稳定法与大田产量性状的耐热性之间有很好的相关性。

（2）叶绿素荧光法

光合作用是作物物质转化和能量代谢的关键，也是作物对高温最敏感的生理过程之一。在高温胁迫下，PSⅡ电子传递活性下降，表现为 PSⅡ 反应中心的最大光能转换效率下降。叶绿素荧光参数（F_v/F_m）是最大光能转换效率的衡量指标。F_v/F_m 的改变反映了热胁迫下的类囊体膜热稳定性的变化。Elhani（2000）对 25 个不同基因型小麦的研究表明，F_v/F_m 同小麦产量呈明显正相关。F_v/F_m 在 30℃时相对稳定；随着温度的升高，F_v/F_m 会逐渐降低；在 50℃以上变化明显。F_v/F_m 值越大，小麦的耐热性越强，F_v/F_m 对鉴别各种基因型的耐热性差异有很高的应用价值。

（3）冠层温度衰减法

田间环境下，由于叶片的蒸腾作用，作物冠层温度常低于田间大气温度。冠层温度衰减（canopy temperature depression，CTD）即田间的大气温度与冠层温度之差。CTD 的形成是作物群体通过自身的生命活动来适应高温等不利环境影响的表现形式之一，它直接反映了植株在高温逆境条件下适应能力的强弱，可用于鉴定作物品种的耐热性（肖世和等，2000）。CIMMYT 经过多年研究发现，用手握红外测温仪测定的 CTD，可以预测高温胁迫条件下小麦的产量表现，而且该性状具有较高的遗传力。CTD 作为产量预测及品种耐热性快速鉴定的生理指标，可用于耐热品种的选育（Reynolds 等，1994）。

（4）根系、叶片及种子活力法

根系活力影响作物地上部的生长，与作物的抗逆性关系密切。在常温或高温下，耐热性强的作物品种，其根系活力均高于耐热性弱的作物品种。

叶片活力的大小通常用还原力的大小来表示，一般用 TTC（氯化三苯基四氮唑）法进行测定。还原力强可以使蛋白质的巯基不易被氧化，不易造成逆境损伤或有利于恢复损伤。在高温胁迫下叶片活力高的作物耐热性强。

种子的活力是指种子的健壮度，包括迅速、整齐的发芽潜力，以及生长的潜势和生产潜力。在高温胁迫下，种子活力和种子 ATP 水平下降，其下降率可作为作物耐热性的鉴定指标。Rollin 等（1989）对小麦种子萌发过程中耐热性研究发现：在小麦种子吸胀 9～12 h 后，对其先进行热锻炼（38～42℃，2 h），再进行高温协迫（51～53℃，2 h）后，种子存活率和幼苗生长势均有提高。所以，可以用经过热锻炼后的种子活力及幼苗生长率来鉴定耐热性。

（5）丙二醛含量法

当作物遭受高温逆境时，会发生活性氧的大量积累。正常情况下，作物体内生产与清除活性氧维持着动态平衡。高温逆境下，清除机制的平衡受到破坏，此时积累的自由基可直接攻击膜系统中不饱和脂肪酸，导致膜脂过氧化，使膜透性增大，丙二醛含量增加。但耐热性强的材料受高温胁迫后，其丙二醛含量较低，因此，丙二醛含量可以作为作物耐热性鉴定的生理指标。

（6）酶（SOD、CAT、POD 和 APX 等）活性法

高温下，作物细胞内产生过量的超氧化物自由基，引发膜脂过氧化作用。SOD、CAT、POD 和 APX 等酶具有清除自由基的能力，是膜脂过氧化的主要保护酶系。对多种作物的研究表明：在高温胁迫下，SOD、POD 和 APX 活性下降，CAT 活性增强。耐热品种较不耐热品种 CAT 活性升高快，SOD、POD 和 APX 活性下降慢，即在热胁迫状态下耐热品种 4 种酶的活性均高于不耐热品种。SOD 和 APX 活性作为耐热性鉴定指标得到普遍认可，而将 POD 和 CAT 活性用来鉴定作物耐热性鉴定指标的观点不一。

17.4.3 耐热作物品种选育方法

目前作物耐热性育种尚属起步阶段，对耐热种质的地理分布尚无详细的研究，但从物种进化的角度来看，估计在热胁迫发生严重的地区可能存在着许多耐热种质资源。如我国北方冬麦区，特别是小麦生长后期高温频率较高、干热风常发生的地区，以及干旱半干旱地区的小麦品种中，很可能具有不同类型的耐热优良种质资源。另外，作物生长后期气温日趋增高，早熟可视为发育特征上的一种避热方式。但另一方面晚熟品种具有耐热性的可能性较大。总之，广泛开展耐热性种质资源收集和评价是作物耐热育种的基础。在此基础上，利用已选育出的耐热材料进行杂交组配，从而培育出耐热性表现理想的组合。例如在棉花上，根据高温条件下结铃数选育的 'Pima S-6'，在高温条件下比对照品种 'Pima s-1' 增产 69%，在冷凉环境中增产 27%～43%。

作物耐热性是由多基因控制的数量性状。目前关于耐热性的遗传机理研究较少。Moffatt 等通过测定叶绿素荧光发现，小麦品种的耐热性具有较高的一般配合力。高立峰等（1996）研究了小麦近缘种属的细胞质对小麦的耐热性的作用，如高大山羊草的细胞质能提高核亲本的耐热性，为耐热性遗传改良提供了一种思路。孙其信（1991）对四倍体小麦耐热性基因染色体定位的研究表明，3A、3B、4A、4B 和 5A 染色体上均有耐热基因位点。水稻中有对胁迫前后籽粒性状进行了 QTL 定位的研究，玉米中也有对花粉在高温下的育性进行定位的研究，但还没有用于分子标记辅助选择的报道。

轮回选择是积累作物耐热基因的有效途径。也有通过离体细胞培养技术获得耐热性明显优于对照的耐热细胞系的报道。此外，在水稻中将 HSP101 基因超表达，提高了转基因水稻苗期的耐热性。

由于常规育种技术选育新品种面临遗传基础狭窄、育种效率低和周期长等问题，作物耐热转基因育种可能是解决这些问题的有效途径。目前已经对 4 类热胁迫相关基因进行了转基因功能研究，取得了一些进展：① 热激蛋白基因。将热激蛋白基因（HSP70、HSP101 和 HSP17.7）超表达后，在不同物种中均表现出耐热性的提高；而抑制其表达则对热胁迫非常敏感（Nieto-Sotelo 等，2002；Lee 等，1996；Malik 等，1999）。② 热激转录因子。将热激转录因子超表达后可以大大改善植株的耐热性（Mishra 等，2002）。③ 脂肪酸脱氢酶基因。将烟草中 ω-3 脂肪酸脱氢酶基因 fad 7 沉默，转基因株系三烯脂肪酸成分减少，具有更好的高温适应性（Murakami 等，2000）。④ 与活性氧化物代谢有关的基因。大麦中克隆的与活性氧化物代谢有关的基因 Havpx1 在拟南芥中过表达，热胁迫处理后，转基因株系比野生型耐热性提高（Shi 等，2001）。但迄今为止，这些

转基因植株还只是在实验室条件下表现一定的耐热性，尚没有真正在大田中改善作物耐热性的例子。但是，随着对耐热性遗传和信号转导问题研究的深入，作物耐热育种途径将日趋清晰，有望通过基因工程方法培育新的耐热作物品种。

17.5　作物抗寒性育种

17.5.1　寒害与作物抗寒性

作物生长对温度的反应有三基点，即最低温度、最适温度和最高温度。低于最低温度，作物将会受到寒害。寒害（cold injury）泛指低温对作物生长发育所引起的损害。根据低温的程度，分为冻害（freeze injury）和冷害（chilling injury）2 种。前者指气温下降到冰点以下，使作物体内结冰、细胞失水而造成的间接伤害；后者则指 0℃以上的低温对细胞的直接伤害。作物的抗冻性（frost resistance）是指其在 0℃以下低温条件具有延迟或避免细胞间隙或原生质结冰的一种特性；作物的抗冷性（cold resistance）则指其在 0℃以上的低温条件能维持正常生长发育到成熟的特征。

对越冬作物来说，越冬性（winter hardness）与抗冻性关系密切。越冬性是对冻害及越冬过程经历的复杂逆境的抗耐性。不同作物或同一作物不同品种间越冬能力差异很大，如冬小麦通常可分为强冬性、冬性、半冬性和弱春性 4 种类型。一般情况下，各类型的抗寒性表现为：强冬性品种 > 冬性品种 > 半冬性品种 > 弱春性品种。抗雪性（snow resistance）是指越冬作物在雪下对低温和光线不足及雪腐病的综合抗性。抗霜性（frost resistance）是指作物在晚秋或春季温度突然下降到冰点的伤害的抗耐性。

17.5.2　作物抗寒性鉴定方法与指标

作物抗寒性的鉴定和评价技术是抗寒性育种的基础。目前，作物抗寒性的鉴定方法主要包括田间直接鉴定、实验室人工模拟鉴定和生理生化鉴定等。

17.5.2.1　田间直接鉴定

由于各地区间气候条件差异较大，可按不同积温带进行阶梯式抗寒性鉴定。首先在较温暖地区进行材料的初步筛选，入选的材料再在寒冷地区逐步进行抗寒性鉴定。可直接观察幼苗形态、成活率及测定产量性状等进行抗寒性评价。低温下单株相对结实率是评价作物开花期抗寒性强弱的主要指标之一。

17.5.2.2　实验室人工模拟鉴定

将供试材料种植于人工设定的低温条件下，在人工模拟本地区所发生的寒害条件下观察其生长及受害情况并加以评价。鉴定指标包括形态指标和生长发育指标等。种子的发芽率、发芽势、幼苗形态和相对绿叶面积等均是直观、简单易测的抗寒性指标。分蘖节是冬小麦经历严冬后翌年是否可以继续存活的关键，国内外大多以小麦分蘖节临界致死温度（LT50）作为小麦冻害的评价指标，同时也是小麦抗冻能力的标志。

17.5.2.3 生理生化鉴定

不同作物品种的细胞在低温环境中产生不同的生理生化变化,例如,诱导新蛋白质的合成、可溶性糖的积累、膜流动性改变、组织含水量下降、抗氧化物质及多种代谢酶增加等。与作物抗寒性相关的生理生化指标易于测定,且与生育后期的产量指标相关性较好,因此在作物抗寒性评价中也得到应用。

(1)电导率法

植株受到低温胁迫时,细胞膜受损,透性增大,外渗量增加,电导率增大,而抗性较强的作物品种电导率增长较小。不同低温处理下,叶片电解质外渗率与冻害程度呈极显著正相关,可以作为作物抗寒性的鉴定指标。此法快速简便,不破坏样本,可重复测定,适用于对大量种质资源材料抗寒性的筛选和抗寒育种早期世代的选择。

(2)可溶性糖含量测定

可溶性糖是作物在低温期间积累的重要有机化合物,尤其对两年生和多年生植物而言,秋季积累贮藏碳水化合物是其越冬、再生的能量和物质来源。碳水化合物在小麦冷驯化过程中增加。可溶性糖作为抗冻剂,可以缓和细胞外结冰后引起的细胞失水,增强膜的稳定性。

(3)脯氨酸含量测定

在低温胁迫下,植物体内游离脯氨酸含量增加,从而维持细胞内水分和生物大分子结构的稳定。脯氨酸作为抗寒育种的指标之一,存在 2 种不同的看法:一种观点认为,在低温胁迫下,脯氨酸的累积能力与品种的抗寒能力成正相关;另一种观点认为,游离脯氨酸累积是作物的被动反应,抗寒性弱的品种在低温处理条件下,为适应寒冷、保护体内组织免受冻害,过早地累积了大量的游离脯氨酸,而游离脯氨酸累积高峰出现晚的品种,抗寒性可能更强。

(4)保护酶活性

作物在低温条件下,细胞内自由基产生和消除的平衡会遭到破坏,积累的自由基将对细胞膜系统造成伤害。而自由基的产生和消除由细胞中的保护系统所控制,保护系统包括 SOD、CAT、POD 及类胡萝卜素、抗坏血酸、谷胱甘肽等还原性物质。如果能增加作物体内清除自由基保护酶(SOD 酶和 POD 酶等)系统的活性,就可以维护膜系统的完整性,增强其抗寒性。王冀川(2001)采用灰色关联模型对影响棉花抗冷性指标因素的分析,发现影响棉花抗冷性的主要因子是活性较高的过氧化物酶和过氧化酶等保护酶类。

(5)ABA 含量

作物激素 ABA 是抗冷基因表达的启动因子,对作物抗寒力的调控起着重要作用,被称为"逆境激素"。许多研究表明,内源 ABA 含量在抗寒性不同的作物中存在明显的差异,在冷胁迫下,作物中的 ABA 水平与其抗冷性成正相关。赵春江(2000)对不同小麦品种在越冬过程中植株内源激素变化的测定结果表明,冬性和春性基因型小麦表现出明显差异。脱落酸水平在抗寒性较强的冬性品种中显著高于抗寒性弱的品种。

17.5.3　抗寒作物品种选育方法

各种作物的不同品种类型间的抗寒性存在显著差异。在作物抗寒品种选育中，应针对不同地区和不同作物的寒害种类，确定育种目标，并采取相应的选育途径和方法。

广泛收集国内外各种类型抗寒材料，扩大抗寒基因源，对抗寒性种质资源深入发掘和利用是作物抗寒品种选育的基础。在各种作物的原始地方品种和引进品种中，特别是各种作物的野生近缘种中，存在着对不同寒害的抗源可供研究利用。如来自日本北海道和我国云南高原稻区的许多水稻品种比较抗寒，可以在水稻抗寒育种中加以利用。柏光晓等（2000）在对贵州省玉米种质资源的收集、整理、保存和鉴定评价工作中发现，抗冷性强的资源主要分布在海拔较高的西部地区，获得的 50 多份苗期和芽期抗寒性较强的品种可在冷凉地区直接利用或作为育种材料。我国的小麦品种'F85'有很强的抗寒性，曾被苏联引种和作为亲本使用，其派生系又在北美洲种植。加拿大的小麦'Norstar'和美国的'Capitan'等，在 $-25 \sim -27$ ℃的低温下，植株成活率仍可达到 75%～100%。应充分利用这些材料的抗寒能力。

杂交育种是培育抗寒新品种的有效方法。生产上采用的大部分抗寒丰产良种，都是通过品种间杂交育成的。作物的抗寒性是多基因控制的数量性状，因此，抗寒性遗传基础有差异的抗寒品种类型间的杂交，有可能产生抗寒超亲的后代，也有可能产生抗寒性和丰产相结合的类型。如果采用的杂交亲本都具有较高的抗寒性，那就有利于在杂交后代中增加抗寒性的积累，并有可能培育出更抗寒的新品种。我国用 2 个强冬性的冬小麦品种杂交得到的'东农冬麦 1 号'，将冬小麦的种植范围北延至黑龙江省（北纬 47℃左右）；俄罗斯培育的小麦品种'滨海一号'，把冬小麦种植范围推至寒冷的远东地区（北纬 55℃左右）。

利用远缘杂交可提高作物抗寒性。冬黑麦和小偃麦抗寒力明显优于冬小麦。可利用远缘杂交等手段，将冬黑麦和小偃麦的抗寒基因导入冬小麦中，拓展冬小麦的种质资源，进而进行小麦的抗寒性育种。

借助遗传和分子标记对作物的抗寒性遗传位点进行连锁分析，并根据与抗寒性位点紧密连锁的 DNA 标记进行分子标记辅助选择育种也正受到各国科学家的重视。早在 2005 年，就已经有研究利用小麦 DH 系进行抗寒性 QTL 定位的报道。利用主效 QTL 可对小麦抗寒性进行分子标记辅助选择。利用基因工程手段改良作物抗寒性也有报道。抗寒基因来源主要有 2 类：第一类是功能蛋白，直接用于抗寒，如拟南芥的 COR 系列蛋白；第二类是调节蛋白，主要参与低温逆境的信号传导和基因表达调控，如低温特异诱导的转录激活因子等。低温诱导的转录因子 *CBF*（C- repeating binding factor）基因被认为是作物抗寒调控的"总开关"，开启一系列抗寒相关基因的表达。将该基因导入拟南芥，能在降温时迅速激发一系列 *COR* 基因的表达，从而提高植株的抗寒性，同时转基因植株抗旱、耐盐性也提高。另外，通过在作物中转化脯氨酸代谢相关基因从而改变体内脯氨酸的积累也可以提高作物的抗寒性。这类研究所取得的进展为我们通过基因工程的手段进行作物抗寒性育种奠定了基础。

思 考 题

1. 名词解释：抗旱性、耐盐性、耐热性、抗寒性。
2. 作物抗逆育种的一般方法有哪些？
3. 作物抗逆性鉴定的主要方法有哪些？
4. 作物抗逆性评价的主要指标有哪些？

参 考 文 献

［1］ 陈希勇，孙其信，孙长征. 春小麦耐热性表现及其评价. 中国农业大学学报，2000 (1) 43-49.

［2］ 刘瑞文，董振国. 小麦叶温对籽粒灌浆的影响. 中国农业气象，1992 (2): 1-5.

［3］ 刘植义，何聪芬，沈银柱，等. 诱发小麦花药愈伤组织及其再生植株抗盐性变异的研究. 遗传，1997, 19(6).

［4］ 刘祖祺，王洪春. 植物耐寒性及防寒技术. 北京：学术书刊出版社，1990.

［5］ 秘彩莉，沈银柱，黄占景，等. 小麦耐盐突变体的遗传鉴定. 河北师范大学学报，1998 (4): 542.

［6］ 潘家驹. 作物育种学总论. 北京：农业出版社，1994.

［7］ 沈银柱，刘植义，黄占景，等. 两个近似等位基因系小麦叶片游离脯氨酸含量的比较. 河北师范大学学报，1996 (3): 80-82.

［8］ 王冀川，张杰，赵旭东，等. 南疆雹灾棉花产量补偿潜力探讨. 中国棉花，2001 (12): 30-31.

［9］ 肖世和，阎长生，张秀英，等. 冬小麦耐热灌浆与气—冠温差的关系. 作物学报，2000 (6): 972-974.

［10］ 杨起简，周禾，А.Ф.Яковлев. 核质杂种小麦抗旱生理及产量特性的研究. 中国农业科学，2000 (3): 25-29.

［11］ 尹贤贵，罗庆熙，王文强，等. 番茄耐热性鉴定方法研究. 西南农业学报，2001 (2): 62-65.

［12］ 张嵩午，宋哲民，曹翠兰. 小麦冷温群体研究. 中国农业气象，1995, 16(4): 1-6.

［13］ 张正斌. 作物抗旱节水的生理遗传育种基础. 北京：科学出版社，2003.

［14］ 赵春江，康书江，王纪华，等. 植物内源激素与不同基因型小麦抗寒性关系的研究. 华北农学报，2000 (3): 51-54.

［15］ Abernethy R H, Thiel D S, Petersen N S, et al. Thermotolerance is developmentally dependent in germinating wheat seed. Plant Plant Physiology. 1989, 89(2):569-576.

［16］ Elhani S, Rharrabti Y, Roca L F, et al. Evolution of chlorophyll fluorescence parameters in durum wheat as affected by air temperature. állattenyésztés és takarmányozás, 2000, 3(2): 15-18.

［17］ Levitt J. Responses of Plants to Environmental Stress. Chilling, Freezing and High Temperature Stresses. New York: Academic Press, 1980:248-283.

［18］ Lee J H, Schöffl F. An Hsp70 antisense gene affects the expression of HSP70/HSC70, the regulation of HSF, and the acquisition of thermotolerance in transgenic Arabidopsis thaliana. Molecular Genetics and Genomics, 1996, 252(1-2): 11-19.

［19］ Ma S Y, Wu W H. AtCPK23 functions in Arabidopsis responses to drought and salt stresses. Plant Molecular Biology, 2007, 65(4):511-518.

［20］ Malik M K, Slovin J P, Hwang C H, et al. Modified expression of a carrot small heat shock protein gene, hsp17. 7, results in increased or decreased thermotolerancedouble dagger. Plant Journal, 1999, 20(1): 89-99.

［21］ Matthew A, Paul M, Mohan S. Advances in Molecular Breeding Toward Drought and Salt Tolerant Crops. Berlin: Springer, 2007.

［22］ Mishra S K, Tripp J, Winkelhaus S, et al. In the complex family of heat stress transcription factors, HsfA1 has a unique role as master regulator of thermotolerance in tomato. Genes & Development, 2002, 16: 1555-1567.

［23］ Nieto-Sotelo J, Martínez L M, Ponce G, et al. Maize HSP101 plays important roles in both induced and basal thermotolerance and primary root growth. The Plant Cell, 2002, 14(7):1621-1633.

［24］ Saadalla M M, Shanahan J F, Quick J S. Heat Tolerance in Winter Wheat: I. Hardening and Genetic Effects on Membrane Thermostability. Crop Science, 1990, 30(6): 1243-1247.

［25］ Shi W M, Muramoto Y, Ueda A, et al. Cloning of peroxisomal ascorbate peroxidase gene from barley and enhanced thermotolerance by overexpressing in *Arabidopsis thaliana*. Gene, 2001, 273(1):23-30.

［26］ Xiao B, Huang Y, Tang N, et al. Over-expression of a LEA gene in rice improves drought resistance under the field conditions. Theoretical and Applied Genetics, 2007, 115(1): 35-46.

［27］ Yuye W, Dequan L. Effects of exogenous osmotica on water status and photosynthesis of wheat seedling leaves under osmotic stress. Plant Physiology Communications, 1999.

［28］ Zhang H, Cui F, Wang L, et al. Conditional and unconditional QTL mapping of drought-tolerance-related traits of wheat seedling using two related RIL populations. Journal of Genetics, 2013, 92(2):213-221.

第18章 作物品质育种

　　作物育种的过程是一个不断改良优化、不断超越已有和不断聚合优良性状的过程。一个作物品种要成为能够在生产上大面积推广的品种，除具备高产、稳产、早熟和适应机械化操作外，还需要具备更好、更全面的产品品质性状。因此，提高作物品种的品质，尤其是在保证一定丰产性和稳产性的条件下，培育品质优良的作物品种显得尤为重要。

　　无论是从满足国内人民消费需要、提高人民营养水平方面来看，还是从扩大我国贸易出口来说，注重作物品质遗传改良，是提高我国作物的生产优势和商品优势的重要途径之一。一个作物品种，如果其产品品质达不到消费者的要求，即使其产量再高，也会成为从生产优势向商品优势转化的重大障碍。因此，选育高产、优质、多抗的作物新品种是作物育种永恒的主题。

　　人们对作物产品的品质要求是多样化的。如小麦分为优质强筋专用小麦（适合制作面条、面包和披萨等）、优质中筋专用小麦（适合制作馒头、包子和饺子等）、优质弱筋专用小麦（适合制作蛋糕和饼干等）3大类。玉米分为优质饲料专用玉米、淀粉发酵工业专用玉米、爆裂专用玉米、高油玉米、糯玉米和甜玉米等。大麦可分为啤酒大麦、饲用大麦和食用大麦3种类型。大豆分为高蛋白大豆（主要用于食用）和高油大豆（主要用于榨油）。因此作物品质涉及多方面的、比较复杂的性状。

18.1　作物品质的概念及分类

　　作物品质是指作物产品的质量，即作物产品达到人们某种要求的适合度。作物品质直接关系到作物产品的经济价值。

18.1.1　作物品质的概念

　　作物品质（crop quality）是一个综合的概念，指作物的某一部位以某种方式生产某种产品或作某种用途时，人类或市场对它们提出的要求；它们在加工或使用过程中所表现的各种性能；人类在食用或使用时，人体感觉器官对它们的反应等。作物品质通常是指作物产品对人类要求的适合程度，也就是人们常说的对"最终产品（end use）"的适合程度。适合程度好的品种称为优质品种。因此，谈到作物品质是和具体产品分不开的。

　　作物因产品用途不同，其品质评价标准也不同。作为食用的产品，作物的营养品质和食用品质比较重要；作为衣着原料用的产品，其纤维品质比较重要；作为工业原料用的产品，其加工要求的特殊物质含量及本身特性比较重要；作为饲料用的产品，其营养品质比较重要等。

18.1.2 作物品质的分类

作物产品的品质主要分为外观品质、化学或营养品质、加工品质和食用品质等。

1）外观品质

外观品质（exterior quality）又叫形态品质或商品品质，是指作物初级产品的外在形态或物理上的表现，也指消费者满意的作物产品的外形、色、香、味和质地，包括作物籽粒形状、整齐度、饱满度和胚乳质地等。这些性状不仅直接影响其商品价值，而且与加工品质和营养品质也有一定关系。

稻米的外观品质性状包括粒长、粒形（长：宽）、透明度、垩白大小、垩白米率、颜色及光泽等，小麦的外观品质性状包括籽粒大小、粒形、粒色和光泽等，玉米外观品质性状包括籽粒色泽和质地（粉质和硬质）等，大豆外观品质性状包括种皮色泽、脐色、种子大小和形态等，油菜外观品质性状包括种皮色泽、种皮厚薄、油的色泽、透明度和气味等，大麦籽粒的外观品质包括籽粒色泽、种皮厚薄、有无光泽、籽粒大小、均匀度和饱满度等，棉花外观品质性状包括纤维色泽（洁白或乳白）和光洁度等。

有些外观品质有统一的标准，比如面包的色泽、大小和形状等，稻米的垩白率等；有些作物的外观品质性状没有统一的评价标准，常受个人爱好、地区习惯以及民族风俗等的影响。如南方地区喜欢长粒的籼稻品种，北方地区则喜欢短圆粒的粳稻品种，还有的地区喜欢糯稻等。

2）化学或营养品质

化学或营养品质（nutritional quality）是指作物产品的营养价值，是作物产品品质的重要方面。包括作物被利用部分或产品所含有的对人类健康有益、有害和有毒的化学成分。如作物提供给人类和人工饲养禽畜所需的蛋白质、淀粉、氨基酸、脂肪酸、粗纤维、维生素和矿质元素（钙、铁和锌等）等的成分和含量等。这类品质性状在食用或工业上都有精确的测定技术和评价标准，根据这些标准来客观地判断作物品质的优劣。

就禾谷类作物而言，化学或营养品质性状主要包括蛋白质含量、氨基酸组成及其含量，特别是赖氨酸、苏氨酸和色氨酸等人体必需氨基酸的含量；油料作物则以脂肪中不饱和脂肪酸和必需脂肪酸含量作为评定其营养品质优劣的主要指标；薯类作物以淀粉含量和胡萝素含量等作为评定营养品质的主要指标。某些作物中含有棉酚、单宁、芥酸、硫代葡萄卜糖苷、胰蛋白酶抑制剂、植物凝集素和龙葵素等对人体有害或有毒成分，其存在会降低作物的营养品质。在相关作物品质育种中，应将降低这些成分的含量作为其品质育种的主要目标。对于饲用作物的营养价值，一般通过动物的生长量进行评价。

消费者对不同作物、不同产品的营养品质的要求标准不同。如消费者要求制作面条和面包的小麦具有较高的蛋白质、干面筋和湿面筋含量，且具有较强的面筋强度；而要求制作蛋糕和饼干的小麦具有较低的蛋白质、干面筋和湿面筋含量，且具有较弱的面筋强度。要求酿造啤酒的大麦具有较高的含糖量，而要求饲料用大麦具有较高的蛋白质含量。要求榨油用大豆具有较高的含油量，而要求做豆制品的大豆具有较高的蛋白质含量等。

3）加工品质

加工品质（processing quality）是指不明显影响产品品质，但对加工过程有影响的原材料特性。如小麦磨粉时表现的物理或机械品质性状以及食品加工时面团的流变学特性，稻米碾米时表现的物理或机械品质性状，棉花在化工上加工时表现的纤维品质性状等。

对小麦磨粉品质即一次加工品质的要求是出粉率高，面粉洁白，灰分含量低，易研磨和筛理，耗能低。对小麦的烘烤品质（包括面包、饼干和糕点）和蒸煮品质（包括馒头、面条和饺子等）即小麦二次加工品质的要求，因所制作的食品种类不同而不同。制作面包的小麦要求蛋白质含量高、面团流变学特性中的稳定时间长，而制作饼干和糕点的小麦要求蛋白质含量低、稳定时间短。水稻的一次加工品质（碾米品质）要求糙米率、精米率和整精米率高，稻米的二次加工品质即蒸煮品质（包括经蒸煮后的胀饭率、耐煮性、米饭的柔软性、黏聚性、色泽及食味等）要求直链淀粉含量较低、米胶稠度较软等。棉花纤维品质性状要求纤维长度较长、纤维细度较细、纤维强度较强、断裂长度较长、纤维的成熟度较高等。

4）食用品质

食用品质（eating quality）是指影响产品质量的原材料特性。食用品质与营养品质、蒸煮食味品质、加工品质及外观品质等有关。

除以上4种类型的作物品质外，还有物理品质（指作物产品物理性状的好坏，决定着产品的外观结构及加工利用和销售）、卫生品质（指食物和饲料产品的无毒性）、贮藏或保鲜品质（指种子、果蔬等农产品耐贮藏的持久保鲜的能力，如油料作物中的亚麻酸含量）等。

18.1.3 作物品质性状的遗传特点

大部分作物的品质性状主要涉及种子的胚和胚乳，遗传基础比较复杂。一方面，从遗传组成来看，禾谷类作物中二倍体胚和三倍体胚乳的营养物质均来自于二倍体母体植株，但与母体植株的遗传世代不同（二维码18-1）。因此，胚乳性状遗传表现的复杂性就体现在可能会受到多套遗传系统基因效应的控制，增加了品质性状遗传改良的困难。另一方面，对作物品质进行精确分析需要一定数量的种子，而处于分离状态的育种早代材料（如 F_2、F_3）很难满足这一要求。

二维码18-1 禾谷类作物种子各部分的来源

1）倍性特征

作物品质性状如小麦的籽粒硬度、烘烤品质与蒸煮品质等，稻米的蒸煮品质、食味品质、直链淀粉含量、糊化温度、胶稠度和营养品质等性状主要受胚乳基因型控制。而胚乳是双受精产物，是 3n 组织（二维码 18-1）。对于一个 A-a 位点来说，它具有 AAA、AAa、Aaa 和 aaa 4 种基因型，而不是通常 2n 组织的 AA、Aa 和 aa 3 种基因型。

但有些品质性状，如禾谷类作物种子的果皮颜色、种皮颜色和腹沟深浅等外观品质性状主要与母本植株基因型有关。

2）世代特征

作物的种子是双受精产物（二维码 18-1），而受精是新世代的开始。因此，在遗传关系上，作物的籽粒是结籽植株的子代。例如，杂交当代母本植株上所结的籽粒是 F_1，F_1 植株上所结籽粒为 F_2，依此类推。

3）分离特征

作物的大部分品质性状有明显的倍性特征和世代特征。因此，其杂交后代的分离有以单株为单位分离的，也有以籽粒为单位分离的。

如果作物某品质性状受 2n 母本植株基因型控制，则 F_1 籽粒与母本植株自交籽粒相同。如种皮颜色的分离，小麦的红色种皮由显性基因 R 控制，白色种皮由其隐性等位基因 r 控制，种皮颜色与母本植株基因型有关。当用具有相对性状的红粒与白粒纯系亲本杂交时，则 F_1 籽粒的颜色与母本植株自交相同；F_1 植株上的 F_2 籽粒间不分离，其籽粒颜色由 F_1 基因型决定，表现为红色；由于 F_2 植株基因型的分离，F_2 植株上的 F_3 籽粒以单株为单位分离。

如果作物某品质性状受 3n 胚乳基因型控制，则当用具有相对性状的纯系亲本杂交，F_1 籽粒通常不一定与母本植株自交籽粒相同，F_2 以籽粒为单位分离。如小麦糊粉层颜色的遗传，蓝色为显性，白色为隐性。无论是用白色糊粉层品种作母本还是作父本，与蓝色糊粉层品种杂交时，在母本植株上结的籽粒均为淡蓝色，在 F_1 植株上结的 F_2 种子有蓝色的、淡蓝色的、白色的，颜色的分离以籽粒为单位分离。

4）表达特征

由于作物籽粒在母本植株上发育，同时又有自身的基因型，其品质性状的表达可能受控于母本植株基因型，也可能受控于胚乳基因型，或兼而有之，还有可能受控于细胞质效应，因此，籽粒品质性状的表达比较复杂。禾谷类作物的外观品质性状如粒长、粒形（长∶宽）、粒重、种皮色素和果皮色素等的遗传表达主要受母本植株基因型控制，在 F_2 籽粒上，这些性状相对整齐，没有明显分离。但对于蛋白质组分和含量、淀粉组分和含量等胚乳性状，在 F_2 籽粒上会出现分离现象。

18.2 作物品质形成的影响因素

大多数作物品质性状受遗传因素控制，包括质量性状基因和数量性状基因，具有相对稳定性，但容易随环境因素的变化而表现差异。遗传因素决定作物品质性状的遗传方式和遗传特征。环境因素如生态环境条件、栽培措施和水肥条件等对品质性状的表现也有一定影响。

作物产品的品质取决于所形成的特定物质，如贮藏态蛋白质、淀粉、脂肪、糖、纤维素以及特殊产物如单宁、植物碱和萜类等的数量和质量，并随作物品种和环境条件的不同而有很大变化。

作物有机体内所形成的物质以碳水化合物、蛋白质、脂肪和矿物质在数量上占优势，但不同作物间这些成分的比例又各不相同。禾谷类作物以碳水化合物为主；油料作物以脂肪和蛋白质为主；豆类作物蛋白质含量与油料作物相近，但脂肪含量较少。

了解和掌握有关物质的代谢规律和品质特性的形成规律及其调节关键措施和环境因素，对提高作物品质有重要作用。

18.2.1　遗传因子

作物产品品质性状，包括蛋白质组成及含量、氨基酸组成及含量、淀粉组成及含量、脂肪酸组成及含量、维生素组成及含量、食味和蒸煮品质等，一般受遗传控制。

18.2.1.1　小麦面筋蛋白基因

小麦面筋蛋白主要受小麦第一部分同源群染色体长臂上 *Glu-1* 位点和短臂上的 *Glu-3/Gli-1* 位点、第六部分同源群染色体短臂上的 *Gli-2* 位点上的谷蛋白亚基基因和醇溶蛋白亚基基因控制，是影响小麦营养品质和加工品质的主要因素。其中，谷蛋白亚基中的高分子量谷蛋白亚基（high molecular weight glutenin subunits，HMW-GS）对小麦品质影响最大，研究最为深入。

小麦 *HMW-GS* 基因位于小麦第一部分同源群染色体长臂上，分别被称为 *Glu-A1*、*Glu-B1* 和 *Glu-D1* 位点。每个位点包括 2 个紧密连锁的基因，分别编码 2 个分子量不同的亚基（分子量较大的 x- 型亚基和分子量较小的 y- 型亚基）。从理论上讲，在六倍体普通小麦中应有 6 个不同的 *HMW-GS*，但由于一些 *HMW-GS* 基因沉默（*1Ay* 基因通常处于沉默状态，部分 *1By* 和 *1Ax* 也处于沉默状态而成为假基因），致使大部分小麦品种只有 3～5 个 *HMW-GS*。

小麦不同 *HMW-GS* 基因位点存在不同程度的多态性，其中 *Glu-B1* 位点的多态性最高，其次为 *Glu-D1* 位点，*Glu-A1* 位点多态性最低（表 18-1）。这些位点和同一位点上的不同 *HMW-GS* 对小麦品质的贡献不同。其中 *Glu-1* 位点对小麦品质的贡献大小为：*Glu-D1>Glu-B1>Glu-A1*。

表 18-1　小麦 *HMW-GS* 基因多态性

位点	*Glu-A1* 位点		*Glu-B1* 位点		*Glu-D1* 位点	
	x- 型亚基	y- 型亚基	x- 型亚基	y- 型亚基	x- 型亚基	y- 型亚基
	Null		7	8	2	12
	1		7	9	5	10

续表18-1

位点	Glu-A1 位点		Glu-B1 位点		Glu-D1 位点	
	x- 型亚基	y- 型亚基	x- 型亚基	y- 型亚基	x- 型亚基	y- 型亚基
	2*		14	15	3	12
			17	18	4	12
			20x	20y	2	10
			13	19	2	11
			13	16	2.2	12
			7			
			6			
			21			
			22			

研究结果普遍认为，*Glu-A1* 位点不同基因对小麦品质贡献大小为：2*≥1>Null；*Glu-B1* 位点不同基因对小麦品质贡献大小为：14+15>17+18>7+9>7+8>6+8>20>7；*Glu-D1* 位点不同基因对小麦品质贡献大小为：5+10>2+12≥3+12>4+12。

18.2.1.2　稻米品质性状基因

水稻籽粒形状主要由 QTL 控制。控制籽粒长度的主效 QTL 主要为位于 1 号染色体上的 *qGRL1*、位于 2 号染色体上的 *LGS1*、位于 3 号染色体上的 *GS3* 和 *qGL-3a*、位于 4 号染色体的 *qGL4b* 和位于 7 号染色体的 *GS7*。控制籽粒长 / 宽的主效 QTL 主要为位于 7 号染色体的 *qGL7* 和 *qSS7*。

水稻直链淀粉含量的主效基因为位于 6 号染色体短臂上的 *Wx*。水稻直链淀粉是在 *Wx* 基因编码的颗粒结合淀粉合成酶（granule-bound starch synthase，GBSS）的催化下合成的。

胶稠度（gel consistency）是评价稻米软硬的主要品质指标，主要是用来区分冷的 4.4% 米胶的黏稠度。米胶 40 mm 以下的为硬胶稠度，41～60 mm 的为中等胶稠度，61 mm 以上的为软胶稠度。胶稠度主要由显性单基因控制，软胶稠度对硬胶稠度为完全显性。由于胶稠度与直链淀粉含量负相关，因而大部分研究认为米胶稠度也是由 *Wx* 基因或是与其紧密连锁的 1 个基因所控制。也有人认为，除 *Wx* 外，位于 6 号染色体的 *ALK*（alkali degenerate）和位于 2 号染色体的 *SBE*Ⅲ（starch branching enzyme）也与胶稠度有关。

糊化温度（gelatinization temperature，GT）是衡量稻米蒸煮品质的重要指标之一。稻米 GT 范围一般为 55～79℃。水稻按 GT 高低可分低糊化温度（<70℃）品种、中等糊化温度（70～74℃）品种和高糊化温度（>74℃）品种 3 级。GT 的主效 QTL 位于水稻 6 号染色体上的 *ALK*。籼稻和粳稻之间 GT 的差异主要是由 *ALK* 基因引起的。

关于水稻香味，一般认为是由 2- 乙酰 -1- 吡咯啉引起的。2- 乙酰 -1- 吡咯啉是香米区别于普通米香气的主要成分，且主要存在稻米的外层。研究者普遍认为，控制稻米香味的基因主要是一个位于水稻 8 号染色体上的隐性基因。

水稻籽粒蛋白质含量主效 QTL 也定位在 6 号染色体 Wx 基因附近。赖氨酸含量主效 QTL 有 3 个，其中 1 个在 9 号染色体上，另外 2 个在 6 号染色体上。

垩白率等受微效多基因控制，易受环境条件影响。

18.2.1.3　油菜品质性状基因

油菜是主要油料作物。菜籽油中的脂肪酸主要有棕榈酸、硬脂酸、油酸、亚油酸、亚麻酸、花生四烯酸和芥酸等，其中的油酸属于单烯不饱和脂肪酸，人体易消化吸收，是极具营养价值的脂肪酸。

棕榈酸、油酸、亚油酸、亚麻酸、花生四烯酸和芥酸等含量均受基因型、环境及基因型和环境互作影响。

芥酸作为一种极长链不饱和脂肪酸，不易被人体消化吸收。食用富含芥酸的菜籽油对人体健康不利，而且菜籽油中的芥酸含量高还会使油酸和亚油酸等重要脂肪酸的比例降低。因此，食用油菜品质育种的一个主要目标是降低芥酸含量。油菜种子中的 3- 酮脂酰辅酶 A 合酶在芥酸等极长链脂肪酸的合成中起着关键作用，是芥酸生物合成的限速酶。

甘蓝型油菜芥酸的含量受 2 对加性胚基因 E1 和 E2 控制，每个 E 基因控制 9%～13% 的芥酸含量。如某一油菜植株的芥酸基因型为 E1e1E2e2（芥酸含量 20%～25%），其自交所产生的单粒种子的芥酸含量变幅为 0～46%（e1e1e2e2 芥酸含量为 0；E1e1e2e2、e1e1E2e2 芥酸含量为 9%～10%；E1E1e2e2、E1e1E2e2、e1e1E2E2 芥酸含量量为 18%～20%；E1E1E2e2、E1e1E2E2 芥酸含量为 27%～30%；E1E1E2E2 芥酸含量为 36%～40%）。

18.2.2　环境条件

（1）地理条件

高纬度和高海拔地区，由于气温低、雨量少、日照长、昼夜温差大，有利于淀粉的合成。禾谷类作物（小麦、水稻、玉米、大麦和黑麦等）籽粒蛋白质含量由北向南、由西向东逐渐提高。小麦的蛋白质含量随纬度和海拔高度的降低而逐渐降低。大豆蛋白质含量南高北低。

（2）季节条件

季节不同，作物产品品质差异较大。如早稻和晚稻相比，一般早稻的米质较差。

（3）温光条件

就温度而言，在一定范围内，随温度升高，籽粒蛋白质含量有所增加。例如小麦在 20～25℃ 条件下，蛋白质和面筋含量最高。水稻籽粒成熟期的温度与直链淀粉含量呈负相关。

（4）水分条件

水分增加，蛋白质含量会有所降低。水分、温度、施肥情况不同时，也会影响油料作物油分的含量和成分。麻类作物生长期间水分供应充分，可促进形成品质优良的韧皮纤维，防止木质化。

（5）营养条件

就肥料而言，氮肥能增加籽粒蛋白质含量。当氮、磷、钾配合时，产量和蛋白质均明显增加。氮肥用量高时，油分中饱和脂肪酸含量上升，而不饱和脂肪酸含量下降，促使脂肪酸价提高，使油分质量变差。氮、磷、钾配合使用以及增加钾肥用量均可提高糖料作物的含糖量；氮、磷、钾三要素有增加棉纤维长度和强度，改善纤维细度，全面提高棉纤维品质的作用。

高产量和低蛋白质含量不存在必然的联系。根据环境条件对作物品质的影响，我国建立了优势农产品产业带：新疆优势棉区，东北玉米、大豆优势区，山东、河南小麦优势区，江浙水稻优势区等。并通过优质品种采用合理的栽培技术及种植在适宜的生态条件下，以达到既提高产量又改善品质的作用。

18.3 作物品质育种方法

18.3.1 作物品质育种目标

自 20 世纪 80 年代我国农业取得历史上的大丰收后，一度出现过短期的卖粮"难"。主要问题是由于生产上推广的作物品种品质较差，不能满足消费者生活和国际市场需求。面对这种局面，我国进行了育种目标调整，将作物品质育种列为重点育种目标，以优质、高产、稳产和抗病育种目标代替高产、稳产、抗病育种目标。

注重作物品质遗传改良是我国走向高产、高效农业的需要。随着我国农业从温饱型向效益型的转变，消费者不仅要吃得饱，还要"吃得好"。同时提高农产品的质量，也可以使我们的农产品走向国际市场，发展创汇农业。

作物的产量和品质是作物育种中相互矛盾又相辅相成的两个方面。不同的作物品种面临着共同的问题，需要不断地提高单产、改进品质。但产量的增加，往往伴随质量的下降。作物品质育种的任务正是要把这二者统一起来，提高作物产量的同时，也提高作物品质，实现作物产量和品质共同提高。

目前我国大面积推广作物的品质育种目标

水稻：支 / 直高、垩白度低、胶稠度适宜、透明、香型和专型营养品种。

小麦：强筋、高蛋白质含量的品种，弱筋、适量蛋白质含量品种，中强筋、蛋白质含量适中的品种。

棉花：中长度、高强度、细绒棉品种，抗虫品种，抗枯黄萎病品种。

油菜：低芥酸、低硫代葡萄糖苷（双低）品种。

大豆：高出油率品种，高蛋白品种。

花生：高出油率品种，高蛋白品种。

18.3.2 作物品质育种方法

作物品质育种的主要方法有系统育种、杂交育种、回交育种、远缘杂交、单倍体育种、诱变育种、分子标记辅助育种和生物技术育种等。对于单基因或少数基因控制的质量性状可在育种早代对目标基因进行选择，对于多基因控制的数量性状可在育种高代对目标性状进行选择。

18.3.2.1　系统育种

系统育种利用的是自然变异，特别是利用当地推广的优良品种中的有利变异，从中进行选育，往往能很快地育成所需要的新品种（详见第6章中的选择育种）。

在作物育种早期，各个国家通过系统育种培育了一些品质优良的作物品种。1956年，加拿大从西德引进饲用甘蓝型油菜'Liho'，通过系统育种培育出了低芥酸含量的自交系。具体过程如图18-1所示。

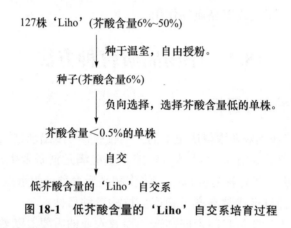

图18-1　低芥酸含量的'Liho'自交系培育过程

18.3.2.2　杂交育种

杂交育种是国内外广泛应用、卓有成效的一种育种方法（详见第7章杂交育种）。通过杂交育种可以将分散在不同品种或种质资源中的优质基因、抗病基因和高产基因等结合在杂交后代中，培育出高产、抗病、优质作物新品种；通过杂交育种也可以将分散在不同品种中的优质QTL聚合在杂交后代中，培育出比亲本品质还要好的作物新品种。

目前，我国生产上推广的大部分优质小麦品种，如'济麦17''济麦20''新麦26''郑麦366''师栾02-1''藁优2018'和'洲元9369'等，美国高蛋白小麦品种'Lancota'，日本的优质水稻品种'越光'，国际水稻研究所的'IR64'等均为杂交育种培育而成。目前，通过杂交和回交等常规育种方法也育成了一大批双低油菜品种，在生产上推广应用。

二维码18-2　济麦22系谱

二维码18-2为通过杂交育种培育的济麦22的系谱。

18.3.2.3　回交育种

回交是把优良品质性状结合到高产品种中的有效方法。对于单基因或少数基因控制的质量性状，用回交方法比较有效。但对于显性基因、共显性基因和隐性基因控制的籽粒品质性状，回交转育后代处理方法有所区别。

1）小麦 *HMW-GS* 的回交转育

小麦 *HMW-GS* 为共显性遗传。研究结果表明：2*、17+18、14+15 和 5+10 等 HMW-GS 亚基与小麦烘烤品质正相关。在小麦品质育种中，可以通过回交方法将优质 *HMW-GS* 转育给有推广前途的高产小麦品种，培育高产、优质小麦品种。

在回交转育过程中，回交后代的 HMW-GS 鉴定非常重要。一般用半粒小麦籽粒（无胚）检测 HMW-GS 的组成（图 18-2），筛选出含有目标 *HMW-GS* 的回交后代后（图 18-2 中的 1、4、15、16 和 18 泳道的回交后代），其对应的另一半（有胚）籽粒用于种植，继续回交。待回交后代的产量性状和农艺性状同受体亲本一样或接近时，再自交两代就可以得到优质、高产的小麦品种（具体回交过程见 8.4 回交后代的选择）。

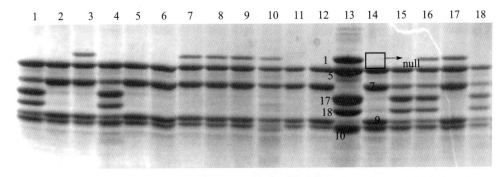

13 泳道为供体亲本 Jagger(HMW-GS 组成为 1,17+18,5+10),提供 17+18 亚基；14 泳道为受体亲本 Custer(HMW-GS 组成为 7+9,5+10)，接受 17+18 亚基；其他泳道为 Jagger/Custer⁴ 回交后代籽粒的 HMW-GS，其中 1、4、15、16 和 18 泳道为选择的回交后代籽粒。

图 18-2　小麦优质 *HMW-GS* 的回交转育（Jagger/Custer⁴ 回交后代 HMW-GS 检测的 SDS-PAGE 图谱）

2）甜玉米或糯玉米的回交转育

甜玉米突变体和糯玉米突变体均为隐性基因控制，其回交转育可以采用杂交两代自交一代的方法，也可以采用边自交边回交的方法（详见 8.4 回交后代的选择）。

无论是杂交两代自交一代，还是边回交边自交，对于其中的自交后代，要选择前景性状表现皱缩或凹陷型的籽粒（甜玉米）或胚乳部分经 I-KI 染色后为棕红色的籽粒（糯玉米）播种。在田间，选择背景性状像受体亲本的植株继续进行回交和自交。直到回交后代的综合性状接近受体亲本，再经自交纯合，就可以培育出优良的甜玉米或糯玉米自交系。

18.3.2.4　远缘杂交

远缘杂交是指不同种、属或亲缘关系更远的物种间杂交，产生的后代为远缘杂种。如普通小麦 × 硬粒小麦、普通小麦 × 黑麦、普通小麦 × 偃麦草、普通小麦 × 簇毛麦等小麦远缘杂交，陆地棉 × 海岛棉、陆地棉 × 草棉等棉花远缘杂交，籼稻 × 野生稻、籼稻 × 粳稻等水稻远缘杂交等。

远缘杂交是作物育种的重要手段，可打破不同种（或科、属）之间的界限，实现不同物种间的遗传物质交流或结合。

中国科学院院士李振声及其育种团队长期从事小麦和偃麦草的远缘杂交工作，经过23年努力培育出集持久抗病性、高产、稳产、优质等于一身的优质小麦品种'小偃6号'。'小偃6号'自审定以来，累计推广面积 1.0×10^7 hm²（1.5亿亩）以上，增产小麦超过40亿 kg。'小偃6号'也是我国小麦育种的重要骨干亲本，其衍生品种近50个，累计推广 2.0×10^7 hm²（3亿亩）以上，增产小麦超过75亿 kg。还有我国大面积推广的优质小麦，如'藁优8901''辽春10号'等的亲本均与小麦的远缘杂交有关。

澳大利亚油菜育种家通过芥菜型高芥酸油菜和甘蓝型双低油菜品种的远缘杂交和杂交后代的连续定向选择，培育出低亚麻酸和低芥酸的双低油菜品系'IXLIN'（图18-3）。

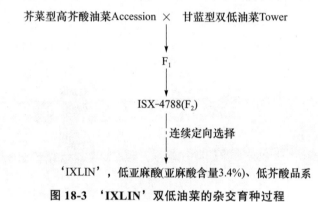

图 18-3 'IXLIN'双低油菜的杂交育种过程

18.3.2.5 单倍体育种

单倍体是指具有配子染色体组的个体。利用单倍体育种，一方面可以控制杂种分离，缩短育种年限；另一方面还可以提高获得纯合体的效率；还可以与其他育种方法相结合，提高育种效率，节省人力、物力。

Laurie 和 Bennett（1986）以 LMW-GS 相同、HMW-GS 不同的加拿大弱筋草原春小麦'AC Karma'（HMW-GS 组成为1，7*+9，2+12）和强筋小麦品系'87E03-S2B1'（HMW-GS 组成为2*，H7+9，5+10）为亲本杂交得到 F_1（图18-4）；F_1 与玉米杂交产生小麦单倍体；后经单倍体染色体组加倍产生 414 个加倍单倍体系（DH系）。这些 DH 系的 LMW-GS 相同，但在 HMW-GS 产生分离（图18-5）。可以根据 HMW-GS 组成，选择优质亚基组合在一起的 DH 系，培育出优质强筋小麦（图18-5箭头所指）。

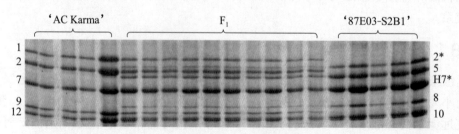

图 18-4 'AC Karma''87E03-S2B1'及其杂交得到的 F_1 的 HMW-GS 的
SDS-PAGE 图谱（Laurie 和 Bennett，1986）

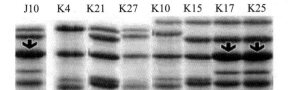

图 18-5 'AC Karma' 与 '87E03-S2B1' 杂交 F_1 产生的 DH 系的 HMW-GS 的
SDS-PAGE 图谱（部分）（Laurie 和 Bennett，1986）

王子宁等（2001）利用关东 107 和白火麦的杂种 F_1，进行单倍体诱导，从 50 个 DH 系中获得了 6 个纯合的糯性小麦株系。

18.3.2.6　诱变育种

诱变育种是指人为地利用物理、化学或生物等因素，对作物的种子、组织器官等进行诱变处理，以诱发基因突变和遗传变异，从而获得新基因、新种质、新材料，选育新品种的育种方法。

国外油菜育种家在油菜高油酸育种中，利用诱变育种筛选自然突变体或创造突变体，最终选育出高油酸油菜品种。

（1）筛选自然突变体

芬兰人 Vilkki（1995）在白菜型油菜中发现油酸含量达 85%～90% 的育种材料。

（2）人工诱变

德国人 Robbelen（1995）用 EMS 诱变冬甘蓝型油菜，得到油酸含量达 75%～80% 的突变体。高油酸油菜品种选育具体程序如图 18-6 所示。高油酸含量突变体的品质表现如表 18-2 所示。

Wotan种子水泡5 h

↓ 2%EMS溶液浸泡10 h，水洗5 h，干燥后播种

从2 000个自由授粉单株中获得19个植株的油酸含量高于Wotan

↓ 半粒法分析单粒种子

选取油酸含量高于70%的种子播种

↓ 自交

298个M_3代家系的2 086个单株中油酸含量为80.4%的单株(原Wotan平均油酸含量为64.5%)

图 18-6　高油酸含量油菜突变体的筛选

表 18-2　EMS 处理油菜品种 'Wotan' 后 5 个突变体各世代油酸质量分数的变化

M_1	M_2		M_3 平均			M_3 最优株		
植株号	植株号	C18：1/%	n	C18：1/%	SD	C18：1/%	C18：2/%	C18：3/%
19508	14707	76.7	54	72.5	3.76	78.2	7.0	7.3
19517	14564	78.5	57	71.0	3.22	80.4	6.7	4.8
19566	14692	74.0	10	74.3	2.34	77.4	7.8	6.6

续表 18-2

M₁	M₂		M₃ 平均			M₃ 最优株		
植株号	植株号	C18：1/%	n	C18：1/%	SD	C18：1/%	C18：2/%	C18：3/%
19646	14851	71.2	9	72.6	3.56	77.7	8.3	6.1
19684	14931	71.5	10	75.4	1.52	77.5	7.5	7.3
Waton			11	61.5	1.84			

加拿大油菜育种家利用 Robbelen 提供的突变体（M11）选育出亚麻酸含量为 3% 的品种 'Stella'。德国北德育种公司（NPZ）也利用 M11 选育出低亚麻酸品种。

18.3.2.7　分子标记辅助作物品质育种

利用分子标记进行 MAS 育种可以实现对目标性状基因型的直接选择，从而显著提高育种效率。随着主要作物基因组序列的释放，分子标记应用于作物品质遗传改良已经开始付诸实践。

李家洋团队以超高产但综合品质差的品种 '特青' 为受体，以蒸煮品质优良的品种 '日本晴' 和外观品质优异的 '93-11' 为供体，利用杂交和回交的方法，期间采用分子标记辅助选择，对涉及水稻产量、稻米外观品质、蒸煮食味品质和生态适应性的 28 个目标基因进行优化组合，经过 8 年多的努力，将优质目标基因聚合到受体材料中，并充分保留了 '特青' 的高产特性。在高产的基础上，稻米外观品质、蒸煮食味品质、口感和风味等方面均有显著改良，并且以其组配的杂交稻稻米品质也显著提高，达到了"籼稻的产量，粳稻的品质"的理想目标。

随着更多作物品质性状分子标记的开发，未来作物品质育种的效率会进一步提高。品质育种家可以用有效的品质性状分子标记，在短期内培育出符合人类各种要求的优质作物品种。

18.3.2.8　生物技术用于作物品质育种

二维码 18-3　利用反义 RNA 技术对各种脂肪酸合成的影响

转基因育种是指利用现代植物基因工程技术将某些与作物高产、优质和抗逆相关性状的基因导入受体作物中以培育出具有特定优良性状的新品种。

通过生物技术手段，控制作物籽粒或经济器官中的蛋白质、淀粉和脂肪等营养物质合成过程中的一些酶的基因的表达，获得作物品质得到改良的作物新品种。

如利用反义 RNA 技术抑制脂肪酸合成酶系统中的油酸 $^{\Delta}$12- 脱饱和酶基因（*FAD2*）和 β- 酮酰 - 辅 A 合成酶基因（*FAE1*）的表达，可以获得高油酸含量的油菜品种（二维码 18-3 和表 18-3 所示）。

表 18-3　*FAD2* 反义 RNA 转基因油菜脂肪酸组成　　　　　　　　　　%

转基因油菜脂肪酸组成	C16：0	C18：0	C18：1	C18：2	C18：3	C20：1	C22：1
对照品种（Wotan）	3.9	1.8	67	19	7.5	0.8	0.6
Napin：*FAD2*（共抑制）	4.3	1.4	84.1	5.2	2.9	0.9	0.5

注：Napin 为种子特异启动子。

在油菜品质育种中，还有一个目标性状是低亚麻酸育种。因为亚麻酸（C18∶3）含有 3 个不饱和键，易氧化，所形成的氧化物有臭味，致使菜籽变质，不耐储藏。一般菜籽油含亚麻酸 9%～12%，低亚麻酸油菜标准是亚麻酸含量小于 3%。

在油酸合成途径中，亚油酸 ^Δ18- 去饱和酶（FAD3，Linoleate^Δ18 desaturase）基因通过减饱和作用，催化亚油酸向亚麻酸合成。*FAD3* 基因的反义 RNA 可以阻止此减饱和作用，因此，可以利用 *FAD3* 基因的反义 RNA，获得低亚麻酸油菜品种（二维码 18-3 和表 18-4）。

表 18-4　*FAD3* 反义 RNA 转基因油菜脂肪酸组成　　　　　　%

转基因油菜脂肪酸组成	C16∶0	C18∶0	C18∶1	C18∶2	C18∶3	C20∶1	C22∶1
对照品种（Westar）	3.9	1.8	67	19	7.5	0.8	0.6
Napin:*FAD3*（共抑制）	3.8	1.5	68.5	22.1	1.2	1.1	0.4

注：Napin 为种子特异启动子。

目前，低亚麻酸转基因油菜已进入大田生产。

目前通过转基因技术，已研制出了富含 β- 胡萝卜素的'黄金大米'和富含虾青素的'虾红大米'。这 2 种转基因水稻的成功研制，为通过转基因手段改良作物品质提供了很好的思路。

18.3.2.9　轮回选择用于作物品质改良

轮回选择是对作物育种群体作进一步改进的有效方法，在作物品质遗传改良中具有重要作用。

如高油玉米的轮回选择。高油玉米研究起始于美国 Illinois（伊利诺伊）大学，经过近一个世纪的轮回选择，到 20 世纪 80 年代，已获得含油量超过 15% 的高油群体 IHO 和 Alexho。中国农业大学宋同明从 20 世纪 80 年代开始一直致力于高油玉米群体的改良工作，经 20 余年的努力，成功创造了多个高油玉米群体，其中 BHO、KYHO 等具有独立知识产权高油玉米群体的含油率已达到高油玉米育种的要求。这些种质的育成对国际高油玉米的发展产生了重要影响，直接推动了国内玉米育种与孟山都、杜邦等跨国公司的合作和技术输出，我国也因此成为当今世界高油玉米种质的主要发展中心之一。

在高油玉米基础群体创新方面，中国农业大学采用 2 种选择方法：一开始采用的是"单粒种子含油量表型轮回选择法"，后来改为中国农业大学国家玉米改良中心创造的"大群体、多参数、分阶段、综合轮回选择法"。使用该方法对高油玉米进行群体改良，群体含油量提高迅速。20 年来，中国农业大学通过上述选择方法共创造了 9 个高油玉米基础群体，含油量平均每轮选择提高了 0.79%，大大高于国际上通用的选择方法（每轮提高 0.5%）（详见第 14 章群体改良）。

中国农业大学宋同明、陈绍江等利用 9 个高油玉米群体育成了 140 多个稳定的高油玉米自交系，并筛选出了 22 个骨干系，育成了 18 个高油玉米杂交种，其中 5 个通过国家审定，13 个通过省级审定。

思 考 题

1. 名词解释：作物品质性状、小麦高分子量谷蛋白亚基、Wx 亚基、糊化温度、胶稠度、双低油菜、*FAD1* 基因、*FAD2* 基因、*FAE1* 基因。
2. 作物品质遗传改良包括哪些内容？
3. 作物品质性状的特点有哪些？根据这些特点，如何从事其遗传改良工作？
4. 如何进行作物品质遗传改良的分子设计育种？

参 考 文 献

［1］ 刘广田，李保云. 小麦品质遗传改良的目标和方法. 北京：中国农业大学出版社，2003.

［2］ 刘忠松，罗赫荣. 现代植物育种学. 北京：科学出版社，2010.

［3］ 孙其信. 作物育种理论与案例分析. 北京：科学出版社，2016.

［4］ 孙其信. 作物育种学. 北京：高等教育出版社，2011.

［5］ 王子宁，张艳敏，郭北海，等. 利用单倍体育种技术快速培育糯性小麦新品系. 华北农学报，2001，16(1): 1-6.

［6］ Laurie D A, Bennett M D. Wheat × maize hybridization. Canadian Journal of Genetics and Cytology, 1986, 28(2): 313-316.

［7］ Radovanovic N, Cloutier S. Gene-assisted selection for high molecular weight glutenin subunits in wheat doubled haploid breeding programs. Molecular Breeding, 2003, 12: 51-59.

第19章 作物品种试验、品种审定与种子生产

根据《中华人民共和国种子法》的有关规定，国家对主要农作物实行品种审定制度。审定办法由国务院农业主管部门规定，实行选育、生产、经营相结合。符合条件的种子企业，可以按照审定办法自行完成试验。国家对部分非主要农作物实行品种登记制度，列入非主要农作物登记目录的品种在推广前应当登记。因此，品种区域试验是品种审定和品种推广的基础。育成的或引进的主要农作物品种要推广种植，必须通过品种区域试验，并在此基础上，经省级或国家级品种审定机构审定，在取得品种资格后，经过特定的种子生产环节，生产出优质的种子后，在适宜的地区推广。

19.1 作物品种试验

作物品种试验（variety test）是对新育成或引进的品种，通过田间和实验室试验手段进行合理的评价，是品种审定、品种推广和品种结构调整的主要依据。包括对品种进行的区域试验、生产试验和栽培实验，以及品种的真实性、纯度、特异性、一致性和稳定性检测。

19.1.1 品种区域试验

品种区域试验（regional test）（简称区试）是为了评价新育成或新引进的品种的利用价值、推广地区、适应范围和适宜的栽培技术而进行的多年多点联合比较试验，是品种适应区域化和品种审定的主要依据，也是品种能否参加生产试验的基础。品种区域试验所选择的试验点要求具有代表性，且处在不同的生态地区。

19.1.1.1 品种区域试验的组织体系

品种区域试验分为国家和省（自治区、直辖市）两级。国家区域试验由全国农技推广服务中心组织跨省进行。各省（自治区、直辖市）的区域试验由相应区域的种子管理部门与同级农业科学院负责组织。参加全国区域试验的品种，一般由各省（自治区、直辖市）的区域试验主持单位或全国攻关联合试验主持单位推荐。参加省（自治区、直辖市）区域试验的品种，由各育种单位所在地区品种管理部门推荐。申请参加区域试验的

品种（系），必须有 2 年以上育种单位的品比试验结果，性状稳定，增产显著（比对照增产 10% 以上），或增产效果虽不明显，但具有抗逆性、抗病性强，品质好或在成熟期有利于轮作等特殊优良性状。

19.1.1.2　品种区域试验的任务

（1）品种鉴定

确定参试品种增产幅度，鉴定其丰产性、稳产性、适应性、抗逆性以及品质等性状。

（2）品种适宜推广区域的划定

通过区域试验，可以确定优良品种除了原育成地点以外适宜推广的区域，以便最大限度地发挥优良品种的作用。

（3）区域适宜品种的选择

通过区域试验，可以选择出各地最适高产、专用品种以及候选品种。

二维码 19-1　区域试验的程序和方法

（4）"良法"的建立

通过区域试验，可以了解新品种的栽培特点，为生产试验和栽培试验方案的制定提供依据。

（5）向品种审定委员会推荐符合审定条件的新品种

根据区域试验结果，结合参试品种的田间表现，向品种审定委员会推荐符合条件的新品种。

区域试验的程序和方法见二维码 19-1。

19.1.2　品种生产试验

品种生产试验（production test）又称生产示范，是在生产单位的生产条件下，对在大部分区试点表现丰产、稳产，增产效果在 5%～10% 及以上的参试品种，进行的品种数较少的产量比较试验。这些参试品种与对照相比增产达到显著或极显著水平；或者与对照相比产量相当，但却具有其他特殊的优异性状，如优质、高抗等。参加生产试验的品种，要严格选择对照品种，可设也可不设重复。生产试验用种质量与区试要求相同，由选育（引进）单位无偿提供。

品种生产试验一般选在区域试验点附近开展。对作物进行不少于 1 个生产周期的品种比较试验，是为了进一步鉴定品种的表现。在作物生育期间进行观摩评比，同时可起到良种示范和繁育的作用。品种生产试验可与品种区域试验交叉进行，要求同一个生态区内试验点最少为 5 个。

品种生产试验应选择地力均匀的田块。一个品种种植一个小区。小区面积因作物而不同，矮秆作物如水稻和小麦等，要求对照品种面积不少于 300 m²，参试品种面积不少于 600 m²；高秆作物如玉米和高粱等要求种植面积为 1 000～2 000 m²；露地蔬菜作物如白菜和甘蓝等，要求对照品种面积不少于 100 m²，参试品种面积不少于 300 m²；保护地蔬菜作物如番茄和黄瓜等，对照品种面积不少于 67 m²，参试品种面积不少于 100 m²。

19.1.3　品种栽培试验

为了进一步了解新品种的栽培技术特点，为大田生产提供技术依据，在品种生产试验的同时，或在优良品种决定推广之后，针对几项关键性的技术措施开展品种栽培试验。品种栽培试验一般涉及的内容主要有作物的种植密度、肥水管理、播期和播种量等，根据品种的情况选择 1～3 项进行试验。另外，在进行品种栽培试验时，还应考虑各种栽培技术对产品品质的影响，力求实现品种的优质、高产、高效的配套栽培技术。一般以当地正在推广的同类品种的栽培技术作为对照。

19.1.4　品种真实性、品种纯度和品种 DUS 检测

品种真实性和品种纯度是检验种子质量的重要标准，是种子生产中的重要环节。品种的特异性（distinctness）、一致性（uniformity）和稳定性（stability），简称 DUS，是种子检验的重要内容。对申请保护的作物新品种进行特异性、一致性和稳定性的栽培鉴定试验和室内分析测试过程称为 DUS 测试，其结果可以为作物新品种保护提供可靠的判定依据。

19.1.4.1　品种真实性和品种纯度鉴定

为了鉴定种子是否名副其实，需要对品种真实性（varietal genuineness）进行检测，即检查送检样品所属品种、种属是否与品种证书或标签相同。品种纯度（varietal purity）是指品种个体与个体之间在特征、特性等方面的一致程度，用本品种的种子（株或穗）数占送检样品的总数的百分率来表示。

品种真实性和品种纯度鉴定是种子生产和品种审定工作中不可缺少的重要环节。品种纯度鉴定对种子工作和农业生产起着巨大的推动和保证作用，必须依据相关国家标准规程来进行。在生产实践中，如果忽视品种真实性和品种纯度检验，往往会给农业生产带来无法逆转的巨大损失。例如，在杂交水稻生产过程中，曾发生过错把不育系种子当杂交种播种，结果造成颗粒无收；在蔬菜生产中，错将小白菜种子当结球大白菜播种，结果给生产和经济效益带来了极大危害。另外，如果生产上将不同品种种子混杂后，会明显降低作物产量和品质，导致田间植株参差不齐，作物生长发育不一致，成熟期前后不一，给田间管理和机械化生产带来困难。

二维码 19-2　品种真实性鉴定的基本原理

品种真实性鉴定的基本原理见二维码 19-2。

19.1.4.2　品种的 DUS 检测

1）品种特异性测定

依据"两个品种只要在一个测试点上有明显差异，这两个品种就是独特的"这一标准进行品种特异性测定。在决定品种特异性时应注意：特异性是在世界范围内测定，在世界上任何地方申请保护都会使该品种从申请之日起开始为大家所知，因此，必须考虑那些生产上已经不用而消失的作物品种。

对于质量性状来说，两个品种之间存在明显的差异；而对于数量性状，则依据"最小意义差异法"，即如果存在 1% 误差，就必须考虑差异是明显的。

2）品种一致性测定

在对品种进行一致性测定时，必须考虑到作物自身的繁殖特性。根据不同的繁殖特性，决定测验群体的大小。

（1）无性繁殖作物品种和真正的自花授粉作物品种

对于繁殖系数高的品种，如无性繁殖作物品种和真正的自花授粉作物品种，在品种一致性测定时，各样本大小和最大限度可以接受的异型个体数见表 19-1。

表 19-1 无性繁殖作物品种和真正的自花授粉作物品种一致性测定的
样本大小及最大限度可接受的异型个体数

样本大小	最大限度可接受的异型个体数
5	0
6～35	1
36～82	2
82～237	3

（2）以自花授粉为主的作物品种

如棉花等在进行自交种子和不育种子生产时，可接受的最多异型株数是真正自花授粉作物品种的 1 倍。

（3）异花授粉作物品种

异花授粉作物品种，包括合成品种，变异比较广泛，应通过与已知的对照品种进行比较，从而加以利用。

（4）杂交种中的单交种

杂交种中的单交种按自花授粉为主的作物品种处理。如果一个品种的差异超过了对照品种的平方差的 1.6 倍，则该品种被认为是不均质的。

3）品种稳定性评价

二维码 19-3 品种动态
稳定性的分析方法

品种稳定性（variety stability）是品种在不同环境条件下表现出变异特性，分为静态稳定性和动态稳定性两种。静态稳定性是指品种的表现不随环境的变化而变化，静态稳定性可用各品种在不同环境下的变异系数来表示。动态稳定性是指品种随环境变化呈现出较为均一稳定的变化，在各种环境中都表现出高低相对一致的生产性能。

品种动态稳定性的分析方法见二维码 19-3。

19.1.5 品种丰产性与品种适应性评价

品种丰产性（high yield）和品种适应性（adaptability）要以品种区域试验和品种

生产试验的结果为主要依据。品种丰产性评价是对品种的产量表现进行的评价，要依据品种比较试验中对参试品种比对照品种增产的百分率及差异显著性来确定。品种适应性评价是对品种在特定的试点或环境中表现的优劣所进行的评价，借此评价品种对环境的综合适应能力。在范围较大的区试中，对品种做适应性的评价，有利于确定品种的最适推广区域。这一评价的关键在于估计各参试品种在各试点上的真实表现（即各种性状的真值）。

品种丰产性和品种适应性评价办法见二维码 19-4。

二维码 19-4　品种丰产性和品种适应性评价办法

19.2　作物品种审定

品种审定（variety certification）是品种审定委员会对新育成品种或新引进品种进行区域试验和生产试验鉴定，按照规定的程序进行审查，决定该品种能否推广并确定推广范围的过程。

作物品种审定的组织体系和审定程序见二维码 19-5。

二维码 19-5　作物品种审定的组织体系和审定程序

19.2.1　作物品种审定的任务和意义

1）品种审定的任务

品种审定实际上是对品种的种性和实用性的确认及对其市场准入的许可。它是建立在公正、科学的试验、鉴定和检测基础上，对品种的利用价值、利用程度和利用范围的预测和确认。主要是通过品种的多年多点区域试验、生产试验或高产栽培试验，对其利用价值、适应范围、推广地区及栽培条件的要求等做出比较全面的评价。一方面为生产上选择最适宜的品种；另一方面为新品种寻找最适宜的栽培环境条件，发挥其应有的增产作用，给品种布局区域化提供参考依据。我国现在和未来很长一段时间内，将对主要农作物实行强制审定，对其他农作物实行自愿登记制度。我国主要农作物规定为水稻、小麦、玉米、棉花和大豆共 5 种。各省、自治区、直辖市农业行政主管部门可根据本地区的实际情况再确定 1～2 种农作物为主要农作物予以公布，并报农业部备案，如北京市增加大白菜和西瓜 2 种农作物为主要农作物。

2）品种审定的意义

2000 年 12 月实施、2015 年 11 月第二次修订的《中华人民共和国种子法》明确规定，主要农作物品种和主要林木品种在推广应用前，应当通过国家级或者省级审定。由省、自治区、直辖市人民政府林业主管部门确定的主要林木品种实行省级审定。应当审定的农作物品种未经审定通过的，不得发布广告，不得经营、推广。品种审定就是根据品种区域试验结果和生产试验的表现，对参试品种（系）科学、公正、及时地进行审查、定名的过程。实行主要农作物品种审定制度，可以加强主要农作物的品种管理，有计划、因地制宜地推广优良品种，加强育种成果的转化和利用，避免盲目引种和不良播种材料的扩散，防止在一个地区品种过多、良莠不齐、种子混杂等"多、乱、杂"现象，以及品种单一化、盲目调运等现象的发生。这些都是实现生产用种良种化、品种布局区域化、合理使用优良品种的必要措施。

目前，随着农作物品种审（认）定制度的改革，国家和省级农业主管部门颁布了新的主要农作物品种审（认）定办法和标准，如2016年修订的《主要农作物品种审定办法》中规定，主要农作物是指稻、小麦、玉米、棉花和大豆等5大作物，其余作物均属于非主要农作物。申请主要农作物品种的审定，必须参加相应的品种试验，品种试验主要包括区域试验、生产试验、品种特异性、一致性和稳定性测试等内容。在品种试验的途径上，在继续保留由国家或省级农业主管部门主持的品种区域试验和生产试验的基础上，育繁推一体化种子企业对其自主研发的主要农作物品种，可以在相应生态区自行开展品种试验，其他科研单位或种子企业则可以通过组成联合体的方式在相应生态区自行开展品种试验。而非主要农作物只需自行进行品种试验，申请并通过认定后即可进行推

二维码 19-6　主要农作物品种审定办法

广。在同期颁布的《主要农作物品种审定标准》中，按照高产稳产品种、绿色优质品种和特殊类型品种3种类型对主要农作物品种进行分类，并依据不同审定标准进行审定，从而改变了过去以品种的产量为主要评价指标的品种审定体系，标志着作物品种审定制度向分类管理和多元化方向发展。

主要农作物品种审定办法见二维码 19-6。

19.2.2　作物品种审定的组织体系

我国主要农作物品种实行国家和省（自治区、直辖市）2级审定制度。国务院和省（自治区、直辖市）人民政府的农业主管部门分别设立由专业人员组成的农作物品种审定委员会。品种审定委员会承担主要农作物品种的审定工作，建立包括申请文件、品种审定试验数据、种子样品、审定意见和审定结论等内容的审定档案，保证可追溯。在审定通过的品种依法公布的相关信息中应当包括审定意见情况，接受监督。农业部设立国家农作物品种审定委员会，负责国家级农作物品种审定工作。省级农业行政主管部门设立省级农作物品种审定委员会，负责省级农作物品种审定工作。全国农作物品种审定委员会和省级农作物品种审定委员会是在农业部和省级人民政府农业行政主管部门的领导下，负责农作物品种审定的权力机构。

全国农作物品种审定委员会由农业部聘请从事品种管理、作物育种、区域试验、生产试验、审定及繁育推广等工作的专家担任，负责审定适合于跨省、自治区、直辖市推广的国家级新品种，并指导和协调省级品种审定委员会的工作。

省级农作物品种审定委员会一般由农业行政、种子管理、种子生产经营、种子科研、教学等部门及其他有关单位的行政领导、专业技术人员组成，负责该省（自治区、直辖市）的农作物品种审定工作。在具有生态多样性的地区，省级农作物品种审定委员会可以在辖区的市、自治州设立审定小组，承担适宜于在特定生态区域内推广应用的主要农作物品种的初审工作。

19.2.3　作物品种审定的程序

19.2.3.1　作物品种审定的报审条件

无论国家品种审定还是省级品种审定，首先要具备的条件是：① 新品种属于人工选育或发现的并经过改良的作物群体；② 与现有已受理或审定通过的品种有明显区别；③ 具有合适的名称；④ 遗传性状稳定；⑤ 形态特征和生物学特性一致。此外，在中国没有经常住所或者营业场所的外国人、外国企业或者其他组织在中国申请品种审定的，应当委托具有法人资格的中国种子科研、生产、经营机构代理。省级审定和国家级审定的报审条件是不同的。

（1）申报省级品种审定的条件

报审品种需在本省（自治区、直辖市）经过连续 2~3 年的品种区域试验和 1~2 年的品种生产试验。2 项试验可交叉进行，但至少应有连续 3 年的试验结果和 1~2 年的抗性鉴定、品质测定结果。

报审品种的产量水平要达到审定标准，并经过统计分析显著增产，或者产量水平虽与当地主推品种相近，但在抗病（虫）性、抗逆性、品质以及成熟期等方面有 1 项或多项性状表现突出。

报审品种要有足够数量的原种（含杂交种亲本）种子，种子质量达到国家或有关部门规定的原种标准，并且不得带有检疫性病、虫、杂草种子。报审的杂交种要有成熟的配套制种技术。

（2）申报国家级品种审定的条件

凡是参加国家农作物品种区域试验和生产试验的，在多数试验点连续 2 年表现优异，经国务院农作物品种审定委员会推荐，或者经过 2 个或 2 个以上省级品种审定部门审定通过的品种方可申报。

品种审定申报材料见二维码 19-7。

二维码 19-7　品种审定申报材料

19.2.3.2　作物品种审定的申报程序

作物品种申请的申报程序通常包括：① 由育（引）种者提出申请并签名盖章；② 育（引）种者所在单位审查、加盖公章；③ 主持品种区域试验和生产试验的单位推荐并盖章后报送品种审定委员会；④ 向国家申报的品种须有育种者所在省（直辖市、自治区）或该品种最适宜种植的省级品种审定委员会签署意见。

19.3　种　子　生　产

国以农为本，农以种为先。种子生产是连接育种和生产的桥梁，是把育种成果转化为生产力的重要措施。种子生产（seed production）是指依据作物的生殖特性和繁殖方式，通过科学的技术手段，生产出符合规定和要求的种子。种子生产包括良种繁育、种子加工、种子检验以及种子包装等环节。种子生产技术就是要综合应用植物学、遗传学、育种学、栽培学、种子生物学、植物生理生化、植物病理学、昆虫学、气象学、土壤学、生物统计以及计算机技术等多学科知识，保证所生产的种子，能够保持其遗传性状基本不变，繁殖系数较高，农艺特征基本一致，产量潜力不会降低，种子活力得以保证。

19.3.1　品种混杂退化的原因和防杂措施

19.3.1.1　品种混杂退化的概念及表现

品种混杂退化是指一个品种在推广过程中，随着品种繁殖世代的增加引起的纯度下降、种性变劣，从而导致品种的产量、品质、生活力以及抗逆性降低的现象。品种混杂和退化是两个不同的概念，但彼此之间又存在着密切联系。品种混杂（mixed varieties）是指一个品种的群体中混进了其他品种或者是其他的种子，或上一代发生了天然杂交或基因突变，导致后代群体分离产生变异类型的现象。品种退化（variety degeneration）是品种的遗传基础发生了变化，引起某些经济性状变劣，品种的生活力降低，抗逆性减退，产量和品质下降的现象。品种混杂容易引起品种退化并加速品种退化，品种退化又必然表现出品种混杂。品种混杂退化是农业生产中普遍存在的一种现象。品种混杂退化会导致品种的典型性降低，田间群体表现出株高参差不齐、成熟期早晚不一、抗逆性减退、经济性状或品质性状变劣、杂交种亲本的配合力下降等。其中，典型性下降是品种混杂退化的最主要表现，产量和品质下降是混杂退化的最主要危害。如果一个地区的主干品种混杂退化后，将会给农业生产带来严重损失。

19.3.1.2　品种混杂退化的原因

在作物生产中，品种混杂退化是经常发生和普遍存在的现象。引起品种混杂退化的原因复杂，有单因素，也有多因素。而且不同作物、不同品种以及不同地区之间品种混杂退化的原因也存在差异。总体来看，引起品种混杂退化的原因是多方面的。根据来源不同，品种混杂退化的原因可以分为机械混杂、自然杂交、自发突变和残存杂合基因的

二维码 19-8　品种混杂
退化的原因

分离、选择不当、不良环境和栽培技术等方面。不同原因引起品种混杂退化的后果也不同，但各因素间存在联系。一般以机械混杂和生物学混杂比较常见，在品种混杂中起主要作用。因此，在种子生产过程中，应在分清主次的同时，采取合理而有效的综合措施才能处理好种子防杂保纯的难题。

品种混杂退化的原因见二维码 19-8。

19.3.1.3　品种防杂保纯

对作物品种进行防杂保纯、提纯复壮，是防止其混杂退化的有效途径。品种防杂保纯涉及良种繁育的各个环节，因此，必须高度重视，认真做好以下工作：

（1）遵守种子繁育规程，防止机械混杂

在种子繁育过程中，首先要严格检查、核对，检测播种用种，确保亲代种子正确、

合格。从收获到脱粒、晾晒、清选加工、包装、贮运和处理，均要采取严格的分离措施，杜绝混杂。以营养器官为繁殖材料的，从繁殖材料的采集、包装、调运到苗木的繁殖、出圃、移植，要严格记录，内外标签应具备防湿功能，严防出错。同时，要合理安排繁种田的耕作制度，不可重茬连作，防止种子残留，引起田间混杂。

（2）严格隔离，防止生物学混杂

防止种子繁殖田里的材料在开花期间的自然杂交，是减少生物学混杂的重要途径。特别是对异花授粉作物，种子繁殖田四周必须采取严格的隔离措施。常异花授粉和自花授粉作物也要适当隔离。隔离的方法有自然屏障隔离、设施隔离（套袋、罩网和温室等）、空间隔离和时间隔离，可因时、因地、因作物和环境条件选择适宜的方法。

（3）去杂去劣，正确选择

去杂是去除非本品种的植株。去劣则指去掉生长不良或感染病虫害的植株。去杂去劣工作应及时、彻底，最好在作物生长发育的不同阶段不同时期分次进行。

选择的正确性是使得品种的典型性得以保持的重要举措。要求进行选择操作的人应具有丰富的遗传育种背景知识，且熟悉品种的性状特点，选择具有性状优良、突出的单株采种或采接穗、插条，要严防不恰当选择造成不利影响。

（4）选用合适的繁种环境

选用适宜的种植地点或采用有利于保持和增强作物种性的栽培措施，可有效减少遗传变异的发生。选择或创造适宜的种苗繁育条件，进行种苗繁育，可以降低品种的退化。比如选择在高寒地区繁种，可较好地防止马铃薯、甘薯等作物的品种退化。

（5）定期更新生产用种和种苗

对生产用种要做到及时更新。用纯度高、质量好的原种或原种苗替换生产上的种子或种苗，是防止作物品种混杂退化和长期保持其优良种性的重要措施。例如，对于无性繁殖作物，采用组织培养的方法生产脱毒苗，可防止因病毒感染而引起的品种退化，显著提高无性繁殖作物的产量和品质。

19.3.2　种子生产的程序

目前，我国种子生产实行育种家种子（原原种）、原种和良种 3 级种子繁育体制。育种家种子（breeder's seeds）是指由育种家所育成的品种或亲本的最初一批种子，遗传性状稳定，用于原种生产。原种是由育种家种子繁殖的第 1～3 代种子，或按原种生产技术规程生产的达到原种质量标准的种子，用于良种生产。而良种是用常规原种繁殖的第 1～3 代和杂交种达到良种质量标准的种子，一般用于大田生产。一个品种按繁育阶段的先后、世代高低所形成的有计划、迅捷地、大量地繁殖优良品种的优质种子的过程，叫作良种繁育程序。在目前的原种生产中，存在 2 种不同的程序或者说技术路线：一种是原种重复繁殖法，另一种是循环选择法。另外，在不同授粉类型的作物间其原种生产方法也存在着差异。

19.3.2.1　纯系品种的种子生产

在新品种审定通过后，种子生产部门有偿获得育种单位提供的一定数量的种子，繁殖原种。根据品种特性及繁育要求可以采取重复繁殖法和循环选择法。

（1）重复繁殖法

最熟悉品种特征、特性的人莫过于育种者本人。采用这种每年都由育种单位或者育种者直接生产、提供育种家种子的方法，能从根本上保证种源质量和品种典型性。育种单位或育种者要注意原种的生产和保存，可以采用一年生产、多年贮存、分年使用的方法，以保持品种的特性。重复繁殖法不仅适用于自花授粉作物和常异花授粉作物常规品种的种子生产，也可用于自交系以及杂交种生产过程中的不育系、保持系和恢复系亲本种子的保纯生产。

二维码 19-9 重复繁殖法的基本程序和特点

重复繁殖法的基本程序和特点见二维码 19-9。

（2）循环选择法

循环选择法实际上是一种改良混合选择法。当一个品种混杂退化后，或者在新品种推广应用后，通过"单株选择、分系比较、混系繁殖"生产原种，然后扩大繁殖生产用种，如此循环提纯生产原种。这种原种生产程序，常用于自花授粉作物或者常异花授粉作物。在应用于混杂退化比较严重的品种的原种生产时，该方法比其他方法更为有效。

19.3.2.2 杂交种亲本的种子生产

"三系"是雄性不育系、保持系和恢复系的简称。目前在水稻、高粱和向日葵等许多作物上已经利用"三系"生产杂交种。为了能够持续利用强优势杂交种，必须不断对其亲本进行提纯。"三系"亲本的提纯生产方法有多种，但可以根据提纯生产过程中有无配合力测定分为成对回交测交法和三系七圃法 2 类。成对回交测交法生产的原种纯度较高，比较可靠，但涉及的生产程序比较复杂，技术性强，生产原种数量较少。三系七圃法生产程序简便，生产原种数量较多，但纯度和可靠性稍差。各地可根据亲本的纯度状况和自身条件灵活选用。一般在三系混杂退化严重的情况下，应采用成对回交测交法；而在三系混杂退化较轻时可采用三系七圃法。

二维码 19-10 成对回交测交法与三系七圃法

成对回交测交法与三系七圃法见二维码 19-10。

19.3.2.3 杂交种种子生产

二维码 19-11 玉米杂交制种技术

在配制杂交种时，首先要解决的问题是去雄，即两个亲本中作为母本的一方，采用何种方式去雄或使其雄蕊败育的问题。不同的作物，由于花器构造和授粉方式的不同，去雄的方式也不同，这也就决定了采用何种途径来生产杂交种。目前生产上主要利用人工去雄、化学杀雄、自交不亲和性、雄性不育性、标志性状等生产杂交种种子。详见 12.5 作物杂种优势利用方法。

二维码 19-12 水稻杂交制种技术

玉米杂交制种技术见二维码 19-11。水稻杂交制种技术见二维码 19-12。

19.3.2.4　加速种子繁殖

新育成、新引进或新提纯的优良品种的原种数量很少。利用常规方法进行繁殖，速度慢、效率低，难以迅速推广应用。因此，采用特殊的方法加速繁殖，具有非常重要的作用。加速种子繁殖的方法有 2 类：一是扩大繁殖系数，如稀播繁殖、剥蘖分植和组织培养等方法；二是利用自然条件进行异地、异季繁殖，增加繁殖次数。

1）稀播繁殖

稀播繁殖一方面可以节约用种量，在种子数量相同的情况下，采用稀播精管、育苗移栽、单本栽插可种植较大面积，提高种子利用率；另一方面可以通过扩大个体的生长空间和营养面积来提高单株生产力，从而增加繁殖系数，加快良种推广速度。

2）剥蘖分植

具有分蘖习性的作物如水稻、小麦等，通过提前播种、促进分蘖，可进行一次或多次剥蘖分植以提高繁殖系数。马铃薯、甘薯等无性繁殖作物可采用芽栽、切块、分丛、扦插或多次分枝的方法，加速种子繁殖。

3）组织培养

组织培养技术是依据细胞全能性的特点，在无菌条件下，将作物根、茎、叶、花、果实甚至种子的胚乳培养成为一个完整的植株。目前采用组织培养技术，可以对许多植物（超过 443 种）进行快速繁殖。组织培养用于快速繁殖有以下 3 种情况：

① 从根、茎、叶的表皮细胞、叶肉细胞直接分化不定芽，再经诱导生根，最后形成完整的植株。

② 培养顶芽、腋芽或侧芽，使之分化出芽丛，通过继代培养大量增殖幼芽，然后把这些幼芽取下转到生根培养基中进行诱导生根，最后形成完整植株。

③ 取植物体的幼嫩组织进行离体培养，先进行脱分化培养使其产生愈伤组织，然后转到分化培养基中诱导愈伤组织产生芽和根，或者产生胚状体，进一步生长成为小植株。

组织培养技术的主要优点是繁殖系数高，用材少，能较好地保持原品种特征特性，并有去除病毒、提高产量的作用，且不受季节和地域的限制。

4）加代繁殖

利用我国幅员辽阔、地势复杂、各地生态条件差异较大，进行异地、异季繁殖，可以实现一年多代，加快良种繁育进程。对于玉米、高粱、水稻、棉花、豆类和薯类等作物，可以到海南等热带地区冬繁加代；油菜则到青海的西宁等高寒地区夏繁加代。此外，南方的春麦还可以利用当地山区夏繁加代。少数珍贵材料还可利用人工气候室加代快繁。

复习思考题

1. 作物品种区域实验的组织程序有哪些？
2. 简述品种 DUS 检测的目的和意义。

3. 引起品种退化的原因有哪些？如何防止品种混杂退化？

4. 论述纯系种子生产和杂交种种子生产的异同。

5. 如何加速作物种子繁殖？

参 考 文 献

［1］ 杜鸣銮.种子生产原理和方法.北京：农业出版社，1993.

［2］ 谷茂.作物种子生产与管理.北京：中国农业出版社，2002.

［3］ 郝建平，时侠清.种子生产与经营管理.北京：中国农业出版社，2004.

［4］ 孙其信.作物育种学.北京：高等教育出版社，2011.

［5］ 王建华，张春庆.种子生产学.北京：高等教育出版社，2006.

［6］ 颜启传.种子检验原理与技术.杭州：浙江大学出版社，2002.

［7］ 赵花周，郭盈温.落实四级种子生产程序，实现种子产业化经营.种业导刊，2009，2：24.